AF801745

UNGARISCHE JAHRBÜCHER

ZEITSCHRIFT FÜR DIE KULTURELLEN, SOZIALEN UND WIRTSCHAFTLICHEN FRAGEN UNGARNS UND SEINER NACHBARLÄNDER

HERAUSGEGEBEN VON

PROF. DR. R. GRAGGER

DIREKTOR DES UNGARISCHEN INSTITUTS
AN DER UNIVERSITÄT BERLIN

DIE AUSGABE DER *JAHRBÜCHER* ERFOLGT VIERMAL JÄHRLICH

Band I, Heft 1—4:	Reichsmark 6,	in Halbleinen gebunden Reichsmark	8·50
Band II, „ „	„ 4·50,	„ „ „ „	6·50
Band III, „ „	„ 6,	in Ganzleinen „ „	8·50
Band IV „ „	„ 8,	„ „ „ „	10
Band V „ „	„ 16,	„ „ „ „	18.

Preis der Einzelhefte je nach Umfang.

(Fortsetzung siehe 3. Seite dieses Umschlages.)

UNGARISCHE BIBLIOTHEK

Für das Ungarische Institut an der Universität Berlin

herausgegeben von ROBERT GRAGGER

Dritte Reihe

2.

Bibliographia Hungariae.

II.

Geographica. Politico-oeconomica

Verzeichnis der 1861—1921 erschienenen, Ungarn betreffenden Schriften in nichtungarischer Sprache

Zusammengestellt vom Ungarischen Institut an der Universität Berlin

1926

Walter de Gruyter & Co.

vormals G. J. Göschen'sche Verlagshandlung — J. Guttentag, Verlagsbuchhandlung — Georg Reimer — Karl J. Trübner — Veit & Comp.

Berlin und Leipzig

Inhalt des zweiten Bandes.

Geographie.

D. Hydrographie.

E. Meteorologie und Klimatologie.

L. Biogeographie.

M. Völkerkunde.

Staats- und Sozialwissenschaften.

A. Statistik- und Bevölkerungslehre.

B. Sozialwesen.

F. Recht.

Einleitung zum zweiten Band.

Wie bereits in der Einleitung zum ersten Teile gesagt wurde, gibt die Bibliographie kein Bild von der Tätigkeit der ungarischen Wissenschaft. Das gilt auch für den vorliegenden Band. Einmal sind in den hierin enthaltenen Disziplinen ebenfalls viele wichtige Werke nur in ungarischer Sprache erschienen, wenngleich dieser Mangel — wenigstens bei den Naturwissenschaften — lange nicht so sehr fühlbar wird wie bei der Geschichtswissenschaft. Dann aber sind auch hier die wichtigsten neueren Forschungsergebnisse zum größten Teil in Zeitschriften veröffentlicht worden, sodaß die betreffenden Arbeiten in dieser Bibliographie fehlen. Ein Teil dieser Zeitschriftenaufsätze, vor allem solche geologischen und paläontologischen Inhalts, ist zwar auch selbständig erschienen und konnte daher aufgenommen werden, dennoch bleibt das Bild überall lückenhaft. Es ist zu hoffen, daß später eine Bibliographie der Zeitschriftenaufsätze diesem Mangel abhelfen wird. Aber auch dann wird die Bibliographie nicht die ungarische wissenschaftliche Tätigkeit spiegeln. Denn sie muß sich auf diejenigen Arbeiten beschränken, deren Stoff sich auf Ungarn selbst bezieht. Die systematischen und das Ausland behandelnden Arbeiten der ungarischen Gelehrten können hier nicht berücksichtigt werden. Andererseits sind neben ungarischen Arbeiten auch solche von Nichtungarn über Ungarn in der Bibliographie enthalten. — Um nun aber den Benutzer auch über den Stand der in diesem Bande behandelten Wissenschaften in Ungarn einigermaßen zu orientieren, soll eine kurze Skizze wenigstens in den Umrissen eine Übersicht geben.

Daß in diesem Bande, noch mehr als im ersten, wissenschaftliche Werke dicht neben populären und unwissenschaftlichen stehen, ergibt sich aus der Beschaffenheit des Materials. Der Benutzer wird aber wohl in den meisten Fällen schon aus der Fassung des Titels über den Charakter des betr. Buches Klarheit gewinnen können. — Der erste Teil des Bandes ist unter dem Namen „Geographie“ zusammengefaßt, obgleich er auch Disziplinen umfaßt, welche gegen ihre Einordnung unter den Begriff „Geographie“ Einspruch erheben dürften. Der Grund ist, daß nur auf Ungarn bezügliches Material aufgenommen wurde; Botanik und Zoologie beispielsweise kamen nicht als solche in Betracht, sondern nur als Hilfswissenschaften der Geographie, als Pflanzen- und Tiergeographie. Ähnlich verhält es sich mit der Medizin, die nur vom sozialen Standpunkt aus berücksichtigt werden konnte und daher einen Anhang zum Sozialwesen bildet. — Bei der Völkerkunde wurde versucht, darstellende ethnographische Arbeiten von politischer Literatur zu scheiden, ohne daß sich dies überall hätte ganz durchführen lassen. — Der Abschnitt „Volkswirtschaft" enthält viel heute kaum noch brauchbares Material. Da aber im Prinzip Vollständigkeit erstrebt wurde und vom historischen Standpunkt auch das Veraltete wichtig ist, mußte scheinbar Unbrauchbares mit aufgenommen werden.

Zur Einführung in die betreffenden Wissenschaften können die in den folgenden Notizen angeführten Werke dienen. — Für die Geographie ist eine zusammenfassende Publikation des Ungarischen Instituts von Gyula Prinz über die Geographie Ungarns in Vorbereitung. Für die Völkerkunde Ungarns ist noch immer die allerdings in mancher Hinsicht veraltete Ethnographie Paul Hunfalvys das brauchbarste Werk. — Die statistischen Daten über Ungarn werden veröffentlicht im Jahrbuch, in den Mitteilungen, und die vorläufigen Ergebnisse in den Monatsheften des Kgl. ung. statistischen Zentralamtes. In der Antwortnote zum Vertrag von Trianon „Negotiations de la paix hongroise", 3 Bde. und Kartensammlung, 1919 veröffentlicht, ist vom ungarischen Ministerium des Auswärtigen wichtiges statistisches Material niedergelegt. — Für das Sozialwesen und die Volkswirtschaft Rumpfungarns sei auch hier auf das Werk des kürzlich verstorbenen L. v. Buday, „Ungarn nach dem Friedensschluß" hingewiesen. Eine fortlaufende Orientierung bietet dem deutschen Leser das „Ungarische Wirtschaftsjahrbuch", seit 1925 hrsg. von Gustav Gratz. — Ein umfassendes Werk über die ungarische Verfassungs- und Rechtsgeschichte ist das von Ákos v. Timon, 2. Aufl., Berlin 1909, das allerdings in manchen Fragen mit Vorsicht zu benutzen ist. Eine kürzere Übersicht gibt H. Marczali, „Ungarische Verfassungsgeschichte", Tübingen 1910, und „Ungarisches Verfassungsrecht", ebd. 1911, das jedoch auch scharfer Kritik unterzogen wurde. Für das ungarische Privatrecht ist das umfassendste Werk das von A. Almasi, „Das ungarische Privatrecht", 2 Bde., Berlin 1923—24. Die ungarischen Gesetze sind veröffentlicht im „Corpus juris Hungarici" und in der „Ungarischen Reichsgesetzsammlung" in amtlicher deutscher Übersetzung. Für Verwaltung und Justizwesen sind die Sammlungen von Dárday und die Entscheidungen des Obersten Gerichtshofes einzusehen.

* * *

Die geographischen Studien haben eine alte Tradition bei den Ungarn, die seit dem Mittelalter in diese Forschungen die Sehnsucht nach der sagenhaften großen Urheimat ihres Volkes hineintrugen. Von dem ungarischen Dominikanermönch JULIAN, der im 13. Jh. eine Expedition nach Asien unternahm, führt eine lange Reihe von Namen bis in die Gegenwart: Der heldenhafte Tibetforscher ALEXANDER CSOMA VON KŐRÖS (1784 bis 1842) ist 1820 über Aleppo, Bagdad, Teheran, Buchara, Kabul durch die Gobi-Wüste nach Tibet ausgezogen, um unter den größten Entbehrungen die Urheimat der Ungarn zu suchen; er schrieb 1831 die erste Grammatik und das erste Wörterbuch des Tibetischen. JOHANN BESSE (geb. 1765, Todesjahr unbekannt) ist 1829 nach der Krim, dem Kaukasus und Armenien gereist, ebenfalls im Dienste der Urgeschichte der Ungarn, und hat seine Ergebnisse französisch veröffentlicht. — ANTON REGULY (1818—1858) widmete sich der Erforschung der ugrofinnischen Verwandtschaft und studierte 1839—1846 unter unsäglichen Mühsalen an Ort und Stelle alle finnisch-ugrischen Sprachen, ferner das Tschuwaschische und das Baschkirische. — JOHANN JERNEY (1800—1855) versuchte 1844—1847 in den Gegenden des Asowschen Meeres und des Don, die Wege der alten Ungarn aufzuspüren. ARMIN VÁMBÉRY (1832—1913) drang 1863, als Derwisch verkleidet durch Armenien und Persien bis nach Buchara. Seine sprachlichen, volkskundlichen und historischen Arbeiten machten ihn zur ersten Fachautorität in der Kenntnis Innerasiens: England hat sich oft von ihm Rat geholt. — Graf BÉLA SZÉCHENYI (1837—1918) führte 1877—1880 eine Expedition nach China. Die „wissenschaftlichen Ergebnisse seiner ostasiatischen Reise" sind in drei starken Bänden und einer geologisch-topographischen Karte niedergelegt. Von seinen Begleitern arbeitete der eine, LUDWIG LÓCZY (1849—1920), der würdige Fortsetzer des Werkes Richthofens, an der Erforschung des Lößgebietes und an der geologischen und glaciologischen Aufnahme Chinas, der andere, GABRIEL BÁLINT (1844—1913), beschäftigte sich mit der Tamul-Sprache. MAURUS DÉCHY (1851—1917) wirkte auf dem gleichen Gebiete wie Merzbacher; er führte, nachdem er Marokko, Spitzbergen und die Himalayagegenden bereist hatte, von 1884 bis 1905 sieben Expeditionen nach dem Kaukasus und förderte besonders unsere glaciologischen und geographischen Kenntnisse. Graf EUGEN ZICHY unternahm mehrere Expeditionen zum Studium der den Ungarn verwandten Völker nach dem Kaukasus, nach Sibirien und der Mongolei (1898); deren wissenschaftliche Ergebnisse sind in einer umfangreichen Schriftenreihe niedergelegt. AUREL STEIN hat in drei Expeditionen, 1897, 1906 und 1913 bis 1916, die im Sand begrabenen Städteruinen der Takla-Makan-Wüste aufgedeckt und die bis dahin unbekannten Kulturen Innerasiens in ihren Zusammenhängen dargestellt. Das fünfbändige Werk „Serindia" ist sein gewaltiges Denkmal. — Von den andern ungarischen Forschungsreisenden seien hier genannt Graf G. ALMÁSY und die Geographen GY. PRINZ (Karatash, Bolortag, Flußbett des Tien-san, 1906, 1909); JENŐ CHOLNOKY (Flußbett des Hoangho und des Jang-tse Kiang, 1896—1898); der Geograph R. MILLEKER und die Philologen BERNHARD MUNKÁCSI (Kaukasus), JOS. THÚRY (Inneres Kleinasien), GY. MÉSZÁROS, V. PRÖHLE, J. NÉMETH (Turkvölker und -sprachen Südrußlands).

Aber nicht nur für dieses Gebiet stellte Ungarn hervorragende Forschungsreisende; die lange als abenteuerlich angesehenen Reisebeschreibungen des „Königs von Madagaskar" Grafen MORITZ BENYOVSZKY (1741 bis 1786) hat Graf PAUL TELEKI in seinem großen Japan-Atlas nachgeprüft und hat festgestellt, daß er wirklich den Weg über die Behringstraße, Sachalin, die Aleuten-, die Kurili-Inseln, Formosa und Madagaskar nahm. LADISLAUS MAGYAR (1817—1864), ein Zeit- und Artgenosse Livingstones, lebte jahrelang im Hinterland Portugiesisch-Afrikas und im Kongogebiet; er bearbeitete auch die Hydrographie und die Volkskunde des Kongobeckens, drang bis zu den Yellala-Wasserfällen und entdeckte die Quellen des Koansa Kuango. Er bereiste auch Ostindien und Südamerika. Johann Besse forschte auch in Ostindien, auf Madagaskar; JOHANN XÁNTUS (1825—1894) machte jahrelang die kartographischen Aufnahmen der Korallenriffe zwischen Amerika und Australien, lebte in Nordamerika, auf Borneo, Sumatra und gehörte dann zu den Begründern des Völkerkunde-Museums in Budapest. Graf SAMUEL TELEKI (geb. 1845), der Entdecker des Rudolf-Sees und Erforscher seiner Umgebung (1888), arbeitete zur gleichen Zeit wie Thomson und Gregory an der Erforschung der Kilimandscharo-Gegend; EMIL TORDAY erwarb sich Verdienste durch ethnographische Forschungen im Kongo-Staate; Baron FRANZ NOPCSA (geb. 1877) lebte acht Jahre lang unter den nordalbanischen Stämmen und beschäftigte sich insbesondere mit der Geologie, der Topographie und der Ethnographie dieses Gebietes, als dessen bester Kenner er gilt und über das er jetzt eine große Monographie herausgibt.

Auch an der landeskundlichen Geographie haben die Ungarn stark gearbeitet. Schon zu Anfang des 18. Jh. besaßen sie die große historische Geographie ihres Landes von MATTHIAS BÉL (1684—1749) in den mächtigen fünf Bänden seiner „Notitia Hungariae Novae Historico-Geographica", die allerdings wegen Geldmangels nicht ganz erscheinen konnte. In der zweiten Hälfte des 18. Jh. hatten die geographischen Werke von TOMKA-SZÁSZKY, WINDISCH und KORABINSZKY große Verbreitung. Auch im 19. Jh.

gab es — der Auffassung der Zeit entsprechende — große Kompendien: Alexius Fényes (1807—1876), „Geographie Ungarns", und umfassende statistische Werke, ferner der selbständigere Paul Magda (1770—1841), „Geographische Beschreibung von Ungarn" 1810. In der zweiten Hälfte des Jahrhunderts schrieb Johann Hunfalvy (1820—1888) u. a. „Die Naturverhältnisse des ungarischen Reiches", drei große Bände, 1850.

Mit der wissenschaftlichen Geographie der westlichen Staaten hat die ungarische stets Schritt gehalten. 1872 wurde die Ungarische Geographische Gesellschaft begründet; sie hat heute ca. 1500 Mitglieder. Neben ihrer Zeitschrift „Földrajzi Közlemények" (Geographische Mitteilungen) mit einem Bulletin in deutscher, französischer und englischer Sprache, hat sie große Publikationen unternommen. 1890 begann sie unter der Leitung Ludwig Lóczys die wissenschaftliche Erforschung des Plattensees (Balaton) und seiner Umgebung; die Ergebnisse ihrer fünfundzwanzigjährigen Arbeit hat sie in vierunddreißig in zwei Sprachen veröffentlichten Großquartheften vorgelegt, die von der Paläontologie bis zur Architektur alle Gebiete der Wissenschaft umfassen. 1901 begann die Gesellschaft unter der Leitung von Eugen Cholnoky in ähnlicher Weise die Bearbeitung des großen ungarischen Tieflandes (Alföld). — Um dem Mangel an geographischen Vereinen in der Provinz abzuhelfen, hält die Geographische Gesellschaft seit 1907 Wandertagungen ab, und 1912 gründete sie eine wirtschaftsgeographische Abteilung.

Außer den geographischen Lehrstühlen an den vier Universitäten wurde in Budapest ein Lehrstuhl für Kosmographie und Geophysik errichtet — dort wirkt der Seismologe Radó Kövesligety, u. a. Verfasser einer Mathematischen Geographie — und ein Lehrstuhl für Wirtschaftsgeographie, dessen Inhaber, Franz Fodor, wir das 1924 erschienene umfassende Handbuch der Wirtschaftsgeographie Ungarns verdanken. Von eminenter Bedeutung für die Geographie ist auch das Werk des Physikers Baron Roland Eötvös, in erster Linie durch das von ihm konstruierte Torsionspendel und durch seine Neubestimmung der Konstante des Newtonschen Gesetzes.

Die ungarische Kartographie hat in den letzten Jahren hauptsächlich durch die Tätigkeit der Professoren Graf Paul Teleki und Karl Kogutovicz starken Aufschwung genommen und für die Zwecke der Friedensverhandlungen seit 1918 Mustergültiges geleistet. Besonders sei auf den guten wirtschaftsgeographischen Atlas von Edvi-Illés und Halasz hingewiesen. Kogutovicz gibt eine Zeitschrift für Anthropogeographie „Erde und Mensch" heraus. Seit sechs Jahren entfaltet die didaktische Abteilung der Geographischen Gesellschaft rege Tätigkeit.

Für die historische Geographie ist die das gesamte Urkundenmaterial heranziehende Arbeit von DESIDER CSÁNKI, „Die Historische Geographie von Ungarn im Zeitalter der Hunyadi" (ungar. bisher fünf Bände), von unvergänglichem Wert. Auch eine Serie selbständiger Werke über die Erdteile, den Sievers-Bänden ähnlich, liegt vor. Auf dem Gebiete der Phytogeographie ist das Werk von FEKETE und BLATTHY zu erwähnen: „Die Verbreitung der Bäume und Sträucher von forstwirtschaftlicher Bedeutung in Ungarn" (1913). Auch die Literatur der natürlichen Landschaften, wie sie in der Schule von Vidal de la Blache begründet wurde, beginnt sich zu entfalten; da ist z. B. die große Monographie von FRANZ GÖNCZI über Göcsej in Westungarn (1914); die Entwicklung der synthetischen Geographie hat Graf PAUL TELEKI in seinem Werk „Die Geschichte des geographischen Gedankens" (1917) dargestellt.

In neuerer Zeit gab es verschiedene Ansätze zu einer systematischen Erforschung des Orients und des Balkans. Die Ungarische Akademie der Wissenschaften hat während des Weltkrieges in die besetzten Balkangebiete und nach Kleinasien mehrere Expeditionen gesandt mit Geographen, Ethnographen, Historikern, Archäologen, Zoologen, Botanikern; von den Veröffentlichungen ihrer Arbeiten erschienen bisher: LUDWIG LÓCZYS Geologie Westserbiens (mit Karte) und die zoologischen Ergebnisse (1924). Es entstand die Turanische Gesellschaft sowie die „Ungarische Kulturzentrale für den Orient", die unter dem Titel „Turán" eine polyglotte Zeitschrift herausgaben. Das Organ der Kőrösi Csoma-Gesellschaft (K. Cs. Archivum) will als ein gemeinsames Organ alle Orientstudien — landeskundliche, völkerkundliche, sprachwissenschaftliche, volkswirtschaftliche, archäologische usw. — zusammenfassen. Die Kőrösi Csoma-Gesellschaft gibt jetzt auch die altbewährte „Keleti Szemle" als ihre Zeitschrift heraus.

Über die Landeskunde Ungarns orientieren zusammenfassend drei neuere Veröffentlichungen; die eine ist „Die Geographische, Soziologische, Kulturelle und Volkswirtschaftliche Übersicht", hrsg. von LUDWIG LÓCZY (Kilián, Budapest 1918, deutsch, französisch, englisch), „Ungarn, Land und Volk", ein geographisches, historisches, juridisches, volkswirtschaftliches und kulturelles Kompendium aus der Feder von BERZEVICZY, CHOLNOKY, MARCZALI u. a. (Quelle & Meyer, Leipzig 1918, deutsch) und LAD. v. BUDAYS erwähntes Buch: „Ungarn nach dem Friedensschluß", (W. de Gruyter, Bln. 1922 [auch französisch und englisch]).

Auf dem Gebiete der Geologie sind die Leistungen der 1850 gegründeten Ungarischen Geologischen Gesellschaft und besonders die der 1869 gegründeten Ungarischen Geologischen Reichsanstalt hervorzuheben. Die Veröffentlichungen der Gesellschaft erschienen unter dem Titel „Munkálatok" 1851—1869 in fünf Bänden; seit 1871 in der Zeitschrift „Földtani Közlöny" (auch in deutscher Sprache: „Geologische Mitteilungen") mit geologischen, mineralogischen, paläontologischen Abhandlungen und Rezensionen, diejenigen der Geolog. Reichsanstalt in dem „Jahresbericht" (seit 1882).

Die Geologische Reichsanstalt hat unter ihrem ersten Direktor MAX v. HANTKEN Westungarn geologisch kartographiert (1868—1882), dann unter JOHANN BÖCKH (1882—1911) wurde das Banat, das Komitat Bihar und ein großer Teil Siebenbürgens, unter LUDWIG LÓCZY (1911—1921) wurde besonders Nordungarn aufgenommen. Im Kriege erfolgten geologische Aufnahmen in Serbien, in Montenegro und in Albanien. Seit der Zerreißung des Landes durch den Vertrag von Trianon ist die Fortsetzung der geologischen Aufnahmen Großungarns unterbunden worden.

Die Ungarische Akademie der Wissenschaften gab außer zahlreichen geologischen Abhandlungen die große Monographie der Geologie von Schemnitz, von JOS. SZABÓ (1822—1894) heraus (1891). Szabó, Professor an der Budapester Universität, hat durch seine Forschungen über die erloschenen Vulkane Ungarns die Literatur mit wichtigen grundlegenden Werken bereichert.

Zu erwähnen sind ferner die Publikationen der Siebenbürgisch Ungarischen Museumsgesellschaft, die „Naturwissenschaftlichen Hefte" und die Annalen des Budapester „Nationalmuseums", ferner die „Jahrbücher der Kgl. Ung. Naturwissenschaftlichen Gesellschaft".

THEODOR POSEWITZ hat sich besonders durch Arbeiten über die Hohe Tátra, die Beschreibung der Erdölgebiete Ungarns und durch seine Studien auf Borneo bekanntgemacht. Die meisten der erwähnten Arbeiten LUDWIG LÓCZYS liegen ebenfalls auf dem Gebiete der Geologie. Ein Bergbaugeologe von hohem Rang war WILHELM v. ZSIGMONDY (1821—1888), der die Bergwerke von Petrozsény und die Artesischen Brunnen Ungarns schuf. Er war einer der ersten Tiefbohrtechniker seiner Zeit. Die Braunkohlenforschungen MAX v. HANTKENS (1821—1893) im Gebiet von Gran sind von allgemeiner Bedeutung. Sein bedeutender wissenschaftlicher Streit mit KARL HOFFMANN (1839—1891) über die Eocen- und Oligocenschichten in der Gegend von Budapest ist erst nach einem halben Jahrhundert entschieden worden, und zwar zugunsten von Hantken. J. BÖCKH hat seine wichtigsten Forschungen im Mezozooicum des Bakony und Mecsekgebirges durchgeführt.

J. Halaváts schrieb zahlreiche Studien über das Neogen in Ungarn und wies an Hand der artesischen Brunnen die geol. Schichtenfolgen des Alföld nach; A. Koch bearbeitete die Geologie des Siebenbürger Beckens. Auch M. Pálfy hat sich meist mit Siebenbürgen beschäftigt. F. Schafarzik arbeitete vorwiegend im Krassó-Szörényer Gebirge und in der Umgebung von Budapest. M. E. Vadász hat im Ung. Mittelgebirge, im Mecsek und in Siebenbürgen, bes. in den Miocen-, Jura- und Triasschichten gearbeitet. Ebenso sind die Veröffentlichungen von Franz Pávay, V. Vogl, Karl Roth, O. Kadić in der geologischen Literatur geschätzt. Bekannte ungarische Geologen sind ferner Stefan Vitális, H. Böckh, Z. Schreter. In der praktischen Geologie hat besonders Hugo Böckh als Erforscher der Erdöl- und Erdgasquellen außer Ungarn noch in Mossul, Persien, Indien, Frankreich usw. gearbeitet; Ludwig Lóczy jun. auf Java und in Ecuador.

Für die Agrogeologie ist Peter Treitz der bekannteste Fachmann mit seinen Arbeiten über sodahaltige Böden. Zu nennen sind auf diesem Gebiet ferner V. Güll, H. Horusitzky, B. v. Inkey und J. Timkó.

Die landwirtschaftliche Chemie hat in der Erforschung der chemischen Eigenschaften des ungarischen Bodens und für die Hebung seiner Fruchtbarkeit Ausgezeichnetes geleistet. Die Lebensarbeit von Professor Elek von Sigmond hat die Bedeutung der chemischen Bodenanalyse, die Nützlichkeit der mineralogisch-petrographischen Untersuchungen über die Verwitterung des Bodens, die Bestimmung des Bodens auf Grund des salzsauren Bodenauszuges und des Basenaustauschvermögens dargestellt und die mechanischen und physikalischen Methoden der Bodenanalyse wesentlich gefördert. Insbesondere hat er sich mit Untersuchungen über den Alkaliboden in Mittelungarn, in Ägypten und Amerika beschäftigt und die schädlichen Salze festgestellt; er hat die Möglichkeiten einer Fruchtbarmachung dieser sodahaltigen Gebiete und die Assimilierbarkeit der Phosphorsäure im Ackerboden nachgewiesen. Die Bedeutung dieser Arbeiten und auch die seiner Studien über die chemische Zusammensetzung der Kulturpflanzen ist naturgemäß nicht auf Ungarn beschränkt. — Internationale Geltung haben auch die Arbeiten von Julius von Istvánffy über Kulturpflanzen, insbesondere über Weintrauben und Weinstöcke.

Von den Geologen Ungarns haben sich viele auch mit Paläontologie beschäftigt. So hat schon 1780 J. E. Fichtel (1732—1785) in seinem großen Buche von den „Versteinerungen des Großfürstenthums Siebenbürgen" genaue conchyologische Beschreibungen gegeben, der Polyhistor Samuel

Bredeczky schrieb drei Werke über Versteinerungen in Westungarn (1801—1807). Zurzeit wird die Paläontologie in folgenden musealen Instituten behandelt: in der Paläontologischen Sammlung des Nationalmuseums, in der Geologischen Reichsanstalt, in dem Geologischen Institut und in dem paläontologischen Museum der Universität Budapest, in dem Mineralogisch-Geologischen Museum der Technischen Hochschule in Budapest, in den vereinigten Sammlungen der Universität Klausenburg und des Siebenbürger Museumsvereins, die aber die Rumänen jetzt an sich gerissen haben, ferner in den sonstigen Provinzmuseen. Eine umfassende Monographie gab L. Lóczy in seiner „Paläontologie der Plattenseegegend", auch arbeitete er über die Fossilien Innerasiens. Max v. Hantken hat durch seine Beschreibung der Foraminiferen, besonders der Nummuliten, wichtige Quellenwerke geschaffen. In der Paläophytologie ist Moritz Staub (1842—1904) hervorzuheben, der die aquitanzeitliche Flora des Zsiltales und die Geschichte des Cinnamomum bearbeitete. Von Paläozoologen seien genannt Elek Pávay-Vajna (1820—1874), Julius Pethö (1848—1902, über die Kreidefauna des Peterwardeiner Gebirges in den „Paläontographica"). Emerich Lörenthey (1867—1917, Die Süßwasserfauna Pannoniens, Monographie der fossilen Krebse), Franz Nopcsa (Osteologie der Dinosaurier der Kreidezeit) — N. ist heute der beste Kenner der fossilen Reptilien —, Ottokar Kadić (Höhlenforschung, Paläoanthropologie), Baron Géza Fejérváry (Paläobiologie), Th. Kormos (Wirbeltiere), Ludw. Lóczy jun., M. E. Vadász, V. Vogl (Echinodermen und Ammonite). Organe für die Paläontologie sind die prächtig ausgestattete Zeitschrift „Geologica Hungarica" (seit 1914), die ungarisch geschriebene „Geologische Rundschau" und die Zeitschrift „Paläontologica Hungarica".

Ungarns Leistungen auf dem Gebiete der Geodäsie sind ebenso wie die in der Geologie dem Ausland weniger unbekannt geblieben als anderes, da diese sich in die internationale Arbeit einordnen und ihre genauen Messungen, ihre Erfolge in der Metronomie viel beachtet wurden. So hat der Professor der Geodäsie an der Technischen Hochschule in Budapest, S. Kruspér (1818—1905) an den Arbeiten der Commission Internationale du Mètre als Vorsitzender einer Untersuchungskommission teilgenommen; von ihm stammen so vielbenutzte Instrumente, wie der Fernmesser mit doppeltem Bild. Sein Nachfolger, Julius Bodola von Zágon, der Gründer des Ungarischen Geodätischen Instituts, ist durch seine Verdienste um die Entwicklung der höheren geodätischen Messungen bekannt und wurde 1922 zum ständigen Generalsekretär des Comité International des Poids et Mesures gewählt.

Auf seine Initiative entstand der Gesetz-Art. V. v. J. 1907, eines der präzisesten Gesetze zur Regelung der Maße und der Maßeinheiten. KARL OLTAY (geb. 1881) brachte genaue Messungen der Gravitation und Deviation in Ungarn und die Feststellung des Budapester Wertes der Gravitationsbeschleunigung. Die Bedeutung der Arbeiten des Physikers Baron ROLAND EÖTVÖS für die Gestaltungsbestimmung der Niveaufläche ist den Geodäten und Geophysikern wohlbekannt.

Nach dem Aufhören der einst regen Tätigkeit auf der alten Sternwarte in Ofen haben die Arbeiten auf dem Gebiete der Astronomie eine längere Unterbrechung erfahren. Ihr erster ruhmreicher ungarischer Vertreter war MAX HELL S. J. gewesen, der als erster die Entfernung der Sonne von der Erde genau bestimmt hat. Ihre Wiederbelebung ist NIKOLAUS v. KONKOLY-THEGE (1842—1916) zu verdanken, der das — später verstaatlichte — Astrophysikalische Observatorium in Ógyalla gegründet hat. Er beschäftigte sich hauptsächlich mit den technischen Fragen der astronomischen Beobachtungskunst, schrieb drei größere Werke in deutscher Sprache über astronomische Instrumentenkunde und zahlreiche kleinere Arbeiten über astrophysikalische und meteorologische Fragen. Sein Institut nahm an den großen internationalen Unternehmungen zusammen mit dem Potsdamer und dem Harvard-Observatorium teil. — EUGEN v. GOTHARD (1857—1909) arbeitete hauptsächlich auf dem Gebiete der Photographie der Nebelflecke, der neuen Sterne und ihrer Spektra und erzielte trotz der bescheidenen Hilfsmittel seiner Privatsternwarte bemerkenswerte Resultate, die allgemeine Anerkennung verdienen. Seine meisten kürzeren Arbeiten sind teils in den deutschen Publikationen seiner Sternwarte, teils in den Fachzeitschriften erschienen. — JULIUS FÉNYI S. J. veröffentlichte seine mehrere Jahrzehnte umfassenden Beobachtungen der Sonnenprotuberanzen in deutscher Sprache in den Publikationen des Haynald - Observatoriums in Kalocsa. Diese Arbeiten gehören wegen ihrer Vollständigkeit und Exaktheit und ihrem ungewöhnlichen Umfange zu den wertvollsten Beiträgen auf dem Gebiete der Sonnenphysik. — Außer diesen seien genannt: RADÓ v. KÖVESLIGETHY, dessen astronomische, astrophysikalische und seismologische Forschungen allgemein bekannt sind und dessen lateinisches Buch „Seismonomia“ (Modena 1906) zu den grundlegenden Werken gehört. Ferner: Baron BÉLA HARKÁNYI, JOSEF WODETZKY, ANTON TASS und LUDWIG TERKÁN.

Die Meteorologie vertritt das 1871 gegründete Meteorolog. Institut und das damit zusammenhängende Beobachtungsnetz im Lande, dessen klimatologische Ergebnisse nicht nur für die Landwirtschaft wichtige

Prognosen stellt, sondern auch wichtige Forschungen z. B. auf dem Gebiete des Erdmagnetismus anstellt.

Die Pflege der ungarischen Mineralogie und Petrographie beginnt, nach einigen Ansätzen im 17. Jh., mit IGNAZ BORN (1742—1791), dem Sohne des bekannten Bergbauers und Entdeckers der Goldbergwerke von Nagyág. Born schildert die mineralogischen Verhältnisse Ungarns in seinen „Briefe über mineralogische Gegenstände auf seiner Reise durch den Temeswarer Banat, Siebenbürgen, Ober- und Niederungarn". Das Werk ist 1774 deutsch, bald darauf auch englisch, französisch und italienisch erschienen. Bahnbrechend für die Berg- und Hüttenkunde war Borns 1786 erschienenes, später auch französisch herausgegebenes Buch „Über das Anquicken der gold- und silberhältigen Erze, Rohsteine, Schwarz-Kupfer und Hüttenspeise". Die erste ungarische Mineralogie stammt von SAMUEL ZAY (1791). Von den Petrographen hat JOSEF SZABÓ (1822—1894) das weite Gebiet der Feldspate, die ungarischen Eruptivgesteine, bes. die Trachyte, bearbeitet (FRANZ SCHAFARZIK, ANTON KOCH, M. PÁLFY u. a. m.). Die Jüngeren wandten sich den anderen Eruptiven zu. Die ungarischen Mineralogen haben in der Steinwelt Ungarns eine Reihe neuer Minerale, wie Andorit, Semseyt, Schafarzikit, Fizelyt, Vashegyit, Urvölgyit usw. entdeckt. In dieser beschreibenden Richtung bewegen sich die Arbeiten von JOSEF KRENNER (1835—1920), des Neuschöpfers des Mineralogischen Museums in Budapest. Er hat viele neue Minerale in Ungarn entdeckt. Die Jüngeren wie BÉLA MAURITZ (wichtige Forschungen im Ditróer Elaeolith-Sienit- und im Eruptivgestein der Mátra und des Mecsek), AUREL LIFFA, ALADÁR VENDL, STEFAN VITÁLIS, KARL ZIMÁNYI usw. beschäftigten sich gerne mit genetischen Fragen.

Über die Entwicklung der ungarischen Botanik seit dem 16. Jh. unterrichtet den deutschen Leser AUGUST KANITZ in seiner „Geschichte der Botanik in Ungarn", Hannover 1863. Unter den Bahnbrechern hebt sich PAUL KITAIBEL (1757—1817) hervor mit seinen zahlreichen floristischen Werken, doch ist ein wesentlicher Teil seiner Arbeiten nur handschriftlich im Nachlaß erhalten. Von den neueren Botanikern ist VINCZE BORBÁS (1844—1905) der bedeutendste mit seinen grundlegenden Florawerken, wie die über die Plattenseegegend, und seine Monographien der kritischen Arten (z. B. Rosa). In seinen ca. tausend Aufsätzen beschreibt er mit scharfem weiten Blick mehr als zweitausend Gestalten. LUDWIG SIMONKAI (1851 bis 1910) gibt mit stark kritischem Sinn vielfach die Ergänzung und Kontrolle zu Borbás. Beide schufen eine ganze Schule. Aus der Fülle von be-

bedeutenden Vertretern der Botanik seien genannt: für die Paläophythologie und Phänologie KOVÁCS, HAZSLINSZKY, J. STAUB, für die allgemeine Botanik ALEXANDER MÁGÓCSY-DIETZ (ökologisch-physiologisches Gebiet), JULIUS ISTVÁNFFY (Ampelologie und Mykologie), JOHANN TUZSON (Systematik), ÁRPAD DÉGEN, der Besitzer des größten ungarischen Herbariums. Die neueste zusammenfassende „Flora Hungarica" von ALEXANDER JÁVORKA bringt die Ergebnisse anderthalb Jahrhunderte währender Bemühungen zusammen. Die Ungarische Naturwissenschaftliche Gesellschaft vereinigt die Botaniker in einer besonderen Sektion, deren Arbeiten zumeist in den „Botanischen Mitteilungen" ungarisch erscheinen.

Die Zoologie wurde in Ungarn seit dem Jagdwerk des Oberfalkners Ludwigs des Großen LADISLAUS UNGARUS im 14. Jh. in Verbindung mit dem edlen Waidwerk eifrig betrieben. Seit dem Einfluß Linnés, den Joh. Földi (1755—1801) ins Ungarische übersetzt hat, wurde auch in der Faunistik die Durchforschung und Beschreibung sämtlicher Arten der Landesfauna zum Hauptziel; für diese Bestrebungen gab schon der Bahnbrecher JOHANN GROSSINGER (1728—1803) mit seiner „Universa Historia physica Regni Hungariae" (1793—1797) reiches Quellenmaterial. Der Zoogeograph EMERICH FRIVALDSZKY (1799—1870) gab wichtige Beiträge zur Kenntnis der Fauna Ungarns und des Balkans. OTTO HERMAN (1835—1914), Zoologe und Philologe in einer Person, ist Verfasser von umfassenden Werken über Ungarns Spinnen und Vögel und trug umfassendes Material zusammen über die ethnischen Eigenschaften des ungarischen Volkes, über die Urbeschäftigung, die Fischerei, das Gesicht und den Charakter. GÉZA ENTZ (1842—1920), Professor an der Universität Budapest, war ein berühmter Kenner der Protozoen, bahnbrechend im Nachweis der Symbiose von Pflanzen und Tieren; EUGEN DADAY (1855—1920) war ein emsiger Forscher und der beste Kenner der niederen Organismen des Süßwassers. Aus der Nomenklatur der vielen Zoologen Ungarns seien noch LUDWIG MÉHELY und LUDWIG BIRÓ hervorgehoben, die über verschiedene Tierarten Ungarns und ihre Morphologie eine Reihe von Einzeluntersuchungen lieferten. — Die Hauptorgane der Zoologie in Ungarn sind die „Annales Historico-Naturales" des Ungarischen Nationalmuseums, die Zoologischen Mitteilungen und die Entomologischen Blätter (in ungar. Sprache).

Von den Anthropologen steht MICHAEL LENHOSSÉK besonders durch seine Schädelmessungen an den Ungarn der alten Zeiten an erster Stelle. Ein Meister der Schädelkunde war AUREL TÖRÖK (1842—1912, Grundzüge einer systematischen Kraniometrie, Stuttgart 1898). Von den neueren Anthropologen ist besonders Ludwig Bartucz hervorzuheben.

Die völkerkundlichen Forschungen in Ungarn haben sich seit anderthalb Jahrhunderten hauptsächlich mit der Frage nach der Herkunft der Ungarn beschäftigt; darum sind ihre Ergebnisse in erster Linie den engeren Fachkreisen der Ural-Altaistik bekannt. Mit grundlegenden Arbeiten stehen hier in der ersten Reihe neben Finnen und Russen die Ungarn Anton Reguly, Paul Hunfalvy, Josef Budenz, Josef Szinnyei, Bernhard Munkácsi und Josef Pápay auf dem Gebiet der finnisch-ugrischen Studien, Franz Ujfalvy, Armin Vambéry, Josef Thúry, Zoltán Gombocz, Graf Stefan Zichy und Gyula Németh in der Erforschung der Sprache und Ethnologie der türkisch-tatarischen Völker.

Die Ungarische Ethnographische Gesellschaft besteht seit 1889. Sie hat sich vor allem durch Forschungen über die in Ungarn lebenden Völker Verdienste erworben. Sie hat je eine soziologische, anthropogeographische, anthropologische, sachethnographische und eine Folklore-Abteilung. Die von dem bekannten Erforscher des Volkstums der Zigeuner und der Armenier in der Diaspora, Anton Herrmann, herausgegebene Zeitschrift „Ethnologische Mitteilungen aus Ungarn" (1890—1911) und die „Ethnographia", (seit 1890) das Organ der Gesellschaft, enthalten reiche Ergebnisse dieser Forschungen. Im Jahre 1887 (1893) wurde die Völkerkundliche Abteilung des Ungarischen Nationalmuseums gegründet, die einen außerordentlich vielseitigen Stoff zur Volkskunde der ungarländischen und der verwandten Völker zusammengetragen hat; in ihren Veröffentlichungen wird darüber in ungarischer und in deutscher Sprache berichtet. Seit einigen Jahren besteht im Ungarischen Nationalmuseum eine Folklore-Abteilung, nach dem Muster der Folklore-Vereinigung der nordischen Staaten. Diese Abteilung hat schon unschätzbares völkerpsychologisches Material aus den untergehenden Denkmälern der ungarländischen Völkerschaften gerettet; sie ist im Begriffe, diese Stoffe der internationalen Forschung zugänglich zu machen. Die Ethnologie und Anthropologie ist seit dreißig Jahren mit einem Lehrstuhl an der Budapester Universität vertreten. Grundlegendes auf dem Gebiete der ungarischen Volkskunde brachten die Werke des schon erwähnten Otto Herman, der durch die Verbindung der Ethnographie und der Prähistorie bahnbrechend wirkte. J. Jankó arbeitete über die Volkskunde der Székler, der Gegend von Kalotaszeg und andere Gebiete Ungarns. F. Gönczi befaßte sich mit dem Volke in der Gegend der Mur und der Zala. Die eingangs erwähnten

Forschungsreisenden haben auch dem Museum ein reiches ethnologisches Material gestiftet. Am bekanntesten sind die in der völkerkundlichen Abteilung aufbewahrten Sammlungen von JOHANN XÁNTUS aus Borneo, von Graf SAMUEL TELEKI aus Ostafrika, von BIRÓ und FENICHEL aus Neu-Guinea. Von den in ausländische Dienste getretenen ungarischen Ethnologen sind besonders zu nennen EMIL TORDAY, der sich, wie schon erwähnt, insbesondere um die völkerkundliche Erforschung von Belgisch-Kongo verdient gemacht hat, und Sir AUREL STEIN (geb. 1862), dem die archäologisch-völkerkundliche Erforschung Innerasiens Weltruhm brachte. Auch IGNAZ GOLDZIHER (1850—1921) ist durch seine grundlegenden Arbeiten und seine Lehrtätigkeit auf dem Gebiete der Semitistik und der Islamkunde in den Fachkreisen des Auslands allgemein bekannt geworden.

Die volkswirtschaftliche Literatur Ungarns nahm Ende des 18. Jhs. ihren ersten Aufschwung. Sie stützte sich in ihren Anfängen auf die englische. Die erste Schrift, welche einen Hinweis auf Adam Smith enthielt, war TAPOLAYS „Dissertatio de Industria nationali Hungarorum“ (1792), auch das von MICHAEL HORVÁTH 1806 herausgegebene Lehr- und Handbuch der Volkswirtschaftslehre fußt auf englischen Theorien. Die ersten bedeutenderen ungarischen Nationalökonomen waren Baron SKERLECZ und GREGOR BERZEVICZY (1763—1822). Von letzterem spricht Julius Kautz als von einem der Begründer der nationalökonomischen Wissenschaft und stellt ihn mit Malthus, Hufeland und J. B. Say in eine Reihe. Als erste systematische Volkswirtschaftslehren können gelten HUBERS „Politia Civitatis“ (1829) und die „Introductio in Oeconomiam Politicam“ (1831) von HENFNER. Graf STEPHAN SZÉCHENYI, der in seinen Schriften die Richtungsprinzipien der ungarischen Wirtschaftspolitik niederlegte, bekannte sich zu den Gedanken der klassischen englischen Schule, besonders in ihren praktischen Anwendungen, jedoch liegt seinen Gedankengängen die Volkswirtschaft als ein organisches Ganzes zugrunde. Die Entwicklung der ungarischen Volkswirtschaft ist an seinen Büchern wie an Meilensteinen abzulesen: „Über den Kredit“ (1830), „Licht“ (1831), „Stadium“ (1833) und „Das Volk des Ostens“ (1841). Ebenfalls auf die klassische Richtung stützt sich das systematische Handbuch von AUGUST KARVASSY, „Volkswirtschaftslehre und Finanzwissenschaft“ (1842), jedoch bleibt Karvassy in seinen wirtschaftspolitischen Folgerungen selbständig und weicht von dem wirtschaftlichen Liberalismus der Klassiker ab. Später geriet die ungarische Nationalökonomie in die Einflußsphäre der deutschen Wissenschaft, ohne jedoch dem Hang zur Zersplitterung in Einzelheiten zu folgen. JULIUS KAUTZ begründete in Ungarn die im wesentlichen auf Roschers Spuren sich bewegende historische Schule, doch bleibt er in seiner wissenschaftlichen Tätigkeit ganz selbständig. Sein Buch „Theorie und Geschichte der National-Ökonomik" (Wien 1858—1860, 2 Bde.) ist den ausländischen Fachleuten wohlbekannt, wird viel zitiert und diente lange Zeit auch in Deutschland als Lehr- und Handbuch. Erwähnung verdient auch EDUARD HORN, der seine bemerkenswerten wirtschaftspolitischen Arbeiten größtenteils in französischer und deutscher Sprache verfaßt hat. — Ebenfalls von Roschers Bahnen ging BÉLA FÖLDES aus, doch befreite er sich in seinen Werken von diesem Einfluß und vereinigte in glücklicher Weise den geschichtlichen Gesichtspunkt mit den durch die reine Theorie gewonnenen Ergebnissen. Seine „Soziale Volkswirtschaftslehre" (zwei Bände) und „Der Sozialismus" (zwei Bände, Leipzig 1923) sowie seine ebenfalls auch in deutscher Sprache erschienene „Finanzwissenschaft" u. a. sind weit verbreitet. Dasselbe gilt von den Werken EUGEN GAÁLS, der sich in seinem Handbuch der Volkswirtschaftslehre der klassischen Auffassung zwar anschließt, aber dabei neue Gesichtspunkte herausarbeitet, und von den volkswirtschaftlichen Werken LUDWIG LANGS (Die Statistik Ungarns, 2 Bde., 1884; Die Geschichte der Statistik, 1913) und ALEXANDER MATLEKOVITS', die sich durch Knappheit und klare Formulierung auszeichnen. Von den großen Werken Matlekovits' gibt z. B. das über „Die Entwicklung der Zollpolitik Österreich-Ungarns seit 1868" viel mehr als der Titel verspricht; es enthält den ersten eingehenden Versuch einer theoretischen Darlegung der Wirkung der Zölle. Die finanzpolitische Literatur verdankt auch MELCHIOR LÓNYAY, WILHELM MARISKA und KORNEL EXNER wertvolle Bereicherung, während der berühmte Professor KARL KERKÁPOLY in erster Linie durch seine Lehrtätigkeit wirkte. Die von seinen Hörern zusammengestellten Vorlesungshefte waren von starkem Einfluß.

Mit der neuen Werttheorie beschäftigte sich insbesondere WOLFGANG HELLER, z. B. in seinem umfassenden Buche über die Theorie des Grenznutzens (1904) — eine systematische Bearbeitung, wie es sie außer den grundlegenden Werken der Wiener Schule sonst kaum gibt. Sein zweibändiges Handbuch der Volkswirtschaftslehre sucht einen neuen theoretischen Weg in den Fragen der volkswirtschaftlichen Organisation zu bahnen. Auch eine neue Systematik der Wirtschaftspolitik hat Heller gegeben und den Versuch einer theoretischen Finanzwissenschaft gewagt.

In der weiteren Entwicklung übernahm die ungarische Volkswirtschaftslehre jene Gedanken, die die auf der neuen Werttheorie fußende amerikanische Literatur herausgearbeitet hat. Besonders die Werke von KARL BALAS, z. B. das über die Einkommenverteilung im Zeitalter des Kapitalismus (1913), behandelt mit selbständiger Weiterentwicklung amerikanischer Gedanken kritisch und eindringlich die schwierigen Fragen der Theorie. Sowohl Heller wie Balás versuchen in ihren Werken eine neue, selbständige Lösung für die komplizierten Probleme des Kapitals zu finden.[1]) Außer BALÁS haben sich mit der Geldtheorie BÉLA JANKOVICH, KARL SCHLESINGER und ELEMÉR HANTOS eingehender befaßt. Letzterer ist ein Vorkämpfer des mitteleuropäischen wirtschaftlichen Zusammenschlusses. Mit der Währungspolitik hat sich auch THEODOR HERTZKA befaßt, doch ist er im Ausland mehr durch seine Utopie „Freiland" bekannt geworden. Auch ALEXANDER POPOVICS hat die finanzpolitische Literatur Wertvolles zu verdanken. Mit den Klassikern der Nationalökonomie und mit Grenzfragen dieser Wissenschaft (Technik und Wirtschaft) hat sich AKUSIUS NAVRATIL mit besonderer Liebe befaßt. — Auch GABRIEL KOVÁCS hat sich, trotz aller Selbständigkeit, in theoretischer Hinsicht an die ältere englische Schule angelehnt. Doch sind auch seine bevölkerungspolitischen Arbeiten bemerkenswert. Die Philosophie der Volkswirtschaftslehre ist das Arbeitsfeld von THEO SURÁNYI-UNGER. — Die zahlreichen Arbeiten FRIEDRICH v. FELLNERS zur Währungspolitik und seine „Schätzung des Volkseinkommens" (1903), „Das Volksvermögen Österreichs und Ungarns" (1913) und „Das System der Rentengüter und seine Anwendung in Ungarn" (1905) usw. haben sich den Weg in die Weltliteratur gebahnt. EUGEN CZETTLERS Agrarsozialpolitik hat, indem sie den Gedankenkreis des Agrarpolitikers STEPHAN BERNÁTH ausbaute, die landwirtschaftliche Sozialpolitik selbständig gemacht, und zwar in einer systematischen, tiefschürfenden Behandlung, wie sie nicht oft zu beobachten ist. Besondere Beachtung erfuhren die agrarpolitischen Arbeiten des Statistikers BELA KENÉZ, welche sich für die Notwendigkeit einer Bodenreform schon während des Weltkrieges einsetzten. Ein Handbuch der Agrarpolitik ist kürzlich auch aus der Feder des vielseitigen, führenden Volkswirtschaftlers LADISLAUS BUDAY erschienen. Die sozialpolitischen Arbeiten von EMERICH FERENCZI und JOSEF VÁGÓ sind in der Fachliteratur allgemein bekannt. Sein Buch über Streik und Sozialpolitik behandelt auf hohem Niveau das Problem der Gewerkschaften. — In dem von ALEX. HALÁSZ und JULIUS MANDELLO herausgegebenen „Volkswirtschaftlichen Lexikon" ist die ungarische Wirtschaftspolitik eingehend behandelt; es enthält auch ganz selbständig gehaltene theoretische Artikel.

[1]) Vgl. über diese beiden Kapitaltheorien STEFAN VARGA: Zwei ungarische Kapitaltheorien, in Schmollers Jahrbuch Bd. 49, S. 835.

Von den ungarischen Wirtschaftshistorikern seien genannt Ignaz Acsády und Peter Ágoston, deren wichtigste Arbeiten sich auf die Geschichte des ungarischen Grundbesitzes beziehen. Bálint Hóman bearbeitete das Gebiet der Geldgeschichte und der Wirtschaftsverhältnisse des Mittelalters. In der Geldgeschichte verficht Franz Kovács wesentlich andere Ansichten als Hóman; er hat besonders den Wirtschaftsverkehr der westungarischen Städte behandelt. Julius Mandelló hat bemerkenswerte Abhandlungen über die mittelalterlichen Arbeitslöhne verfaßt. Alexander Domanovszky und Victor Bruckner beschäftigten sich mit der Wirtschaftsgeschichte der Zipser Städte. Franz Eckhardt ist eine umfangreiche Abhandlung über Wirtschaftsverhältnisse zur Zeit der Maria Theresia zu verdanken. Auch des früh verstorbenen Publizisten Béla Grünwald muß Erwähnung getan werden, dessen Abhandlung über das Ungarn des Vormärz auch wirtschaftsgeschichtlich als grundlegend gilt. Sehr wertvolles Material enthält die ungarische Wirtschaftsgeschichtliche Rundschau.

In der Statistik ist die erste bedeutende Gestalt Martin Schwartner (1759—1823), dessen „Statistik des Königreichs Ungern“ (1798) in deutschen und in französischen Ausgaben verbreitet war und scharfe soziologische Beobachtung mit gewandter Verarbeitung der Quellen vereinigte. Alexius Fényes (1807—1876) hat mit einer ganzen Reihe von statistisch-geographischen Werken die statistische Literatur Ungarns bereichert, die noch heute wichtige Quellenwerke sind. In der amtlichen Statistik ist besonders die Tätigkeit von Karl Keleti (1833—1892) und Josef Kőrösy (1844—1906) hervorzuheben; sie haben auch in den internationalen Angelegenheiten der Statistik eine führende Rolle gespielt. Die Statistik entwickelte sich aus der Beschreibung des staatlichen Lebens zur Erforschung der Gesetzmäßigkeiten des sozialen Lebens und wird in zwei hochentwickelten Instituten, im Staatlichen Statistischen Zentralamt wie in dem Statistischen Amt der Hauptstadt Budapest gepflegt. Von bedeutenden ungarischen Statistikern seien noch erwähnt Gustav Thirring, Johann Bud, Ladislaus Buday, Alois Kovács. Die ungarische Statistische Gesellschaft gibt eine „Revue hongroise de Statistique“ heraus.

Neben den volkswirtschaftlichen Lehrstühlen an den vier Universitäten gibt es in Ungarn für die Volkswirtschaft noch eine besondere Fakultät an der Technischen Hochschule und eine vorwiegend nach englischem Muster eingerichtete Fakultät in Budapest, die sich mit ihren eigenen vier Abteilungen allmählich zu einem bedeutenden Kulturfaktor entwickelt.

Die rechtswissenschaftliche Literatur Ungarns ist naturgemäß im Ausland wenig bekannt geworden, da ihre Probleme im allgemeinen auf das

Interesse der ungarischen Rechtsgelehrten beschränkt sind. — Das ungarische Privatrecht, das, wie das englische, nicht kodifiziert ist und auf Rechtsgewohnheiten beruht, hat seit dem 16. Jh., seit dem „Corpus iuris tripartitum" des WERBŐCZI, eine lange Reihe bedeutender Gelehrter aufzuweisen. — Das Strafrecht, von KARL CSEMEGI kodifiziert, ist ebenfalls mit reicher Literatur vertreten. ALEXANDER PLÓSZ, ein Rechtsgelehrter und Rechtsschöpfer von großem Rang, hat die bürgerliche Prozeßordnung kodifiziert. — Auf dem Grenzgebiet der Rechtswissenschaft und der Rechtsphilosophie liegen die bekannten Arbeiten von GUSTAV SZÁSZY-SCHWARTZ, der die Jheringsche Richtung durch die Erläuterung der Rechtsperson (1907) fortsetzte. FELIX SOMLÓ ist durch seine „Juristische Grundlehre" (1917) und durch ausgedehnte soziologische Forschungen bekannt geworden. — Das große staatsphilosophische Werk des Barons JOSEF EÖTVÖS, „Der Einfluß der herrschenden Ideen des 19. Jh. auf den Staat" (1854) hat in der Weltliteratur einen angesehenen Platz. Im Mittelpunkt der ungarischen Rechtsphilosophie steht AUGUST PULSZKYs machtvolles Gedankengebäude: „The Theory of Law and Civil Society", in dem er mit kühnem Bogen und in gedrängter Form zwischen der deutschen idealistischen Philosophie und der positivistischen Soziologie eine Brücke schlägt. Eine Nomenklatur der bedeutendsten ungarischen Rechtswissenschaftler würde einen ganzen Gelehrtenkalender füllen; eine Geschichte des ungarischen Rechts gab JOSEF ILLÉS (1910). — In der Pflege der modernen Rechtswissenschaft haben sich drei Hauptgesichtspunkte abgelöst. Da die ungarische Verfassung ein historisches Gebilde ist und das Privatrecht auf Rechtsgewohnheiten beruht, spielte zunächst der historische Gesichtspunkt eine große Rolle. Nach dem Ausgleich von 1867 trat parallel mit den Kodifizierungsarbeiten eine mehr dogmatische Behandlung des ungarischen Rechts ein. Sodann haben die seit einem halben Jahrhundert währenden Bemühungen um das ungarische B.G.B. eine rechtspolitische Richtung zum Aufblühen gebracht. Diese letztere machte sich vornehmlich im Strafrecht geltend, wo die psychologischen, soziologischen und statistischen Gesichtspunkte die rein dogmatische Behandlung stärker zurückgedrängt haben. — Der Übergangszustand seit dem Kriege hat das Recht auf allen Gebieten mit provisorischen Einrichtungen (Kriegswirtschaftsrecht, Aufwertung, Bodenreform) überflutet, welche durch ihren ephemeren Charakter der Pflege der Rechtswissenschaft ungünstig sind. Ein Gebiet, die Verwaltungswissenschaft, zeigt durch die starke Entwicklung der staatlichen Verwaltung die Notwendigkeit besonders dringender Arbeiten.

In der Medizin haben die Ungarn zu der großen internationalen Gesamtleistung gleichfalls Wesentliches beigetragen. Eine Skizze der ungarischen medizinischen Wissenschaft gibt TIBOR GYŐRY in der Oxford Hungarian Review 1923. Seit dem 16. Jh. haben viele hervorragende ungarische Mediziner für immer ihren Namen in die Geschichte der Wissenschaft eingetragen. Hier soll nur von jenen Gelehrten gesprochen werden, deren Arbeiten auch für die ausländische Wissenschaft richtungweisend waren, oder die Neues und Mustergültiges schufen.

Gleichzeitig mit dem Aufblühen der Wiener ärztlichen Schule begründet der Gelehrtenkreis um den bekannten Chirurgen JOHANN BALASSA und um LUDWIG MARKUSOVSZKY die wissenschaftliche Fortbildung der Ärzte.

Als erster ist IGNAZ PHILIPP SEMMELWEIS (1818—1865) zu nennen, der größte ungarische Arzt, der den Erreger des Kindbettfiebers entdeckte und Vorbeugungsmittel fand und so ein großer Wohltäter der Menschheit wurde. Ihm, Lister, Pasteur und Koch ist der heutige Stand der medizinischen Wissenschaft auf dem Gebiete der Infektionskrankheiten zu verdanken. Der sprachlichen Isoliertheit und den eigenartigen Verhältnissen des Landes ist es zuzuschreiben, daß der Gelehrte, der die Semmelweißschen Methoden und Prinzipien am stärksten verfocht und sie weiterentwickelte: THEODOR KÉZMÁRSZKY (1842—1902), in Westeuropa unbekannt geblieben ist. Ebenso JOSEF KOVÁCS (1832—1897), der mit tiefschürfendem Geist das Wesentliche dieser Lehren, die Asepsis, erkannte und zu einem praktischen System machte. Sein kongenialer Schüler MAX SCHÄCHTER (1859—1917) war der erste, der in seinem auch deutsch erschienenen Werk die chirurgische Asepsis systematisch darstellte. Dem Geiste Kovács' und Schächters ist übrigens eine der besten Institutionen der ungarischen Strafrechtspflege zu verdanken: der Gerichts-Medizinal-Senat, über dessen Organisation Max Schächter auf dem internationalen Ärztekongreß in London berichtete.

Der neue Aufschwung in der ungarischen Forschung für innere Medizin ist von ALEXANDER KORÁNYI ausgegangen, der die rein theoretische Medizin mit der praktisch-klinischen verband. Er hat als einer der ersten die Gesetze und Methoden der physikalischen Chemie in dem Studium der normalen und pathologischen Lebenserscheinungen besonders in der Herz- und Nierendiagnostik erfolgreich angewandt. Mit der Untersuchung des Gefrierpunktes beim Blut und beim Urin hat er eines der sichersten Mittel der modernen Nierendiagnostik gefunden. Seine physikalische Chemie ist seinerzeit ein grundlegendes Handbuch gewesen. Die drei führenden Professoren KORÁNYI, KÉTLY und BÓKAY legten ihre Lehren in einem sechsbändigen „Handbuch der inneren Medizin" nieder.

Den Namen Ernst Jendrassiks hat seine tiefschürfende Analyse der Haut- und Sehnenreflexe und seine auf originalen Forschungen beruhende Monographie über die erblichen Nervenkrankheiten berühmt gemacht (Hypnose, Mechanismus des Gehens, das Denken). Bertalan Stiller erkannte mit wunderbarer Intuition das Charakteristikum des asthemischen habitus und hat damit wesentlich zu der Begründung der modernen Konstitutionspathologie beigetragen. Für die Kinderheilkunde war Johann Bókay der führende Meister, dessen Werk sein Sohn fortsetzte und Paul Heim auf neue Bahnen leitete. Die moderne chirurgische Gynäkologie verdankt ihren hohen Stand in Ungarn der Tätigkeit Wilhelm Tauffers; die Chirurgie wurde besonders durch Julius Dollinger gefördert, die Augenheilkunde durch Emil Grósz, Josef Imre usw. Theodor Bakody hat einst als hervorragender Kommentator Hahnemanns und scharfsinniger Verfechter der Homöopathie viele, auch ausländische, Schüler um sich geschart, als sein heute schon gesunkenes Fach noch seine Blütezeit hatte. David Gruby, Ludwig Török und Ludwig Nékam haben die moderne Hautheilkunde ausgebaut. Die Namen Franz Hutÿra und Josef Marek sind allen Tierärzten der Welt geläufig durch das dreibändige Werk der beiden Gelehrten über die „Spezielle Pathologie und Therapie der Haustiere", das der ungarischen Tierheilkunde allgemeine Anerkennung brachte; es ist deutsch. englisch, italienisch, spanisch und russisch in zahlreichen Auflagen erschienen.

Auch auf dem Gebiet der theoretischen medizinischen Wissenschaften sind Namen ungarischer Gelehrter in die internationale Fachliteratur gedrungen. Die Arbeit von Géza Mihálkovics über die Entwicklung der Gehirnblasen war bahnbrechend; es gibt kaum ein Handbuch der Anatomie oder der Entwicklungslehre, das seine Abbildungen nicht brächte. An der Ausarbeitung der epochemachenden Neuronenlehre von Golgi und Ramon y Cajal hatte Michael Lenhossék tätigen Anteil; seine diesbezüglichen Studien haben viel zur allgemeinen Anerkennung dieser Lehre beigetragen. Die Entdeckung und die auf ganz neuen Färbungsverfahren aufgebauten Untersuchungen des Neurofibrillums durch Stefan Apáthy sind allen Fachleuten geläufig und bieten vielleicht die stärksten Beweise gegen die ausschließliche Gültigkeit der Neuronenlehre. A. hat auch das Prinzip der „mutual aid" in der Natur gleichzeitig mit Kropotkin ausgesprochen. Die hirnanatomischen Forschungen Karl Schaffers, insbesondere die über das anatomische Wesen der Sachschen amaurosis idiotica familiaris, sind allgemein bekannt. Das Schaffersche Institut in Budapest ist in das Interakademische Institut für Hirnforschung eingereiht worden; Franz Tangl, der sich mit bioenergetischen Untersuchungen an den in Entwicklung begriffenen und an fertig entwickelten Organismen beschäftigte, gehörte zu den bedeutendsten Vertretern der Stoffwechselforschung. Sein Biochemisches Institut ist zu einem wissenschaftlichen Zentrum und seine „Arbeiten auf dem Gebiete der chemischen Physiologie" zu einer reichen Fundgrube geworden. ENDRE HŐGYES hat, ausgehend von den Fleurensschen Experimenten, den Zusammenhang der koordinierten Bewegungen der Augen mit den halbkreisförmigen Bogengängen des inneren Ohres entdeckt und war so einer der allerersten, die den Mechanismus des Gleichgewichts des lebenden Körpers aufgeklärt haben. Eine Modifizierung der Pasteurschen Tollwutimpfung — die Verdünnung des virus fix mit einer Kochsalzlösung —, die von vielen Fachleuten für zweckmäßiger gehalten wird als das ursprüngliche trockene Verfahren, geht ebenfalls von Endre Hőgyes aus. — Die Arbeiten von FRIEDRICH VERZÁR haben wichtige Ergebnisse besonders für die Vitaminlehre, Serologie und die Muskelphysiologie geliefert. ZOLTÁN VÁMOSSY entdeckte die laxative Eigenschaft des Phenophtaleins. Auf dem Gebiete der Hygiene ist JOSEF FODOR (bakterientötendes Verhalten des Blutserums usw.), in der physikalischen Chemie LEO LIEBERMANN und ST. BUGARSZKY führend gewesen; sie haben als erste zur Messung der Wasserstoffionenkonzentration die Gaskettenmethode verwendet. Auf dem Gebiete der biologischen Chemie ist besonders PAUL HÁRY bekannt. GÉZA MANSFELD arbeitete erfolgreich auf verschiedenen Gebieten der Pharmakologie und Physiologie. Der große ungarische Physiker der Heidelberger Universität, PHILIPP LÉNÁRD (geb. 1862), hat durch seine grundlegenden Untersuchungen über die Kathodenstrahlen die Entdeckung der Röntgenstrahlen vorbereitet. Die körperzeichnenden Eigenschaften dieser Strahlen hat als einer der Ersten BÉLA ALEXANDER untersucht.

In der Chemie hat zuerst JOHANN IRINYI (1819—1895), der erste Erfinder des Streichholzes, bleibende Werte geschaffen (Schwefelsäure, Theoretisches). Zunächst wurden analytische Probleme erfaßt, wie Analysen der Mineralwasser und Rohstoffe des Landes analysiert. KARL THAN (1834—1908) hat die Gasgesetze auf die sog. anomalen Gase ausgedehnt und machte präzise Messungen über die Bildungswärme des Wassers. LUDWIG WINKLER hat mehrere analytische Methoden ausgearbeitet, von denen besonders seine Feststellungen über die Gasabsorptionen berühmt sind. Die Namen BUCHBÖCK, BUGARSZKY, ILOSVAY, LENGYEL, SZARVASY, WARTHA seien hervorgehoben. Die organische Chemie wurde neuerdings besonders durch GÉZA ZEMPLÉN (Kohlehydrate, Zellulose, Lignin, Glucoside, Enzime, synthetische Schlafmittel und Sedative, Guajakolgewinnung aus Buchenteer usw.) gefördert. Fachzeitschriften in ungarischer Sprache sind: Ungarische Chemische Zeitschrift, Chemische Blätter, Zeitschrift ungarischer Chemiker.

Zentren der ungarischen physikalischen Forschungen sind Lehrstühle, Institute und die Mathem.-Physikalische Gesellschaft mit ihrer Zeitschrift. Die Veröffentlichungen in ungarischer Sprache zeigen, daß neben der selbständigen Forschung die Ergebnisse der internationalen physikalischen Untersuchungen verarbeitet und verbreitet werden. — In zeitlicher Folge als erster ungarischer Physiker ist ÁNYOS JEDLIK (1800—1895) zu nennen, der als Professor an der Universität Budapest wirkte. Die internationale physikalische Literatur (GUILLEMIN: *Electricité et magnétisme*) erwähnt, daß Jedlik einer der ersten war, die einen brauchbaren elektromagnetischen Motor konstruierten. Früher als Werner Siemens und Wheatstone hat er das elektrodynamische Selbsterregungsprinzip ausgesprochen und auch experimentell nachgewiesen. Er konstruierte ferner einen Teilungsapparat zur Herstellung optischer Gitter. Er erhöhte schließlich die Kapazität der Leydener Flaschenbatterie in bedeutendem Maße durch die Konstruktion sogenannter Röhrenkondensatoren. Leider hat der unendlich bescheidene Gelehrte von seinen Untersuchungen nur wenig veröffentlicht. — JOSEF STOCZEK (1819—1890), Professor an der Technischen Hochschule Budapest, versuchte sich als Erster auf dem Gebiete der physikalischen Messungen. Er untersuchte u. a. die Spannungsverhältnisse der Volta-Säule; sein „elektrischer Schmetterling" ist bekannt. — ALOIS SCHULLER (geb. 1845), ebenfalls Professor an der Technischen Hochschule Budapest, hat das Bunsensche Eiskalorimeter in der Weise vervollkommnet, wie es jetzt allgemein gebraucht wird, und machte mit dem Apparat präzise Messungen der Bildungswärme des Wassers. Seine sinnreichen Vorlesungen über alle Gebiete der Physik sind auch deutsch veröffentlicht worden. — KOLOMAN SZILY (1837—1923) ist besonders durch seine auf den zweiten Hauptsatz der Thermodynamik, auf das Carnot-Clausiussche Prinzip sich beziehenden Studien bekannt geworden. Seine Arbeiten über das Hamiltonsche dynamische Prinzip in der Thermodynamik usw. sind auch deutsch und englisch erschienen. Szily hat 1869 die ungarische Zeitschrift „Naturwissenschaftliche Mitteilungen" begründet und sie lange Zeit hindurch redigiert: er bezweckte und erreichte damit die Verbreitung naturwissenschaftlicher Kenntnisse in Ungarn. Auch um die ungarische Sprachwissenschaft und Sprachpflege hat sich übrigens Szily sowohl als Gelehrter wie auch als Organisator bleibende Verdienste erworben.

Die neueren physikalischen Studien in Ungarn haben sich mit Vorliebe den Fragen der Kapillarität, der Gravitation und der Optik zugewandt. Der hervorragendste ungarische Physiker war Baron ROLAND EÖTVÖS (1848—1919), der Sohn des großen Kulturpolitikers. Seine Forschungsmethoden auf dem Gebiete der Kapillarität, der Gravitation und des Erdmagnetismus werden noch in ferner Zukunft richtungweisend sein. Er hat die auf unmeßbar kleine Entfernungen wirkenden molekularen Kräfte und die Gravitationskräfte zwischen den Himmelskörpern mit neuen Methoden untersucht, gemessen und grundlegende Gesetzmäßigkeiten aufgedeckt. (Das Eötvös'sche Gesetz über die molekulare Oberflächenenergie, ferner das Verhältnis zwischen der Trägheit und der Schwere der Masse, einer der Grundlagen der Theorie Einsteins.) Er vermochte die Gestalt der Niveauoberfläche der Erde mit einer Genauigkeit und Ausführlichkeit festzustellen, die vor ihm undenkbar waren, und hat damit den Geodäten auf Jahrzehnte hinaus Anregungen gegeben. Seine Demonstration der Abhängigkeit des Gewichtes von der Bewegung auf der Erdoberfläche wird in englischen Büchern als Eötvös-Effekt angeführt. — Von dem Heidelberger Physiker LÉNÁRD, Nobelpreisträger, der seine Laufbahn in Budapest begann, ist schon in dem Abschnitt über Medizin gesprochen worden. — Der ebenfalls bereits erwähnte JULIUS FARKAS (geb. 1847) hat besonders in der Mechanik durch die Weiterführung des Fourierschen Prinzips Wertvolles geleistet. Seine Arbeiten über die Grundlagen der Mechanik sowie Elektronentheorie und Relativitätstheorie sind meist nur in ungarischer Sprache erschienen. — MAURUS RÉTHY (1846—1925) hat sich mit der Polarisation des gebeugten Lichtes, mit der Bewegung inkompressibler reibungsloser Flüssigkeiten, mit dem Prinzip der kleinsten Aktion beschäftigt. AUGUST HELLER (1843—1902) hat u. a. die „Geschichte der Physik von Aristoteles bis auf die neueste Zeit" (Stuttgart, zwei Bände) und Beiträge dazu veröffentlicht. — ISIDOR FRÖHLICH (geb. 1853) ist als Forscher auf dem Gebiet des Elektromagnetismus und der Lichterscheinungen, insbesondere durch seine Bücher „Allgemeine Theorie des Elektrodynamometers" (Berlin-Budapest 1888), „Die Polarisation des gebeugten Lichtes" (Leipzig-Budapest 1907) und durch sein ungarisch erschienenes zweibändiges Handbuch der theoretischen Physik bekannt geworden. Fröhlich fand eine neue Methode für die Feststellung des absoluten Wertes des Ohm. Seine wertvollsten Leistungen liegen auf dem Gebiete der Optik. — FRANZ WITTMANN hat sich viel mit den Erscheinungen der Wechselströme beschäftigt; mit dem Rheograph (Oscillograph) wies er den Ablauf der elektrischen Schwingungen nach. — Von den Arbeiten KARL TANGLS sind die Ergebnisse seiner genauen Untersuchungen über die Dielektrizitätskonstante von Flüssigkeiten, Gasen und Luft unter hohem Druck u. a. in die internationale Literatur aufgenommen worden. — VIKTOR ZEMPLÉN (1879—1916) hat seine kurze Laufbahn — er fiel im Felde — mit einer ungemein intensiven wissenschaftlichen Arbeit ausgefüllt. Insbesondere untersuchte er die kinetische Theorie der Gase und im Zusammenhang damit die innere Reibung derselben und der Flüssigkeiten: aber es gibt kaum ein Problem in der modernen Physik, das er nicht in den Kreis seiner Studien einbezogen hätte.

Von den Jüngeren sind besonders zu erwähnen GEORG HEVESY, der seine Tätigkeit auf dem Gebiete der Radioaktivität zur Zeit in Kopenhagen ausübt, wo er zusammen mit Coster ein neues Element, das Hafnium entdeckt hat; THEODOR KÁRMÁN, Professor an der Technischen Hochschule in Aachen (Aerodynamik), STEFAN RYBÁR, Professor an der Universität Budapest (Optik), M. POLÁNYI am Kaiser-Wilhelm-Institut (Struktur der Faserstoffe), BÉLA POGÁNY, Professor an der Technischen Hochschule in Budapest (Optische Untersuchungen, innere Reibung), PAUL SELÉNYI, Entdecker einer neuen Lichtinterferenzerscheinung, BRODY in Göttingen (Quantentheorie), R. ORTVAY (Dielektrizitätskonstante) u. a.

Die bedeutendsten Gestalten in der Geschichte der älteren ungarischen Mathematik sind die beiden BOLYAI, Vater und Sohn. Der Vater, WOLFGANG BOLYAI, ein Freund von C. F. Gauß, dem „princeps mathematicorum", veröffentlicht in seinem großen zusammenfassenden „Tentamen", das 1832 erschien, Lösungen für zahlreiche wichtige geometrische Fragen und teilt auch wertvolle neue Untersuchungen mit. Der berühmteste Teil des Buches aber ist der angefügte *Appendix scientiam spatii absolute veram exhibens*, in dem JOHANN BOLYAI, der Sohn, ein mehr als zweitausend Jahre altes Grundproblem in endgültiger, eleganter Form löst. In der Lehre vom Raum war es eine wahrhaft revolutionäre Tat, zu beweisen, daß das Parallel-Axiom keine Konsequenz der übrigen Axiome ist. Da wir nämlich von dem Verhalten der Parallelen im Unendlichen keine Erfahrung haben können, kann nur jene Geometrie als absolute Wissenschaft des Raumes bezeichnet werden, in der dieses Axiom, das von dem Verhalten im Unendlichen spricht, nicht vorausgesetzt wird. So entsteht die „absolute Geometrie" Bolyais, die der Ausgangspunkt wird für die von großen Geistern geführte Untersuchungsreihe über die logische Konstruktion der Geometrie, was wiederum die Konstruktion immer neuer Raumschemata ermöglichte. Diese von dem erwähnten Axiom von Euklid befreite freie Behandlung der Raumformen hat in unseren Tagen auch in die Physik Eingang gefunden im Zusammenhang mit dem Problem der Relativität. So reiht sich das Werk Bolyais unter die Hauptwerke der mathematischen Literatur, denn es hat eine neue und solide Basis für die Erkenntnis des Raumes gegeben. Sein Verdienst wird dadurch nicht verkleinert, daß zur selben Zeit der Russe N. I. Lobatscheffsky eine Lösung des gleichen Grundproblems fand.

Zwischen 1848 und 1867, also in der schweren Zeit zwischen dem Freiheitskampf und dem Ausgleich mit Österreich, macht sich der allgemeine Stillstand im geistigen Leben Ungarns auch in den mathematischen Wissenschaften bemerkbar. Nach 1867 beginnt eine neue Blüte. An erster Stelle stehen EUGEN HUNYADY und JULIUS KÖNIG. Hunyadys Forschungen über die analytische Behandlung der Kegelschnitte, der Flächen zweiten Grades und über die Theorie der Determinanten zeichnen sich besonders durch die Virtuosität der algebraischen Transformation aus. Seine Studien sind vielfach auch deutsch erschienen im Crelleschen Journal und wurden allgemein anerkannt. Julius König beschäftigte sich erfolgreich mit der Algebra, mit der Theorie der Hamiltonschen Systeme, mit der Mengenlehre und mit Problemen der Logik, die sich eng an die Mengenlehre anschließen. Seine „Einleitung in die allgemeine Theorie der algebraischen Größen" (1903) wird noch heute als die strengste Behandlung der Grundlagen der Algebra angesehen. Seine Forschungen über partielle Differentialgleichungen sind in die Handbücher der Analysis übergegangen. Königs nachgelassenes Werk „Neue Grundlagen der Logik, Arithmetik und Mengenlehre" (1914) gibt eine Zusammenfassung seiner Untersuchungen, die sich auf die Theorie der Mengen und auf die Logik beziehen; es bringt ferner wertvolle Beiträge zur Lösung des Problems des Kontinuums und der Widersprüche, die sich in der Mengenlehre finden. Die ungarische Literatur verdankt ihm ein wertvolles Lehrbuch der Analysis unter dem Titel „Analizis" (1887), die mit der ganzen Exaktheit des modernen Gelehrten verfaßt ist.

Von den Arbeiten MORITZ RÉTHYS seien erwähnt die über Flächenpaare, die sich in endlich viele kongruente Teile zerlegen lassen, über die allgemeinen Prinzipien der Mechanik und über Hydrodynamik. Seinem Schüler JULIUS VÁLYI gelang es in einem besonderen Falle, die Variationsgleichungen mit Hilfe der Monge-Ampèreschen Methode zu integrieren, und seine Dissertation wurde zum Ausgangspunkt ähnlicher Untersuchungen in Ungarn und im Ausland. Die bekanntesten Arbeiten von JULIUS FARKAS beziehen sich auf die Konvergenz der Iteration von Funktionen und auf Systeme von linearen Ungleichheiten, mit Anwendungen auf die Mechanik. GUSTAV RADOS hat als erster eine Methode zur Bestimmung der Anzahl der Lösungen einer Kongruenz mit einer oder mehreren Unbekannten und von höherem

Grade mitgeteilt und die Bedingungen für die Existenz einer mehreren Kongruenzen gemeinsamen Lösung ermittelt. Er hat sich ausführlich mit den charakteristischen Gleichungen der linearen Substitutionen beschäftigt, die man durch verschiedene Operationen aus einer anderen linearen Substitution gewinnt. Von den Arbeiten JOSEF KÜRSCHÁKS seien seine Beiträge zur Theorie der geometrischen Konstruktionen wegen ihrer prinzipiellen Bedeutung erwähnt. Andere Untersuchungen Kürscháks handeln von der formalen Integration der partiellen Differentialgleichungen zweiter Ordnung. Er hat mit Hadamard den Artikel über die Theorie der algebraischen Größen in der Enzyklopädie der mathematischen Wissenschaften verfaßt. — LUDWIG SCHLESINGER hat wertvolle Untersuchungen über lineare Differentialgleichungen angestellt. Seine Lehrbücher über diesen Gegenstand werden allgemein benutzt und geschätzt, ebenso seine Beiträge zur Geschichte der Mathematik. — EMANUEL BEKE beschäftigte sich mit dem Problem der Irreduktibilität der Differentialgleichungen. Seine Untersuchungen sind dargestellt u. a. in Picard, *Traité d'Analyse.* — Mit LEOPOLD FEJÉRS Untersuchungen über die Fourierschen Reihen und analoge Reihen beginnt in der Geschichte dieser Disziplin eine neue Epoche: er hat die sog. Cesàrosche Summation einer unendlichen Reihe auf diese bedeutsamen Entwicklungen angewandt, was zu weiteren fruchtbaren Erkenntnissen führte. Seine gemeinsam mit C. Carathéodory (München) veröffentlichte Untersuchung über die Zusammenhänge zwischen den Maxima und Minima von harmonischen Funktionen, seine Arbeiten über trigonometrische Polynome und andere ähnliche Probleme haben ganz neuartige Fragen aufgeworfen und dienten einer Reihe von jungen Forschern als Ausgangspunkt. Das grundlegende Theorem über die Entwicklung nach orthogonalen Funktionen ist FRIEDRICH RIESZ zu verdanken — ein Theorem, das fast zu gleicher Zeit auch von E. Fischer (Köln) gefunden wurde und seither das Rieß-Fischersche Theorem heißt. Er hat auch die Theorie der Funktionaloperationen mit wichtigen Resultaten bereichert. Es sei ferner noch genannt sein Buch *Les systèmes d'équations linéaires à une infinité d'inconnues* (Collection Borel, Paris 1913). Sein Bruder MARCEL RIESZ hat sich mit trigonometrischen und Dirichletschen Reihen beschäftigt. Bei letzteren löste er ein Problem, das Mittag-Leffler (Stockholm) für Potenzreihen gestellt hat. Er veröffentlichte zusammen mit G. H. Hardy (Oxford) eine Monographie über Dirichletsche Reihen. — ALFRED HAARS bekannteste Arbeit hat die Entwicklung nach orthogonalen Funktionen zum Gegenstand. — Die Arbeiten von GEORG PÓLYA zeigen eine außerordentliche Vielseitigkeit. Sie behandeln die Grundfragen der Wahrscheinlichkeitsrechnung, die Konvergenz gewisser Polynomfolgen, die

Lage der Wurzeln algebraischer Gleichungen, Potenzreihen, deren Koeffizienten arithmetischen Einschränkungen unterliegen, sowie zahlreiche Fragen der Funktionentheorie. Er hat gemeinsam mit Gábor Szegö ein zweibändiges Werk verfaßt unter dem Titel „Aufgaben und Lehrsätze aus der Analysis“ (Berlin 1924—1925).

In dieser kurzen Skizze können leider nicht sämtliche ungarische Namen genannt werden, die in der internationalen mathematischen Literatur vorkommen. Es seien noch dem Namen nach (mit kurzer Andeutung der Hauptarbeitsgebiete) angeführt: Zoárd von Geöcze (Theorie des Inhaltes und der Oberfläche); Franz Lukács (Fouriersche und Laplacesche Reihen); Otto Szász (Kettenbrüche, Fouriersche Reihen); Dénes König (Mengenlehre, Analysis situs); Adolf Szücs (Variationsrechnung); Karl Jordan (Wahrscheinlichkeitsrechnung); Paul Dienes (Potenzreihen); Michael Fekete (Reihentheorie, insbesondere Fouriersche Reihen, Lage der Nullstellen); Ludwig Grosschmidt (Zahlentheorie); Gábor Szego (Orthogonale Polynome, Potenzreihen mit arithmetischen Eigenschaften, Polynomfolgen, Lage der Nullstellen), Béla Kerékjártó (Vereinfachungen in der Topologie), Julius Pal (Jordansche Kurven) usw. — Es sei erwähnt, daß die Ungarische Akademie der Wissenschaften einen internationalen Preis zum Gedächtnis der beiden Bolyai gestiftet hat.

* * *

Der wärmste Dank sei, auch im Namen des Ungarischen Instituts, Allen ausgesprochen, die um das Werk bemüht waren. In erster Reihe Magda Gross und Konrad Schünemann, in deren Händen die Arbeit lag, ferner allen jenen Fachmännern, Instituten und Behörden (eine Liste würde zum Register anschwellen), die so freundlich ihre Unterstützung geliehen haben. Mehr als Worte dankt ihnen die Sache selbst: der fertige Band.

Berlin, im März 1926.

Robert Gragger.

Geographie.

A. Landeskunde
(Morphologie, politische Geographie, Reiseliteratur).

I Mittel- und Osteuropa.

Alt, A., Die Donau vom Ursprung bis Belgrad. 71 Ansichten nach der Natur gezeichnet. Wien o. J.

Arnold, R[obert] Arthur, From the Levant, the Black Sea and the Danube. Vol. 1—2. London: Chapman & Hall 1868. 8°. [Bp.: Vol. 2, p. 282—290.]

[Avril, Adolphe d'] (Pseudonyme Cyrille), De Paris à l'île des Serpents à travers la Roumaine, la Hongrie et les bouches du Danube. Paris: Leroux 1876. 309 p. 12°.

Barry, John Patrick, At the gates of the East. A book of travel among historic wonderlands. New-York: Longmans 1906.

Biedermann, G., Geographie von Mitteleuropa, Deutschland, Österreich, Ungarn, die Schweiz. 16. neubearb. Aufl. Regensburg: Manz 1912. 188 p. 8°.

Baedeker, Karl, Autriche-Hongrie, y compris Cettigne, Belgrade et Bucarest. [Lpzg.: Baedeker.] Paris: Ollendorff 1911. 12°.

Bauzon, Jules & Georges Zipfel, Impressions et souvenirs de voyage. Budapest—Constantinopel—Athènes—Chalon-sur-Saône: Bertrand 1910. 177 p. 8°.

Béchard, Frédéric, De Paris à Constantinople. Notes de voyage. Baden-Baden, Munich, Salzbourg, Vienne, Pesth, le Danube etc. Paris: Dentu 1872. VII, 258 p. 12°.

Bigot, Charles, Grèce, Turquie, le Danube. Paris: Ollendorff 1886. 303 p. 12°.

Braun, Gustav, Mitteleuropa und seine Grenzmarken. Lpzg.: Quelle & Meyer 1917. 165 p. 2 T. (Wissenschaft und Bildung 141.)

Cahu, Théodore, Des Batignolles au Bosphore. Paris: Dentu 1890. 12°. [p. 10—35 sur Budapest.]

Cannart d'Hamale, Mme Art de, Bruxelles à Buda-Pesth. Bruxelles: Impr. G. van Herck 1899. 8°.

Cartier de Marchienne, O. de, Mes voyages. Paris: Dupont 1897. 12°. [Autriche-Hongrie p. 201—223.]

Chambrier, James de, Un peu partout. De Neuchâtel au Bosphore. Paris: Hachette 1872. [p. 115—130 sur Pest.]

Donau-Album. Malerische Reise von Regensburg bis Sulina. Wien: Hartleben 1880. 54 p. 25 T. 2°. [Deutsch, franz., engl. und ung.]

Donau-Dampfschiffahrts-Gesellschaft. Die Donau von Passau bis zum Schwarzen Meere. Wien 1896. 96 p. Dasselbe französisch. Salzburg: Kiesel 1914. 156 p.

Duller, Ed., Die malerischen und romantischen Donauländer. Mit 60 Stahlstichen. Lpzg. o. J. 8°.

Durand, Hippolyte, Le Danube allemand et l' Allemagne du Sud. Voyage dans la Forêt-Noire, la Bavière, l'Autriche, la Bohème, la Hongrie, l'Istrie, la Vénétie et le Tyrol. Tours: Mame 1863. IV, 498 p. 8°.

Fetter, F., Die Donau vom Ursprung bis zur Mündung. Wien: Pichler 1912. 23 p. gr. 8°. (Lichtbildvortrag 131.)

Gfrörer, Lothar, Mit Kanoe und Paddel auf der Donau nach Rumänien von Ulm nach Turn-Severin. Reiseskizze. Stuttgart: Lindemann 1913. 46 p. 8°.

Heksch, Alexander, Die Donau von ihrem Ursprunge bis an die Mündung. Eine Schilderung von Land und Leuten des Donaugebietes. Wien 1879—1880. 2. Aufl. Ebda. 1881.

Heksch, Alexander F., Illustrierter Führer auf der Donau von Regensburg bis Sulina. 3. Aufl. Rev. und teilw. neu bearb. von Jos. Kahn. Wien: Hartleben 1894. VIII, 102 p.

Heksch, A. F., Guide sur le Danube de Ratisbonne à Souline. Wien: Hartleben 1883. 205 p. 12°.

Jaussen, L. I. F., Oudheidkundige reisberigten uit Duitschland, Hongarije, Bohemen en Zwitserland. Vol. 1—2. Arnhem: Nijhof 1861—1862. [Holländisch.]

Joanne, Paul, Autriche-Hongrie, Tyrol, Bavière méridionale; guide voyageur. Paris: Hachette 1885. (Guides Joanne.)

Joanne, Paul, États du Danube et des Balkans, Hongrie méridionale, Adriatique, Dalmatie. Paris: Hachette 1882. LI, 279 p. 29 t.

Dasselbe. Ibid. 1888.

Koch, Felix J., Little journeys to Russia and Austria-Hungary; ed. by Marian M. George. Chicago: Flanagan 1906. Ill. maps. 12 °.

Krasinski, Henry Count, Italy, Venetia and Hungary. London: Mitchell 1861. 8 °.

Kunisch, R., Eine Fahrt nach dem Orient. Reisebilder aus Ungarn, Rumänien und der Türkei. Bln. 1869.

Langhaus, Wilh., Ein Stück Orient. Reisebriefe. Berlin: Oppenheim 1872. (Darin Abschnitt 3—5 über Ungarn.)

Laveleye, Émile de, La péninsule des Balkans. (Vienne, Croatie etc.) Vol. 1—2. Bruxelles: Muquardt 1886. 8 °.

Mandeville, John Sir, The travels of Sir J. M. — The version of the Cotton manuscript in modern spelling. 3 narratives in illus. of it from Hakluyt's navigations, voyages and descoveries. London: Macmillan 1900. 404 p.

Mill, Hugh. Robert, The international Geography. New-York: Scribner 1912. [Hungary by Béla Erődi.]

Millaud, Albert, Voyage d' un Fantaisiste. Vienne, Le Danube, Constantinople. Paris: Lévy frères 1873. 12 °. [p. 128—164 sur la Hongrie.]

Millet, Frank Davis, The Danube from the Black Forest to the Black Sea. London: Osgood & Mc Ilvaine 1892. XII, 327 p. 8 °.

Dasselbe. New-York: Harper & Bros. XII, 327 p. 8 °.

Montet, Joseph, De Paris aux Karpathes. Paris: Hachette 1886. 148 p. 12 °.

Partsch, Joseph, Mitteleuropa. Gotha: Perthes 1904. XII, 436 p. 8 °.

Partsch, Jos, Central Europe. New-York: Appleton Maps 1903. (World ser.) [Chapt. 4, 14.]

Polydore, C. Abbé, Voyages en Allemagne, en Autriche-Hongrie et en Italie. Périgueux 1888.

Ratazzi, Mme, Lettres d' une voyageuse. (Vienne, Budapest, Constantinople.) Paris: Alcan 1897. 8 °.

Reinach, Joseph, Voyage en Orient. Vol. 1—2. Paris: Charpentier 1879. 12 °. [T. 1. p. 67—99. Le Danube, Budapest.]

Riblinger, J., München, Salzburg, Linz (Donautour), Wien, Pest etc. (Bibliothek internationaler Rundreiseführer. Tour 3.) München: Seitz & Schauer 1892. 178 p. 12 °.

Rousset, Léon, États du Danube et des Balkans. Paris 1888.

Schickler, Fernand, En Orient; souvenirs de voyage. (1858—1861.) Paris: Lévy frères 1863. 12 °. [P. 1—10 sur la Hongrie.]

Schwarzlose, Karl, Wien—Budapest. Budapest—Predeal—Bukarest über Arad oder Kolozsvár (Klausenburg). Budapest — Verciorova — Bukarest. Bukarest — Konstantinopel. 8 Karten. 1 Streckenprofil. Frankfurt a. M.: Exped. v. Hendschels Telegraph 1912. 152 p. 8 °. (Hendschels Luginsland 21.)

Schwarzlose, [Karl], Wien — Budapest — Belgrad — Sofia — Adrianopel — Konstantinopel. 6 Karten. 1 Streckenprofil u. 49 Abb. Frankfurt a. M.: Exped. v. Hendschels Telegraph 1912. 123 p. 8 °. (Hendschels Luginsland 20.)

Schweiger-Lerchenfeld, A. Freih., Von Passau nach Budapest. Donaufahrt. Wien: Hartleben 1894. 152 p. 8 °. (Hartlebens neue Reisebücher 8.)

Schweiger-Lerchenfeld, A. Freih., Zwischen Donau und Kaukasus. Wien 1887. 8 °.

Schweiger-Lerchenfeld, A. Freih., Zwischen Pontus und Adria. Wien 1879. 8 °.

Simple récit d'un rapide voyage en Autriche, Hongrie, Pologne, Russie et Allemagne. (1896.) Paris [1897 ?].

Steyrer, Cl., Die Donaufahrt von Passau bis Budapest. Zürich: Schmidt 1888. 94 p. 8 °.

Thomas, Gabriel, Du Danube à la Baltique. Allemagne, Autriche—Hongrie, Danemark. Descriptions et souvenirs. Paris: Berger-Levrault 1888. 16 °.

Ungarische Fluß- und Seeschifffahrtsgesellschaft. The Danube. Bp.: Hungarian River and Sea navigation Co. 1900.

Wallace, Sigism., Auf der Donau von Wien nach Constantinopel und nach den Dardanellen. Wien 1864. 200 p.

Wallace, Sigism., Sur le Danube de Vienne à Constantinople et aux Dardanelles. Trad. de l'Allemand. Wien: Typographisch - literarisch - artistische Anstalt 1864. 208 p. 8 °.

Woerls Donauführer. Von Passau bis Budapest. Würzburg: Woerl 1888. 50 p. 16 °.

II Österreich-Ungarn.

Artarias (kleines) Orts-Lexikon der österr.-ungar. Monarchie nach d. Zählung v. 1890. Bearb. v. K. Grissinger. Wien: Artaria & Co. 1893. VII, 79 p. 8 °.

Baedeker, Karl, Österreich-Ungarn. 28. Aufl. Lpzg.: Baedeker 1910. 578 p. 8 °.

Baedeker, Charles, Austria, incl. Hungary, Transylvania, Dalmatia, Bosnia. Handbook for travellers. 28 maps and 25 plans. 10 ed. London: Dulau 1905. 482 p. 12 °.

Bancalari, G., Studien über die österr.-ungarische Militärkartographie. Wien: Lechner 1894. 78 p.

Benonik, i. St. Mayerski, Geografia monarchii austryacko-wegierskiej. Lwów 1906. 135 p. [Polnisch].

Bermann, Moritz, Österreich-Ungarn im 19. Jahrh. Mit bes. Berücksichtigung aller wichtigen Vorfälle in der Geschichte, Wissenschaft, Kunst, Industrie u. dem Volksleben. Wien: Engel 1884. VII, 982 p.

Binn, Max, Geographische Beziehungen zwischen Österreich-Ungarn und Nordamerika. Progr. Wien: Fromme 1907. 26 p. 8 °.

Csallner, Rob. [etc.], Die österr.-ungar. Monarchie. Das Königreich Ungarn und seine Nebenländer. Von —, Herm. Horedt, Otto Phleps. Erdkunde. Hermannstadt: Krafft 1910. XV, 412 p. 8 °.

Chavanne, Jos, Physikalisch - statistischer Handatlas von Österreich-Ungarn. Wien: Hölzel 1887. 25 Bl.

Dachler, Die Besiedlung um die österreichische, steierische und ungarische Grenze. (S. A. aus Wiener Zeitschrift für Volkskunde 19.)

Dubois, Albert, L' Autriche-Hongrie, à vol d' oiseau. Notes d' un touriste. Bruxelles: Decq et Duhent. 1881. 18 °.

Duruy, Österreich-Ungarn u. Italien. Übers. v. Major H. Kerchnawe. Wien: Seidel 1910. VIII, 132 p.

Eraud, J., Voyage en Autriche-Hongrie par l'Arlberg (Zurich, Ragatz, Salzbourg, Vienne, Baden, Buda-Pesth.) Lyon: Georg 1893. 75 p. 8 °. (Extrait de la Revue du siècle.)

Freisauff, R. v. Neudegg, Österreich-Ungarn. Reisehandbuch. 4. Aufl. Bln.: Goldschmidt 1884. VIII, 284 p. 16 °.

Freson, I. G., La vie et l'art en Autriche-Hongrie. Notes de route et de séjour. Louvain: Pollaenis & Centerick (1898 ?). 112 p.

Gavenda, Anton Baron, Kurzgefaßte geographische Beschreibung von Österreich-Ungarn. 2. Aufl. Wien 1873. 8 °.

Gerasch, A. und E. Peudl, Geographische Charakterbilder aus Österreich-Ungarn. Wien: Pichler 1903. 2 °.

Gothein, Georg, Österreich-Ungarn. Tübingen 1916. 80 p. 8 °.

Grassauer, Ferd, Landeskunde von Österreich-Ungarn. Wien: Braumüller 1875. VIII, 264 p. 8 °.

Griebens Reisebücher: Österreich-Ungarn. Neu bearbeitet von Otto. 5. Aufl. Bln.: Goldschmidt 1893. 357 p. Karten und Pläne. 12 °.

Grissinger, K., Kleines Ortslexikon der österr.-ungar. Monarchie. Wien: Artaria 1895. X, 97 p.

Grund, Alfr., Landeskunde v. Österreich-Ungarn. Lpzg.: Göschen 1905. 139 p. 8 °. (Sammlung Göschen 244.) Neudruck. Ebenda 1911. 139 p. 8 °. (Sammlung Göschen 244.)

Hannak, Eman., Geographie der österr.-ungar. Monarchie. Gotha 1871.

Hannak, Eman., Manuale di storia, geografia e statistica della monarchia Austro-Ungarica. Wien: Hölder 1906. 216 p.

Hickmann, A. L., Geographisch-statistischer Taschen-Atlas von Österreich-Ungarn. Wien 1895. 52, 43 p. Neue Aufl. Wien 1900. 77 p. 85 T.

Hirn, J. u. J. E. Wackernagel (Hrsg.), Quellen und Forschungen zur Geschichte, Literatur und Sprache Österreichs und seiner Kronländer. Bd. 1—12. Graz: Styria, später Innsbruck, 1897 bis 1914.

Hobirk, Friedrich, Die österreichischen Staaten. Detmold: Meyer 1875. VIII, 198 p. 8 °. (Wanderungen auf dem Gebiete der Länder und Völkerkunde 4.)

Hrnčíř, F., Říše Rakousko-Uherská. Illustr. v. J. Novak. 17. Aufl. Nymburc: Svat. Hrnčíř 1913. 152 p. 8 °. [Das Reich Österreich-Ungarn.] [Tschechisch.]

Das Kaiserthum Österreich. Abt. 1—2, je 100 Bl. in Stahlstich mit 1 Bl. Text. Frankfurt a. M.: Neuland 1895. 4 °.

Kay, David, Austria-Hungary. London: S. Low & Co. 1880. IV, 218 p. 8 °. (Foreign countries and British colonies.)

Kellner, L., Austria of the Austrians and Hungary of the Hungarians. Illus. London: Pitman 1914. 322 p. 8 °.

Kende, Oskar, Bilderatlas zur Geographie der österr.-ungar. Monarchie. Wien: Manz 1912. XXXI p. 8 °.

Kendler, Jos. v. und Carl v. Kendler, Orts- und Verkehrs-Lexikon v. Österreich-Ungarn. Wien: Deubler 1905. IX, 1314 p. 8 °.

Kozenn, B., Handkarte der österr.-ungar. Monarchie. 1 : 2,500.000. Wien 1874.

Kozenn, B., Oro-hydrographischer Atlas der österr.-ungar. Monarchie in 12 Karten. Wien: Hölzel 1874. 4 °.

Kreuth, Wilhelm, Naturwunder in Österreich-Ungarn. Wanderungen durch das Vaterland. Graz: Leykam 1893. 96 p. 12 °. (Jugendlaube.)

Kuranda, Ludw., Illustrated German-Austrian and Hungarian guide to health and pleasure resorts. Tourist's shopping index for the use of the Anglo-American and international community. 6. ed. Wien: Steckler 1912. 120 p. 8 °.

Kurcev, Dimo, Hinter der Front. Eindrücke von der Reise der bulgarischen Abgeordneten durch Österreich-Ungarn und Deutschland. Deutsch v. Georg Kunzer. Regensburg: Habbel 1916. 199 p. 8 °.

Lepař, J., Popis mocnářství rakousko-uherského. 3. Aufl. Prag: Kober 1875. 132 p. 8 °. [Beschreibung der österr.-ungar. Monarchie.] [Tschechisch.]

Lévy, Daniel, L'Autriche-Hongrie, ses institutions et ses nationalités. Paris: Didier 1871. XXXI, 311 p. 8 °.

Löcker, J., Ortsregister von Österreich-Ungarn. Wien: Konegen 1906. 57 p. 4 °.

Loew, Hermann, Verkehrs-Lexikon Österreich-Ungarns und der okkupierten Provinzen. Wien: Perles 1886. XI, 199 p. 8 °.

Maierl, E., Kleine Vaterlandskunde der österr.-ungar. Monarchie. Leoben: Enserer 1902. 39 p. 8 °. 3. Aufl. Leoben: Enserer 1907. 38 p. 8 °.

Maierl, E., Unser Vaterland, die österr.-ungar. Monarchie. Geographische Präparationen. Begleitwort v. F. Frisch. Leoben: Enserer 1902. 273 p. 8 °. 2. Aufl. v. E. Hyden. Leoben: Enserer 1909. XVI, 272 p. 8 °.

Maurer, Franz, Eine Reise durch Bosnien, die Saveländer u. Ungarn. Bln. 1876.

Maußer, Josef, Anleitung zur Anfertigung von Kartenskizzen der österr.-ungar. Erdteile. 3. verm. Aufl. Wien: Sallmayer 1894. 13 p. 8 °.

Mayer, F., Geographie der österr.-ungar. Monarchie. Wien: Tempsky 1900. 110 p.

Meyers Reisebücher: Österreich-Ungarn. Lpzg.: Bibl. Inst. 1903. XII, 372 p.

Meyers Reisebücher. Österreich-Ungarn, Bosnien und Herzegowina. 8. Aufl. Lpzg.: Bibliographisches Institut 1910. XII, 404 p. 8 °.

Mitton, G. E., Austria-Hungary. Illus. London: Black 1914. 222 p. 8 °.

Müller, Alois, Bilder-Atlas zur Geographie v. Österreich-Ungarn. Wien: Pichler 1905. 48, 29 p. 8 °.

Neelmeyer-Vukassowitsch, H., Österreich-Ungarn. (Welt-Taschenbücher.) Lpzg.: Braun & Heynau 1885. III, 96 p.

Neelmeyer-Vukassowitsch, H., Österreich-Ungarn. Nach eigenen Beobachtungen geschildert. Lfg. 1—12. Lpzg.: Unflad 1995. VIII, 1099 p. 8 °. (Bibliothek f. moderne Völkerkunde 2. Bd. [Lfg. 11—26].)

Opisso, Alfredo, Austria-Hungaria. Barcelona: Bastinos 1896. 55 p. [Spanisch.]

Österreich-Ungarn mit den anstoßenden Gebieten. Ein Führer für Reisende. Wien: Woerl 1881. XVI, 442 p. 12 °.

Die österr.-ungar. Monarchie. Geogr. Leitfaden. Brünn: Karafiats Verl. 1888 115 p.

Die österr.-ungar. Monarchie in Wort und Bild. Auf Anregung und unter Mitwirkung Sr. k. u. k. Hoheit Kronprinz Erzherzog Rudolf. Bd. 1—15. Wien 1888—1894.

Palmer, F. H. E., Austro-hungarian life in town and country. London: Newnes 1903. 262 p. 8 °.

Peucker, Karl, Kleines Orts-Lexikon von Österreich-Ungarn. Tl. 1—2. 3. Aufl. Wien: Artaria 1903—1904. 12 °.

Porsch, O., Die österr.-ungar. Monarchie. Prag: Neugebauer 1907. 55 p. 8 °. 3. verm. Aufl. Ebenda 1912. 84 p. 8 °.

Réclus, Élisée, Nouvelle géographie universelle. T. 3. L'Europe centrale. Paris: Hachette 1878.

Reich, Emil, Handbook of geography, descriptive and mathematical. London: 1912. [Austria-Hungary in Part. 1.]

Renehr, Gustav, Im Donaureich. Tl. 1—2. Prag: Bellmann 1877—1878.

Richard, Eduard, Katechismus der Geographie und Statistik der österr.-ungar. Monarchie. Wien 1880. VIII, 188 p.

Sapper, Karl, Österreich-Ungarn. Land, Völker u. Staat. [Vortrag.] Mit einer farbigen Völkerkarte. München: Verlag Natur u. Kultur 1917. 48 p. 8 °.

Schnabel, E., Rakousko-Uhersko. I. Země alpské, Krasové a Karpatské. Prag: Kober 1914. 382 p. [Österreich-Ungarn, die Alpen und die Karpathen.] [Tschechisch.]

Semerád, C., Říše Rakousko-Uherské s mapkami. Prag: Bačkovský 1908. 32 p. [Österreich-Ungarn mit Landkarten.] [Tschechisch.]

Servières, Georges, A travers l'Autriche-Hongrie. Cités et sites. Paris: Le Soudier 1908. 382 p. 12 °.

Sobek, F., Zeměpis obecný a rakousko-uherský. Prag: Kober 1882. 116 p. [Allgemeine Geographie und Geographie Österreich-Ungarns.] [Tschechisch.]

Sobieczky, A., Die Küstenentwicklung der österr.-ungar. Monarchie. Pola: Kompotič 1911. 47 p.

Soubeyran, Adrien, Bohème et Hongrie. Souvenirs de voyage. Paris 1883.

Steed, Henry Wickham, La monarchie des Habsbourg. Trad. de Firmin Roz. 4. éd. Paris: Colin 1917. VIII, 444 p. 8 °.

Steed, Henry Wickham, Hapsburg monarchy. New-York: Scribner 1913. 304 p. 8 °. 4. ed. New-York: Scribner 1919. XXXVI 304 p. 8 °.

Steinhauser, Anton, Geographie von Österreich-Ungarn. Prag: Tempsky 1872. 286 p. 8 °.

Štětka, J., Země říše Rakousko-Uherské ve při rovnaní. Prag: Horán 1889. 106 p. [Vergleichende Länderkunde von Österreich-Ungarn.] [Tschechisch.]

Supan, Alexander, Österreich-Ungarn. Wien, Prag: Tempsky 1889. VII, 356 p. 8 °.

Tardieu, Ambroise, Voyage en Autriche et en Hongrie. Moulins 1884. 24 p. 8 °.

Tomberger, Franz, Die österr.-ungar. Monarchie mit besonderer Berücksichtigung des Herzogthums Steiermark. 12. rev. Aufl. Wiener Neustadt: Folk 1892. 32 p. 8 °.

Trampler, Richard, Geographie und Statistik der österr.-ungar. Monarchie. Wien: Gerold 1874. XVI, 128 p. 8 °.

Umann, Ludw., Die Spezialkarte der österr.-ungar. Monarchie. Eine kartographische Studie. Wien: Lechner 1895. 1 : 75000.

Umlauft, Friedr., Illustrierter Führer durch Österreich-Ungarn und das Okkupationsgebiet. Wien: Hartleben 1898. VIII, 404 p. 12 °.

Umlauft, Friedr., Landschaftsbilder aus der österr.-ungar. Monarchie. Wien: Hölder 1895. 74 p. 8 °.

Umlauft, Friedr. (Hrsg.), Die Länder Österreich-Ungarns in Wort und Bild. Vol. 1—15. Wien 1879—1889.

Umlauft, Friedrich, Die österr.-ungar. Monarchie. Geographisch-statistisches Handbuch. Wien: Hartleben 1876. 844 p. Dasselbe. 3. Aufl. Bd. 1—2. Wien: Hartleben 1897. XVI, 1192 p. 8 °.

Umlauft, Friedr., Wanderungen durch die österr.-ungar. Monarchie. Neue Ausgabe. Wien: Graeser 1883. 504 p. 8 °.

Vigneron, Lucien Abbé, L'Autriche, Croatie, Hongrie. Entre les Alpes et les Carpathes. Paris: Delhomme et Briguet 1891. 12 °.

Vizetelly, Ernest Alfr., In seven lands: Germany, Austria, Hungary, Bohemia, Spain, Portugal, Italy. London: Chatto & Windus 1916. XII, 393 p.

Whitman, Sidney, Das Reich der Habsburger. Bln.: Ulrich 1892. 268 p. 8 °.

Witte, Jehan Baron, A travers l'Autriche-Hongrie. Paris 1896. 69 p.

Zöhrer, F., Aus unserem Vaterlande. Landschafts- und Sittenbilder, Geschichte und Sagen aus Österreich-Ungarn. Wien: St. Norbertus Verl. 1896. 168 p. 12 °.

Zucalli, M e G. Hayck, Geografia e statistica della Monarchia austro-ungarica. Wien: Pichler 1906. 150 p.

III Ungarn.

A. Allgemeines.

Adam, Mme [Juliette Lamber], La Patrie Hongroise. Souvenirs personnels. Paris: Nouv. revue 1884. 327 p. 2. éd. Ibid. 1884. 323 p.

[Ajtay, Joseph], The Hungarian Questions. From a historical, economical and ethnographical point of view. Transl. by Ilona and C. Arthur Ginever. London: K. Paul 1908. 96 p. 8 °.

Alden, Percy (Ed.), Hungary of to-day. By members of the hungarian government. Illustr. London: Nash 1909. 416 p. 8 °.

Alföldi, Béla, Illustrierter Führer durch Ungarn, Croatien und Slavonien. Wien: Hartleben 1900. VII, 260 p. 8 °. (Hartlebens illustrierte Führer.)

Ansted, D[avid] T[homas], A short trip in Hungary and Transylvania in the spring of 1862. London: Allen 1862. XI, 252 p. 12 °.

Bátky-Kogutowicz-Pécsi. La Hongrie. Bp. 1918.

Belius, Mathias [M. Bél], Notitia Hungariae novae geographico-historica. T. 1—4. Viennae 1735—42. Ed. 2. T. 5. Ed. Comes Eug. Zichy. Budapestini 1892. 2°.

Bell, F. A., Ungarn in Wort und Bild. Mit 260 Illustr. u. 9 Karten. Von F. A. Bell, C. Diaconovich, P. Dragalina. Zürich o. J. 8 °.

Berg, E., Aus dem Osten der österreichischen Monarchie. Dresden 1860. 274 p. 8°.

Bergner, Rudolf, Ungarn, Land und Leute. Zur Reise und zum Studium. Wien: Woerl 1888. XIII, 319 p. 8 °. (Woerls Reisehandbücher.)

Berky, Gustav, Geographie von Ungarn. Pesth 1863.

Beugny d'Hagerue, Gabriel de, La Hongrie et la Transylvanie. Le Danube et Budapest. Lille 1889. 38 p.

Bigelow, Poultney, Paddles and politics down the Danube. New-York: Webster 1892. XIV, 253 p. 8 °. [New titlepage.] Dasselbe. London: Cassel 1892. 253 p. 8 °.

Blondel, Georges, La Hongrie, ses habitants, sa situation politique, économique et sociale. Paris 1897. 15 p. 8 °. (Extr. du Bull. soc. de géogr. commerciale.)

Boleszny, Anton, Handbuch für Reisende an der unteren Donau, in Serbien und Bulgarien. Orsova 1870.

Bovill, W. B. Forster, Hungary and the Hungarians. London: Methuen 1908. 374 p. 8 °.

Braun, Karl, Tokaj und Jókai. Bilder aus Ungarn. Bln.: Stilke 1873. 436 p. 8 °.

Browning, H. Ellen, A girl's wanderings in Hungary. London: Longmans, Green & Co. 1896. XIV, 332 p. 8 °. 2. ed. London: Longmans 1897. XVI, 332 p.

[Byrns, Mrs. W. Pitt, (Julia Clark)], Pictures of Hungarian life. Illustrated by the author. London: Ridgway 1869. X, 401 p. 7 t.

Carit, Etlar [Pseudonym f. Brosbøll, Johan Carl Christian], Gjennem Ungarn og Siebenbürgen. Skildringer. Kjøbenhavn: Steen & Søn 1870. 188 p. 8 °. [Durch Ungarn und Siebenbürgen. Schilderungen.] [Dänisch.]

Chélard, Raoul, Guide historique et littéraire de la Hongrie. Paris: Mercure de France 1900. 268 p. 12 °.

Chélard, Raoul, La Hongrie contemporaine. Paris: Kugelmann 1891. 382 p. 18 °.

Chélard, Raoul, Det samtida Ungern. Stockholm: Frederikom 1892. 285 p. 8 °. [Schwedisch.]

Chevalier, Amélie, Les pays des Magyars. Voyage en Hongrie. Ouvrage adapté de l'anglais. Tours: Mame et fils 1893. 368 p. 8 °.

Coronelli, Le royaume de Hongrie divisé en haute et basse Hongrie avec l'Esclavonie. Paris: Colin 1872. (Wandkarte.)

Cotta, Bernhard v., Ungarische und siebenbürgische Bergorte. Ansichten nach Federzeichnungen von Heinrich von Jossa. Beschreibung und geolog. erläutert v. —. Lpzg : Weber 1862. 48 p. 4 °.

Crosse, Andrew F., Round about the Carpathians. Edinburgh: Blackwood 1878. VIII, 375 p. 1 t.

Csallner, Robert [etc.], Das Königreich Ungarn und seine Nebenländer. Das Kaisertum Österreich. Von —, Hermann Horedt, Otto Phleps. Hermannstadt: Krafft 1910. XV, 412 p. 8 °.

Cymbas unterhaltende Reise-Gesellschafter. Tl 1—3. Preßburg: Heckenast 1886. 182 p. 8 °. Tl. 1. Von Wien nach Preßburg. — Tl. 2. Von Preßburg nach Budapest. — Tl. 3. Blüthen aus d. ungarisch. Novellenschatz und Gedichte von Alex. Petőfi.

Déchy, Maurice, Catalogue des ouvrages graphiques et cartographiques exposés à l'occasion du 9.-ième Congrès internat. de statistique. Bp. 1876. VII, 52 p. (Congr. int. de statistique.)

Duboscq, André, Budapest et les hongrois. Le pays, les moeurs, la politique. Préf. de René Millet. Paris: Rivière 1913. 105 p.

Duckerts, J, Hongrie. Rapport général. Avec une carte. Bruxelles: Weissenbruck 1890. 8 °. (Extrait du recueil consulaire belge.)

Erődi, B., Geographical Science in Hungary. St. Louis 1904.

Felbermann, Louis, Hungary and its people. Illustr. post. London: Griffith, Farran & Co. [1892]. XI, 390 p. Dasselbe 2. ed. London: Griffith, Farran & Co. 1893.

Fodor, Franz (Hrsg.), Ökonomisch-geographische Karte von Ungarn. Unter Mitwirkung des Grafen Paul Teleki & Eugen Cholnoky. 1 : 1500000. Bp.: Ung. geographisches Inst. 1920. (Titel ungarisch und italienisch.)

Fraknói, Wilhelm, Skizze der Culturzustände Ungarns. Bp: Franklin 1877. 49 p. 8 °. (S.-A. Literarische Berichte aus Ungarn.)

Gonnard, René, La Hongrie au 20. siècle. Étude économique et sociale. Paris: Colin 1908. XII, 400 p. 16 °.

Gubernatis, Angelo comte de, La Hongrie politique et sociale. Florence: Pellas 1885. 375 p. 8 °.

Guidlibro tra Budapest. Bp.: Kókai 1912. 52 p. 8 °. [Esperanto.]

Hassinger, H., Die Exkursion der Mitglieder des geogr. Institutes nach Ungarn (1900). Wien 1901. 8 ° [Ber. ü. d. 26. Vereinsjahr 1899/1900 erst. v. Ver. d. Geogr. a. d. Univ. Wien].

Havas, Rudolphus, Bibliotheca geographica Hungarica. Bp.: Franklin-Ges. 1893. XXVII, 532 p.

Hawkin, R. C. (Ed), Hungary its people, places, and politics; the visit of the Eighty Club in 1906. London: Unwin 1907. 422 p. 8 °.

Heksch, Alexander, Illustrierter Führer durch Ungarn und seine Nebenländer. Wien: Hartleben 1882. XXXII, 272 p. 8°.

Heyduk, A, Od Tater a Dunaje. Prag: Otto 1910. 164 p. 8 °. [Von der Tatra und der Donau.] [Tschechisch.]

La Hongrie. — Hungary — Ungarn — Uhorsko. Cartes et notions géographiques, historiques, etnographiques, économiques et intellectuelles. Bp. [1919]. 48 p. 4 °.

La Hongrie à la vieille du millénaire. Données statistiques. Bp. 1895. 8 °.

La Hongrie avec Budapest. [Bp.: Singer & Wolfner.] Paris: Ollendorf 1896. 377 p. 18 °. (Collection des Guides Singer-Wolfner.)

La Hongrie illustrée. Avec 210 illustrations, par J. Weber et 9 cartes. Zürich: Orell Füssli 1891. 12 °.

La Hongrie et Budapest. 2. éd. Bp. 1902. 278 p.

Hornyánszky, Ferd., Illustrated description of Hungary and its capital. Bp: Hornyánszky [1921]. 128 p.

Hornyánszky, Viktor, Geographisches Lexikon des Königreichs Ungarn und der serbischen Woiwodschaft mit dem Temescher Banate. 2. Aufl. Bp. 1864.

Horusitzky, H., Zusammenfassung der Literatur über die Höhlen Ungarns. 1549—1913. Bp.: Geolog. Reichsanstalt 1914.

Hunfalvy, Johann, Ungarn und Siebenbürgen in malerischen Originalansichten. Nach der Natur aufgenommen von Ludw. Rohbock. Bd. 1—2. Darmstadt: Lange 1856—1864.

Hungaria. Lexicon locorum regni Hungariae populosorum anno 1773 officiose confectum. Bp.: Delegatio hungarica pacem tractans 1920. VII, 335 p. 4 °. (Titel: Ungarisch, französisch, englisch.)

Hungaria-Germania Verkehrsgesellschaft. Im Fluge durch Ungarn und Kroatien. Bln.: Pflaume & Roth 1909. 135 p. 8 °.

Hungary. [A guidebook. By several authors.] Zürich: Artist. Institut 1891. 548 p. 8 °.

Hutchinson, A[lexander] Hadden, Try Cracow and the Carpathians. London 1872. 8 °.

[Irby], Adeline Paulina. Across the Carpathians. Cambridge, London 1862. 299 p. 8 °.

Jalava, Antti, Unkari. Helsinki 1910. [Finnisch.]

Jekelfalussy, Jos. (Red.), Der tausendjährige ungarische Staat und sein Volk. Bp.: Kosmos 1896. 756 p.

Jekelfalussy, Jos., L'État hongrois millénaire et son peuple. Bp. 1896. 668 p. 8 °.

Johnson, E. C., On the track of the Crescent. Eratic notes from the Piraeus to Pesth. London: Hurst & Blackert 1885. XVI, 324 p.

Kain, Alb., Ungarn. Hrsg. v. d. Direktion der Ungar. Staatsbahnen. Bp.: Erdélyi 1909. 400 p. 4 °.

Kain, Albert (Hrsg.), La Hongrie. Ouvrage publié sur l'ordre du ministre royal hongrois du commerce, par la direction des chemins de fer royaux de l'État hongrois. Bp.: Erdélyi 1910. 400 p. 4 °.

Kain, Albert (Ed.), Hungary. Published by order of the hungarian minister of commerce. Bp.: Franklin 1910. 400 p. 4 °.

Keleti, Karl, Skizze der Landeskunde Ungarns. Einleitender Teil des ungar. Kataloges zur Wiener Weltausstellung. Bp.: Athenaeum 1873. VIII, 343 p.

Keleti, Karl, Skizze der Landeskunde Ungarns. Bp.: Nagel 1877. 359 p. 8 °.

Kellerffy, Michael, Ortslexikon der Länder der ungarischen Krone. Mit Rücksicht auf die verschiedenen Zweige der Verwaltung. — Verzeichnis derjenigen Ortschaften, welche bis 31. Juli 1877 auf Grundlage der bezügl. Gesetze u. Verordnungen Veränderungen erlitten haben von [Imre] Findura. Bp.: Franklin 1878. LXXVIII, 575 p. 8 °. Neue Aufl. 1892.

Kendler, Josef und Leopold Siller, Orts- und Reiselexikon für den gesamten Eisenbahn-, Dampfschiff- und Telegraphenverkehr Österreich - Ungarns. H. 1—2. Wien: Siller 1888. 72 p. 8 °.

Király, Paul, Abrégé du bulletin de la société Hongroise de Géographie. Budapest 1886. V. 1—2. Bp. 1886—87.

Koch, A, Reisebilder aus Ungarn. Nürnberg 1868. 8 °.

Kohut, Adolph, Aus dem Reiche der Karpathen. Ungarische Landschafts-, Sitten-, Literatur- und Kulturbilder. Stuttgart: Göschen 1887. 287 p. 8 °.

Komló, Ein Blatt aus meiner ungarländischen Reisemappe. Fünfkirchen 1900.

Kövér, Helen de [Mrs. Tornai], Hungary. London: Black 1911. 96 p. 8 °. (Peeps at many lands.)

Kralik, Rich. v., Ungarn. Gladbach: Sekretariat sozialer Studentenarbeit [1918]. 19 p. (Der Weltkrieg 83.)

La Salle de Rochemaur, duc de, Du Danube à la Sprée. Paris:1909. [Physionomie générale de la Hongrie. p. 281—284.]

La Tour, J., Ungarische Lebensbilder. Tl. 1—3. Wien 1861.

Lehmann, Joh, Reise von Preßburg nach Hermannstadt in Siebenbürgen. Lpzg.: Härtel 1875. 190 p.

Lóczy, Ludw., Ungarn. Land und Volk Geschichte, Staatsrecht, Verwaltung und Rechtspflege, Landwirtschaft, Industrie und Handel, Schulwesen, wissenschaftliches Leben, Literatur, bildende Künste. Bp. 1918. 471 p.

Lóczy, Louis, La Hongrie géographique, économique et sociale. Bp.: Société hongr. de géographie 1919. 16 p. 8 °. (Auszug aus: Ungarn. Land und Volk.)

Lóczy, Louis, A geographical, economic and social survey of Hungary. Bp. 1919. 121 p. 8 °. (Publications of the Hungarian geographical Soc.) (Auszug aus: Ungarn. Land und Volk etc.)

Lug, Viktor, Deutsche Ortsnamen in Ungarn. Bln.: Allg. deutscher Sprachverein 1917. VIII, 143 p. 8 °.

Lux, Joseph Aug., Ungarn. Eine mitteleuropäische Entdeckung. München: Beck 1917. XV, 355 p. 8 °

Mailáth, Joseph Comte de, La Hongrie rurale, sociale et politique. Préf. de René Henry. Paris: Alcan 1909. VIII, 356 p. 8 °.

Malleson, George Bruce, The lakes and rivers of Austria, Bavaria and Hungary. London: Chapman & Hall 1897. XVI, 155 p. 8 °.

Marge, Pierre, Voyage en automobile dans la Hongrie pittoresque. Fátra, Tátra, Mátra. Préface de Éd. Herriot. Paris: Plon & Nourrit 1910. XX, 285 p. avec 6. grav. 12 °.

Mattei, Franco, L'Ungheria e gli ungheresi. Torino: Bocca 1913. 222 p. (La civilta contemp. 15.)

Maurer, Franz, Eine Reise durch Bosnien, die Saveländer und Ungarn. Bln.: Heymann 1870. IV, 341 p. 8 °.

[Mazuchelli, Nina Elisabeth], „Magyarland", being the narrative of our travels through the highlands and lowlands of Hungary. By a Fellow of the Carpathian Society, author of „The Indian Alps". London: Sampson Low & Co. 1881. 8 °.

Michaelis, J, Erdbeschreibung und Geschichte von Ungarn. Neu bearbeitet von Bilz. Tl. 1—2. 3. Aufl. Hermannstadt: Michaelis 1888. 8 °.

K. k. Militärisch - Geographisches Institut. Administrativ- und Generalkarte des Königreichs Ungarn. (Ausgeführt 1858.) Wien 1872. 1 Pl. 17 Kt.

Millet, F. O., The Danube, from the black forest to the black sea. New York 1892.

Nach und durch Ungarn. Bdchen 1 bis 9. Ill. mit Karten. Zürich: Artist. Institut 1890. 8 °.

1. Von Wien nach Budapest. 71 p.
2. Siegmeth, K., Von Oderberg nach Budapest. 40 p.
3. Siegmeth, K., Von Wien, Oderberg und Budapest in die Hohe Tatra und in das Abauj-Torna-Gömörer Höhlengebiet. 120 p.
4. Krauß und Sziklay, Durch West-Ungarn. 40 p.
5. Kenedi, Gerlai, Von der Donau zum Quarnero. 54 p.
6. Siegmeth, K., Die ungarischen Ostkarpathen. 40 p.
7. Sziklay, J., Durch die ungarische Tiefebene. 39 p.
8. Das Siebenbürgische Hochland. 67p.
9. Durch Süd-Ungarn. 64 p.

Neményi, A. (Hrsg.), Das moderne Ungarn. Essays und Skizzen von J. Asbóth u. a. Bln.: Allg. Ver. f. deutsche Lit. 1883. VII, 429 p. (Allg. Ver. f. Deutsche Literatur, Ser. VII, 4.)

Nege, Gustav, Momentaufnahmen jenseits der Leitha. Bremen: Schünemann 1893. III, 120 p. 16 °.

Němcová, B., Z Uher. — Zpomínky z cesty po Uhřích — Uherské město. Prag: Laichter 1911. 384 p. (Aus Ungarn. Reiseerinnerungen.) [Tschechisch.]

Novopacký, J., Od Tater k Adrii. Prag: Klúnek 1901. 201 p. (Von der Tatra zur Adria.) [Tschechisch.]

Nyulászy, Géza v., Ilustrita guidlibro tra Budapêsto. Propagandilo. Bp.: Kókai 1912. 16 °. [Esperanto.]

Parmentier, Théodore Général, Vocabulaire magyar-français des principaux termes de géographie et topographie, etc. Paris: Au siège de l'Association 1883. 47 p. 8 °.

Paget, John, Hungary and Transylvania. Vol. 1—2. Philadelphia: Lea 1876. 12 °.

Paton, A. A, Researches on the Danube and the Adriatic; or contributions to the modern history of Hungary and Transylvania, Dalmatia and Croatia, Servia and Bulgaria. Vol. 1—2. Lpzg.: Brockhaus 1861.

Patterson, Arthur John, The Magyars: their country and institutions. With maps. Vol. 1—2. London: Smith & Edler 1869. 8 °.

Payer, Hugo, Bibliotheca Carpathica· Neudorf: Schmidt 1880. 378 p. 8 °.

Petersen, C, Aus und über Ungarn. Bremen: Hensius 1886. 60 p. 8 °.

Phillimore, Lion, In the Carpathians. London: Constable 1912. 348 p. 8 °.

Proth, Mario, Le voyage de la délégation française en Hongrie. Bp. 1886. 49 p.

Rasch, Julius, Aus dem Lande der Magyaren. Roman. 2. Aufl. Wiesbaden: Kunz 1886. 446 p. 8 °.

Recouly, Raymond, Le pays Magyar. Paris: Alcan 1903. 286 p. 16 °.

Rousset, Léon., États du Danube et des Balkans. Part. 1—2. Paris: Hachette 1893—1897. [Guides Joannes].

Rudolf von Habsburg, Kronprinz [von Österreich-Ungarn], Jagden und Beobachtungen. Wien: Perles 1887. 8 °. (Schilderungen aus Ungarn.)

[Schmal, Adolf], Durch Ungarn im Automobil. Mit einem Geleitwort des Grafen Alexander Andrássy. Reisebeschreibung einer Fahrt durch ganz Ungarn. Von Filius. Bln.: Klasing & Co. 1914. IV, 94 p. 31 × 22,5 cm.

Schumacher, Herm , Aus dem modernen Ungarn. Kulturhistorische und politische Skizzen. Hamburg: Verlagsanstalt A.-G. 1891. 70 p. 8 °. (Deutsche Zeit- u. Streitfragen 6. 81/82.)

Schwab, Erasmus, Land und Leute in Ungarn. Natur-, Kultur- und Reisebilder. 1. Lpzg.: Wigand 1865. XIII, 560 p. 8 °. [Weiter nicht erschienen.]

Schwicker, J. H., Das Königreich Ungarn. Wien: Graeser 1886. 172 p. (Die Länder Österreich-Ungarns in Wort u. Bild. Hrsg. von Frdr. Umlauft 12.)

Séranon, Jules de, Souvenirs de voyage. La Hongrie. Marseille: Olive 1865. 12 °.

Shrubsole, W. H., Unknown Hungary. Liverpool 1911. 10 p. 2. ed. London 1912. 8 p.

Siegmeth, Karl, Die ungarischen Ost-Karpathen. Die Linien der ungarischen Nordostbahn und der ungarisch- galizischen Eisenbahn. Zürich: Orell Füssli 1893. 40 p. 8 °.

Silberstein, Adolf, Im Strome der Zeit. Bd. 1—4. Bp.: Wiener 1894—1895. 8 °.

Singer, Michael, Real Hungary and real Hungarians. Boston 1913.

Singer and Wolfner's Handbook for travellers: Hungary, Budapest. 14 Maps & Plans. London 1896. 344 p.

Sponner, K. v., Historischer Atlas. Ungarn. Gotha: Perthes 1893—1895. 5 Tab.

Staatsbahnen. [Ungarn] Bdchen 1—4. Bp.: Erdélyi 1914. 8 °.
1. Budapest und Umgebung.
2. Das ungarische Tiefland und Siebenbürgen.
3. Nördliches Oberland.
4. Transdanubien, Kroatien und die ungarische Seeküste.

Staatsbahn, Royal Hungarian state-railways. Budapest and environs. The Hungarian lowlands. The northern highlands of Hungary. The trans-danubian district. Croatia and the Hungarian coast. Bp.: Hornyánszky 1910. 4 × 47 p.

Steinacker, E, A travers la Hongrie. Zürich: Füssli 1895. 37 p.

Stokes, Adrian, Hungary. New-York: Macmillan 320 p. 8 °. (Color books ser.)

Stokes, Adrian and Marianne, Hungary. Painted and described. London: Black 1909. 340 p. 8 °.

Szana, A, Ungarn. Stuttgart, Gotha: F. A. Perthes 1922. 140 p. 8°. (Perthes kleine Völker- und Länderkunde.)

Teleki, Paul Count, Short notes on the economical and political geography of Hungary. Bp. 1919. 14, 7 p.

Tissot, Victor, La Hongrie, de l'Adriatique au Danube. Impressions d voyage. Paris: Plon & Nourrit 1882 412 p. 8 °.

Tissot, Victor, Voyage au pays des Tziganes. (La Hongrie inconnue). 5. éd. Paris: Dentu 1880. 12 °. 1883: La Hongrie de l'Adriatique au Danube. 412 p. 4 °.

Tornai, H. de Kövér, Peeps at many lands. Hungary. Containing twelwe full-page illustr. London: Black 1911. 95 p. 8 °.

Ujfalvy, La Hongrie. Paris: Pagnerre 1872. 8 °.

Ungarn. Land und Volk. Geschichte, Staatsrecht, Verwaltung u. Rechtspflege, Landwirtschaft, Industrie u. Handel, etc. Vorw. v. Albert v. Berzeviczy. Bp : Franklin 1917. 471 p. 8 °. Lpzg.: Quelle & Meyer 1918. V, 471 p. 8 °.

Ungarn. Wirtschaftliches und Kulturelles aus Ungarn. Vorträge d. 8. internationalen Wirtschaftskurses in Budapest. Bp.: Kilián 1912—1913. Getr. p. 8 °.

Ungarn in Wort und Bild. Zürich: Artist. Inst. 1890. 534 p. 8 °.

Ungarn und Siebenbürgen in malerischen Originalansichten ihrer interessantesten Gegenden, Städte, Badeorte etc. Darmstadt: Lange 1857—1864.

Ungarn zur Zeit des Milleniums Bp.: Gelléri & Weisz 1896 144 p. u. 1 Tab. 8 °.

Vargha, Jul , Die wirtschaftlichen und kulturellen Verhältnisse Ungarns. Bp.: Pester Buchdr. 1908. 75 p.

Vargha, Jul., Hungary, a sketch of the country, its people and its conditions. 3. ed. Bp.: Atheneum 1910. 80 p. 8 °.

Vigneron, Lucien Abbé, Entre les Alpes et les Carpathes. (Autriche, Croatie, Hongrie). Paris: Delhomme et Briguet 1884. 383 p. 8 °.

Waldeck, Oskar, Neues aus dem schönen Ungarland. [Preßburg 1894.]

Zöhrer, Ferdinand, Tourist auf der Donau von Passau bis Budapest. 2. Aufl. Linz: Ebenhöch 1880. 44 p. 8 °.

B. Budapest.

Barta, Béla, Description de Budapest. Beschreibung von Budapest. Bp. 1902.

Barta, Ludwig, Neuer illustrierter Führer von Budapest und Umgebung. 15. Aufl. Bp.: Selbstverlag 1911. 110 p. Dasselbe französisch. Ebd. 1911. 111 p.

Budapest, the capital of Hungary. Bp.: Pallas 1889. 33 p.

Budapest d'aujourd'hui. Bp.: Bpesti Látogatók Lapja [1887]. 33 p. [Französisch, deutsch, ungarisch.]

Budapest. Führer von Budapest. Wegweiser durch die ungarische Metropole mit als Korrespondenzkarten verwendbaren Illustrationen. Bp.: Pátria 1900. 135 p.

Budapest. Neuester Plan von Budapest mit den Straßenbenennungen, Hausnummern und durch den hautpstädt. Baurat festgesetzten Regulierungslinien. Bp.

Budapest. Mit 44 Illustrationen. Zürich: Orell Füssli 1885. 108 p. 8°.

Budapest with 44 illustrations. Zürich: Orell Füssli 1885. 108 p. 8°.

Budapest. Illustrierter Wegweiser durch Budapest und Umgebungen. 2. Aufl. Wien: Hartleben 1895. 107 p. 1 Plan. 12°.

Budapest. Umgebungskarte von Budapest. Wien: Militär-geographisches Institut. Comm. Lechner 1887. 4 Bl.

Budapest, Verkehrsbureau. Eine Woche in Budapest und Ungarn. 4. Aufl. Bp.: Thalia 1911. 38 p.

Budapest. Wegweiser durch Budapest, den Teilnehmern des 8. internat. Verlegerkongresses gewidmet. Bp.: Kókai 1913. 67 p. 8°.

Budapest. En resa i Ungerns vackraste trakter över Budapest. Stockholm: Norstedts tryckeri 1913.

Cymbra's neuer Budapester lokaler und commercialer Führer 1887. Bp.: Grill 1886. 172 p. Anhang: Die Bezirke und Straßen von Budapest. 50 p.

Edvi-Illés, Aladár, Technischer Führer von Budapest. Bp.: Kilián 1896. VIII, 492 p. 8°.

Edvi-Illés, Aladár, Guide technique de Budapest. Bp. 1896. 468 p. 8°.

Eisler, G., Führer durch Budapest und die Ausstellung. 2. Aufl. Bp.: Eisler 1896. 116, VIII p.

Feoli, Gaetano, A Budapest. Impressioni. Zara: Artale 1896. 132 p.

Frivisz, F., Plan von Pest-Ofen. Pest 1867.

Gettinger, Theodor, Ungarns Hauptstädte Pest-Ofen und deren Umgebungen. Pest: Heckenast 1866. III, 60 p. 4°.

Gettinger, Theodor, Die Umgebungen von Pest und Ofen. Nach eigenen Wanderungen mit genauen Entfernungsangaben. Pest: Hartleben 1865. 42 p.

Griebens Reiseführer: Budapest und Umgebung v. M. Schmidt. Bln.: Goldschmidt 1905—1906. IV, 111 p. 8°. (Bd. 102.) 6. Aufl. Ebenda 1918. 112 p. (Bd. 102.)

Hartleben, Karl: Plan von Pest-Ofen. Pest: Hartleben [ca. 1875].

Havass, Rudolf, Extraits des monographies parues sur la ville de Budapest. [Bp.: Fritz] 1900. 7 p.

Heksch, Alex. F., Illustrierter Führer durch Budapest und Umgebungen. Wien: Hartleben 1882. XVI, 255 p. 12°. 3. Aufl. Ebenda 1895. 172 p. 12°.

Hevesi, Ludw., Budapest und seine Umgebungen. Bp.: Ráth [1873]. X, 281 p.

[Jasznigi, Alex.] (Red.), Budapest in Wort und Bild. Unter Mitwirkung der hervorragendsten ungar. Zelebritäten, Schriftsteller und Künstler, hrsg. von Osk. v. Krücken. Bd. 1. Bln.: Allg. Verlagsges. 1899. 426 p.

Jókai, Maurus, Andenken an Budapest. Übers. v. L. v. Neugebauer. Bp.: Grill 1896. 24 p. 12°.

Kahn, Jos., Budapest zur Zeit des Milleniums. 2. Jahrg. Bp.: Grill 1895. 194 p. 12°.

Kahn, Jos., Das heutige Budapest. Mit Beitr. v. Herm. Aldor, J. Bruck (etc.). Bp.: Grill 1895. 258 p. 8°.

Kahn, Jos., Neuester Führer durch Budapest und Umgebung. Bp.: Grill 1895. 75 p. 8°.

Kahn, Jos., An illustrated guide of Budapest. Bp.: Kilián 1891. 120 p. 8°.

Langheinrich, A., Führer durch Pest-Ofen und deren Umgebung nebst Plan der Schwesterstädte. Bln.: Kießling 1871. XVI, 103 p.

Leiter, Herm., Budapest und die oberungarische Donau. Wien: Deuticke 1912. 43 p. m. 3 Skizzen, 2 Taf. 8 °. (S.-A. aus: Geogr. Jahresber. aus Österreich.)

Lenkei, Heinr. & Eugen Wallesz (Red.), Das vergnügte Budapest. (1896.) Ill. v. Ludw. Márk, Árp. Basch (etc.). Aus dem Ungar. v. Jos. Diener-Dénes. Bp.: Singer & Wolfner 1896. 235 p.

Lenkei, Heinr. & Eugen Wallesz(Red.), Budapest qui s'amuse. (1896.) Causeries et esquisses. Gravures par Louis Márk, Árp. Basch (etc.). Bp.: Singer & Wolfner 1896. 240 p.

Palóczy, L., Budapest und seine Umgebung. 2. Aufl. Darmstadt: Städtebilderverlag 1896. 112, 8 p, 1 Plan, 1 Karte. 8 °. (Städtebilder und Landschaften aus aller Welt, Nr. 124 u. 125.)

PLAN VON PEST und Ofen 1863. Gez. v. F. Friewiß. Lith. v. G. Händelmayer. Pest 1868. 2 °.

Ruzitska, Armin, Taschenbuch von Budapest und Umgebung. Bp.: Ruzitska 1906. LXIV, 32 p. 16 °.

Ruzitska, Armin, Wegweiser von Budapest und Umgebung. Bp.: Selbstverlag 1908. LXIII, 32 p.

Schmidt, M., Budapest und Umgebung [1905—6]. 5. Aufl. Bln.: Goldschmidt 1917. 116 p. (Griebens Reiseführer 102.)

Sieber, C., Die Verschönerung Ofens und die Donauregulierung. Pesth 1862.

Smith, Berkeley F., The city of the Magyars. London: Unwin (1906?). XII, 292 p.

Steinacker, Budapest. Zürich o. J. (Europäische Wanderbilder H. 84—86).

Sturm, Albert, Kulturbilder aus Budapest. Lpzg.: Fues. o. J. 313 p.

Szalai, Michael & Josef Kahn, Neuer Budapester lokaler und kommerzieller Führer. Die ungarische Metropole. Bp : Kahn & Szalai 1888. 454 p. 8 °.

Szalai, Michael & Josef Kahn, Die ungarische Metropole 1889. [Führer durch Budapest.] Bp.: Kilián 1889. 226 p. m. Ill. 12 °.

Szalai, Michael, Souvenir de Budapest. Guide de Budapest et ses environs. Bp. 1892.

Thirring, Gustav, Neuester Führer durch Budapest und Umgebung. Bp.: 1921. 194 p. 8 °.

Toussaint, Jos. Ferd., Budapest, Hauptstadt von Ungarn und deren dringendste Erfordernisse. Pest: Khór und Wein 1868. 11 p.

Viola, Max, Budapest. In Hauptstädte 1896. p. I—XXVI.

Woerls Führer durch Budapest und Umgebung. 3. Aufl. Würzburg: Woerl 1889. 50 p. 15 °. 4. Aufl. Ebenda 1896. 51 p. 16 °.

C. Das Tiefland und Westungarn.

Könyves-Tóth, M. v., Nagyhortobágy. Debreczen 1910. [English text pp. 27—37. Description of the Great Plain of Alföld.]

Menzinger, Georg, Durch Ungarns weite Puszta u. a. Erzählungen. Weinböhla: Aurora-Verlag 1918. 87 p. 8 °.

Papp, Karl, Dreikanter auf den einstigen Steppen Ungarns. Bp. 1899. (Geolog. Mitteilungen 29.)

Sziklay, Johann, Durch die ungarische Tiefebene. Zürich: Orell Füssli 1890. 39 p. 8 °. (Europäische Wanderbilder 174.)

Woenig, Franz, Hej die Puszta! Bilder aus d. ungar. Tiefebene. Mit einer Notenbeilage: Ungarische Volkslieder. Lpzg.: Reclam 1897. 96 p. 8 °. (Universal-Bibliothek 3633.)

Woenig, Franz, Eine Pusztafahrt. Bilder aus der ungarischen Tiefebene. Lpzg.: Jacobsen 1892. 196 p. 8 °.

Ebenspanger, Joh., Das Eisenburger Komitat. Felsö Or (Oberwart): 1882.

Fleißig, M. R., Heimatkunde für die Schuljugend des Ödenburger Komitats. Ödenburg 1872. 40 p. 8 °.

Krauß, Ferd. & Joh. Sziklay, Durch West-Ungarn. Zürich: Orell Füssli 1890. 40 p. 8 °.

Talsky, J., Die Excursionen zum Velenzeer- und kleinen Plattensee. Wien 1891. 20 p. 8 °.

Schmidl, A., Die *Abaligether* Höhle. Wien 1863. 8 °. (Sitzungsber. d. k. Akad. d. Wiss.)

Haan, L., Pametnosti *Békés-Čabánske*. Pest 1866. 82 p. 8 °. (Denkwürdigkeiten von Békés-Csaba) [Slowakisch].

Galgóczy, Charles, La ville de *Debreczen*, en Hongrie. Bp. 1900. 12 p. 8⁰.

Ripka, Franz, *Gödöllö*. Aus d. Ungar. übers. u. ergänzt v. Friedrich Rovara. Wien: Gerold 1898. 285 p. u. 1 Bl. 8⁰.

Chernel, C., Gegenwart und Vergangenheit der kön. Freistadt *Güns*. T. 1: Die Gegenwart. Güns 1878. 166 p. 8⁰.

Wittinger, A., Die Stadt Güns und ihre Umgebung. Güns 1891. 227 p.

Nátafalussy, C. v., und J. Lenner, *Jászó* und die mit ihr vereinigten Propsteien Lelesz und Promontor von Grosswardein. Würzburg 1882. 56 p. 8⁰.

Pallavicini, Alex. Markgraf'sche Fideikommissherrschaften *Mindszent* und Algyö. Wien 1897. 12 p. 8⁰.

Schultz, C., Die Pfarre zu *Németmarót*. Fünfkirchen 1893. 57 p.

Diem, Gustav, Illustrierter Führer durch *Oedenburg* und seine Umgebungen. Oedenburg 1886.

Wolf, Heinrich, Die Stadt *Oedenburg* und ihre Umgebung. Wien 1870. 64 p. 4⁰.

De Gerando, Attila, *Szekszárd* et ses environs. Paris s. d. (S.-A. aus der Revue de Géographie.)

Wittinger, Anton, Die Großgemeinde *Török-Bálint*. Bp. 1901.

Viktorin, Josef, *Visegrad* einst und jetzt. Geschichte und Beschreibung der ehemaligen Königsburg und Residenzstadt, mit besonderer Rücksicht auf die Erhaltung der Burgruinen. Bp.: Lauffer 1872. 83 p. 8⁰.

D. Nordungarn.

Bayer, H., Moravským Valašskem na Slovensko a Tatry. (Durch die mährische Walachei nach der Slovakei und in das Tatragebirge.) Brünn: Benediktiner 1900. 228 p. [Tschechisch.]

Bergner, Rudolf, Eine Fahrt durchs Land der Rastelbinder. Lpzg.: Bruckner 1883. 142 p. 8⁰.

Beyer, A., Karpathenstudien. Annaberg, Diss. 1882. 8⁰.

Bílý, F., Illustrovaný průvodce po Slovensku. Karlín: Šolc 1911. 159 p. (Illustrierter Begleiter durch die Slowakei.) [Tschechisch.]

Bittermann, A., In der Hohen Tátra. Reiseerinnerungen. Görlitz: Tzschachel 1889. 76 p. 8⁰.

Brandes, H. K., Ausflug nach der Tatra, der Hegyalja und dem ungarischen Erzgebirge im Sommer 1865. Mit einer Grammatik der ungarischen Sprache. Detmold: Mayer 1865. 102 p. 8⁰.

Buchholz, Jakob: Beschreibung des wundervollen karpathischen Schneegebirges. Késmárk 1904.

Buchholtz, G, Das weit und breit erschollene Ziepser-Schnee-Gebürg (1719). Mit biogr. Einleitung und Texterklärung hrsg. v. R. Weber. Bp.: Kókai 1899. 67 p. 8⁰.

Čermák, K, Ze slovenských hor a chat. Prag: Hynek 1904. 112 p. 8⁰. (Von slowak. Bergen u. Hütten) [Tschechisch.]

Compton, E. L., Tátra-Album. Bp.: Rigler 1911.

Czirbusz, J. A, Kurzgefaßte Beschreibung des karpathischen Gebirges. Késmark 1902. 51 p.

Dénes, Franz, Gründung, Entwicklung und Tätigkeit des ungarischen Karpathen-Vereins. Leutschau: Vereinsverlag 1883. 66 p. 8⁰.

Dénes, Franz, Wegweiser durch die ung. Karpathen. Im Auftrage des ung. Karpathenvereins. Igló 1888. 134 p. 8⁰.

Drož, Karel, Tatry. Ružomberk 1897. (Die Tátra.) [Slowakisch.]

Drož, K, Život na Tatrách. Illustr. Prag: Springer 1906. 260 p. 8⁰. (Das Leben in der Tatra.) [Tschechisch.]

Éjszaky, Josef v. Die Hohe Tátra Bp. 1899. 33 p.

Eljasz, Walery, Illustrowany Przewodnik do Tatr, Pienin i Szczavnic. Pozn 1870. 8⁰. [Polnisch.]

Finberka, J. V., Vábné Slovensko. Cestopisné črty. Prag: Beaufort 1906. 82 p. 8⁰. (Die reizende Slowakei. Reisebeschreibung.) [Tschechisch.]

Fuchs, Friedrich, Die Zentral-Karpathen mit den nächsten Voralpen. Handb. f. Gebirgsreisende. Pest: Heckenast 1863. 318 p. 8⁰.

Fuker, Fr. Jak., Geographische und naturhistorische Schilderungen des Tokayer Gebirges. Neue Ausg. Wien.

Giller, [Voyage en Slovaquie.] Lemberg 1876. [Tschechisch.]

Goldmark, Ignatz, Reisebilder aus dem nördlichen Ungarn. Pápa 1887. 181 p.

Gregor-Fajovsky, Josef, Maly kulturný zeměpis Slovenská. Vol. 1—5. (Kleine Kulturgeographie der Slowakei.) [Tschechisch.]
1. Túrve. Jekaterinburk 1918.
2. Trenčin. Jekaterinburk 1918.
3. Východné Slovensko. Jekaterinburk 1918. (östliche Slowakei).
4. Gemer, Novohrad, Hont a Tekov. Irkutsk 1919.
5. Orava, Liptov, Joslan. Irkutsk 1919.

Grissinger, Karl, Studien zur physischen Geographie der Tátra-Gruppe. Wien 1893. 82 p.

Habel, Paul, Die Hohe Tatra. Lpzg.: Heber 1905. 8 p., 7 Farbendr. und 26 Holzschn.

Hašek, Jar., Když člověk spadne v Tatrách. Prag: Hynek 1912. 150 p. (Wenn der Mensch in die Tátra verfällt) [Tschechisch]

Heksch, Alexander F., Illustrierter Führer durch die Karpathen und oberungarischen Badeorte. Wien: Hartleben 1881. XVI 185 p. 12 °.

Heksch Alex., Illustrierter Führer durch die Karpathen (Waagthal) und Hohe Tatra und die oberungarischen Badeorte. Mit einem Anhange: Krakau und Umgebung. Wien: Hartleben 1889. XXXVII, 142 p. 8 °.

Heksch, Alexander F. und Wladimir Kowszevicz, Illustrierter Führer durch die ungarischen Ostkarpathen, Galizien etc. Wien: Hartleben 1882. XVI, 246 p. 12 °.

Hildebrand, F. W., Karpathenbilder. Glogau 1863. 199 p. 8 °.

Holle, Alfred, Einleitung und Orometrie des Tatragebirges nebst e. Beitrag zur Wald- u. Knieholzgrenze. Wien: Lechner 1909. IV, 135 p. u. 1 Karte. 6 T. 4 °. (Abhandlungen d. K. k. Geograph. Gesellschaft in Wien. Bd. 8. Nr. 2)

Horovitz, M., Von Liszka nach Berlin. Reisebilder. Frankfurt a./M. 1914.

Hrnčíř, F., Ze Slovenska. Illustr. von J. Novák. 37. Aufl. Nymburk: Hrnčíř 1913. 44 p. 8 °. (Aus der Slowakei.) [Tschechisch.]

Jánoška, Milos, Sprievodca po Tatrách Liptovský Sv. Mikulas 1911. (Wegweiser durch die Tatra.) [Slowakisch.]

Kálal, Karel, Iděte na Slovensko. Prag 1904. (Geht nach der Slowakei!) [Tschechisch.]

Kálal, Karel, Na krásném Slovensku. Illustr. Prag: Vilímek 1912. 110 p. (In der schönen Slowakei.) [Tschechisch.]

Kálal, Karel, Obrázky zpod Tater. Prag: Otto 1907. 180 p. 8 °. (Bilder von der Tatra.) [Tschechisch.]

Kálal, Karel, Z hor i plání. [Kniha slovenských obrázků.] Prag: Otto 1912. 168 p. 8 °. (Aus Bergen und Ebenen. Slowakische Bilder.) [Tschechisch.]

Klíma, St. und A. Žalud, Ilustrovaný průvodce po Slovensku. Prag 1920. (Illustrierter Führer durch die Slowakei.) [Tschechisch.]

Klíma, St. a A. Žalud, Místopis obcí slovenských. Prag 1919. (Ortsbeschreibung der slowakischen Gemeinden.) [Tschechisch.]

Klíma, S., Obrázky ze Slovenska. Prag: Topič 1911. 94 p. 8 °. (Bilder aus der Slowakei.) [Tschechisch.]

Klíma, St., Slovenská vlast'. Prag 1921. (Slowakisches Land.) [Tschechisch.]

Kolbenheyer, Karl, Die Hohe Tatra Teschen: Prochaska 1876. VIII, 123 p. 8 °. 7. Aufl. Ebenda 1888. VIII, 196 p. 8 °.

Kořistka, Carl, Die hohe Tatra in den Zentral-Karpathen. Eine geographische Skizze. Gotha: Perthes 1864. 36 p. (Mitteilungen aus J. Perthes' geographischer Anstalt 12.)

Kuźniar, Wiktor, Z przyrody Tatr. Kraków: Frommer in Komm 1910. III, 105 p. 8 °. (Populaona Biblioteca Przyrodnicza 1.) (Aus d Natur d. Tatra.) [Polnisch.]

Matzura, Jos, Illustrierter Führer durch die Beskiden. Teschen: Feitzinger 1892. 318 p.

Matzura, Jos., Die Beskiden. Brünn: Winiker 1907. VII, 348 p.

Maywald, Fritz, Die Pässe der Westkarpathen. Teschen 1906. 54 p.

Müller, Johannes, Wegweiser für die Hohe Tátra. Breslau: Müller & Seiffert in Komm. 1905. 66 p. 8 °.

Némcová, B, Chýše pod horami. Obrázek ze Slovenska. Prag: Laichter 1909. 55 p. 8 °. (Die Hütte unter den Bergen. Bild aus der Slowakei.) [Tschechisch.]

Otto, Die Hohe Tatra. Bln.: Goldschmidt 1903. VIII, 244 p.

Paul, K. M., Das Gebirge von Homonna. Wien 1870. 8 °.

Paul, K. M., Die nördl. Árva. Wien 1868. 8 °.

Pokorná, A., Z Prahy do Tater. Prag: Storch 1904. 80 p. (Von Prag zur Tatra.) [Tschechisch.]

Pokorný, Rudolf, Z potulek po Slovensku. Prag 1885. (Vom Reisen in der Slowakei.) [Tschechisch.]

Posewitz, Theodor, Der ungarische Karpathenverein (Zentrale) und die hohe Tatra im Jahre 1892. Bp. 1893.

Posewitz, Theod , Reisehandbuch durch Zipsen, Hohe Tátra, und Zipser Mittelgebirge. Bp.: Franklin Verl. 1898. XVI, 336 p. 12 °.

Posewitz, Theodor, Die Zips. Bp. 1898.

Reise des Simplicissimus in die Tatra in der Mitte des XVII. Jahrhunderts. Wiederveröff. v. Theod. Posewitz. Kesmark: Sauter 1900. 20 p.

Rowland, W., Statistisch-topographische Beschreibung der Compossessorats-Herrschaft Árva. Árva-Váralja 1879. 137 p. 8 °.

Scherner, C. A., Bilder und Fahrten in der Hohen-Tatra. Breslau 1876.

Scherner, C. A., Tatra-Führer. Tl. 1—2. Breslau 1875.

Scherner, Karl Albin, Neuer praktischer Tatra-Führer nach eigenen siebenjährigen Erfahrungen. Freiburg i. B.: Kiepert 1881. IV, 99 p. 12 °.

Schuller, Gustav Reinold., Ein Bild aus den Karpathen. Wien 1884.

Schwartner, R , Führer unter der hohen Tatra. Kesmark 1883. 74 p.

Siegmeth, Karl, Auf die Polonina. Igló 1888.

Sláma, F., Průvodce po Slovensku. Illustr. Prag: Otto 1889. 107 p. (Führer durch die Slowakei.) [Tschechisch.]

Slovenský Letopis, prehistoria, topografia. Bd. 1 — 6. Turč. Sv. Martin 1876—1882. (Slowakische Chronik, Vorgeschichte, Topographie.) [Tschechisch.]

Uhlig, Victor, Bau und Bild der Karpathen. Wien: Tempsky 1903. 8 °. (Bau und Bild Österreichs.)

Uhlig, Victor, Pieninische Klippenzone und Tatragebirge. Wien 1903. 76 p.

V[annutelli], P. V., I monti Carpazii. Roma 1888. 8 °. (Seguardo all oriente 14.)

Věšin, Jaroslaw, Aus der ungarischen Slowakei. 12 Photographien. München: Albert 1896. 2 °.

Woldrich, N. J., Beiträge zum Studium des Beckens von Eperjes. Wien 1881. 11 p. 8 °.

Augustini, Samuel ab Hortis, Topographische Beschreibung des Flusses Poprad oder Popper in der Zips aus d. J. 1782. Biographische Einleitung von Rudolf Weber. Bp.: Kókai 1900. 113 p. 8 °.

Bergner, Rud , In der Marmaros. München: Franz 1885. V, 280 p. (Ungarische Kulturbilder.)

Krieg, Otto, Über die Dobschauer Eishöhle und über Gletscherspuren im Riesengebirge. Hirschberg i. Schl.: Richter 1883. 39 p. 8 °.

Pelech, Joh., Das Stracenaer Thal und die Dobschauer Eishöhle. Bp.: Ráth 1878. 35 p. 8 °. (S.-A. aus: Jahrbuch d. ungar. Karpathenvereins.)

Pelech, Joh., Das Stracenaer Thal und die Dobschinaer Eishöhle. Übers. von Samuel Klein. 2. Aufl. Bp.: Franklin 1884. 48 p. 8 °.

Pelech, Joh., The valley of Stracena and the Dobschau ice-cavern, Hungary. Transl. from the German of S. Klein by W. B. Lowe. London 1879. 8°.

Reviczky-Matejec z, Johann, Beschreibung des Arvaer Comitates. H. 1—3. 1871.

Siegmeth, K., Reiseskizzen aus der Máramaros. Igló 1882—85. [Jahrb. d. ung. Karp.-Ver. 8—12.]

Siegmeth, Karl, Aus der Hegyalja ins Vihorlátgebirge. Kaschau: Maurer 1886. 41 p. 8 °. [Jahrb. d. ung. Karp.-Ver. 13.]

Stur, D., Die intermittierende Quelle von Stracena in Oberungarn. Wien 1863. 8 °. [Mitt. d. k. k. geogr. Ges. Jg. 7.]

Weber, Samuel, Beschreibung der Szepes-Bélaer Tropfsteinhöhle samt einigen Ausflügen in der östlichen Tatra und im Pieninen-Gebiete. Szepes-Béla: Karpathenverein 1883. 63 p. 8 °.

Weber, S., Monographie der evang. Gemeinde A. Conf. *Béla*. Kesmark 1885. 274 p.

Kolbenheyer, Karl, Die Bélaer Tropfsteinhöhle. Bielitz 1886. 42 p. (Gymn.-Progr.)

Medvecký, Karol A., *Detva.* Rózsahegy 1905. [Slow.]

Mikulik, J., *Dobschau,* eine monogr. Skizze mit einem Anhang: die Dobschauer Eishöhle. Kaschau 1878. 61 p.

Führer durch *Kassa* in Oberungarn. Kassa 1901. 39 p.

Siegmeth, Karl, Kurzgefaßter Führer für Kaschau, das Abauj-Torna-Gömörer Höhlengebiet und die ungarischen Ostkarpathen. Kassa: Maurer 1885. 176 p. 8 °.

Horusitzky, Heinrich, Die Umgebung von *Nagyszombat.* Bp. 1915.

Kompanek, József, *Nitra.* Nástin dejepisný miestopisný a vzdelanostny. Rózsahegy 1895. (Neutra. Historisch-topographisch-kultureller Entwurf.) [Slow.]

Heksch, Alexander F., Illustrierter Führer durch *Preßburg* und seine Umgebungen, das Waagthal und die kleinen Karpathen. Preßburg: Stampfel 1885. VIII, 238 p. 8 °.

Illustrierter Führer durch Pozsony (Preßburg) und Umgebung. Preßburg: Steiner 1907. 154 p. 8 °.

Kornhuber, G. A., Beiträge zur Geographie der Preßburger Gespanschaft. Preßburg 1865.

Preßburg und seine Umgebung. Mit einer geologischen Karte. Preßburg: Wigand 1865. 353 p. 8 °.

Preßburger Wegweiser auf das Jahr 1895. Jahrg. 44. Preßburg: Heckenast 1894. 189 p.

Dúbravský, Ferdinand, Uhorská *Skalica* 1921. [Szakolcza. Ungarisch Skalitz.]

Szepesbéla, Einige wahre Worte über —. Késmárk 1903.

Szepesbéla, Auch einige wahre Worte über —. Késmárk 1904.

Wegweiser in der *Trencsiner* Burg-Ruine und Umrisse der Geschichte der kön. Freistadt und Burg Trencsin. Trencsén: Gansel 1881. 48 p. 8 °.

Bránik, Juraj, Slobodné a kralovské mesto *Zvolen.* Turč. Svaty Martin. (Die Freie u. Königl. Stadt Altsohl.) [Slow.]

E. Siebenbürgen.

Bell, Albert Friedr. [etc.], Das siebenbürgische Hochland. Nach Skizzen von F. A. Bell, F. Krauß, J. Römer etc. Zürich: Orell Füssli 1894. 32 Il.

Bergner, Rudolf, Siebenbürgen. Eine Darstellung des Landes und der Leute. Lpzg.: Bruckner 1884. VI, 410 p. 8 °.

Bielz, E. Alb., Reisehandbuch für Siebenbürgen, nach eigenen zahlreichen Reisen und Ausflügen. Hermannstadt: Michaelis 1881. VIII, 296 p. 12 °.

Bielz, E. Alb., Siebenbürgen. Ein Handbuch für Reisende. Wien: Graeser 1885. VIII, 415 p. 8 °. 3. Aufl. Ebenda 1903. VII, 284 p.

Bielz, A., Bilder aus Siebenbürgens Karpathen. Wien 1865. 19 p. 8°.

Boner, Charles, Siebenbürgen. Land und Leute. Deutsche Ausgabe. Lpzg.: Weber 1868. XI, 693 p. 8 °.

Boner, Charles, Transylvania; its products and its people. London: Longmans, Green 1865. XIV, 642 p. und 5 T. 8 °.

[Buchholzer, Ernst,] „Auf nach Siebenbürgen". Wanderbüchlein durch das siebenbürgische Sachsenland. Bln.: Thormann & Goetsch 1900. 79 p.

Chalmers, Andrew, Transylvanian recollections. Sketches of Hungarian travel and history. London: Smart & Allen 1880. 112 p. 8 °.

De Gérando, Attila, Étude sur les hautes plaines de Transylvanie. Paris: Delagrave 1882. 76 p. u. 1 T. (Extrait de la Revue de géographie.)

De Gerando, Aug., La Transylvanie et ses habitants. Tl. 1—2. Paris: Compt. des impr. unies. 427 p. u. 1 T.

Erdélyi, Karl, Wegweiser des südungar. Karpathenvereins Temesvár. Bp.: Kilián 1895. XV, 716 p.

Generalkarte des Großfürstentums Siebenbürgen. Wien 1863.

Gérard, Emily (später Laszowska, Emily de), The land beyond the forest. Facts, figures, and fancies from Transylvania. New-York: Harper & Brothers 1888. VIII, 403 p. 12 °. Dasselbe. Vol. 1—2. Edinburgh & London: Blackwood 1888. 8 °.

[Hintz, Joh.], Anregungen und Bilder von einer Geschäftsreise in Siebenbürgen. Hermannstadt: Steinhaussen 1863. 135 p. 8 °.

Hintz, J., Das wandernde Siebenbürgen. Kronstadt 1876. 54 p. 8⁰.

Hintz, J., Gemälde Siebenbürgens, entworfen vor Kammners Reliefkarte dieses Landes. (S.-A. aus: Siebenb. Deutsches Wochenblatt.)

Jung, J., Zur Geschichte der Pässe Siebenbürgens. Innsbruck 1892. 31 p. 8⁰.

Korodi, Lutz, Siebenbürgen. Land und Leute. Bln.: Paetel 1906. 188 p. 8⁰. (Sammlung belehrender Unterhaltungsschriften.)

Lauser, Wilh., Ein Herbstausflug nach Siebenbürgen. Wien: Graeser 1886. IV, 68 p.

Martonne, Emmanuel de, Recherches sur l'évolution morphologique des Alpes de Transylvanie (Karpates méridionales.) Paris 1907. XXI, 279 p.

Moldovan, S., Ardealul I. Timuturile de pe Olt etc. Kronstadt: Ciurku 1911. 175 p. 8⁰. [Siebenbürgen, Distrikt am Olt.] [Rumän.]

Moldovan, S., Ardealul II. Timuturile de pe Muras etc. Kronstadt: Ciurku 1913. 119 p. 8⁰. [Siebenbürgen, Distrikt der Maros.] [Rumän.]

Ráth, G. v., Siebenbürgen. Reisebeobachtungen und Studien. Heidelberg: Winter 1880. 152 p. 8⁰. (Sammlung von Vorträgen. Hrsg. v. W. Frommel. Bd. 4, H. 2—4.) 2. Ausg. Heidelberg: Winter 1888. 190 p. 8⁰.

Reimesch, Fritz, Die siebenbürgischen Landesteile Ungarns. Kronstadt: Zeidner 1897. XVI, 83 p.

Reissenberger, K., Siebenbürgen. Wien 1881. 140 p.

Semp, M., Etwas über die Kultur- und wirtschaftlichen Verhältnisse der sächsischen Gemeinden des Burzenlandes. Kronstadt 1912. 44 p.

Seybt, Julius, Siebenbürgen und seine Bewohner.

Sigerus, Emil, Aus alter Zeit. 50 Bilder aus siebenbürg.-sächsischen Städten mit einem Vorwort und erläut. Text. Hermannstadt: J. Drotleff 1904. 7 p. Text. 4⁰.

Sigerus, Emil, Burgen und Kirchenkastelle im siebenbürg. Sachsenlande. 50 Bilder in Lichtdruck. Hermannstadt: Drotleff 1900. 2⁰.

Sigerus, Emil, Durch Siebenbürgen. Eine Touristenfahrt in 58 Bildern. Hermannstadt: Drotleff 1905. 50 T., 17 p.

Sigerus, Emil Siebenbürgisch-sächsische Burgen und Kirchenkastelle. 2. Aufl. Hermannstadt: Drotleff 1901. 50 Bilder in Lichtdr. mit Vorwort und Text.

Teutsch, Friedr., Unsere Burgen. Hermannstadt: Drotleff 1889. (S.-A. aus: Jahrbücher des Karpathenvereins.)

Verzeichnis der Ortschaften des Großfürstentums Siebenbürgen nach ihrer Einteilung in Komitate, Stühle und Distrikte. Hermannstadt: Steinhaussen 1862. IV, 116 p. 8⁰. (In deutscher, ungarischer und rumänischer Sprache.)

Von Mödling zum Eisernen Tor und nach Siebenbürgen. Mödling 1894. 22 p. 8⁰.

Winckelmann, O., Aus den Siebenbürgischen Karpathen. Reiseerinnerungen. Straßburg: Schultz o. J. 25 p.

Witt, Otto, Reiseskizzen aus den Südkarpathen. Bln.: Müchenberger 1889. 126 p. 8⁰.

Amlacher, Alb., Ein Ausflug ins Mühlbachgebirge. Hermannstadt: Drotleff 1885. S.-A.

Arz, Gustav, Geographische und naturhistorische Verhältnisse Mühlbachs und seiner Umgebung. Sächsisch-Regen 1865, 1866. (Gymnasial-Programm.)

Csallner, Daniel, Die Höhenverhältnisse des Flußgebietes der Bistritz von ihrer Mündung in die Sajó aufwärts bis Waldendorf. Bestritz 1869. 3—14 p. (Gymnasial-Programm.)

Csallner, Daniel, Der Nösner-Gau. Eine Studie. Bistritz 1865. p. 3—66. (Gymnasial-Programm.)

Daianu, E., Biserică lui Bob în Cluj. Kolozsvár: Carmen 1906. 53 p. 8⁰. [Rumänisch.]

Deans, F. Harris, Looking for trouble. London: W. Blackwood 1914. 366 p. 8⁰. [Arad and vicinity, pp. 1—166.]

Franzl, Ottomar, Terrain- und Wegkarte des Schulergebirges für die Sektion Kronstadt des Siebenbürgischen Karpathenvereines auf Grund der Waldvermessung v. J. 1885 und 1888. Kronstadt 1888.

Herfurth, Franz Karl, Das sächsische Burzenland. Zur Honterusfeier. Kronstadt: Gött 1898.

Hintz, Joh., Natur- u. Kulturbilder aus dem Burzenland. Kronstadt: Frank & Dressnandt 1873. 26 p. 8⁰.

Pusçariu, J., Negru-Voda. Sibiiu 1898.

Das sächsische Burzenland. Zur Honterusfeier herausgegeben über Beschluß der Kronstädter evang. Bezirkskirchenversammlung A. B. 6 Briefe. Kronstadt: Zeidner 1898. 659 p. 8⁰.

Salzer, J. M., Reisebilder aus Siebenbürgen. Hermannstadt 1860. 392 p.

Samec, Joh. Vlad., Die Alpen des Altlandes in Siebenbürgen. Hermannstadt 1865.

Schmidl, A. Adolf, Das Bihargebirge an der Grenze von Ungarn und Siebenbürgen. Wien: Förster 1863. XV, 442 p. 8⁰.

Transsilvania, Wochenschrift für siebenbürgische Landeskunde, Literatur und Landeskultur, Jg. 1—3, red. v. E. Bielz. Hermannstadt: Steinhaussen 1861—63. (Beiblatt des Siebenbürger Boten.)

Witt, O., Reiseskizzen aus den Südkarpathen. Berlin 1889. 126 p. 8⁰.

Koch, Anton, Umgebung von *Bánffy-Hunyad*. Bp.: Kilián 1889. 41 p. 8⁰.

Salzer, Joh. Mich., der kgl. freie Markt *Birthälm* in Siebenbürgen. Mit Bildern. Wien 1881. 750 p. 8⁰.

Burgberg, Skizzen aus der Vergangenheit und Gegenwart der Gemeinde *Burgberg*. Hermannstadt 1910.

Krasser, David, Geschichte des sächsischen Dorfes *Großpold*. Hermannstadt 1870.

Nicolaus, Georg, Die Gemeinde *Heldsdorf*. Kronstadt 1901.

Bruckner, Wilhelm, *Hermannstadt* in Siebenbürgen. Lpzg.: Klinkhardt & Biermann [1909]. 107 p. (Stätten der Kultur, Bd. 23.)

Führer durch Hermannstadt und dessen Umgebung. Hermannstadt: Michaelis 1869. 64 p. 16⁰. 3. Aufl. Hermannstadt 1902. XV, 127 p. 4. Aufl. Hermannstadt 1914. XVI, 178 p.

Skizzen zu den empfehlenswerteren von Hermannstadt ausgehenden Gebirgsausflügen. Hermannstadt 1888. 15 p. 8⁰.

Wenrich, Wilhelm, Über die Hermannstädter Nachtsglocke. Hermannstadt: Michaelis 1874. (S.-A. Hermannstädter Ztg.)

Zimmermann, Franz, Die Nachbarschaften in Hermannstadt. Hermannstadt: Michaelis 1885.

Filtsch, Jos. Wilhelm, Die Stadt *Kronstadt* und deren Umgebung. Hermannstadt: Krafft 1886. 148 p. 8⁰.

Mysz, Edward, Wegweiser für Ausflüge in die Berge und Gebirge der Umgebung von Kronstadt. 2. Aufl. Kronstadt 1898. 81 p.

Neugeboren, Heinr., Kronstädter Miszellen. Kronstadt: Gött 1869. 31 p. 8⁰.

Schuller, Jos., Kronstadt. Neuer illustr. Führer. Kronstadt: Zeidner 1898. VI, 116 p. 16⁰.

Stinghe, St., Die Schkejer oder Trokaren in Kronstadt. Diss. Lpzg.: Barth 1900. 85 p.

Römer, C., Aus Vergangenheit und Gegenwart der Gemeinde *Meschen*. Mediasch 1912.

Arz, G., Geographische und naturhistorische Verhältnisse *Mühlbachs* und seiner Umgebung. Mühlbacher Gymn.-Progr. 1864/65. Hermannstadt 1865.

Hintz, J., *Neustadt*, das Musterdorf. O. O. u. J.

Simu, Romul, Monografia comunei *Orlat*. Sibiiu 1895.

Müller, Heinrich, Die *Repser* Burg. Hrsg. v. Ausschuß des Vereins f. siebenbürgische Landeskunde. Hermannstadt: Michaelis 1900. 73 p. 4⁰.

Groß, Jul. und Ernst Kühlbrandt, Die *Rosenauer* Burg. Hrsg. vom Ausschuß des Vereins f. siebenbürgische Landeskunde. Hermannstadt: Krafft 1896. 72 p. 8⁰.

Beiträge zur Kenntnis *Sächsisch-Reens*. Hermannstadt: Steinhaussen 1870. 288 p. 8⁰.

Seivert, Gust., *Straßburg* am Maros. [= Nagyenyed.] Hermannstadt 1866.

Schuller, Friedrich, Aus Gegenwart und Vergangenheit der Gemeinde *Treppen*. Bistritz o. J.

Stoica, Dion & P. Lazar Goan, Schiţa monografica a *Salagiului*. Simleul-Silvaniei: Viktoria 1908. 326 p. [Rumänisch.]

Gagesch, J., Die Gemeinde *Wolkendorf*. Hermannstadt 1906.

Zeiden und Umgebung. Kronstadt 1904.

Meedt, Paul, Zeiden. Die land- und volkswirtschaftlichen Zustände dieser Gemeinde. Kronstadt: Alexi 1893. 54 p. 8 °.

F. Südungarn.

Boleszny, Anton, Die Donau-Katarakte, Veteranische Höhle und Festung Peth. Orsova 1874.

Braun-Wiesbaden, Karl, Reise-Eindrücke aus dem Südosten. Ungarn, Istrien, Dalmatien, Montenegro, Griechenland, Türkei. Bd. 1—3. Stuttgart: Auerbach 1878.

Diener, C, Bau und Bild der Ostalpen und des Karstgebirges. Wien und Lpzg. 1903. 8 °. [Bau und Bild Österreichs.]

Erdélyi, Karl, Wegweiser des Südungarischen Karpathenvereins. Temesvár (Bp.: Kilián) 1895. XV, 716 p. 12 °.

Kausky, W., Das Inundationsgebiet der Theißmündung. Wien 1865. 27 p. 8 °.

Leger, Louis, La Save, le Danube et le Balkan. Voyage chez les Slovènes, les Croates, les Serbes et les Bulgares. Paris: Plon & Nourrit 1884. 238 p. 12 °.

Popu, Gav., Geografia Banatului. Lugosiu 1864.

Prijateli, Gosp. Ljudevit, Trois mois en Croatie. Souvenirs de voyage en Autriche-Hongrie. Paris: Ghio 1879. 131 p. 12 °.

Spannbauer, J. N., Karte der slavonischen Drau-Donau-Ebene mit dem Kanalisationsprojekte der Vuka. 83 × 64 cm.

Petriscoiu, Theod. V., Monografia com. *Alibunariu.* Caransebes [1895?]

Monographie der römisch-katholischen Kirchengemeinde *Gyertyámos.* Temesvár 1885. 342 p. 8 °.

Eisler, Michael, Monographie der Gemeinde *Lázárföldje.* Nagybecskerek 1900. VIII, 186 p.

Ghidiu-Balan, Monografia oraşului *Karánsebeş.* Karánsebeş 1909. 368 p.

Vancu, Petru, Monografia comunei *Mădérat.* Arad 1905. 127 p. [Rumänisch.]

Liuba, S. şi A. Jana, Topografia satului *Majdan.* Karánsebes 1895. 8 °. (Topographie des Dorfes und der Gemarkung M.) [Rumän.]

Belohorský, Gabriel, Die Königliche Freistadt *Neusatz.* Neusatz: Pajević 1886. 93 p. 8 °.

Nenadovicz, L., Die sanitären Verhältnisse *Pancsova's.* Pancsova 1891. 96 p. 8 °.

Soppron, Ignaz, Monographie von *Semlin* und Umgebung. Semlin: Selbstverlag 1890. XXII, 567 p. 8 °.

Popoviciu, Vasilie, Monografia communei *Pătas* (Nerapatas). Sol, graiu, credinţă şi obiceiuri locale. Karánsebeş 1914. 101 p. [Rumänisch.]

Milleker, Felix, Geschichte der Großgemeinde *Temes Paulis.* Werschetz 1891.

Barát, Árm., Die Königliche Freistadt *Temesvár.* Eine monographische Skizze. Temesvár: Selbstverlag 1902. 268 p.

Beran, Oskar, Temesvár und Umgebung. Linz: Mareis 1892. 117 p. (Städtebilder u. Landschaften aus aller Welt. 111.)

Viktorin, J., *Visegrad* einst und jetzt. Geschichte und Beschreibung der Burgruinen. Pest 1872. 83 p. 8 °.

Szmida, Ludwig, Geschichte der Großgemeinde *Vojtez* im Temeser Komitate. Temesvár 1902.

Werschetz in seinen jetzigen Verhältnissen. Bp. 1873.

Böhm, Leonhard, Topographisch-önologische Skizze Ungarisch *Weißkirchens* (Banat-Weißkirchen). Pest 1867. 2. Aufl. 1881.

Böhm, Leonhard, Monographie der priv. Militär-Kommunität Weißkirchen. Pest 1871.

Böhm, L., Weißkirchen in seiner Vergangenheit und Gegenwart. Weißkirchen 1881. 305 p. 8 °.

Waßner. M., Topographisch-önologische Skizze der k. k. Militär-Grenzkommunität Weißkirchen im Banat. Temesvár. 16 p. 8 °.

IV Balneologie.

A. Allgemeines.

Die Brunnen und Badeorte, Wasserheilanstalten und klimatischen Kurorte Deutschlands, Österreich-Ungarns, Belgiens, Hollands, der Schweiz etc. 15. Aufl. Bln.: Goldschmidt 1891. 272 p. 12 °.

Hassenberger, E. Ludwig, Die Kurorte und Heilquellen Österreich-Ungarns. Innsbruck: Hassenberger 1891. VIII, 147 p. 12 °.

Bade-Orte, Heilquellen und Heilanstalten in Deutschland, Österreich-Ungarn, und der Schweiz. 26. Aufl. v. J. Hoffnung. Bln.: Goldschmidt 1908—1909. 295 p., 1 Karte. 8 °. (Griebens Reiseführer.)

Bäder-Almanach. Mitteilungen der Bäder, Luftkurorte und Heilanstalten in Deutschland, Österreich-Ungarn. 11. Ausg. Bln.: Mosse 1910. 682 p. 8 °.

Bains et sources d'eaux minérales du trésor du royaume de Hongrie. Bp. 1883.

Bernáth, Josef, Die Mineralwässer Ungarns. Wien 1878. (S.-A. aus dem Wiener Kursalon.)

Bielz, E. Alb., Die Mineralquellen und Heilbäder Siebenbürgens. Hermannstadt: Michaelis 1882. III, 35 p. 8 °.

Boleman, Étienne de, Déscription abrégée de bains et eaux minérales de la Hongrie. Bp. 1896. 154 p. 8 °.

Boleman, Étienne de, Guide général de l'Exposition collective d'eaux minérales et bains, arrangée à l'occasion du 8. Congrès international d'Hygiène et de Démographie. Bp. 1894. 48 p. 8 °.

Boleman, Stefan v., Ungarns Kurorte und Mineralquellen. Bp.: Ungar. balneolog. Verein 1896. III, 148 p. 8 °. (Balneologische Bibliothek Nr. 103.)

Boleman, St. und C. Chyzer, Die wichtigeren Kurorte und Mineralquellen Ungarns. Budapest. [Balneologische Bibl. Nr. 136.]

Bruck, J., Kurorte und Heilquellen Ungarns. Bp.: Pester Buchdr. 1883. 79 p. 8 °.

Chyzer, Cornel, Les eaux minérales de la Hongrie. Étude faite à l'appel de la commission hygiénique de l'exposition universelle de Budapest. (1885.) Sátoraljaujhely 1885. 111 p.

Chyzer, Cornel., Die Kurorte und Heilquellen Ungarns. Sátoraljaujhely: Druck. „Zemplén" 1885. 92 p. 8 °.

Chyzer, Cornel., Die namhafteren Kurorte und Heilquellen Ungarns und seiner Nebenländer. Stuttgart: Enke 1887. VIII, 231 p. 8 °.

Chyzer, Cornel, Ungarns Kurorte und Mineralwässer. Ujhely 1885. 132 p. (S.-A.)

Chyzer, Cornel, Über die Mineralquellen des Sároser Comitates in Oberungarn. Wien 1864.

Les eaux minérales de la Hongrie. Bp.: Société d'imprimerie par actions 1878. 147 p. 16 °.

Heksch, Alexander, Illustrierter Führer durch die Karpathen und oberungarischen Badeorte, mit 30 Bildern und 5 Karten. Wien 1881.

Heksch, A. F. und Karl Herkules, Illustrierter Führer durch die Bade- und Kurorte Ungarns. Wien: Hartleben 1883. XXVIII, 260 p. 8 °.

Hirschfeld, J., Les eaux minérales les plus fréquentées de la Hongrie. Vienne: Braumüller 1876. 146 p. 8 °.

Hirschfeld, J. und W. Pichler, Die Bäder, Quellen, Kurorte Europas. Bd. 1—2. Stuttgart: Enke 1875—1876.

Joachim, Wilhelm, Die Bitterwässer Pannoniens in chemischer, physiologischer und vorzüglich in therapeutischer Beziehung. Bp. 1865.

Kummer, Hanns, Österr.-ungar. Bäder- und Kurorte-Lexikon. Wien: Weiß 1896. 68 p. 12 °.

Labat, A., Climat et eaux minérales d'Autriche-Hongrie. Paris: Baillière 1903. 92 p. 8 °.

Österreich-ungarische Badezeitung 1.—20. Jahrg. Wien: Deuticke 1871—1892.

Österreich-Ungarns Bäder, Brunnen und Kurorte. Hrsg. von der Administration des Österr. literarischen Centralblattes. 2. Aufl. Wien: Perles 1892. 315 p. il.

Peters, Hermann, Die Kurorte, Bäder, Heilquellen etc. Deutschlands, Österreich-Ungarns und der Schweiz. Lpzg.: Neumann 1893. 424 p. 8 °.

Preysz, Kornel., Bäder, Kurorte und Mineralquellen Ungarns. Bp.: Eggenberger 1895. 32 p. 8 °. (Balneologische Bibliothek Nr. 33.)

Preysz, Kornel., Bäder, Kurorte und Mineralquellen Ungarns. Salzbäder. Bp.: Eggenberger 1896. 32 p. 8 °. (Balneologische Bibliothek Nr. 102.)

Preysz, Kornel, Fortschritte auf dem Gebiete des Badewesens in Ungarn 1878–1896. Bp.: Eggenberger 1896. 40 p.

Preysz, Kornel., Fortschritte auf dem Gebiete des Badewesens in Ungarn in den letzten 25 Jahren. Bp.: Pester Buchdr. 1900. 45 p. (Balneologische Bibliothek Nr. 139.)

Rae, Will. Fraser, Austrian health resorts and the bitter waters of Hungary. London: Chapman & Hall 1888. XXIII, 292 p. 8 °. (Reprinted from The Times with large additions.)

Straka, Hermann, Die Heilquellen Deutschlands und Österreich-Ungarns in der Volkswirtschaft. Diss. Breslau 1918.

Tóth, Julius, Chemische Analyse der Trinkwässer Ungarns. Bp.: (Kilián) 1911. 336 p. 8 °. (In: Publ. d. kgl. ungar. geolog. Reichsanst.)

Bielz, E. Alb, Die Mineralquellen und Heilbäder Siebenbürgens. Hermannstadt: (Michaelis) 1882. III, 35 p. 8 °.

Hankó, Wilhelm, Die Bäder und Mineralwässer der Erdélyer (Siebenbürgischen) Landesteile Ungarns. Wien: Deuticke 1900. VIII, 246 p.

Sigmund, Karl Ludwig, Übersicht der bekanntesten zu Bade- und Trinkkuranstalten benützten Mineralwässer Siebenbürgens. 2. Aufl. Wien: Braumüller 1868. VIII, 195 p. 8 °.

Chyzer, Cornel., Über die Mineralquellen des Sároser Komitats in Oberungarn. Wien 1864. (S.-A. aus: Jahrbücher der k. k. geol. Reichsanstalt.)

B. Einzelne Kurorte.

Orsovenszky, Dr. K., *Bad Füred* (Balaton-Füred) am Plattensee. Bp. 1866. 141 p. 8 °.

Mangold, Heinrich, Der Kurort Füred am Plattensee (Balaton-Füred) in historischer, physikalisch-chemischer etc. Beziehung. 2. Aufl. Wien: Braumüller 1866. XII, 104 p. 8 °. (Braumüllers Badebibliothek 19.)

Mangold, Heinrich, Führer durch Balaton-Füred (Füred am Plattensee). Bp.: Zilahy 1882. IV, 54 p. 8 °.

Boleman, Stephan, Beschreibung der Kurorte und Sommerfrischen am *Balatonsee*. Wien: Hölzel 1900. 55 p. (Resultate der wiss. Erforschung des Balatonsees. III. Bd. IV. Tl.)

Preysz, Kornel, Die Bäder am Balatonsee (Plattensee), ihre Wirkung und ihr Gebrauch. Bp.: Eggenberger 1895. 95 p. 8 °. (Balneologische Bibliothek Nr. 35.)

Preysz, Cornelius, The effects of seabaths, with a special view to lake Balaton. Wien: Braumüller 1894. 37 p. 4 °. (Braumüllers Kollektion 105.)

Pollacsek, E., Über die Mineralquellen vor *Bartfeld*. Sároser Komitat Ungarn. Bp. 1889. 4 °.

Tarczay, Colomann, Der Kurort Bartfeld (Bártfa) in Ungarn, seine Topographie, Geschichte und therapeutische Bedeutung. 2. Aufl. Kaschau 1877. 186 p.

Tarczay, Dr., Der Kurort Bartfeld in Ungarn. Kaschau 1877.

Novák, Ján, *Bojnice* a ich okolie. Monografia. Brno: Občianská knihtlačiama 1921. 125 p. [Bajmócz und Umgebung.]

Cheh, Car., Bailele de *Borszék*. Bp. 1873. [Rum.]

Cseh, Charles de, Les Thermes de Borszék au point de vue de la Thérapie et de l'Économie nationale. Traduit par Auguste Grisza. Bp. 1873.

Meyr, Ignaz, Die Heilquellen von Borszék in Siebenbürgen. In naturhistorischer und therapeutischer Beziehung dargestellt. Kronstadt: Römer & Kammer 1863. 70 p. 8 °.

Szilvássy, Johann, Borszék. Kurzer Auszug aus Borszéks Monografie. Gyergyó-Ditró: Komm.-Druckerei 1891. 15 p. 8 °.

Sváby, Coloman, Das Eisenbad *Bösing*. Aus Anlaß des hundertjährigen Jubiläums. Preßburg: Angermayer 1877. 8 p. 8 °.

Budapest.

Pucey, H., Les bains publics à *Budapest*. Avec 9 pl. et fig. Paris: Aulanier 1896. 57 p. 4 °.

Zsigmondy, Wilhelm, *Der artesische Brunnen im Stadtwäldchen* zu Budapest. Wien: Selbstverlag 1879. p. 659—742. 8 °. (S.-A. aus: Jahrbuch der k. k. geol. Reichsanstalt 1878.)

Margaretheninsel, Kurort in Budapest. Bp.: Hornyánszky 1885. 32 p. 8 °.

Therapeutic Bath St. Margaret's Island. Bp.: Hornyánszky 1909. 98 p. 8 °.

Bain d'eaux minérales Ile Ste Marguerite. Bp.; Hornyánszky 1909. 90 p. 16 °.

Heinrich, J. N., Der kurzweilige Cicerone auf Margaretheninsel. Wien 1869. 8 °. 2. Aufl. Pest: Athenaeum 1870. 32 p.

Öri, G., Kurze Beschreibung der Margaretheninsel. Kaschau: Pannonia 1876. 16 p. 8 T.

Törs, Koloman, Die Margaretheninsel. Bp.: Athenaeum 1873. 145 p. 8 °.

Störk, S., Beschreibung der *Ofner Mineralbäder.* Pest 1866.

Bernáth, Josef, Mitteilungen über die *Ofner Bittersalzquellen.* Wien: Selbstverlag 1877. 15 p. (S.-A. aus dem Wiener Kursalon.)

Fresenius, R., Chemische Untersuchung der Hunyadi János Bittersalzquellen des Herrn Andreas Sexlehner. Wiesbaden 1879. 8 °.

Gilbert, W. H., Über Hunyadi János Bitterwasser. Lpzg.: Konegen 1894. 4 p. 8 °.

Eaux purgatives naturelles de Saxlehner. „Hunyadi János". Composition chémique, action physiologique et applications thérapeutiques. Bp. [1885]. 51 p. 8 °.

Hungarian aperient water: History, chemistry and prop. of Hunyadi János. London: Ridgway 1876. 8 °.

Frankel, A.: Das *Ofner Kaiserbad.* 3. Aufl. Pest 1862.

Heinrich, Joh. Nep. v., Das *Raitzenbad zu Ofen.* Monographische Skizze. Lpzg.: Weber 1873. 40 p. 17 T.

Molnár, Johann, Monographische Skizze über das Ofner Raitzenbad. Pest: Emich 1863. 16 p.

Frenreiß, Franz, Die *Rákóczy-Mineral-Bitterwasserquelle* bei Ofen. Bp. 1873.

Csajághy, Stephan, Beschreibung der *Buziáser* Mineralwässer. Bp. 1873.

Der Kurort Buziás in Ungarn. Temeser Komitat, königliche Religions-Fonds-Herrschaft Nagy-Köveres. Bp.: Univ.-Druck. 1883. 22 p. 8 °.

Chyzer, Cornel., Die Ludwigs-Quelle von *Czigelka.* Bp.: Lampel 1883. 16 p. 8 °.

Meyr, Ignaz, Abhandlungen über die Mineralwässer zu *Előpatak* in Siebenbürgen. Kronstadt: Römer & Kammer 1863. 72 p. 8 °.

Meyr, Ignaz, Traité des eaux minérales d'Előpatak en Transylvanie. Wien: Braumüller 1862. 72 p. 8 °.

Szára, Gregor, Kurort Előpatak. Kronstadt: Alexi 1887. 18 p. 8 °.

Freund, H., Der Kurort *Harkány* (bei Siklós). Pest 1871. 8 °.

Heller, Josef, Das Heilbad von Harkány und sein Schwefelwasser. Eine balneologische Abhandlung. Pécs 1884.

Zsigmondy, Wilhelm, Mitteilungen über die Bohrthermen zu Harkány, auf der Margaretheninsel nächst Ofen und zu Lippik und den Bohrbrunnen zu Alcsúth. Bp.: Kilián 1873. 80 p. 8 °.

Adler, A., Die *Herkulesbäder* nächst Mehadia. Zum Gebrauch für Ärzte und Kurgäste. Pest: Pollak 1865. IV, 100 p. 8 °.

Baile Herculane Bp. s. d. 31 p. 8 °.

Caillat, J. M., La source des yeux aux bains d'Hercule en Hongrie, procédé particulier d'application des eaux minérales au traitement des maladies de l'appareil oculaire. Paris: Gazette des eaux 1862. 87 p. 16 °.

Die Donaustrecke Báziás—Ada-Kaleh—Eisernes Tor und der Kurort Herculesbad. Bp. 1896. 108 p.

Munk, Emanuel, Der Kurort Herkulesbad nächst Mehadia. Wien: Hölder 1871. IV, 171 p. 8 °.

Popoviciu, A., Das Herkulesbad bei Mehadia in Siebenbürgen. Wien: Braumüller 1885. 67 p. 8 °. (Braumüllers Badebibliothek 17.)

Reckert, C., Chemische Untersuchungen von Quellabsätzen aus den Heilquellen nächst Mehadia. Hermannstadt 1863. 23 p. 8 °.

Eckert, Jos. Friedr., *Héviz* und Balaton. Eine balneologische Skizze. Pest 1864. 46 p. 8 °.

Singer, B., Die Therme Héviz bei Keszthely in Ungarn. Groß-Kanizsa 1875.

Weszelszky, Julius v., Vorläufige Ergebnisse der Chemischen Untersuchung des Hévizsees. Wien: Hölzel 1909. 4 p. 4 °.

Sefranka, Gustav Ad., Monographie von *Korytnica* und Lucsky. Preßburg: Wigand 1863. 75 p. 8 °. (S.-A. aus d. Correspondenzblatt des Vereins für Naturkunde.)

Vogel, Gustav, Der Karpathenkurort Korytnica. Wien: Braumüller 1876. VIII, 101 p. 8°. (Braumüllers Badebibliothek 75.) [2. Aufl.] Ebenda 1885. 101 p. 8°. (Braumüllers Badebibliothek 75.)

Tanzer, V. L., Die Mineralquellen zu *Krapina*-Töplitz. Wien 1861. 53 p. 8°.

Heller, J. F.: Chemische Analyse des Wassers und der Gase der neuen Bohrquelle von *Lipik*. Wien 1871. 8°.

Kern, H., Das Jodbad *Lipik* und seine warme Quelle. Wien 1873. (Braumüllers Badebibliothek Nr. 55).

Roth, Albert, Bekanntmachung der *Lippaer* Heilquelle. Arad 1871. 9 p.

Halaváts, Julius, Das Bad *Lucski* in Ungarn. 3. Aufl. Bp.: Franklin Ges. 1886. 16 p. 8°.

Kéry, Em., Die Heilquellen zu *Menyháza* in chemischer und medizinisch-praktischer Beziehung. Pest 1866. XV, 320 p.

Losteiner, Karl, Kurort *Parád* im Heveser Komitate Ungarns, seine Heilquellen und Kurmittel. Aus dem ungarischen von Vilma Hugonnai. Eger: Szolcsányi 1888. 104 p. 8°.

Papp, A, Die Csevicze-Quellen von Parád. Bp. 1905. 8°. (Geogr. Mitt. Bd. 33.)

Hammerschmid, Josef, Monographie des Soolbades *Polhora* im Arvaer Komitate Oberungarns. Pest 1872.

Alter, Hermann, Der Kurort *Pystjan* in Ungarn, die k. k. Militär-Bade-Heilanstalt inbegriffen. Ärzten und Laien. Preßburg: Nirschy 1875. IV, 145 p. 8°.

Fodor, Coloman, Schlammbad Pöstyén in Ungarn mit besonderer Berücksichtigung der Massage-Heilmethode. Wien: Braumüller 1888. 51 p. 8°. (Braumüllers Badebibliothek 63.) 2. Aufl. Ebenda 1893. IV, 57 p. 8°.

Wagner, Adalbert, Die Heilquellen von Pystján in Ungarn. 4. Aufl. Wien: Braumüller 1878. 42 p. 8°. [Neue Ausg.] Wien: Gerold 1886.

Weinberger, S., Der Kurort Pistyán in Ungarn und seine Heilquellen mit Rücksicht auf Elektrizität und Massage. 2. Aufl. Wien: Braumüller 1885. 52 p. (Braumüllers Badebibliothek 71.)

Weiss, E., Schwefelschlammbad Pöstyén (Pistyan) in Oberungarn. Bp. s. d. 75 p. 8°.

Stein, Felix, Der Kurort Polhora. Th. St. Martin: Aktiendruckerei 1877. 19 p. 8°.

Rajecz-Teplicz, die einzige warme Alauntherme Ungarns. Bp. 1889.

Rajecz-Teplicz. Alaun- und eisenhaltige indifferente Therme. Bp.: Druckerei „Országgyűlési Értesítő" 1889. 39 p. 8°.

Chyzer, Cornel, Führer nach *Ránk-Herlein* zu der größten artesisch-periodischen Springquelle Europas. Sátoralja-Ujhely: Red. „Zemplén" 1880. 20 p. 8°.

Das ránk-herleiner Heilbad und seine artesische Springquelle, der ungarische Geysir. Bp. 1898.

Kalecsinszky, S., Die quantitative chemische Analyse des eisenhältigen Mineralwassers von *Rosenau*. Bp. 1888. 8°. [Földt. közl. Bd. 13.]

Stur, D., Die intermittierende Quelle von *Stracena* in Oberungarn. Wien 1863. 8°.

Nendtvich, Karl Max, Die Thermen von *Stuben* [Stubnya] in geschichtlicher und therapeutischer Beziehung. Bp.: Univ. Druck. 1878. 14 p. 4°.

Halaváts, J., Die zwei artesischen Brunnen von *Szegedin*. (Kön. ungar. Ackerbauministerium.) Bp. 1891.

Molnár, Johann, Naturhistorische Beschreibung von *Szinye-Lipócz* und seinen Mineralquellen im Sároser Komitate Ungarns. Pest 1869. 28 p.

Bachschitz, Moriz, Der Kurort *Szkleno*. Bp.: Wodianer 1877. 27 p. 8°.

Grünwald, Móricz, Die Eisentherme *Szliács* nächst Altsohl in Oberungarn. Bp.: Grill 1887. 56 p. 8°.

Hasenfeld, Emanuel Der Kurort Szliács nächst Neusohl in Ungarn. Wien: Braumüller 1867. VIII, 166 p. 8°.

Hasenfeld, Emanuel, Eaux ferrugineuses thermales de Szliács. Bp.: Athenaeum 1878. 35 p. 8°. [Aus: Ann. d. l. soc. d'hydrol. Médic. d. Paris, T. 8. Paris 1862.]

Steiner, Albert, Das naturwarme Stahlbad Szliács, seine Heilmittel. Bp.: Lauffer 1881. 71 p. 8°.

Chyzer, Cornel, Bad *Szobráncz* in Oberungarn. Sátoralja-Ujhely 1882.

Thomas, Ludwig, Der Kurort Tatzmannsdorf *(Tarcsa)*. Balneologische Skizze. Vom geologischen, physikalisch-chemischen und therapeutischen Standpunkte dargestellt. Felső-Eőr: Schodisch 1885. 80 p. 8°.

Tátra.

Heksch, Alex. F., *Schmecks*, klimat. Kurort und Wasserheilanstalt. Wien o. J. 29 p.

Kalecsinszky, S., Analyse der Moorerde von Alsó-Tátrafüred (Schmecks). Bp. 1883. 8 °. [Földt. közl. Bd. 13.]

Scherfel, Aurel., Analyse des Schmeckser Mineralwassers. Eperjes 1870.

Scherfel, A., Analyse der Castor- und Polluxquelle im Bad Schmecks. Wien 1875.

Scherfel, Aurel., Chemische Analyse der Neu-Schmeckser Hochquellen. Bp.: Kertész 1882. 4 p. 8 °.

Tátrafüred, klimatischer Kurort Schmecks in der Hohen Tátra. Kaschau: Maurer. 1887. 70 p. 8 °.

Seidel, C. F.: Eine Skizze des Tatragebirges und seiner Vegetation. Dresden 1876. 193 p. (Sitzungsber. d. Naturwissenschaftl. Gesellschaft Isis in Dresden.)

Szontagh, Nikolaus v., Neu-Tatrafüred. [Bad Neu-Schmecks.] Klimatologisch und therapeutische Studie. Bp.: Tettey 1877. XII, 72 p. 8 °.

Szontagh, N., Die klimatischen Verhältnisse von Bad Neu-Schmecks. Igló 1894. 123 p. 8 °.

Szontagh, Nikolaus v., Tátraführer. Wegweiser in die Hohe Tátra und in die Bäder der Tátragegend. 2. Aufl. Bp. 1904. 228 p.

Szontagh, Nikolaus v., Illustrierter Führer in die *Tatra-Bäder* und die Hohe Tátra. Kassa: Maurer 1885. 340 p. 8 °.

Heksch, Alexander, Beschreibung des Kurortes *Trencsin Teplitz*. Wien 1884. Auch französisch.

Knett, S., Die geologisch-balneotechnischen Verhältnisse von Trencsin-Teplicz. T. 1. Trencsin 1902. 8 °. [Jahrb. d. Trencsiner nat. Ver. Bd. 23.]

Nagel, Eduard, Der Kurort Trencsin-Teplitz in Oberungarn und seine Schwefelthermen. 2. Aufl. Wien: Perles 1884. 48 p. 8 °.

Ventura, Sebastian, Führer im Bade Trencsén-Teplicz. Die Trencsén-Tepliczer Schwefelthermen in Ungarn. 5. umgearb. Aufl. Bp.: Tettey 1884. 144 p. 8 °.

Ventura, Sebastian, Der Kurort Trencsin-Teplitz, seine warmen Schwefelquellen und die ihnen zugehörigen Heilanstalten. 6. umgearb. Aufl. Wien: Braumüller 1888. 107 p. (Braumüllers Badebibliothek.) 7. umgearb. Aufl. Ebenda 1892. VI, 112 p. (Braumüllers Badebibliothek.)

Ventura, Sebastian, Die Trentschin-Teplitzer Schwefelthermen in Ungarn. 2. Aufl. Wien: Braumüller 1871. III, 35 p. 8 °. 3. Aufl. Ebenda 1874. 33 p. 8 °.

Rakoveoz, A., Die Schwefeltherme *Toplice* bei Varasdin in Kroatien. Wien 1863. 8 °.

Hinterberger, R., Die Thermal- und Schlammbäder in *Topusko* und der Natron-Säuerling in Losinja. Wien 1864. 228 p. 8 °.

Dietrich, Heinr. Gustav, Chemische Analyse der Mineralquellen von *Tusnád* in Siebenbürgen. Wien: Selbstverlag 1866. II, 37 p. 8 °.

Greissing, C., Die Mineralquellen zu *Zaizon* in Siebenbürgen, sowie die berühmten Kurorte Siebenbürgens: Borszék, Árvapatak u. Bassen. Wien 1885. 8 °.

B. Geologie.

(S. auch unter Paläontologie.)

I Allgemeines.

Beiträge zur Paläontologie und Geologie Österreich-Ungarns und des Orients. Mitteilungen des paläontologischen und geologischen Institutes der Universität Wien, hrsg. mit Unterstützung des hohen k. k. Ministeriums für Kultus und Unterricht von v. Uhlig, Carl Diener, G. v. Arthaber und F. E. Suess. Wien: Braumüller, seit 1903.

Böckh, Joh., Die kgl. ungar. Geologische Anstalt und deren Ausstellungsobjekte. Bp. 1885. 42 p. 8 °.

Böckh, Joh. u. Th. v. Szontagh, Die kgl. ungar. Geolog. Anstalt. Im Auftrage d. kgl. ungar. Ackerbauminist. J. v. Darányi. Bp.: Geolog. Reichsanstalt 1900.

Geologische Mitteilungen. Zeitschrift der ungarischen geologischen Gesellschaft, zugleich amtl. Organ der kgl. ungar. geolog. Anstalt seit 1871.

Hauer, F., Die Geologie und ihre Anwendung auf die Kenntnis der Bodenbeschaffenheit der österr.-ungar. Monarchie (1. u. 2. Aufl.). Wien 1874, 1878. 8 °.

Inkey, B., Die Geologie auf der Landes-Ausstellung in Budapest 1885. [Geolog. Mitt. Bd. 17.] Bp. 1887. 8 °.

Szabó, Josef, Die Geologie in Ungarn. Bp.: Franklin 1877. 24 p. 8 °.

Ungarn. Geologische Reichsanstalt. Führer durch das Museum der kgl. ungar. Geolog. Reichsanstalt. Bp.

Ungarn. Geologische Reichsanstalt. Mitteilungen aus d. Jahrbuche d. kgl. ungar. Geolog. Reichsanstalt. Register ad Bd. 1—10. Bp. seit 1872.

Ungarn. Geologische Reichsanstalt. Fasciculi ad illustrandam notionem geologicam et palaentologicam regni Hungariae. Bp. seit 1914.

Ungarn. Geologische Reichsanstalt. Jahresbericht der kgl. ungar. geolog. Reichsanstalt. Bp. seit 1882.

Ungarn. Geologische Reichsanstalt. Erläuterungen zur geologischen Spezialkarte der Länder der ungarischen Krone.

Halaváts, Julius, Allgemeine und paläontologische Literatur der pontischen Stufe Ungarns. Bp. 1904. 134 p. 8 °. (Publ. d. kgl. ungar. Geolog. Anstalt.) [Ungarischer, deutscher und französischer T.]

Handmann, R., Die Neogenablagerungen des österr.-ungar. Tertiärbeckens. Münster 1888. 8 °.

Hantken, M., Die Mitteilungen der Herren Ed. Hébert u. Munier Chalmas über die ungar. alttertiären Bildungen. Bp. 1879. 8 °.

Hauer, Franz v., Geologische Übersichtskarte der österr.-ungar. Monarchie. 1 : 576.000. Wien: Hölder 1867.

Hauer, F., Erläuterungen zur geologischen Übersichtskarte der österr.-ungar. Monarchie. Wien 1867—73. 8 °.

Horusitzky, H., Die Lößgebiete Ungarns. Bp. 1897. 8 °. (Geolog. Mitt. Bd. 28.)

Horusitzky, H., Bericht über die Aufnahme im Jahre 1896. Bp. 1898. 8 °. (Jahresber. d. kgl. ungar. Geolog. Anstalt f. 1896.)

Judd, John Wesley. Volcanoes. New York 1881. [On volcanos and deep wells of Hungary.]

Lőrenthey, J., Ein klassischer Fundort der sarmatische und pannonische Bildungen überbrückenden Schichten in Ungarn. Bp. 1903. 8 °. (Geolog. Mitt. Bd. 33.)

Ráth, G., Bericht über eine geologische Reise nach Ungarn im Herbst 1876. Bonn 1877. 8 °.

Richthofen, F., Studien aus den ungarisch-siebenbürgischen Trachyt-Gebirgen. Wien 1861. 125 p. 4 °. (Jahrb. d. k. k. geolog. R.-Anst., Bd. 9.)

Szabó, Joseph, Sur la classification et la chronologie des roches éruptives tertiaires de la Hongrie. Paris 1880. 4 p. 8 °. (Extr. du Comte-rendu du Congrès internat. de géolog. de Paris 1878.)

Hauer, Franz und Guido Stache. Geologie Siebenbürgens. Neue Ausg. Wien: Graesser 1885. X, 636 p. 8 °.

Herbich, F., Zur Verbreitung der Eruptivgesteine Siebenbürgens. Klausenburg 1873. 8 °.

Stache, G., Geologisches Landschaftsbild von Siebenbürgen. Wien 1866. 8 °.

Stur, D., Bericht über die geologische Übersichts-Aufnahme des südwestlichen Siebenbürgen im Sommer 1860. Wien 1863. 8 °. (Jahrb. d. k. k. geolog. R.-Anst., Bd. 13.)

Halaváts, Jul., Bericht über die geologische Detail-Aufnahme im torontáler,temeser und krassó-szörényer Komitate im Jahre 1885. Bp. 1887. 8 °. (Jahresber. d. kgl. ungar. geol. Anst. f. 1885.)

Toula, F., Die geologisch-geographischen Verhältnisse des temesvárer Handelskammer-Bezirkes (Komitate: Torontál, Temes, Krassó und Szörény.) Wien 1880. 8 °. (Mitteil. d. k. k. geogr. Ges., Bd. 23.)

II Das Tiefland.

Halaváts, Julius, Die geologischen Verhältnisse des Alföld (Tieflandes) zwischen Donau und Theiß. Bp. 1897. 8 °. (Mitteil. a. d. Jb. d. kgl. ungar. Geolog. Reichsanstalt, Bd. 11.)

Halaváts, Julius, Die zwei artesischen Brunnen von Hód-Mező-Vásárhely. Bp. 1889. 21 p. 8 °. (Mitteil. a. d. Jb. d. kgl. ungar. geolog. Anst., Bd. 8.)

Halaváts, Julius, Die zwei artesischen Brunnen von Szeged. Bp. 1891. 79—102 p. 8 °. (Mitteil. a. d. Jb. d. kgl. ungar. geolog. Anst., Bd. 9 H. 5.)

Halaváts, Julius, Der artesische Brunnen von Szentes. Bp. 1888. 32 p. 8 °. (Mitteil. a. d. Jb. d. kgl. ungar. geolog. Anst.)

Halaváts, Julius, Der artesische Brunnen von Herczeghalom. Bp. 1891. 8 °. (Mitteil. a. d. Jb. d. kgl. ungar. geolog. Anst., Bd. 21.)

Halaváts, Julius,Die Bohrung in Nagy becskerek. Bp.: 1915. (Mitteil. a. d. Jb. d. kgl. ungar. geolog. R.-Anst., Bd. 22.)

Halaváts, Julius, Beiträge zur Kenntnis der geologischen Verhältnisse des Komitates Torontál. Bp. 1891. 8 °. (Geol. Mitteil., Bd. 20.)

Horusitzky, H., Vorläufiger Bericht über den diluvialen Sumpffluß des ungarischen großen Alföld. Bp. 1905. 8 °. (Geol. Mitteil., Bd. 35.)

Inkey, B., Geolog.-agronom. Kartierung der Umgebung von Puszta-Szt.-Lőrincz (1 Tafel). Bp. 1892. (Mitteil. a. d. Jb. d. kgl. ungar. geolog. R.-Anst., Bd. 10.)

Lóczy, L., Bericht über die geologischen Detailaufnahmen im arader, csanáder und temeser Komitate im Sommer des Jahres 1886. Bp. 1886. 8 °. (Jahresber. d. kgl. ungar. geolog. Anst. f. 1886.)

Lőrenthey, J., Über das Alter des Schotters am Sashalom bei Rákosszentmihály. Bp. 1904. 8 °. (Mitteil. a. d. Jb. d. kgl. ungar. geolog. Anst., Bd. 34.)

Roth, L., Daten zur Kenntnis des Untergrundes im Alföld. Bp. 1879. 8 °. (Mitteil. a. d. Jb. d. kgl. ungar. geolog. Anst., Bd. 7.)

Roth, L., Daten zur Kenntnis des Untergrundes im Alföld. Die Bohrung bei Püspök-Ladány. Bp. 1880. 8 °. (Mitt. a. d. Jb. d. kgl. ungar. geolog. Anst., Bd. 10.)

Schmidt, S., Die geologischen Verhältnisse von Czinkota. Bp. 1893. 8 °. (Mitt. a. d. Jb. d. kgl. ungar. geolog. Anst., Bd. 23.)

Sondages géologiques à Szeged. Szeged: Burger 1881. 4 p.

Szontagh, Thom. v., Erläuterungen zur geologischen Spezialkarte der Umgebungen von Nagy-Károly und Ákos [Zone 15, Col. XXVII] u. v. Tasnád-Széplak [Zone 16, Col. XXVII]. Bp. 1893. 17 p. 8 °.

Vendl, Aladár, Über den Stand der Csepel-Insel. Bp. [192?]

III Westungarn.

A. Alpengebiet.

Vacek, M., Über die geologischen Verhältnisse des Rosaliengebirges. Wien 1891. 8 °. (Verh. d. k. k. geolog. R.-Anst., Jahrg. 1891.)

Wolf, H., Die Stadt Ödenburg und ihre Umgebung. Wien 1870. 8 °. (Jb. d. k. k. geolog. R.-Anst., Bd. 20.)

B. Raabbecken.

László, G., Über das Gebiet zwischen dem Pandorfer Plateau und dem Hanságmoore. Bp. 1906. (Jahresber. d. kgl. ungar. geolog. Anst. f. 1904.)

Liffa, Aurel, Geologische Notizen aus der Umgebung von Tata und Szőny. Bp. 1910.

Stürzenbaum, J., Geologische Aufnahme im Komitate Wieselburg im Jahre 1878. Bp. 1879. 8 °. (Geolog. Mitt., Bd. 9.)

Treitz, Pet., Bodenkarte der Umgebung von Magyar-Óvár (Ungar. Altenburg). Bp. 1898. 40 p. 3 T. 8 °. (Mitt. a. d. Jb. d. kgl. ungar. geolog. R.-Anst., Bd. 11.)

C. Bakonyerwald, Vértes und Ofener Gebirge.

Böckh, J., Die geolog. Verh. d. südl. Teiles d. Bakony. T. 1. Bp. 1872. 5 Taf. (Mitt. a. d. Jb. d. kgl. ungar. geolog. R.-Anst., Bd. 2.)

Böckh, J., Die geolog. Verh. d. südl. Teiles d. Bakony. T. II. 7 Taf. Bp. 1874. 8 °. (Mitt. a. d. Jb. d. kgl. ungar. geolog. R.-Anst., Bd. 3.)

Böckh, J., Bemerk. zu „Neue Daten z. geolog. u. paläont. Kenntn. d. südl. Bakony. Bp. 1877. 8 °. (Mitt. a. d. Jb. d. kgl. ungar. R.-Anst., Bd. 6.)

Hantken, M., Neue Daten z. geolog. u. paläont. Kenntn. d. südl. Bakony. Mit 5 Taf. (Mitt. a. d. Jb. d. kgl. ungar. geolog. R.-Anst., Bd. 3.)

Hofmann, Karl, Die Basaltgesteine des südl. Bakony. Bp. 1879. IV, 245 p. (Mitt. a. d. Jb. d. kgl. ungar. geolog. R.-Anst., Bd. 3.)

Laczkó, Desider, Die geolog. Verhältnisse von Veszprém und seiner weiteren Umgebung. Wien: Hölzel 1911. 205 p. (Resultate der wiss. Erforschung des Balaton, I. Bd.)

Lóczy Ludwig, Die geolog. Formationen der Balatongegend und ihre regionale Tektonik. Wien: Hölzel 1916. 4 °. 716 p. (Resultate der wissenschaftl. Erforschung des Balatonsees, I. Teil, 1. Bd.)

Vendl, A., Die geologischen und petrographischen Verhältnisse des Gebirges von Velencze. 4 Taf. Bp. 1923. (Mitt. a. d. Jb. d. kgl. ungar. geolog. R.-Anst., Bd. 22.)

Vitális, István, Die Basalte der Balatongegend. Wien: Hölzel 1911. 190 p. (Resultate der wiss. Erforschung des Balatonsees, Bd. I.)

Papp, K., Das eocäne Becken von Torna im Vértes. Bp. 1897. 8 °. (Geolog. Mitt., Bd. 27.)

Taeger, H., Die geologischen Verhältnisse des Vértesgebirges. Bp. 1908. 8 °. 11 Taf. (Mitt. a. d. Jb. d. kgl. ungar. geolog. R.-Anst., Bd. 17.)

Liffa, A., Geologische Notizen aus der Gegend von Sárisáp. Bp. 1905. 8 °. (Jahresber. d. klg. ungar. geolog. Anst. f. 1903.)

Liffa, Aurel, Bemerkungen zum stratigraph. Teil d. Arbeit Hans V. Hoffs: Beiträge zur Stratigraphie und Tektonik d. Gerecsegebirges. Aus dem Ungarischen. Bp. 1917. 19 p. 8 °. (Mitt. a. d. Jb. d. ungar. geolog. R.-Anst., Bd. 16.)

Somogyi, K. v., Das Neokom. d. Gerecsegebirges. Bp. 1923. (Mitt. a. d. Jb. d. kgl. ungar. geolog. R.-Anst., Bd. 22.)

Staff, H., Beiträge zur Statigraphie und Tektonik des Gerecsegebirges. Bp. 1906. 51 p. 8 °. (Mitt. a. d. Jb. d. kgl. ungar. geolog. R.-Anst., Bd. 15.)

Franzenau, A., Beitrag zur Kenntnis des Untergrundes von Budapest. Bp. 1888. 8 °. (Geolog. Mitt., Bd. 18.)

Halaváts, Gyula v., Die neogenen Sedimente der Umgebung von Budapest. Bp. 1911. 277—386 p. 8 °. (Mitt. a. d. Jb. d. kgl. ungar. geolog. R.-Anst., 17. Bd.)

Halávàts, Jul.: Die Umgebung von Budapest und Tétény. Bp. 1903. (Erläut. z. geolog. Spezialkarte d. L. d. ungar. Krone. Z. 16. C. XX.)

Halaváts, Gyula v., Das Alter der Schotterablagerungen in der Umgebung von Budapest. Bp. 1898. 8 °. (Geolog. Mitt., Bd. 28.)

Hantken, M., Der Ofner Mergel. Pest 1873. 8 °. (Mitt. a. d. Jb. d. kgl. ungar. geolog. R.-Anst., Bd. 2.)

Holzmann, K., Über einige alttertiäre Bildungen der Umgebung von Ofen. Bp. 1881. 8 °. (Geolog. Mitt., Bd. 11.)

Hofmann, K., Die geologischen Verhältnisse der Ofen-Kovácsier Gebirges. Pest 1871. 8 °. (Mitt. a. d. Jb. d. kgl. ungar. geolog. R.-Anst., Bd. 1.)

Schafarzik, F.: Die Umgebung von Budapest und Szt. Endre. Bp. 1904. (Erläut. z. geolog. Spezialkarte d. L. d. ungar Krone. Z. 15. C. XX.)

Schréter, L., Die Spuren der Tätigkeit tert. und pleistoz. Thermalquellen im Budaer Gebirge. Bp. 1920. (Mitt. a. d. Jb. d. kgl. ungar. geolog. R.-Anst., Bd. 19.)

D. Westungarisches Hügelland.

Kormos, Th. Die geologischen Vergangenheit und Gegenwart des Sárrétbeckens im Komitat Fejér. Wien: Hölzel 1911. 72 p. 2 Taf. (Resultate der wiss. Erforschung des Balatonsees, Bd. 1.)

E. Mecsekgebirge.

Böckh, Joh., Geologische und Wasserverhältnisse der Umgebung der Stadt Fünfkirchen. Bp.: Kilián 1881. 181 p. 8 °. (Mitt. a. d Jb. d. kgl. ungar. geolog. R.-Anst., Bd. 4.)

Hofmann, K., Geologische Mitteilungen über das Pécser-Gebirge. (Nach hinterlassenen Handschriften.) Bp. 1907. 8 °. (Geolog. Mitt., Bd. 37.)

Mauritz, B., Die Eruptivgesteine des Mecsekgebirges. Bp. 1912. (Mitt. a. d. Jb. d. kgl. ungar. geolog. R.-Anst., Bd. 21.)

Roth, L., Die eruptiven Gesteine des Fazekasboda-Morágyer (Baranyaer Komitat) Gebirgszuges. Bp. 1876. 8 °. (Mitt. a. d. Jb. d. kgl. ungar. geolog. R.-Anst., Bd. 4.)

F. Donau-Trachyt-, Cserhát-, Mátra- und Bükkgebirge.

Böckh, Hugo, Die geologischen Verhältnisse der Umgebung von Nagy-Maros. Bp. 1899. 63 p. (Mitt. a. d. Jb. d. kgl. ungar. geolog. R.-Anst., Bd. 13.)

Koch, Ant., Geologische Beschaffenheit der am rechten Ufer gelegenen Hälfte der Donautrachytgruppe (Szt. Andrä-Visegrader Gebirgsstock) nahe Budapest. Berlin 1876. 8 °. (S.-A. aus Zeitschr. d. deutsch. geolog. Ges., Bd. 28.)

Koch, A., Geologische Beschreibung des St.-Andrä-Visegrad- und des Piliser Gebirges. Pest 1871. 8 °. (Mitt. a. d. Jb. d. kgl. ungar. geolog. R.-Anst., Bd. 1.)

Stache, G., Die geologischen Verhältnisse der Umgebung von Waitzen in Ungarn. Wien 1866. 8 °. (Jahrb. d. k. k. geolog. R.-Anst., Bd. 16.)

Szabó, J., Typenvermengung in der Donau-Trachytgruppe. Bp. 1894. 8 °. (Geolog. Mitt., Bd. 24.)

Vadász, M. E., Die paläontologischen und geologischen Verhältnisse der älteren Schollen am linken Donauufer. Bp. 1911. 115—194 p. 8 °. (Mitt. a. d. Jb. d. kgl. ungar. geolog. R.-Anst., 18. Bd., 2. H.)

Böckh, Johann, Geologische Verhältnisse der Umgebung von Buják, Ecseg und Herencsény. Wien 1866. (S.-A. aus Jahrbuch der k. k. geolog. R.-Anst.)

Pálfy, M., Neuere Beiträge zur Geologie des Cserhát. Bp. 1900. 8 °. (Geolog. Mitt., Bd. 30.)

Schafarzik, F., Die Pyroxen-Andesite des Cserhát. Bp. 1895. 189 p.

Paul, C. M., Das Tertiärgebiet nördlich von Matra in Ungarn. Wien 1866. 8 °. (Jahrb. d. k. k. geolog R.-Anst., Bd. 16.)

Böckh, Johann, Die geologischen Verhältnisse des Bükk-Gebirges und der angrenzenden Vorberge. Wien 1867. (Jb. d. k. k. geolog. R.-Anst.)

Franzenau, A., Daten zur Geologie der Umgebung von Apátfalva im Komitat Borsod. Bp. 1888. 8 °. (Naturkundl. H., Bd. 11.)

Halaváts, Jul., Die geologischen Verhältnisse der Stadt Miskolcz. Bp. 1893. 8 °. (Geolog. Mitt., Bd. 24.)

Roth, L., Rektifizierung des Miskolczer Profils. Bp. 1907. 8 °. (Geolog. Mitt., Bd. 37.)

Papp, Karl, Die geologischen Verhältnisse der Umgebung von Miskolcz. Bp.: F. Kilián 1907. 93—142 p. 8 °. (Mitt. a. d. Jb. d. ungar. geolog. R.-Anst., Bd. 16.)

Dölter, C., Über einige Trachyte des tokaj-eperieser Gebirges. Wien 1874. 8 °. (Mineral. Mitt. v. Tschermak 1874.)

Wolf, H, Erläuterungen zu den geologischen Karten der Umgebung von Hajdú-Nánás, Tokaj und Sátor-Alja-Ujhely. Wien 1869. 8 °. (Jb. d. k. k. geolog. R.-Anst., Bd. 19.)

IV Karpathen.

A. Allgemeines.

Partsch, J., Die Gletscher der Vorzeit in den Karpathen und den Mittelgebirgen Deutschlands. Breslau: Köbner 1882. XI, 198 p. 8 °.

Paul, C. M., Über die Natur des karpathischen Flysches. Wien 1877. 8 °. (Jb. d. k. k. geolog. R.-Anst., Bd. 27.)

Paul, C. M., Bemerkungen zur Karpathen-Literatur. Wien 1894. 8 °. (Jb. d. k. k. geolog. R.-Anst., Bd. 44.)

Uhlig, Victor, Beiträge zur Kenntnis der Juraformation in den karpathischen Klippen. Wien 1878. 8 °. (Jb. d. k. k. geolog. R.-Anst., Bd. 28.)

Uhlig, Victor, Über die Tektonik der Karpathen. Wien: Hölder 1907. 112 p. 8 °. (Sitzungsber. d. k. Akademie der Wissenschaften.)

B. Westkarpathen.

(Leithagebirge.)

Roth, L., Geologische Skizze des Kroisbach-Ruster Bergzuges und des südlichen Teiles des Leithagebirges. Bp. 1879. 8 °. (Geolog. Mitt., Jg. 9.)

Roth, L., Geologische Aufnahme im Leithagebirge. Bp. 1882. 8 °. (Geolog. Mitt., Bd. 11.)

Roth, L., Geologische Notizen aus dem Leithagebirge. Bp. 1883. 8 °. (Geolog. Mitt., Bd. 13.)

Kleinkarpathen.

Beck, Heinr.. und Herm. Vetters. Zur Geologie der Kleinen Karpathen. Wien: Braumüller 1904. 106 p. 4 °.

Toula, F., Die sogenannten Grauwacken oder Liaskalke von Theben-Neudorf (Dévény-Ujfalu). Preßburg 1902. 8 °. (Verh. d. Ver. f. Natur- u. Heilkunde zu Preßburg, N. F., Bd. 13.)

C. Karpathen-Sandsteinzone.

Paul, C. M., Die neueren Fortschritte der Karpathen-Sandstein-Geologie. Wien 1886. 8 °. (Jahrb. d. k. k. geolog. R.-Anst., Bd. 33.)

Paul, C. M. und E. Tietze, Neue Studien in der Sandsteinzone der Karpathen. Wien 1879. 8 °. (Jb. d. k. k. geolog. R.-Anst., Bd. 29.)

Paul, C. M., Die Karpathen-Sandsteine des mährisch-ungarischen Grenzgebirges. Wien 1888. 8 °. (Jb. d. k. k. geolog. R.-Anst., Bd. 38.)

Paul, C. M., Das Südwest-Ende der Karpathen-Sandsteinzone. Wien 1893. 8 °.

Paul, C. M., Die nördliche Árva. Wien 1868. 8 °. (Jb.d. k. k. geolog. R.-Anst., Bd. 18.)

Paul, C. M., Das Karpathen-Sandsteingebiet des nördlichen Ungher und Zempliner Komitates. Wien 1870. 8 °. (Jb. d. k. k. geolog. R.-Anst, Bd. 20.)

Paul, C. M., Die geologischen Verhältnisse des nördlichen Sároser und Zempliner Komitates. Wien 1869. 8 °. (Jb. d. k. k. geolog. R.-Anst., Bd. 19.)

Paul, C. M., Das Gebirge von Homonna. —Ein Beitrag zur Kenntnis des mesozoischen Kalkgebildes in den Karpathen. Wien 1870. 8 °. (Jb. d. k. k. geolog. R.-Anst., Bd. 20.)

Posewitz, Th., Erläuterungen zur geologischen Spezialkarte der Umgebung von Kőrösmező und Bogdán. Bp.: Kilián 1893. 18 p.

Vacek, M., Beitrag zur Kenntnis der mittelkarpathischen Sandsteinzone. Wien 1881. 8 °. (Jahresb. d. k. k. geolog. R.-Anst., Bd. 31.)

Zapalowicz, A., Eine geologische Skizze des östlichen Teiles der pokutisch-maramaroscher Grenzkarpathen. Wien 1886. 8 °. (Jb. d. k. k. geolog. R.-Anst., Bd. 36.)

D. Mittelkarpathen.

Stur, D., Bericht über die geologische Aufnahme im oberen Waag- und Grantale. Wien 1868. 8 °. (Jb. d. k. k. geolog. R.-Anst., Bd. 18.)

Ferenczi, István, Die geologischen Verhältnisse von Galgócz und seiner Umgebung. Bp. 1915.

Gesell, Alex., Die geologischen Verhältnisse des Kremnitzer Bergbaugebietes. Bp.: Kilián 1897. 58 p.

Grissinger, Karl, Studien zur physischen Geographie der Fatragruppe. Wien: Verein der Geographen 1893. 82 p. (Verein der Geographen, Bericht 18.)

Horusitzky, H., Über die Feuchtigkeit der Sandhügel längs des Vágflusses. Bp. 1904. 8 °. (Geolog. Mitt., Bd. 34.)

Horusitzky, H., Über die Umgebung von Szempcz und Nagylég. Bp. 1907. 8°. (Jahresber. d. kgl. ungar. geolog. Anst. f. 1905.)

Lengyel, Andreas, Die Andesite der Umgebung von Fenyőkosztolány im Komitat Bars. Szeged. 1923. 77—111 p. (Acta litterarum ac scientiarum Regiae Universitatis Francisco Josephinae. Sectio scientiarum naturalium. T. 1. Fasc. 3.)

Stache, G., Bericht über die geologischen Aufnahmen im Gebiete des oberen Neutraflusses und der königlichen Bergstadt Kremnitz im Sommer 1864. Wien 1865. 8°. (Jb. d. k. k. geolog. R.-Anst., Bd. 15.)

Uhlig, V. Beiträge zur Geologie des Tatrakrivan-Gebirges. Wien: Gerold 1902. 43 p. 4°.

Vetters, H., Beiträge zur Geologie des Zjargebirges und des angrenzenden Teiles der Mala Magura in Oberungarn. Wien 1909. 60 p.

Matyasovsky, S., Geologische Skizze der Hohen Tátra. Igló 1879. 8°. (S.-A. aus Jb. d. ungar. Karpathen-Ver., Jg. 6.)

Uhlig, Viktor, Die Geologie des Tátragebirges. Wien 1897. 130 p. 4°.

Uhlig, Viktor, Die Geologie des Tatragebirges. T. 1—4. Wien: Gerold 1899. 99 p. 4°. (S.-A. aus Denkschrift d. k. k. Akademie der Wissenschaften.)

Uhlig, Viktor, Pieninische Klippenzone und Tatragebirge. Wien 1903. 76 p.

Uhlig, Viktor, Geologisches aus dem Tatragebirge. Wien 1908. 8°. (Mitt. d. geolog. Ges. in Wien, Bd. 3.)

Paul, C. M., Der östliche Teil des schemnitzer Trachytgebirges. Wien 1866. 8°. (Jb. d. k. k. geolog. R.-Anst., Bd. 16.)

Szabó, J., Geschichte der Geologie von Schemnitz. Bp. 1885. 8°.

Böckh, Hugo, Die geologischen Verhältnisse des Vashegy, des Hradek und der Umgebung dieser (Komitat Gömör). Bp. 1905. 26 p. 8°. (Mitt. a. d. Jb. d. kgl. ungar. geolog. Anstalt, XIV. Bd., 3. H.)

Gesell, Alex., Geologische und Gangverhältnisse des Dobsinaer Bergbaugebietes. Bp. 1903. (Jahresber. d. kgl. ungar. geolog. Anstalt f. 1901.)

Schafarzik, F., Daten zur genaueren Kenntnis des Szepes-Gömörer Erzgebirges. Lpzg. 1906. 8°. (Math. und naturwiss. Ber. aus Ungarn, Bd. 23.)

Schafarzik, F., Vorläufige Mitteilung über das Auftreten von Quarz-Porphyren und Porphyroiden in den Komitaten Gömör und Szepes. Bp. 1902. 8°. (Geolog. Mitt., Bd. 32.)

Stur, D., Bericht über die geologische Aufnahme der Umgebungen von Schmöllnitz und Göllnitz. Wien 1869. 8°. (Jb. d. k. k. geolog. R.-Anst., Bd. 19.)

Stürzenbaum, J., Kößener Schichten bei Dernő im Tornaer Komitate. Bp. 1879. 8°. (Geol. Mitt., Bd 9.)

E. Ostkarpathen.

Böckh, Joh., Die geologischen Verhältnisse von Sósmező und Umgebung im Komitate Háromszék. Bp. 1900. 223 p. 1 Taf. 8°. (Mitt. a. d. Jb. d. kgl. ungar. geolog. R.-Anst., Bd. 13.)

Böckh, Joh., Die geologischen Verhältnisse von Sósmező und Umgebung im Komitate Háromszék, mit besonderer Berücksichtigung der dortigen Petroleum führenden Ablagerungen. Bp. 1900. 8° (Mitt. a. d. Jb. d. kgl. ungar. geolog. R.-Anst., Bd. 12.)

Böckh, Joh., Daten zur Kenntnis der geologischen Verhältnisse im oberen Abschnitte des Izatales mit besonderer Berücksichtigung der dortigen Petroleum führenden Ablagerungen. Bp. 1897. 8°. (Mitt. a. d Jb d kgl ungar geolog R.-Anst., Bd. 11.)

Franzenau, A., Andesit von Felső-Vissó. Bp. 1884. 8°. (Naturkundl. H., Bd. 8.)

Herbich, F., Die geologischen Verhältnisse des nordöstlichen Siebenbürgens. Pest 1871. 8°. (Mitt. a. d. Jb. d. kgl. ungar. geolog. R.-Anst., Bd. 1.)

Herbich, F., Das Széklerland mit Berücksichtigung der angrenzenden Landesteile, geologisch und paläontologisch beschrieben. Bp. 1878. 363 p. 8°. (Mitt. a. d. Jb. d. kgl. ungar. geolog. R.-Anst., Bd. 5.)

Lőrenthey, J., Über die geologischen Verhältnisse der Lignitbildung des Széklerlandes. Klausenburg 1895. 8°. (Orv. term.-tud. értes. Jg. 20.)

Pálfy, M.: Umgebung von Magura. Bp. 1907. (Erläut. z. geolog. Spezialkarte d. L. d. ung. Krone. Z. 19. C. XXVIII.)

Pálfy, M.: Die Umgebung von Abrudbánya. Bp. 1908. (Erläut. z. geolog. Spezialkarte d. L. d. ung. Krone. Z. 20. C. XXVIII.)

Pálfy, M., Über die geologischen und hydrologischen Verhältnisse von Borszékfürdő und Gyergyóbélbor. Bp. 1905. 8⁰. (Geolog. Mitt., Bd. 35.)

Pálfy, M., Beiträge zu den geologischen und hydrologischen Verhältnissen von Székely-Udvarhely. Bp. 1899. 8⁰. (Geolog. Mitt. Bd. 29.)

Popescu, Stefan D., Beiträge zur Entstehungsgeschichte des oberen Olttales. Lpzg.: Schmidt 1902. 94 p.

Primics, G., Petrographische Untersuchung der eruptiven Gesteine des nördlichen Hargitazuges, insbesondere des Bistritz- und Tihatales des Hernyul und Sztrimba. Bp. 1879. 8⁰ (Geolog. Mitt. Jg. 9.)

Ráth, G., Das Syenitgebirge von Ditró und das Trachytgebirge Hargitta. Bonn 1876.

Stache, G., Die geologischen Verhältnisse der Umgebung von Unghvár in Ungarn. Wien 1871. 8⁰. (Jb. d. k. u. geolog. R.-Anst., Bd. 21.)

Uhlig, V., Über die Beziehungen der südlichen Klippenzone zu den Ostkarpathen. Wien 1897. 8⁰. [Sitz.-Ber. d. k. Akad. d. Wiss., Bd. 106.]

Uhlig, Victor, Vorläufiger Bericht über eine geologische Reise in das Gebiet der Goldenen Bistritz. Wien: Tempsky 1890. 16 p. 8⁰. (S.-A. aus „Sitzungsbericht".)

Gesell, S., Die geologischen Verhältnisse auf dem Gebiete zwischen Nagy-Veszverés, der Stadt Rozsnyó und Rekenyefalu. Bp. 1905. (Jahresber. der kgl. ungar. geolog. R.-Anst. f. 1903.)

Halaváts, Jul., Das Kreidegebiet von Ohába-Ponor. Bp. 1899. 8⁰. (Jahresber. d. kgl. ungar. geolog. R.-Anst. f. 1897.)

Liffa, A. und A. Vendl, Die geologischen Verhältnisse des Cindrel. Bp. 1914.

Martonne, Emmanuel de, Recherches sur l'évolution morphologique des Alpes de Transylvanie (Karpates méridionales). Paris 1907. XXI, 279 p.

Nopcsa, F. jun. Baron, Zur Geologie der Gegend zwischen Gyulafehérvár, Déva, Ruszkabánya und der rumänischen Landesgrenze. Bp. 1905. 189 p. 1 K. 8⁰. (Mitt. a. d. Jb. d. kgl. ungar. geolog. R.-Anst., XIV. Bd.)

Primics, Georg, Die geologischen Verhältnisse der Fogarascher Alpen und des benachbarten rumänischen Gebirges. Bp. 1884. 33 p. 8⁰. (Mitt. a. d. Jb. d. kgl. ungar. geolog. R.-Anst., Bd. 6.)

Simionescu, J., Studii geologice şi paleontologice din Carpatii sudici. Bucuresci 1898. 8⁰. (Geolog. u. paläont. Studien über die Südkarpathen) [Rum.].

Toula, F., Eine geologische Reise in die transsylvanischen Alpen Rumäniens. Stuttgart 1897. 8⁰. (Neue Jahrb. f. Min., Geol. und Pal., Jg. 1897, Bd. 1.)

Toula, F., Eine geologische Reise in die transsylvanischen Alpen Rumäniens. Wien 1897. 8⁰. (Vortr. d. Ver. z. Verbr. nat. Kenntn. in Wien, Jg. 37.)

Adda, K., Geologische Verhältnisse von Kornya, Mehadia und Pervova im krassó-szörényer Komitate. Bp. 1897. (Jahresber. d. kgl. ungar. geolog. R.-Anst. f. 1894.)

Böckh J., Geologische Notizen von der Aufnahme des Jahres 1881 im Komitate Krassó-Szörény. Bp. 1882. 8⁰. (Geolog. Mitt. Bd. 11.)

Böckh J., Geologische Notizen von der Aufnahme des Jahres 1882 im Komitate Krassó-Szörény. Bp. 1883. (Geolog. Mitt. Bd. 13.)

Böckh, J., Daten zur geologischen Kenntnis des nordwestlich von Bozovics sich erhebenden Gebirges. Bp. 1888. 8⁰. (Jahresber. d. kgl. ungar. geolog. R.-Anst. f. 1886.)

Böckh, J., Roth, L., und Schafarzik, F., Vorschlag betreffend die Benennung und Einteilung der südlichen Teile der Gebirge des Komitates Krassó-Szörény. Bp. 1903. 8⁰. (Geolog. Mitt. Bd. 33.)

Halaváts, Jul., Bericht über die im Jahre 1882 in der Umgebung von Versecz durchgeführten geologischen Aufnahmen. Bp. 1883. 8⁰. (Geolog. Mitt. Bd. 13.)

Halaváts, Jul., Umgebungen von Versecz. (Erläuterungen zur geologischen Spezialkarte der Länder der ungar. Krone.) Bp.: K. ungar. geolog. Inst. 1886. 25 p. 8⁰.

Halaváts, Jul., Über die geologischen Verhältnisse der Umgegend von Fehértemplom-Kubin. Bp. 1882. 8⁰. (Geolog. Mitt. Bd. 12.)

Halaváts, J., Umgebung von Fehértemplom und Kubin. Bp. 1884. (Erläut. z. geolog. Spezialkarte d. L. d. ungar. Krone. K. 15.)

Halaváts, Jul., Bericht über die im Jahre 1884 in der Umgebung von Oravicza-Román-Bogsán durchgeführten geolog. Aufnahmen. Bp. 1885. 8⁰. (Geolog. Mitt Bd. 15.)

Halaváts, Jul., Umgebung von Lupák-Kölnik. Bp. 1892. 8⁰

Halaváts, J. und J. Schréter, Die Umgebung von Fehértemplom, Szászkabánya und Ómoldova. Bp. 1916. (Erläut. z. geolog. Spezialkarte d. L. d. ungar. Krone. Z. 26–27. C. XXV.)

Halaváts, J., Die Umgebung von Dognácska und Gattaja. Bp. 1913. (Erläut. z. geolog. Spezialkarte d. L. d. ungar. Krone. Z. 24. C. XXV.)

Kadić, O., Die geologischen Verhältnisse des Hügellandes am rechten Ufer der Bega in der Umgebung von Bálancz, Facset und Dubesty. Bp. 1904. 8⁰. (Jahresber. d. kgl. ungar. geolog. R.-Anst. f. 1902.)

Lóczy, L., Geologische Notizen aus dem nördlichen Teile des Krassóer Komitates. Bp. 1882. 8⁰. (Mitt. a. d. Jb. d. kgl. ungar. geolog. R.-Anst. Bd. 12.)

Roth, L., Der westliche Teil des krassószörényer Gebirges in der Umgebung von Csudanovecz, Gerlistye und Klokotics. Bp. 1892 8⁰. (Jahresber. d. kgl. ung. geolog. R.-Anst. f. 1891.)

Roth, L., Das Pronászka-Tal und Umgebung im Komitate Krassó-Szörény. Bp. 1887. 8⁰. (Jahresber. d. kgl. ungar. geolog. R.-Anst. f. 1885.)

Roth, L., Die Gegend südöstlich und zum Teil östlich von Steierdorf. Bp. 1888. 8⁰. (Jahresber. d. kgl. ungar. geolog. R.-Anst. f. 1886.)

Roth, L., Das Gebirge nördlich von Pattas-Bozovics im Krassó-Szörényer Komitate. Bp. 1884. 8⁰. (Geolog. Mitt. Bd. 14.)

Roth, L., Der Gebirgsteil nördlich von Bozovics im Komitate Krassó-Szörény. Bp. 1885. 8⁰. (Geolog. Mitt. Bd. 15.)

Roth, L. und J. Halaváts, Umgebung von Temeskutas und Oravicabánya. Bp. 1911. (Erläut. z. geolog. Spezialkarte d. L. d. ungar. Krone. Z. 25. C. XXV.)

Schafarzik, F., Über die geologischen Verhältnisse der Kasan-Enge an der unteren Donau. Bp. 1893. 8⁰. (Jahresber. d. kgl. ungar. geolog. R.-Anst. f. 1891.)

Schafarzik, F., Geologische Notizen aus dem mehadiaer Zuge des krassószörényer Gebirges. Bp. 1890. 8⁰. (Jahresber. d. kgl. ungar. geolog. R.-Anst. f. 1888.)

Schafarzik, F., Über die geologischen Verhältnisse der südwestlichen Umgebung von Klopotiva und Malomvíz. Bp. 1901. 8⁰. (Jahresber. d. kgl. ungar. geolog. R.-Anst. 1898.)

Stur, D., Beiträge zur Kenntnis der Dyas- und Steinkohlenformationen im Banate. Wien 1870. 8⁰. (Jb. d. k. k. geolog. R.-Anst. Bd. 20.)

Szterényi, Hugo, Über die eruptiven Gesteine des Gebietes zwischen Ó-Sopot und Dolnya-Lyubkova im Krassó-Szörényer Komitate. Bp.: Légrády (Bln.: Friedländer) 1883. 72 p. 8⁰. (Mitt. a. d. Jb. d. kgl. ungar. geolog. R.-Anst. Bd. 6.)

Roth, L., Umgebung von Krassova und Teregova. Bp. 1906. (Erläut. z. geolog. Spezialkarte d. L. d. ungar. Krone. Z. 25. C. XXVI.)

Tietze, E., Geologische und paläontologische Mitteilungen aus dem südlichen Teil des banater Gebirgsstockes. Wien 1872. 8⁰. (Jb. d. k. k. geolog. R.-Anst., Bd. 22.)

V Siebenbürgisches Becken.

Halaváts, Jul., Geologischer Bau der Umgebung von Szászsebes (Mühlbach). Bp. 1907. 8⁰. (Jahresber. d. kgl. ungar. geolog. R.-Anst. f. 1905.)

Halaváts, Jul., Der geologische Bau der Umgebung von Szerdahely-Koncza. Bp. 1908. 8⁰. (Jahresber. d. kgl. ungar. geolog. R.-Anst. f. 1906.)

Halaváts, Jul., Der geologische Bau der Umgebung von Kudsir, Csóra, Felsőpián. Bp. 1906. 8⁰. (Jahresber. d. kgl. ungar. geolog. R.-Anst. f. 1904.)

Hofmann, K., Bericht über die im Sommer 1882 im südöstlichen Teile des Szathmárer Komitates ausgeführten geolog. Spezialaufnahmen. Bp. 1883. (Geolog. Mitt., Bd. 13.)

Koch, Ant., Die Tertiärbildungen des Beckens der siebenbürgischen Landesteile. Tl. 1. Paläogene Abteilung. Bp. 1894. 22 p. 4 Taf. 8⁰. (Mitt. a. d. Jb. d. kgl. ungar. geolog. R.-Anst., X. Bd., 6. H.)

Koch, Ant., Die Tertiärbildungen des Beckens der siebenbürgischen Landesteile. Abt. 2. Neogene Abteilung. Bp. 1900. 370 p. m. 50 Fig. u. 3 Taf. 8⁰.

Koch, Ant., Bericht über die in dem südlich von Klausenburg gelegenen Gebiete im Sommer d. J. 1886 durchgeführte geologische Detail-Aufnahme. Bp. 1888. 8 °. (Jahresber. d. kgl ungar. geolog. R.-Anst. f. 1886.)

Koch, A., Umgebung von Torda. Bp. 1890. (Erläut. z. geolog. Spezialkarte d. L. d. ungar. Krone. Z. 19. C. XXIX.)

Koch, A., Umgebungen von Kolosvár. Bp. 1885. (Erläut. z. geolog. Spezialkarte d. L. d. ungar. Krone. Z. 18. C. XXIX.)

Pávay, A., Die geologischen Verhältnisse der Umgebung von Klausenburg. Pest 1871. 8 °. (Mitt. a. d. Jb. d. kgl. ungar. geolog. R.-Anst., Bd. 1.)

Roth, L., Geologischer Bau des siebenbürgischen Beckens in der Umgebung von Balázsfalva. Bp. 8 °. (Jahresber. d. kgl. ungar. geolog. R.-Anst. f. 1906.)

Szádeczky, J., Über die Andesitgänge bei Sztolna. Klausenburg 1898. 8 °. (Orv. term.-tud. értes., Bd. 20.)

Gesell, S., Geologische Verhältnisse des Felsőbányaer Erzbergbaugebietes. Bp. 1891. 8 °. (Jahresber. d. kgl. ungar. geolog. R.-Anst. f. 1891.)

Koch, G. und A. Gesell, Die Gegend von Nagybánya. Bp. 1898. (Erläut. z. geolog. Spezialkarte d. L. d. ungar. Krone. Z. 15. C. XXIX.)

Primics, G., Die trachytischen Gesteine des Láposer Gebirges. Bp. 1886. 8 °. (Geolog. Mitt., Bd. 16.)

VI Ostungarisches Mittelgebirge.

Hofmann, K., Geologische Notizen über die krystallinische Schieferinsel von Preluka und über das nördlich und südlich anschließende Tertiärland. Bp. 1888. 8 °. (Jahresber. d. kgl. ungar. geolog. R.-Anst. f. 1886.)

Hofmann, K., Bericht über die im Sommer d. J. 1886 im nordwestlichen Teile des Szolnok-Dobokaer Komitates ausgeführten geologischen Detailaufnahmen. Bp. 1888. 8 °. (Jahresber. d. kgl. ungar. geolog. R.-Anst. f. 1886.)

Hofmann, K., Bericht über die im östlichen Teile des Szilágyer Komitates während der Sommerkampagne 1878 vollführten geolog. Spezialaufnahmen. Bp. 1879. 8 °. (Geolog. Mitt., Jg. 9.)

Hofmann, K., Bericht über die im nordwestlichen siebenbürgischen Grenzgebiete und Umgebung im Jahre 1881 ausgeführten geolog Spezialaufnahmen. Bp. 1881. (Geolog. Mitt., Jg. 11.)

Matyasovsky, J., Bericht über geologische Detailaufnahmen im Komitate Szilágy im Jahre 1878. Bp. 1879. 8 °. (Geolog. Mitt., Jg. 9.)

Matyasovsky, J., Bericht über geologische Aufnahmearbeiten im Komitate Szilágy 1881. Bp. 1883. 8 °. (Geolog. Mitt., Bd. 13.)

Peters, Karl F., Geologische und mineralogische Studien aus dem südöstlichen Ungarn, insbesondere aus der Umgegend von Rézbánya. Wien: (Gerold) 1861. 81 p. 8 °. (Aus den Sitz.-Ber. der k. Akad. der Wiss.)

Szontagh, T., Umgebung von Nagykároly-Ákos und Tasnád-Széplak. Bp. 1893. (Erläut. z. geolog. Spezialkarte d. L. d. ungar. Krone. Z. 15. 16. C. XXVII.)

Pálfy, M., Die geologischen Verhältnisse des westlichen Teiles des Gyaluer Hochgebirges. Bp. 1899. 8 °. (Jahresber. d. kgl. ungar. geolog. R.-Anst. f. 1897.)

Pálfy, M., Geologische Notizen über das Gebiet zwischen der Fehér-Kőrös und dem Abrudbache. Bp 1903. 8 °. (Jahresber. d. kgl. ungar. geolog. R.-Anst. 1902.)

Pethő, Jul., Zur Charakteristik der Hauptmasse des Kodrugebirges. Bp. 1893. 8 °. (Jahresber. d. kgl. ungar. geolog. R.-Anst. f. 1891.)

Pethő, Jul., Das östliche Zusammentreffen des Kodru-Moma und Hegyes-Drocsagebirges im Komitate Arad. Bp. 1895. 8 °. (Jahresber. d. kgl. ungar. geolog. R.-Anst. f. 1893.)

Primics, Georg, Bericht über die geologische Detailaufnahme im Vlegyászagebirgszuge des Kolozs-Biharer Gebirges 1889. Bp. 1890. 8 °. (Jahresber. d. kgl. ungar. geolog. R.-Anst. f. 1889.)

Rozlozsnik, P., Über die metamorphen und paläozoischen Gesteine des Nagybihar. Aus ungar. Orig. Bp. 1906. 39 p. 8 °. (Mitt. a. d. Jb. d. kgl. ungar. geolog. R.-Anst., Bd. 15.)

Schmidl, A., Das Bihargebirge an der Grenze von Ungarn und Siebenbürgen. Wien 1863. 8 °.

Stur, D., Die geologische Beschaffenheit der Herrschaft Halmágy im Zaránder Komitate in Ungarn. Wien 1868. 8 °. (Jb. d. k. k. geolog. R.-Anst., Bd. 12.)

Szontagh, T., Der „Királyerdő" im Komitate Bihar. Die letzte geologische Aufnahme Dr. Karl Hofmanns. Bp. 1891. 8 °. (Jahresber. d. kgl. ungar. geolog. R.-Anst. f. 1898.)

Szontagh, T., Geologische Studien im Gebiete der Gemeinden Hollód, Dekanyesd, Rózsafalva und Tenke des Komitates Bihar. Bp. 1898. 8 °. (Jahresber. d. kgl. ungar. geolog. R.-Anst. f. 1898.)

Szontagh, T., Geologische Studien in den Vorbergen des Biharer „Királyerdő" in der Umgebung von Dobrest-Szombatság und Hollód. Bp. 1893. (Jahresber. d. kgl. ungar. geolog. R.-Anst. f. 1893.)

Szontagh, T., Geologische Studien in den südlichen Vorbergen des Biharer „Királyerdő" in der Gegend von Lunkaspri, Szitány-Tuburest, Papmező-Kimpány, Kostyán, Hollód sowie in der südlichen Umgebung der im nordwestlichen Teile gelegenen Dörfer Száránd und Kopacsel. Bp. 1894. 8 °. (Jahresber. d. kgl. ungar. geolog. R.-Anst. f. 1894.)

Szontagh, T., Die geologischen Verhältnisse des Hügelgebietes zwischen den Gemeinden Tenke und Sályi im Komitate Bihar. Bp. 1898. 8 °. (Jahresber. d. kgl. ungar. geolog. R.-Anst. f. 1896.)

Szontagh, T., Die geologischen Verhältnisse der Gemeinden Mikló-Lazur, Nyárló, Almamező, Harangmező und Magyar-Gyepes im Komitate Bihar. Bp. 1899. 8 °. (Jahresber. d. kgl. ungar. geolog. R.-Anst. f. 1897.)

Szontagh, T., Die geologischen Verhältnisse im Vidata (Királyerdő). Bp. 1905. 8 °. (Jahresber. d. kgl. ungar. geolog. R.Anst. f. 1903.)

Szontagh, T., Über die Geologie der Umgebung von Rossia und der Sclavatanya (Gemeinde Lunkaspri). Der südliche Teil des Királyerdő im Komitate Bihar. Bp. 1906. 8 °. (Jahresber. d. kgl. ungar. geolog. R.-Anst. f. 1904.)

Szontagh, T., Über die geologischen Verhältnisse der Gemarkung von Rossia, Lázur, Szohodol und Kebesd im Komitate Bihar. Bp. 1907. 8 °. (Jahresber. d. kgl. ungar. geolog. R.-Anst. f. 1905.)

Szontagh, T., Die Geologie der Umgebung von Meziád und Kreszulya sowie des Hügellandes östlich von Belényes (Komitat Bihar). Bp. 1908. (Jahresber. d. kgl. ungar. geolog. R.-Anst. f. 1906.)

Doeter, E., Die Trachyte des siebenbürgischen Erzgebirges. O. O. und Jahr. 30 p. 8 °.

Ferenczi, Stephan, Die geologischen Verhältnisse der Umgebung von Zalatna, mit besonderer Rücksicht auf die tertiären Eruptivgesteine. Klausenburg 1914.

Ferenczi, Stephan, A Zalatna-Nagyalmási harmadkori medencze. Das Tertiärbecken von Zalatna-Nagyalmás (Großschlatten). Bp. 1914.

Gesell, S., Geologische Verhältnisse des vom Zalatna-Preszákaer Abschnitte des Ompolytales nördlich gelegenen Gebietes. Bp. 1898. 8 °. (Jahresber. d. kgl. ungar. geolog. R.-Anst. f. 1896.)

Pálfy, M., Vorläufiger Bericht über die Altersverhältnisse der Andesite im siebenbürgischen Erzgebirge. Bp. 1903. 8 °. (Geolog. Mitt., Bd. 33.)

Pálfy, M., Geologische Notizen aus dem Tale des Aranyosflusses. Bp. 1903. 8 °. (Jahresber. d. kgl. ungar. geolog. R.-Anst. f. 1901.)

Pálfy, M., Die oberen Kreideschichten in der Umgebung von Alvincz. Bp. 1902. 8 °. (Mitt. a. d. Jb. d. kgl. ungar. geolog. R.-Anst., Bd. 13.)

Papp, K., Die geologischen Verhältnisse der Umgebung von Zám. Bp. 1904. 8 °. (Jahresber. d. kgl. ungar. geolog. R.-Anst. f. 1902.)

Papp, K., Die geologischen Verhältnisse der Umgebung von Petris. Bp. 1903. 8 °. (Jahresber. d. kgl. ungar. geolog. R.-Anst. f. 1901.)

Pethő, Gy., Über das Kreidegebiet von Lippa, Ödvas und Konop. Bp. 1885. 8 °. (Jahresber. d. kgl. ungar. geolog. R.-Anst. f. 1884.)

Roth, L., Die Randzone des siebenbürgischen Erzgebirges in der Gegend von Várfalva, Toroczkó und Hidas. Bp. 1899. 8 °. (Jahresber. d. kgl. ungar. geolog. R.-Anst. f. 1897.)

Roth, L., Die Aranyosgruppe des siebenbürgischen Erzgebirges in der Umgebung von Nagy-Oklos, Bélavár, Lunka und Alsó-Szolcsva. Bp. 1901. 8 °. (Jahresber. d. kgl. ungar. geolog. R.-Anst. f. 1899.)

Roth, L., Die Aranyosgruppe des siebenbürgischen Erzgebirges in der Umgebung von Toroczkó-Szt-György, Nyirmező, Remete und Ponor. Bp. 1902. 8 °. (Jahresber. d. kgl. ungar. geolog. R.-Anst. f. 1900.)

Roth, L., Der Nordostrand des siebenbürgischen Erzgebirges. Bp. 1901. (Jahresber. d. kgl. ungar. geolog. R.-Anst. f. 1899.)

Roth, L., Der Ostrand des siebenbürgischen Erzgebirges bei Csáklya und das längs des Marosflusses östlich anschließende Gebiet. Bp. 1904. 8 °. (Jahresber. d. kgl. ungar. geolog. R.-Anst. f. 1902.)

Roth, L., Der Ostrand des siebenbürgischen Erzgebirges in der Umgebung von Felsőgáld, Intregáld, Czelna und Ompolyicza. Bp. 1905. 8 °. (Jahresber. d. kgl. ungar. geolog. R.-Anst. f. 1903.)

Roth, L., Der Ostrand des siebenbürgischen Erzgebirges in der Umgebung von Sárd, Metesd, Ompoly-Preszáka, Rakató und Gyulafehérvár. Bp. 1906. 8 °. (Jahresber. d. kgl. ungar. geolog. R.-Anst. f. 1904.)

Roth, L., Der Ostrand des siebenbürgischen Erzgebirges in der Gegend von Poklos, Borberek, Karna und das am linken Marosufer anschließende Hügelland. Bp. 1907. (Jahresber. d. kgl. ungar. geolog. R.-Anst. f. 1905.)

Roth, L., Der Ostrand des siebenbürgischen Erzgebirges von Havasgyógy, Felgyógy und Nagy-Enyed. Bp. 1903. 8 °. (Jahresber. d. kgl. ungar. geolog. R.-Anst. f. 1901.)

Adda, K., Die geologischen Verhältnisse des Gebietes zwischen dem Tale des Beregszó und dem Bégaflusse im Komitate Temes. Bp. 1899. 8 °. (Jahresber. d. kgl. ungar. geolog. R.-Anst. f. 1897.)

Kadić, O., Die geologischen Verhältnisse des Hügellandes an der oberen Béga, in der Umgebung von Facset, Kostej und Kurtya. Bp 1905. 8 °. (Jahresber. d. kgl. ungar. geolog. R.-Anst. f. 1903.)

Der Lukarczer Basalt im Rékáser Bezirke des Temesvárer Komitates. Bp. 1891.

Halaváts, Jul., Über den geologischen Bau der Umgebung von Vajda-Hunyad. Bp. 1904. 8 °. (Jahresber d. kgl. ungar. geolog. R.-Anst. f. 1902.)

Halaváts, J. und L. Roth, Die Umgebung von Szászsebes. Bp. 1910. (Erläut. z. geolog. Spezialkarte d. L. d. ungar. Krone. Z. 22. C. XXIX.)

Szontagh, T., Geologische Studien am rechten Ufer des Marosflusses bei Tótvárad-Govosdia (Komitat Arad) sowie an der linken Seite der Maros in der Umgebung von Batta-Belotincz-Dorgos Zabolcz (Komitat Krassó-Szörény und Temes.) Bp. 1893. (Jahresber. d. kgl. ungar. geolog. R.-Anst. f. 1891.)

Anhang:
Agrogeologie.

I Allgemeines.

Comptes rendus de la première conférence internationale agrogéologique. Bp. 1909. 332 p. (Institut géologique du royaume de Hongrie.)

Hauer, Franz F. v., Geologie und ihre Anwendung auf die Kenntnis der Bodenbeschaffenheit der österr.-ungar. Monarchie. Wien: Hölder 1875. VIII, 681 p.

Inkey, B., Geschichte der Bodenkunde in Ungarn. Bp.: Geolog. Reichsanstalt 1914.

Sigmond, A. A. S. v., Über die Methoden der mechanischen und physikalischen Bodenanalyse. Bp.: Geolog. Reichsanstalt 1916.

II Das Tiefland.

Güll, V., Agrogeologische Notizen vom rechten Ufer der Donau und aus der Gegend von Ujhartyán. Bp. 1907. 8°. (Jahresber. d. kgl. ungar. geolog. R.-Anst. f. 1905.)

Güll, V., Agrogeologische Notizen aus der Gegend von Kúnszentmiklós und Alsódabas. Bp. 1905. 8°. (Jahresber. d. kgl. ungar. geolog. R.-Anst. f. 1903.)

Güll, W., A. Liffa und E. Timkó, Über die agrogeologischen Verhältnisse des Ecsedi láp. Bp. 1906. 8°. (Mitt. a. d. Jb. d. kgl. ungar. geolog. R.-Anst., Bd. 14.)

Güll, V., Agrogeologische Notizen aus dem Gebiete zwischen Irsa, Czegléd und Örkény. Bp. 1908. 8°. (Jahresber. d. kgl. ungar. geolog. R.-Anst. f. 1906.)

Güll, V., Agrogeologische Notizen aus dem Gebiete längs der Großen Donau. Bp. 1906. 8°. (Jahresber. d. kgl. ungar. geolog. R.-Anst. f. 1904.)

Inkey, B., Bodenverhältnisse des Gutes Pallay der kgl. ungar. landwirtschaftlichen Lehranstalt in Debrecen. Bp. 1897. 8°. (Mitt. a. d. Jb. d. kgl. ungar. geolog. R.-Anst., Bd. 11.)

Inkey, B., Mezőhegyes Umgebung vom agronomisch-geologischen Gesichtspunkte. Bp. 1898. (Mitt. a. d. Jb. d. kgl. ungar. geolog. R.-Anst., Bd. 11.)

Inkey, Béla v., Geologisch-agronomische Kartierung der Umgebung von Puszta-Szt-Lőrincz. Bp. 1893. 24 p. (Mitt. a. d. Jb. d. kgl. ungar. geolog. R.-Anst.)

Treitz, P., Die Umgebung von Szeged und Kistelek. Bp. 1905. (Erläut. z. agrogeolog. Spezialkarte d. L. d. ungar. Krone. Z. 20. C. XXII.)

Wessely, Jos., Der europäische Flugsand und seine Kultur. Besprochen im Hinblicke auf Ungarn und die Banater Wüste insbesondere. Wien: Faesy 1873. VIII, 378 p. 8°.

III Westungarn.

Horusitzky, H., Die hydrographischen und agrogeologischen Verhältnisse der Umgebung von Komárom (Komorn). Bp. 1900. 22 p. 8°. (Mitt. a. d. Jb. d. kgl. ungar. geolog. R.-Anst., Bd. 13.)

Horusitzky, H., Die agrogeologischen Verhältnisse des Staatsgestütsprädiums Kisbér. Bp. 1907. (Mitt. a. d. Jb. d. kgl. ungar. geolog. R.-Anst., Bd. 20.)

Horusitzky, H., Agrogeologische Verhältnisse des Staatsgestütsprädiums von Bábolna. Bp. 1902. 8°. (Mitt. a. d. Jb. d. kgl. ungar. geolog. R.-Anst., Bd. 13.)

Horusitzky, H., Agrogeologische Verhältnisse in der Umgebung von Ürmény. Bp. 1904. 8°. (Jahresber. d. kgl. ungar. geolog. R.-Anst. f. 1902.)

Horusitzky, H., Die agrogeologischen Verhältnisse der Gemarkungen der Gemeinden Muzsla und Béla. Bp. 1900. 38 p. 2 T. 8°. (Mitt. a. d. Jb. d. kgl. geolog. R.-Anst., Bd. 12.)

Horusitzky, H., Die agrogeologischen Verhältnisse der Gemeinden Köbölkút, Bátorkesz und Duna-Mócs im Komitate Esztergom. Bp. 1899. 8°. (Jahresber. d. kgl. ungar. geolog. R.-Anst. f. 1897.)

Horusitzky, H., Agrogeologische Verhältnisse der Umgebung von Nagy-Ölved, Magyar-Szölgyén und Csata. Bp. 1901 8 °. (Jahresber. d. kgl. ungar. geolog. Anst. f. 1899.)

Horusitzky, H., Die Umgebung von Magyarszölgyén und Párkánynána. Bp. 1904. (Erläut. z. agrogeolog. Spezialkarte d. L. d ungar. Krone. Z. 14. C. XIX.)

Horusitzky, H., Agrogeologische Verhältnisse der Umgebung von Nagysurány. Bp. 1902. 8 °. (Jahresber. d. kgl. ungar. geolog. Anst. f. 1900.)

Horusitzky, H, Agrogeologische Verhältnisse der Umgebung von Komját und Tótmegyer. Bp. 1903. (Jahresber. d. kgl. ungar. geolog. R.-Anst. f. 1901.)

Horusitzky, H., Die agrogeologischen Verhältnisse des unteren Ipoly- und Garamtales. Bp. 1901. 8 °. (Jahresber. d. kgl. ungar. geolog. R.-Anst. f. 1898.)

Horusitzky, H., Über die agrogeologischen Verhältnisse des Gebietes zwischen dem Vágflusse und der Kleinen Donau. Bp. 1906. 8 °. (Jahresber. d. kgl. ungar. geolog. R.-Anst. f. 1904.)

Horusitzky, H., Die Umgebung von Nagyszombat. Bp. 1915. (Erläut. z. agrogeolog. Spezialkarte d. L. d. ungar. Krone. Z. 12. C. XVII.)

László, G., Agrogeologische Verhältnisse der Umgebung von Érseklél, Kiskeszi, Nagykeszi, Nagytany usw. (Komitat Komárom). Bp. 1904. 8 °. (Jahresber. d. kgl. ungar. geolog. R.-Anst. f. 1902.)

Timkó, J., Agrogeologische Verhältnisse in der Umgebung der Gemeinden Jászfalu, Csúz, Für und Kürth (Komitat Komárom). Bp. 1901. 8 °. (Jahresber. d. kgl. ungar. geolog. R.-Anst. f. 1899.)

Timkó, J., Agrogeologische Verhältnisse der Gemarkung von Udvard, Perbete, Bagota, Imely, Naszvad, Bajcs (Komitat Komárom) und der Umgebung der Stadt Érsekujvár (Komitat Nyitra). Bp. 1902. 8 °. (Jahresber. d. kgl. ungar. geolog. R.-Anst. f. 1900.)

Timkó, J., Agrogeologische Verhältnisse der Gemarkung von Szimő, Kamocsa, Gúta und Szent-Péter (Komitat Komárom). Bp. 1903. 8 °. (Jahresber. d. kgl. ungar. geolog. R.-Anst. f. 1901.)

Timkó, J., Agrogeologische Verhältnisse in der Umgebung der Gemeinden Keszegfalva, Nemesócsa, Aranyos, Marszelház und Martos (Komitat Komárom). Bp. 1904. 8 °. (Jahresber. d. kgl. ungar. geolog. R.-Anst. f. 1902.)

Timkó, J., Die agrogeologischen Verhältnisse der Umgebung der Gemeinden Kémend und Páld. Bp. 1901. 8 °. (Jahresber. d. kgl. ungar. geolog. R.-Anst. f. 1898.)

Horusitzky, H., Die agrogeologischen Verhältnisse des III. Bezirkes (Ó-Buda) der Haupt- und Residenzstadt Budapest, mit besonderer Rücksicht auf die Weinkultur. Bp. 1901. 31 p. 1 Taf. 8 °. (Mitt. a. d. Jb. d. kgl. ungar. geolog. R.-Anst., Bd. 12.)

Liffa, A., Notizen zu den agrogeologischen Verhältnissen der Gegend von Mány und Felsőgalla. Bp. 1906. 8 °. (Jahresber. d. kgl. ungar. geolog. R.-Anst. f. 1905.)

Liffa, A., Agrogeologische Notizen aus der Umgegend von Tinnye und Perbál. Bp. 1906. 8 °. (Jahresber. d. kgl. ungar. geolog. R.-Anst. f. 1904.)

C. Paläontologie.

(S. auch unter Geologie.)

I Allgemeines.

Mojsisovics v. Mojsvár, Edm., und M. Neumayr [Hrsg.], Beiträge zur Paläontologie von Österreich-Ungarn und den angrenzenden Gebieten. Bd. 1—22. Wien: Hölder 1880—1909. 4°.

Brusina, S., Neogenska zbirka iz Ugarske, Hrvatske, Slavonije i Dalmacije na budimpestanskoj izlozbi. — La collection néogène de Hongrie, de Croatie, de Slavonie et de Dalmatie à l'exposition de Budapest. Zagreb 1896. 8°. (Glasn. hrv. naravosl. drust. God. 9.)

Fuchs, Th., Tertiärfossilien aus den kohlenführenden Miocänablagerungen der Umgebung von Krapina und Radoboj und über die Stellung der sog. „aquitanischen Stufe". Bp.: Kilián 1894. 15 p. 8°. (Mitt. a. d. Jb. d. kgl. ungar. geolog. R.-Anst., Bd. X, H. 5.)

Gorjanovic-Kramberger, C., Die präpontischen Bildungen des Agramer Gebirges. Zagreb 1890. 8°. (Glasn. hrv. narosl. druzt. God, 5.)

Hantken, Max v., Die Tertiärgebilde der Gegend westlich von Ofen. Wien 1866. 8°. (Jahrb. d. k. k. geolog. R.-Anst., Bd. 16.)

Hantken, Max v., Die Mitteilungen der Herren Ed. Hébert und Munier Chalmas über die ungarischen alttertiären Bildungen. Bp. 1882. 8°. (Liter. Ber. aus Ungarn, Bd. 3.)

Hauer, F., Über die Petrefakten der Kreideformation des Bakonyer Waldes. Wien 1862. 8°. (Sitz.-Ber. d. k. Akad. d. Wiss., Bd. 44.)

Herbich, Franz, Paläontologische Studien über die Kalkklippen des siebenbürgischen Erzgebirges. Bp.: Kilián 1886. 54 p. 21 T. 8°. (Mitt. a. d. Jb. d. kgl. ungar. geolog. R.-Anst., Bd. 8.)

Koch, A., Die Tertiärbildungen des Beckens der siebenbürgischen Landesteile. T. 1. Paläogene Abteilung (4 Taf.). (Mitt. a. d. Jb. d. kgl. ungar. geolog. R.-Anst., Bd. 10.)

Matyasovszky, J., Paläontologische Beiträge zur Kenntnis der jüngeren mediterranen Schichten des Baranyaer Komitates. Bp. 1880. 8°. (Term. füz., Bd. 4.)

Peters, Karl F., Über den Lias von Fünfkirchen. Wien: (Gerold) 1862. 53 p. 8°. (Aus d. Sitzungsber. d. k. Akad. d. Wiss.)

Peters, Karl F., Die Miocän-Lokalität Hidas bei Fünfkirchen in Ungarn. Wien: (Gerold) 1862. 40 p. 8°. (Aus d. Sitzungsber. d. k. Akad. d. Wiss.)

Pethő, J., Die Tertiärbildungen des Fehér-Kőröstales zwischen dem Hegyes-Drocsa- und Pleß-Kodrugebirges. Bp. 1887. 8°. (Jahresber. d. kgl. ungar. geolog. R.-Anst. f. 1885.)

II Paläophytologie.

Böckh, Hugo, Einige Bemerkungen über das Vorkommen fossiler Kohlenwasserstoffe in der Marschniederung und der großen ungarischen Tiefebene. Wien 1914.

Felix, J., Die Holzopale Ungarns in paläophytologischer Hinsicht. Bp. 1884 43 p. 4 T. 8°. (Mitt. a. d. Jb. d. kgl. ungar. geolog. R.-Anst., Bd. 7.)

Felix, J., Beiträge zur Kenntnis der fossilen Hölzer Ungarns. Bp. 1887. 8°. (Mitt. a. d. Jb. d. kgl. ungar. geolog. R.-Anst., Bd. 8.)

Heer, O., Über die Braunkohlen Flora des Zsiltales in Siebenbürgen (mit 6 Tafeln.) (Mitteilungen aus dem Jahrb. der kgl. ungar. geolog. Reichsanstalt, Bd. 2.) Pest 1872. 8°.

Heer, O., Über permische Pflanzen von Fünfkirchen in Ungarn. Bp. (Bln.: Friedländer) 1877. 18 p. 8°. (Mitt. a. d. Jb. d. kgl. ungar. geolog. R.-Anst., V. Bd., 1. H.)

Jablonszky, E., Die medit. Flora von Tarnóc. Bp. 1911. (Mitt. a. d. Jb. d. kgl. ungar. geolog. R.-Anst., Bd. 22.)

Miczynszky, K., Über einige Pflanzenreste von Radács bei Eperjes, Komitat Sáros. Bp. 1887. (Mitt. a. d. Jb. d. kgl. ungar. geolog. R.-Anst., Bd. 9.)

Pilar, G., Flora fossilis susedana (Susedska fosilna flora. Flora fossile de Sused). Zagrabiae 1883. 4⁰. (Djela jugeslav. akad. znam. i umjetn. Knj. 4.)

Staub, M., Sur l'état de phytophénologie en Hongrie. Bp.: Hornyánszky 1881. 8 p. 8⁰.

Staub, M., Stand der phytopaläontologischen Sammlung der kgl. ungar. geologischen Anstalt am Ende des Jahres 1886. Bp. 1888. 8⁰. (Jahresber. d. kgl. ungar. geolog. R.-Anst. f. 1886.)

Staub, M., Prähistorische Pflanzen aus Ungarn. Lpzg. 1882. 8⁰. (Botan. Jb., Bd. 3.)

Staub, M., Die Flora Ungarns in der Eiszeit. Bp. 1891. 8⁰. (Geolog. Mitt., Bd. 21.)

Staub, M., Beitrag zur fossilen Flora des Szeklerlandes. Bp. 1881. 8⁰. (Geolog. Mitt., Jg. 11.)

Staub, M., Neue Daten zur fossilen Flora von Felek bei Klausenburg. Bp. 1891. 8⁰. (Geolog. Mitt., Bd. 21.)

Staub, M., Etwas über die Pflanzen von Radács bei Eperjes. Bp.: Franklin 1891. 66—77 p. 8⁰. (Mitt. a. d. Jb. d. kgl. ungar. geolog. R.-Anst., Bd. 9.)

Staub, M., Tertiäre Pflanzen von Felek bei Klausenburg. Bp.: Kilián 1884. 263—281 p. 8⁰. (Mitt. a. d. Jb. d. kgl. ungar. geolog. R.-Anst., Bd. 6.)

Staub, M., Die aquitanische Flora des Zsiltales im Komitate Hunyad. Bp.: Kilián 1887. 221—417 p. 8⁰. (Mitt. a. d. Jb. d. kgl. ungar. geolog. R.-Anst., Bd. 7.)

Staub, M., Mediterrane Pflanzen aus dem Baranyaer Komitat. Bp.: Kilián 1883. 45 p. 4 T. 8⁰. (Mitt. a. d. Jb. d. kgl. ungar. geolog. R.-Anst., Bd. 6.)

Staub, M., Pflanzen aus den Mediterranschichten des Krassó-Szörényer Komitates. Bp. 1881. 8⁰. (Geolog. Mitt., Jg. 11.)

Tuzson, J., Monographie der fossilen Pflanzenreste der Balatongegend. Wien: Hölzel 1911. 64 p. 2 Taf. (Resultate der wiss. Erforschung des Balatonsees. Bd. I.)

Tuzson, J., Beiträge zur fossilen Flora Ungarns. Bp. 1908. (Mitt. a. d. Jb. d. kgl. ungar. geolog. R.-Anst., Bd. 21, resp. Növényt. közl., Bd. 7.)

Unger, F., Die fossile Flora von Szántó in Ungarn. Wien 1869. 4⁰. (Denkschr. d. k. Akad. d. Wiss. Bd. 30.)

Staub, M., Carya costata (Sternbg.) Unger a magyarhoni fossil flórában. Carya costata (Sternbg.) Unger, in der ungarischen fossilen Flora. Bp. 1879. 8⁰. (Geolog. Mitt., Bd. 9.)

Tuzson, J., A tarnóczi kövült fa. Der fossile Baumstamm bei Tarnócz. (Pinus tarnócziensis n. sp.) Bp. 1901. 8⁰. (Term.-rajzi füz., Bd. 24.)

Ettinghausen, Const. v., Die fossilen Algen des Wiener und Karpathensandsteins. Wien: Gerold 1863. 24 p. 8⁰. (Sitz.-Ber. d. k. Akad. d. Wiss., Bd. 48.)

Pantocsek, Josef, Beiträge zur Kenntnis der fossilen Bazillarien Ungarns. Tl. 1—3. Bln.: Friedländer 1886, 1889 und 1892. 2. Aufl. Bln.: Junk 1903.

Pantocsek, J., Die Bazillarien des Balatonsees. Wien: Hölzel 1902. 113 p. 17 Bl. 4⁰.

Pantocsek, Josef, Beschreibung und Abbildung der fossilen Bazillarien des Andesittuffes von Szliács in Ungarn. Bln.: Friedländer 1903. 20 p. 8⁰.

Pantocsek, Josef, Beschreibung neuer Bazillarien, welche in der Pars 3 der „Beiträge zur Kenntnis der fossilen Bazillarien Ungarns" abgebildet wurden. Bln.: Junk 1905. 118 p. 8⁰.

III Paläozoologie.

A. Zeitalter.

Mesozoicum.

Jekelius, E., Die mesozoischen Faunen der Berge von Brassó. (Mitt. a. d. Jb. d. kgl. ungar. geolog. R.-Anst., Bd. 23.)

Frech, Fr., Die Leitfossilien der Werfener Schichten und Nachträge zur Fauna des Muschelkalkes der Cassianer und Raibler Schichten sowie des Rhaet. und des Dachsteindolomites (Hauptdolomit). Wien: Hölzel 1912. 96 p. (Resultate der wiss. Erforschung des Balatonsees, Bd. I.)

Prinz. Jul., Die Fauna der älteren Jurabildungen im nordöstlichen Bakony. Bp. 1904. 142 p. 38 T. 8⁰. (Mitt. a. d. Jb. d. kgl. ungar. geolog. R.-Anst., Bd. 15.)

Vadász, M. E., Die unterliassische Fauna von Alsórákos im Komitat Nagyküküllő Bp. 1908. (Mitt. a. d. Jb. d. kgl. ungar. geolog. R.-Anst., Bd. 16.)

Vogl, V., Die Tithonbildungen im kroatischen Adriagebiet und ihre Fauna. Bp. 1912. (Mitt. a. d. Jb. d. kgl. ungar. geolog. R.-Anst., Bd. 23.)

Pethő, J., Die Kreide- (Hypersenon-) Fauna des Péterwardeiner (Pétervárader) Gebirges (Fruska Gora). Stuttgart 1906. (Palaeontographica, Bd. 52.)

Simionescu, J., Fauna cretacica superióra de la Ürmös (Transsilvania). Bucureşci 1899. 8 °.

Simionescu, J., Über die obercretacische Fauna von Ürmös (Siebenbürgen). Wien 1899. 8 °. (Verh. d. k. k. geolog. R.-Anst., Jg. 1899.)

Tausch, L., Über die nichtmarinen Ablagerungen der oberen Kreide des Csingertales bei Ajka im Bakony (Veszprimer Komitat, Ungarn) und über einige Conchylien der Gosaumergel von Aigen bei Salzburg. Wien 1886. 4 °. (Abh. d. k. k. geolog. R.-Anst., Bd. 12.)

Tertiär.

Hofmann, K., Beiträge zur Kenntnis der Fauna des Hauptdolomites und der älteren Tertiärgebilde des Ofen-Kovácsier Gebirges. Pest 1873. 8 °. (Mitt. a. d. Jb. d. kgl. ungar. geolog. R.-Anst., Bd. 2.)

Vogl, V., Die Fauna der eozänen Mergel im Vinodol in Kroatien. (Mitt. a. d. Jb. d. kgl. ungar. geolog. R.-Anst., Bd. 20.)

Vogl, V., Die Fauna des sog. Bryozoenmergels von Piszke. Bp. 1911. 195 bis 228 p. 8 °. (Mitt. a. d. Jb. d. kgl. ungar. geolog. R.-Anst., Bd. 18.)

Roth v. Telegd, Karl, Eine oberoligozäne Fauna aus Ungarn. Bp.: Kilián 1914. 77 p. (Geolog Hung. 1.)

Halaváts, Julius, Paläontologische Daten zur Kenntnis der Fauna der südungarischen Neogenablagerungen. Folge 1—3. Bp. 1883—1887. 417 p. 8 °. (Mitt. a. d. Jb. d. kgl. ungar. geolog. R.-Anst., Bd. 6, 8, 10.)

Herbich, F., und M., Neumayr, Beiträge zur Kenntnis fossiler Binnenfaunen. Die Süßwasserablagerungen im südöstlichen Siebenbürgen. Wien 1875. 8 °. (Jb. d. k. k. geolog. R.-Anst., Bd. 25.)

Roth, L., Beitrag zur Kenntnis der Fauna der neogenen Süßwasserablagerungen im Széklerlande. Bp. 1881. 8 °. (Geolog. Mitt., Bd. 11.)

Franzenau, A., Über die Fauna der zweiten Mediterranstufe von Lethés. Bp. 1886. 8 °. (Természetr. füz., Bd. 10.)

Zalányi, Béla, Ujabb adatok a bujturi felső mediterrán ismeretéhez. — Neue Beiträge zur obermediterranen Fauna von Bujtur. Bp. 1914.

Fuchs, Th., Die Fauna der Congerienschichten von Tihany am Plattensee und Kúp bei Pápa in Ungarn. Wien 1870. 8 °. (Jb. d. k. k. geolog. R.-Anst., Bd. 20.)

Gorjanović-Kramberger, C., Die Fauna der unterpontischen Bildungen um Londjica in Slavonien. Wien 1899. 8 °. (Jb. d. k. k. geolog. R.-Anst., Bd. 49.)

Gorjanović-Kramberger, C., Die Fauna der oberpontischen Bildungen von Podgradje und Vižanovec in Kroatien. Wien 1899. 8 °. (Jb. d. k. k. geolog. R.-Anst., Bd. 49.)

Halaváts, J., Die Fauna der pontischen Schichten in der Umgebung des Balatonsees. Wien: Hölzel 1911. 80 p. 3 T. 4 °. (Resultate der wiss. Erforschung des Balatonsees, Bd. 1.)

Lőrenthey, Emerich, Die pontische Stufe und deren Fauna bei Nagymányok im Komitate Tolna. Bp.: Franklin 1890. 37—52 p. 8 °. (Mitt. a. d. Jb. d. kgl. ungar. geolog. Anst., Bd. 9.)

Lőrenthey, J., Neuere Daten zur Kenntnis der oberpontischen Fauna von Szegzárd. Bp. 1895. 8 °. (Természetr. füz., Bd. 18.)

Lőrenthey, E., Die oberen pontischen Sedimente und deren Fauna bei Szegzárd, N.-Mányok und Árpád. Bp. 1894. 8 °. (Mitt. a. d. Jb. d. kgl. ungar. geolog. Anst., Bd. 10.)

Lőrenthey, E., Die pontische Fauna von Kurd im Komitate Tolna. Bp. 1894. 4 °. (Geolog. Mitt., Bd. 24.)

Lőrenthey, E., Beiträge zur Fauna und stratigraphischen Lage der pannonischen Schichten in der Umgebung des Balatonsees. Wien: Hölzel 1911. 216 p. 3 T. (Resultate der wiss. Erforschung des Balatonsees, Bd. 1.)

Lőrenthey, E., Die pannonische Fauna von Budapest. Stuttgart: E. Schweizerbart 1902. 4°. (Palaeontographica, Bd. 48.)

Neumayr, M., und C. M. Paul, Die Congerien und Paludinenschichten Slavoniens und deren Faunen. Wien 1875. 8°. (Abh. d. k. k. geolog. R.-Anst., Bd. 7.)

Penecke, Karl Alphons, Beiträge zur Kenntnis der Fauna der slavonischen Paludinenschichten. Wien 1884. 4°. (Beitr. z. Paläont. Österr.-Ung. u. d. Orients, Bd. 4.)

Quartär.

Capek, W., St. v. Bolkay, O. Kadić und Th. Kormos, Die Felsnische Puskaporos bei Hámor im Komitat Borsod und ihre Fauna. Bp. 1911. (Mitt. a. d. Jb. d. kgl. ungar. geolog. R.-Anst., Bd. 19.)

Kadić, Ottokar, Die Ergebnisse der Probegrabungen in der Felsennische Puskaporos bei Hámor. Bp. 1911. (Mitt. a. d. Jb. d. kgl. ungar. geolog. R.-Anst., Bd. 23.)

Kadić, Ottokar, Ergebnisse der Erforschung der Szeletahöhle. Mit XIII bis XX und 39 Abbildungen im Text. Bp. 1915.

Kormos, Th., Neuere Beiträge zur Geologie und Fauna der unteren Pleistozänschichten in der Umgebung des Balatonsees. Wien: Hölzel 1911. 53 p. 2 T. (Resultate der wiss. Erforschung des Balatonsees, Bd. 1.)

Kormos, Th., Über die Fauna des Süßwasserkalkes von Mencshely. Wien: Hölzel 1911. 12 p. (Resultate der wiss. Erforschung des Balatonsees, Bd. 1.)

Kormos, Th., und K. Lambrecht, Die Felsnische am Remetehegy und ihre postglaziale Fauna. (Mitt. a. d. Jb. d. kgl. ungar. geolog. R.-Anst., Bd. 22.)

B. Einzelne Arten.

Foraminiferen.

Franzenau, A., Beitrag zur Foraminiferenfauna der Rákoser (Budapest) Obermediterranstufe. Bp. 1881. 8°. (Geolog. Mitt., Bd. 11.)

Franzenau, A., Die Foraminiferenfauna des Mergels neben dem Buda-Eörserweg. Bp. 1889. 8°. (Math. u. naturwiss. Ber. aus Ungarn, Bd. 7.)

Franzenau, A., Die fossilen Foraminiferen Bujturs. Bp. 1890. 8°. (Természetr. füz., Bd. 13.)

Franzenau, A., Fossile Foraminiferen von Markuševec aus der Umgebung Agrams. Bp. 1893. 8°. (Geolog. Mitt., Bd. 24.)

Hantken, M., Die Fauna der Clavulina-Szabóischichten. T. I. Foraminiferen. (Mit 16 Taf.) Bp. 1875. 8°. (Mitt. a. d. Jb. d. kgl. ungar. geolog. R.-Anst., Bd. 4.)

Karrer, F., Die miozene Foraminiferenfauna von Kostej im Banat. Wien 1868. 8°. (Sitz,-Ber. d. k. Akad. d. Wiss., Bd. 58.)

Lőrenthey, J., Foraminiferen der pannonischen Stufe Ungarns. Stuttgart 1900. 8°. (N. Jb. f. Min., Geol. u. Pal., Jg. 1900.)

Neugeboren, J. L., Die Kristellarien und Robulinen aus der Tierklasse der Foraminiferen aus dem marinen Miozän bei Oberlapugy in Siebenbürgen. Hermannstadt 1872. (Arch. d. Ver. f. siebenbürg. Landeskunde. N.F., Bd. 10.)

Vadász, Elemér, Triasforaminiferen aus dem Bakony. Wien: Hölzel 1911. 47 p. (Resultate der wiss. Erforschung des Balatonsees, Bd. 1.)

Zittel, Karl A., Die obere Nummulitenformation in Ungarn. Wien: (Gerold) 1863. 34 p. 8°. (Sitz.-Ber. d. k. Akad. d. Wiss., Bd. 16.)

Pflanzentiere.

Vinassa de Regny, P., Triastabulaten, Bryozoen und Hydrozoen aus dem Bakony. Wien: Hölzel 1911. 22 p. (Resultate d. wiss. Erforschung des Balatonsees, Bd. 1.)

Vinassa de Regny, P., Neue Schwämme, Tabulaten und Hydrozoen aus dem Bakony. Wien: Hölzel 1911. 17 p. (Resultate der wiss. Erforschung des Balatonsees, Bd. 1.)

Francé, Rezső, A Craspedomonadinák szervezete. — Der Organismus der Craspedomonaden. Bp. Kilián 1897. VIII, 248 p. 8°.

Maas, Otto, Über Medusen aus dem Solenhofer Schiefer und der unteren Kreide der Karpathen. Stuttgart: Schweizerbart 1902. p. 297—321. 4°.

Papp, Karl v., Triaskorallen aus dem Bakony. Wien: Hölzel 1911. 23 p. (Resultate der wiss. Erforschung des Balatonsees, Bd. 1.)

Mattyasovsky, J., Glenodictyum Carpaticum Maty. — Ein fossiler Spongit aus dem Karpathensandstein von Kis-Lipnik im Sároser Komitate. Bp. 1878. 8 °. (Természetr. füz., Bd. 2.)

Pocta, Philipp, Über einige Spongien aus dem Dogger des Fünfkirchner Gebirges. Bp. 1886. 107—122 p. 8 °. (Mitt. a. d. Jb. d. kgl. ungar. geolog. R.-Anst., Bd. 8.)

Vinassa de Regny, P., Triasspongien aus dem Bakony. Wien: Hölzel 1911. 22 p. (Resultate der wiss. Erforschung des Balatonsees, Bd. 1.)

Echinodermata.

Bather, Francis A., Triassic Echinoderms of Bakony. Wien: Hölzel 1911. 288 p. (Resultate der wiss. Erforschung des Balatonsees, Bd. 1.)

Koch, Anton, Die alttertiären Echinoiden Siebenbürgens. Bp. 1885. 47—132 p. 4 T. 8 °. (S.-A. aus Mitt. a. d. Jb. d. kgl. ungar. geolog. R.-Anst., Bd. 7.)

Laube, G. C., Die Echinoiden der österreichisch-ungarischen oberen Tertiärablagerungen. Wien 1871. 4 ° (Abh. d. k. k. geolog. R.-Anst., Bd. 5.)

Lóczy, L., Echinoiden aus den Neogenablagerungen des weißen Kőröstales. Bp. 1877. 8 °. (Term.-rajzi füz., Bd. 1.)

Pávay, A., Die fossilen Seeigel des Ofner Mergels. Bp. 1879. 8 °. (Mitt. a. d. Jb. d. kgl. ungar. geolog. R.-Anst., Bd. 3.)

Vadász, E., Die mediterranen Echinodermen Ungarns. Bp. 1914. (Geolog. Hung. 1.)

Würmer.

Valenciennesia in der fossilen Fauna Ungarns. Bp.: Geolog. Reichsanstalt 1866. (Geolog. Mitteil. Bd. 16.)

Weichtiere.

Brusina, S., Iconographia molluscorum in tellure tertiaria Hungariae, Croatiae, Slavoniae, Dalmatiae, Bosniae, Hercegovinae, Serbiae et Bulgariae inventorum. Zagreb 1902. 4 °.

Brusina, S., Gragja za neogensku malakološku faunu Dalmacije, Hrvatske i Slavonije uz neke vrste iz Bosne, Hercegovine i Srbije. — Matériaux pour la faune malacologique néogène de la Dalmatie, de la Croatie et de la Slavonie avec des espèces de la Bosnie, de l'Herzégovine et de la Serbie. Zagreb 1897. 4 °. (Djela jugoslav. akad. znan. i umjetn. Knj. 18.)

Hazay, J., Die „Nouvelle Ecole“ beleuchtet durch Dr. Georg Servains Histoire malacolique du lac Balaton. 1882. 8 °. (Malakoz. Bl. N. F., Bd. 6.)

Hazay, J., Malakozoologischer Ausflug in das Trachyt- und Kalkgebirge Oberungarns. Cassel 1882. 8 °. (Malakoz. Bl. N. F., Bd. 6.)

Hazay, J., Die Molluskenfauna von Budapest. Cassel 1881. 8 °. (Malakoz. Bl. N. F., Bd. 3—4.)

Kormos, Th., Die pleistozäne Molluskenfauna im Ostabschnitte des Gebietes jenseits der Donau. Wien: Hölzel 1911. 30 p. (Resultate der wiss. Erforschung des Balatonsees, Bd. 1.)

Servain, Georges, Histoire malacologique du lac Balaton en Hongrie. Poissy 1881. 125 p. 8 °.

Bittner, A., Lamellibranchiaten aus der Trias des Bakonyer Waldes. Wien: Hölzel 1912. 107 p. (Resultate der wiss. Erforschung des Balatonsees, Bd. 1.)

Böckh, Joh. v., und Ludwig v. Lóczy, Einige rhätische Versteinerungen aus der Gegend von Rezi im Komitat Zala und das Resultat neuerer dortiger Aufsammlungen. Wien: Hölzel 1912. 8 p. (Resultate der wiss. Erforschung des Balatonsees, Bd. 1.)

Frech, Franz, Neue Zweischaler und Brachiopoden aus der Bakonyer Trias. Wien: Hölzel 1912. 140 p. (Resultate der wiss. Erforschung des Balatonsees, Bd. 1.)

Hofmann, K., und E. M. Vadász, Die Lamellibrachiaten der mittelneokom. Schichten des Mecsekgebirges. (Mitt. a. d. Jb. d. kgl. ungar. geolog. R.-Anst., Bd. 20.)

Kittl, E., Materialien zu einer Monographie der Halobiidae und Monotidae der Trias. Wien: Hölzel 1912. 230 p. (Resultate der wiss. Erforschung des Balatonsees, Bd. 1.)

Pálfy, M., Zwei neue Inoceramusriesen aus den oberen Kreideschichten der siebenbürgischen Landesteile. Bp. 1903. 8 °. (Geolog. Mitt., Bd. 33.)

Pálfy, M., Über das Vorkommen von Hippurites (Pironaea) polystylus in den Hypersenonschichten in Cserevitz im Pétervárader Gebirge. Bp. 1903. 8 °. (Geolog. Mitt., Bd. 33.)

Pethő, J., Cucullaea Szabói, eine neue Muschelart aus den hypersenonen Schichten des Pétervárader Gebirges. Bp. 1892. 8 °. (Geolog. Mitt., Bd. 22.)

Vitális, St., Die Ziegenklauen der Balatongegend und ihre Fundorte. Wien: Hölzel 1911. 38 p. 2 Taf. (Resultate der wiss. Erforschung des Balatonsees, Bd. 1.)

Weiß, A., Die pleistozäne Conchylienfauna der Umgebung des Balatonsees. Wien: Hölzel 1911. 38 p. (Resultate der wiss. Erforschung des Balatonsees, Bd. 1.)

Gaál, Stef. v., Die sarmatische Gastropodenfauna von Rákosd im Komitat Hunyad. Bp.: Kilián 1911. 112 p. 8 °. (Mitt. a. d. Jb. d. kgl. ungar. geolog. R.-Anst., 18. Bd., 1. H.)

Halaváts, J., Neue Gasteropoden-Formen aus der Mediterranenfauna von Ungarn. Bp. 1884. (Term. Füz.)

Kittl, E., Triasgastropoden des Bakonyer Waldes. Wien: Hölzel 1912. 58 p. (Resultate der wiss. Erforschung des Balatonsees, Bd. 1.)

Lőrenthey, J., Pteropodenmergel in den alttertiären Bildungen von Budapest. Bp. 1903. 8 °. (Geolog. Mitt., Bd. 33.)

Arthaber, G. v., Neue Funde in den Werfener Schichten und im Muschelkalke des südlichen Bakony und Revision der Cephalopodenfauna des Muschelkalkes. Wien: Hölzel 1911. 26 p. 2 Taf. (Resultate der wiss. Erforschung des Balatonsees, Bd. 1.)

Diener, Karl, Neue Beobachtungen über Muschelkalk-Cephalopoden des südlichen Bakony. Wien: Hölzel 1911. 9 p. 1 Taf. (Resultate der wiss. Erforschung des Balatonsees, Bd. 1.)

Diener, Karl. Mitteilungen über einige Cephalopodensuiten aus der Trias des südlichen Bakony. Wien: Hölzel 1911. 22 p. (Resultate der wiss. Erforschung des Balatonsees, Bd. 1.)

Frech, Fr., Neue Cephalopoden aus den Buchensteiner. Wengener und Raibler Schichten des südlichen Bakony. Wien: Hölzel 1911. 74 p. 11 Taf. (Resultate der wiss. Erforschung des Balatonsees. Bd. 1.)

Frech, Fr., Nachträge zu den Cephalopoden und Zweischalern der Bakonyer Trias. Wien: Hölzel 1911. 30 p. (Resultate der wiss. Erforschung des Balatonsees, Bd. 1.)

Lőrenthey, J., Sepia im ungarischen Tertiär. Bln., Bp. 1898. 8 °. (Math. u. naturw. Ber. a. Ungarn. Bd. 15.)

Rolle, F., Über eine neue Cephalopodengattung Cyclidia aus den Tertiärschichten von Siebenbürgen. Wien 1862. 8 °. (Sitz.-Ber. d. k. Akad. d. Wiss., Bd. 45.)

Bittner, A., Zur Verbreitung der Brachiopoden aus der Familie der Koninckiniden in den Triasablagerungen Ungarns. Wien 1900. 8 °. (Verh. d. k. k. geolog. R.-Anst., Jg. 1900.)

Bittner, A., Brachiopoden aus der Trias des Bakonyer Waldes. Wien: Hölzel 1912. 60 p. (Resultate der wiss. Erforschung des Balatonsees, Bd. 1.)

Pergens, É., Note preliminaire sur les bryozoaires, fossiles des environs de Kolosvar. Bruxelles 1887. 8 °. (Bull. d. séanc. d. l. soc. roy. malacol. d. Belgique, T. 22.)

Szachnocha, Ladisl., Ein Beitrag zur Kenntnis der jurassischen Brachiopoden aus den karpathischen Klippen. Wien: (Gerold) 1881. 16 p. 8 °. (Sitz.-Ber. d. k. Akad. d. Wiss.)

Gliederfüßer.

Illés, V., Die erste in Ungarn gefundene Trilobite. Bp. 1902. (Geolog. Mitt. 32.)

Lőrenthey, L., Beiträge zur Decapodenfauna des ungarischen Tertiärs. Bp. 1898. 8 °. (Természetr. füz., Bd. 21.)

Lőrenthey, J., Neue Beiträge zur tertiären Decapodenfauna Ungarns. Lpzg. 1902. 8 °. (Math. u. naturwiss. Berichte aus Ungarn, Bd. 18.)

Lőrenthey, J., „Andorina“ und „Darányina“, zwei neue Brachyurengattungen aus Ungarn. Lpzg. 1901. 8 °. (Math. u. naturwiss. Ber. aus Ungarn, Bd. 17.)

Méhes, Julius, Über Triasostrakoden aus dem Bakony. Wien: Hölzel 1911. 38 p. 4 Taf. (Resultate der wiss. Erforschung des Balatonsees, Bd. 1.)

Oppenheim, P., I supposti rapporti dei crostacei tertiarii di Ofen da Loerenthey con quelli veneti. Bologna 1899. (Rivista ital. d. palaeontol., Anno 5.)

Zalányi, B., Miozäne Ostrakoden aus Ungarn (5 Taf.). Bp. 1910. (Mitt. a. d. Jb. d. kgl. ungar. geolog. R.-Anst., Bd. 21.)

Wirbeltiere.

Horusitzky, H., Über die aus der Tisza gezogenen diluvialen Wirbeltiere. Bp. 1906. 8 °. (Geolog. Mitt., Bd. 36.)

Jaekel, O., Wirbeltierreste aus der Trias des Bakonyer Waldes Wien: Hölzel 1911. 23 p. (Resultate der wiss. Erforschung des Balatonsees, Bd. 1.)

1. Fische.

Gorjanović-Kramberger, C., Beiträge zur Kenntnis der fossilen Fische der Karpathen (Inaug.-Diss.). Cassel 1879. 8°. (Palaeontograpnica. N. F., VI.)

Gorjanović-Kramberger, C., Die jungtertiäre FischfaunaKroatiens. Wien 1882. 8°. (Beitr. z. Paläont. Österr.-Ung. u. d. Orients, Bd. 2.)

Gorjanović-Kramberger, C., Über fossile Fische von Tüffer in Steiermark und Jurjevcani in Kroatien. Zagreb 1895. 4°. (Glasn. krv. naravosl. družt. God. 16.)

Schubert, R. J., Die Fischotolithen der ungarischen Tertiärablagerungen. (Mitt. aus d. Jb. d. kgl. ungar. geolog. R.-Anst., Bd. 20.)

2. Amphibien.

Fejérváry, G. J. Baron de, Anoures fossiles des couches préglaciaires de Püspökfürdő en Hongrie. En considération spéciale du developpement phylétique du sacrum chez les anoures. Diss. Bp.: Franklin 1916. 38 p. (Extrait du Földtani Közlöny.)

Fejérváry, G. J. Baron, Beitrag zur Kenntnis von Rana Méhelyi By. Bp. (Mitt. a. d Jb. d. kgl. ungar. geolog. R.-Anst., Bd. 23.)

3. Reptilien.

Arthaber, G., Über Trionyx rostratus nov. spec. von Au am Leithagebirge. Wien 1898. (Beitr. z. Paläont. u. Geol. Österr.-Ung. u. d. Orients, Bd. 11.)

Bolkay, St., Additions to the foss. herpetology of Hungary from the pannon. and praeglac. periode. Bp. 1910. (Mitt. a. d. Jb. d. kgl. ungar. geolog. R.-Anst., Bd. 21.)

Jaekel, O., Placochelys placodonta aus der Obertrias des Bakony. Wien: Hölzel 1911. 91 p. 10 Taf. (Resultate der wiss. Erforschung des Balatonsees Bd. 1.)

Lőrenthey, J., Zwei neue Schildkrötenarten aus dem Eozän von Kolozsvár. Bp. 1903. 8°. (Geolog. Mitt., Bd. 33.)

Nopcsa, Franz Baron v., Die Dinosaurier der siebenbürgischen Landesteile Ungarns. Bp. 1912. (Mitt. a. d. Jb. d. kgl. ungar. geolog. R.-Anst., Bd. 23.)

Nopcsa, Franz v., Dinosaurierreste aus Siebenbürgen I. (Schädel von Limnosaurus transsylvanicus nov. gen. et spec.). Wien 1899. 8°. (Denkschr. d. Akad. d. Wiss., Bd. 68.)

Nopcsa, Franz v., Dinosaurierreste aus Siebenbürgen II. (Schädelreste von Mochlodon). Mit einem Anhange zur Philogenie der Ornithopodiden. Wien 1902. 4°. (Denkschr. d. k. Akad. d. Wiss., Bd. 72.)

Nopcsa, Franz v., Dinosaurierreste aus Siebenbürgen III. (Weitere Schädelreste von Mochlodon). Wien: Hölder 1904. 35 p. 4°. (Denkschr. d. k. Akad. d. Wiss., Bd. 74.)

4. Vögel.

Lambrecht, K., Die Gattung Plotus im ungarischen Neogen. Bp. 1913. (Mitt. a. d. Jb. d. kgl. ungar. geolog. R.-Anst., Bd. 24.)

5. Säugetiere.

Böckh, H., Orca Semseyi, neue Orcaart von Salgó-Tarján. Bp. 1902. (Mitt. a. d. Jb. d. kgl. ungar. geolog. R.-Anst., Bd. 13.)

Böckh, J., Brachydiastematherium transsylvanicum, Bkh. et Maty., ein neues Pachydermengenus aus den eozänen Schichten. Bp. 1876. 8°. (Mitt. a. d. Jb. d. kgl. ungar. geolog. R.-Anst., Bd. 4.)

Gorjanović-Kramberger, C., O fosilnih Cetaceih hrvatske i Krajnske. Zagrebu 1892. 8°. (Rad. jugosl. akad. znan. i. umjet. Kn. 111.)

Halaváts, J., Die Ursäugerreste von Domahida und Mérk. Bp. 1897. 8°. (Geolog. Mitt., Bd. 27.)

Halaváts, J., Der Mammutfund von Eger. Bp. 1897. 8°. (Geolog. Mitt., Bd. 27.)

Halaváts, J., Der Mammutfund von Jobbágyi (Komitat Nógrád). Bp. 1899. 8°. (Geolog. Mitt., Bd. 29.)

Kadić, O., Die fossile Säugetierfauna der Umgebung des Balatonsees. Wien: Hölzel 1911. 26 p. 6 Taf. (Resultate der wiss. Erforschung des Balatonsees, Bd. 1.)

Kadić, O., Mesocetus Hungaricus Kadić, eine neue Balänopteridenart aus dem Miozän von Borbolya in Ungarn. Bp. 1907. (Mitt. a. d. Jb. d. kgl. ungar. geolog. R.-Anst., Bd. 16.)

Kormos, Th., Drei neue Raubtiere aus den präglaz. Schichten des Somlyóhegy bei Püspökfürdő (1 Taf.). (Mitt. a. d. Jb. d. kgl. ungar. geolog. R.-Anst., Bd. 22.)

Kormos, Th., Canis (Cerdocyon) Petényii, N. Sp. und andere interessante Funde aus dem Komitat Baranya. Bp.: Kilián 1911. 165—196 p. (Mitt. a. d. Jb. d. kgl. ungar. geolog. R.-Anst., Bd. 19. 4. H.)

Papp, Carl v., Heterodelphis leidontus nova forma aus den miozenen Schichten des Komitates Sopron in Ungarn. Übertr. a. d. ungar. Orig. Bp.: Kilián 1905. 39 p. 2 Taf. 8 °. (Mitt. a. d. Jb. d. kgl. ungar. geolog. R.-Anst., Bd. 14.)

Pethő, J., Über die tertiären Säugetierüberreste von Balthavár. Bp. 1885. 8 °. (Jahresber. d. kgl. ungar. geolog. R.-Anst. f. 1884.)

Roth, L., Th. Szontagh, K. Papp und O. Kadic, Vorläufige Mitteilung über die miozänen Balänopteriden von Borbolya (Mesocetus) hungaricus Kadic; nova forma). Bp. 1904. 8 °. (Geolog. Mitt., Bd. 34.)

Schlesinger, G., Die Mastodonten der Budapester Sammlungen. Bp. 1922. (Geolog. Hung.)

Schlosser, M., Parailurus anglicus und Ursus Böckhi aus den Ligniten von Baróth-Köpecz. Bp. 1899. 8 °. (Mitt. a. d. Jb. d. kgl. ungar. geolog. R.-Anst., Bd. 13.)

IV Anhang: Anthropologie (zugleich Nachtrag zu Bd. 1, S. 60 ff.)

Bartucz, Ludw., Die Körpergröße der heutigen Magyaren. Braunschweig 1915. 18 p. 4 °. (S. A. aus: Archiv für Anthropologie.)

Bartucz, L., Das in der Höhle Büdöspest gefundene neolithische Menschenskelett. Bp. 1916. 8 °. (S.-A. aus: Barlangkutatás.)

Bartucz, L., Über die Anthropologie der Ungarn aus der Umgebung des Balatonsees. Bp. 1923. p. 61—71. (S.-A. aus: Anthropologia Hungarica I.)

Beddoe, John, The anthropological history of Europe. Revised to date. Paisley: Gardner 1912. 192 p.

Beddoe, J., On the Stature of the Inhabitants of Hungary. London 1882. 3 p. 8 °. (From. Journal of the Anthropol. Instit.)

Gorjanovic-Kramberger, C., Der diluviale Mensch von Krapina in Kroatien. Ein Beitrag zur Paläoanthropologie. (Studien über die Entwicklungsmechanik des Primatenskelettes mit besonderer Berücksichtigung der Anthropologie und Deszendenzlehre. Lief. 2.) Wiesbaden 1906. 4 °.

Herman, O., Zum Solutréen von Miskolcz. Wien 1906. 8 °. (Mitt. d. anthropol. Ges. in Wien, Bd. 36.)

Herman, O., Das Paläolithikum des Bükkgebirges in Ungarn. (Miskolcz. Das Szinvatal. Die Höhlen.) Wien: Anthropolog. Ges. (S.-A. aus Mitt. der Anthropolog. Ges. Wien.)

Kormos, T., Die Spuren des pleistozänen Urmenschen in Tata. Bp. 1909. 8 °. (Földt. közl., Bd. 35.)

Kormos, Th., Die paläolithische Ansiedelung bei Tata (3 Taf.). (Mitt. a. d. Jb. d. kgl. ungar. geolog. R.-Anst., Bd. 20.)

Lenhossék, Joseph, Die künstlichen Schädelverbildungen im allgemeinen und zwei künstlich verbildete makrozephale Schädel aus Ungarn. Sowie ein Schädel aus der Barbarenzeit Ungarns. Bp.: Universitätsdruckerei 1878. VIII, 138 p. (Dass. franz.)

Lenhossék, J., Die Ausgrabungen zu Szeged Öthalom in Ungarn. Bd. 1—2. Wien 1882—1886. [Ungar.-deutsch.]

Lóczy, L., Die liszkovaer Höhle im Baráthegy (Liptauer Komitat). — Eine vorgeschichtliche Höhlenwohnung und deren Überreste. Bp.: Kilián 1878. 55 p. 8 °.

Mestorf, J., Der internationale Anthropologen- und Archäologenkongreß in Budapest 8. (1876). Hamburg: Meißner 1876. 63 p. 8 °.

Miske, K. v., Hochhenklige Gefäße von Velem-St. Veit. Wien 1900. (Aus Mitt. d. Anthrop. Ges. in Wien.)

Radimszky, V., Die prähistorischen Fundstätten, ihre Erforschung und Behandlung mit besonderer Rücksicht auf Bosnien und die Herzegowina sowie auf das österreichisch-ungarische Fundgebiet. Sarajevo 1891. 8 °.

Rhé, Julius, Archäologische Spuren aus der Urzeit und dem Altertum bei Veszprém. Wien: Hölzel 1906. 34 p. 8 °. (Resultate d. wiss. Erforschung d. Balatonsees, Bd. 3, 1. T., 1. Sektion.)

Steinburg, M., Ein Schädelfund von Székely-Udvarhely und Mitteilungen über einige andere Schädel. Schäßburg 1875. 32 p. (Gymnasialprogramm).

Török, A., Der paläolitische Fund von Miskolcz und die Frage des diluvialen Menschen in Ungarn. Bp. 1893. 8 °.

Undset, Ingwald, Terramaren in Ungarn. Wien: Hölder 1889. 9 p. mit Abb. 4 °.

Voss, A., Siebenbürgische und bosnische Funde (Tordosa-Butnur). Bln. (1895. 8 °. (Aus Verh. d. Berl. Anthropol. Ges.)

Weisbach, Augustin, Einige Gräberschädel aus Ungarn. Wien 1899. (S.-A. a. Mitt. d. Anthropolog. Ges. Wien.)

D. Hydrographie.

I Flüsse.

Fritsch, Karl, Die Eisverhältnisse der Donau in Österreich ob- und unter der Enns und Ungarn in d. J. 1851/52 bis 1860/62. Wien: Gerold 1864. 124 p. 4 °. (Aus: Denkschrift der kgl. Akad. d. Wiss.)

Gonda, Béla, Die ungarische Donau. Wien: Hof- und Staatsdr. 1894. 4 °.

Hobohm, H., Flußkarte für die Projektierung der Ent- und Bewässerung der March und Thayagebiete. Wien 1877. p. 7. pl. 1. 1 Karte.

Lauda, E., M. Bolla [etc.], Über die einheitliche Pflege der Hydrographie der Verbandsländer. H. 1—3. Bln.: Troschel 1897—1899. (Deutsch-österr.-ungar. Verband f. Binnenschiffahrt. Verbandsschriften 48.)

Lorenz-Liburnau, Jos. v., Die Donau, ihre Strömungen und Ablagerungen. Wien: Gerold 1890. 124 p. 8 °.

Mémoire sur la partie du Danube qui s'étend des frontières occidentales de la Hongrie jusqu' à son entrée en Roumanie. Bp. 1873. 15 p. 4 °.

Ortvay, Theodor, Zur Frage der Wasserabnahme in Ungarn. Eine hydrohistorische Studie. Preßburg: Stampfel 1883. 48 p. 8 °.

Pacher, A. v., Die Eisbildung in der Donau. Wien: Gerold 1886. 60 p. 8 °.

Paton, A. A., Researches on the Danube and the Adriatic. Bd. 1—2. Lpzg. 1861. 8 °.

Péch, Joseph, Die hydrographische Sektion, ihre Entstehung, Aufgabe und die Ergebnisse ihrer bisherigen Tätigkeit. Bp. 1897.

Péch, Joseph, Le service national hydrométrique en Hongrie. Bp.: Pátria 1900. Nouv. éd. Ibid. 1903. 12 p. 8 °.

Penck, Albrecht, Die Donau. Wien: Hölzel 1891. 101 p. 8 °. (Vortr. d. Vereins gemeinnütziger Kenntnisse in Wien.)

Peters, K. F., Die Donau und ihr Gebiet eine geologische Skizze. Lpzg.: Brockhaus 1876. VIII, 375 p. (Intern. wiss. Bibliothek.)

Sueß, E., Über den Lauf der Donau. Wien 1863. 8 °. (Österr. Revue, Bd. 4.)

Szilágyi, Balthasar de, Nivellements de haute précision de 1890 à 1895 de la section hydrographique de la Direction nat. du service des eaux. Bp.: Pátria 1900. (Dir. nat. du service des eaux en Hongrie 3.) 2. ed. Ibid. 1903. 39 p. 8 °.

Vatermann van, Oro- und hydrographische Studien im Theisstal. Fünfkirchen 1890.

Vujević, Paul, Die Theiß. Eine potamologische Studie. Lpzg.: Teubner 1906. 76 p. 3 Tab. 4 °. (Geographische Abhandl. Bd. 7. H. 4.)

Wasserhöhe der Donau bei Wien und Budapest und die Höhe des Grundwassers in vier im Weichbilde der Stadt Wien und in drei im Weichbilde der Stadt Budapest befindlichen Beobachtungsstationen in den Jahren 1876 bis 1882. Wien 1883.

II Seen.

Buchwald, Stef. v., Die Plitwizer Seen und ihr Vorland. Fiume: Reinhard 1896. 67 p.

Jordán, Karl, Die Vermessung des Grundes des Hévvízsees. Wien: Hölzel 1909. 4 p. 4 °.

Kalecsinszky, A. v., Über die ungarischen warmen und heißen Kochsalzseen als natürliche Wärmeakkumulatoren sowie über die Herstellung von warmen Salzseen und Wärmeakkumulatoren. Bp. 1901. 25 p. 8 °.

Kormos, Th., Zur Kenntnis der geologischen und faunistischen Verhältnisse des Nagyberekmoores im Komitat Somogy. Wien: Hölzel 1911. 16 p. (Resultate der wiss. Erforschung des Balatonsees, Bd. 1.)

Kurzer Abriß der Geschichte des Neusiedler Sees und seine Zukunft. Neusiedl: Horváth 1903. 12 p. 8 °.

[Plitwitzer Seen] Plitvička jezera i njihova okolina. Agram: Serb. Druckerei 1899. 180 p.

Posewitz, T., Der Diluvialsee im iglóer Talbecken. Ein kleiner Beitrag zur Tal- und Seebildung. Bp. 1878. 8°. (Geolog. Mitt, Bd. 8.)

Roth, L., Der Illyésteich bei Szováta und seine Umgebung von geologischem Gesichtspunkte. Bp. 1899. 8°. (Geolog. Mitt., Bd. 29.)

Rózsa, Michael, Neuere Daten zur Kenntnis der warmen Salzseen. (Ber. ü. d. physikal. u. chem. Unters. d. Erwärmungsprozesses d. Siebenbürger Salzseen.) Bln.: Friedländer 1911. 32 p. 8°.

Schafarzik, F., Über die geologischen, hydrographischen und einige physikalische Verhältnisse der durch Insolation erwärmten Salzseen, insbesondere des heißen Medve-tó-Sees bei Szováta. Bp. 1908. 8°. (Geolog. Mitt., Bd. 38.)

Szontagh, T., Geologisches Studium des Fertősees. Bp. 1904. 8°. (Jahresber. d. kgl. ungar. geolog. R.-Anst. f. 1902.)

Weszelszky, Julius, Chemische Untersuchungen der Produkte des Hévvízsees bei Keszthely. Wien: Hölzel 1911. 31 p. (Resultate der wiss. Erforschung des Balatonsees, Bd. 1. VI. T. Anhang.)

Plattensee.

(S. auch unter Geologie, Paläontologie usw.)

Lóczy, Ludw. v., Spezialkarte des Balatonsees und seiner Umgebung. Wien: Hölzel 1903. 4 p. (Resultate der wiss. Erforschung des Balatonsees.)

Sziklay, Jul. v., Bibliographie des Balatonsees. Wien: Hölzel 1906. 66 p. 8°. (Resultate der wiss. Erforschung des Balatonsees, 3. Bd. 5. T.)

Cholnoky, Eugen v., Hydrographie des Balatonsees. Wien: Hölzel 1920. 353 p. 7 Taf. (Resultate der wiss. Erforschung des Balatonsees, 1. Bd., 2. Tl.)

Cholnoky, Eugen v., Limnologie des Plattensees. Wien: Hölzel 1897. 118 p. (Resultate der wiss. Erforschung des Balatonsees, 1. Bd., 3. Tl.)

Cholnoky, Eugen v., Die Farbenerscheinungen des Balatonsees. Wien: Hölzel 1906. 68 p. 4°. (Resultate der wiss. Erforschung des Balatonsees, 1. Bd., 5. Tl., 2. Sektion.)

Cholnoky, Eugen v., Das Eis des Balaton. Wien: Hölzel 1909. 113 p. (Resultate der wiss. Erforschung des Balatonsees, 1. Bd., 5. Tl., 4. Sektion.)

Emsz, Koloman, Die chemische Zusammensetzung des Schlammes und des Untergrundes vom Balatonseeboden. Wien: Hölzel 1911. 17 p. (Resultate der wiss. Erforschung des Balatonsees, 1. Bd.)

Entz, Géza, Beiträge zur Kenntnis des Planktons des Balatonsees. Wien: Hölzel 1906. 36 p. (Resultate der wiss. Erforschung des Balatonsees, 2. Bd., 1. Tl., 1. Sektion [Anhang].)

Eötvös, Roland Baron, Die Niveauflächen und die Gradienten der Schwerkraft am Balatonsee. Wien: Hölzel 1908. 63 p. (Resultate der wiss. Erforschung des Balatonsees, 1. Bd.)

Harkányi, Adalbert Baron v., Die Reflexionserscheinungen an bewegten Wasserflächen. Wien: Hölzel 1906. 21 p. (Resultate der wiss. Erforschung des Balatonsees, 1. Bd., 5.Tl., 3. Sektion.)

Ilosvay, Ludwig, Chemische Eigenschaften des Wassers des Balatonsees. Wien: Hölzel 1898. 27 p. (Resultate der wiss. Erforschung des Balatonsees, 1. Bd., 6. Tl.)

Melczer, Gustav, Über die Sande des Balatonbodens. Wien: Hölzel 1911. 2 p. (Resultate der wiss. Erforschung des Balatonsees, 1. Bd.)

Rigler, Gustav, Beiträge zur Kenntnis der Grundwässer im Ufergebiete des Balatonsees. Wien: Hölzel 1911. 32 p. (Resultate der wiss. Erforschung des Balatonsese, 1. Bd., 2. Tl. [Anhang].)

Sáringer, Johann, Temperaturverhältnisse des Balatonwassers. Wien: Hölzel 1901. 54 p. (Resultate der wiss. Erforschung des Balatonsees, 1. Bd., 5. Tl., 1. Sektion.)

Treitz, Peter, Der Grund des Balatonsees, seine mechanische und chemische Zusammensetzung. Wien: Hölzel 1911. 21 p. (Resultate der wiss. Erforschung des Balatonsees, 1. Bd.)

III Quell- und Trinkwasser.

Berdenich, Jul., Die Wasserversorgung von Budapest. Wien 1893. 4°. (Zeitschr. d. österr. Ing.- u. Archit.-Ver. 1893, Nr. 19—20.)

Jaczewski, Leonard, Kritische Übersicht der Materialien zur Erforschung der physikalisch-chemischen Natur der Wasserquellen. Bp. 1911. 1 bis 54 p. 8°. (Mitt. a. d. Jb. d. kgl. ungar. geolog. R.-Anst., 19. Bd., 1. H.)

Tóth, Julius, Chemische Analyse der Trinkwässer Ungarns. Bp. 1911. 336 p. 8°. (Publikationen der ungar. geolog. R.-Anst.)

Tschebull, Anton, Quellwasser für Budapest. Eine geognostisch-bergmännische Studie. Wien: Raunecker 1890. 27 p. 8⁰.

Wein, J., Die Wasserversorgung der Hauptstadt Budapest. Bp. 1883.

Wohlrath, Joseph, Das Trinkwasser der königlich ungarischen Freistadt Zombor. Nach den Untersuchungen vom J. 1884—85. Zombor: Bittermann 1885. 39 p. 8⁰.

IV Meer.

Gareis, Anton, Geschichtliche Darstellung und Entwicklung des k. und k. hydrographischen Amtes. Pola 1897. p. 25.

Leidenfrost, G., L'Ungheria e le ricerche marittime nel litorale ungarico. Roma 1913.

Pola. Hydrographisches Amt der k. k. Kriegsmarine. Veröffentlich. Nr. 1—29. Wien: Gerold 1881—1910.

E. Meteorologie und Klimatologie.

I Allgemeines.

Denza, F. P., La Meteorologia e la fisica terrestre al III. Congresso Geographico Internationale di Venezia. Roma 1882. 31 p.

Fenyves, Fr., L'histoire courte de la météorologie en Hongrie. Paris: Savaeve 1907. 62 p.

Friesenhof, Gregor Frhr. v., Das Agrarmeteorologische Observatorium des Neutrataler landwirtschaftlichen Vereines zu Alt-Krásno in Ungarn. 24 p.

Friesenhof, Gregor Frhr. v., Jahresbericht des meteorologischen Observatoriums zu Nedanócz des Neutrataler landwirtschaftlichen Vereines 1876 bis 1880. (Monatsberichte 1886—1901.)

Friesenhof, Gregor Frhr. v., „Der Laubfrosch", herausgegeben vom agrarmeteorologischen Observatorium des Neutrataler landwirtschaftlichen Vereines 1887—1902. Neutra.

Friesenhof, Gregor Frhr. v., Beweisdokumente für die Richtigkeit der Fluttkrafttheorie, so wie sie durch das agrarmeteorologische Observatorium des Neutrataler landwirtschaftlichen Vereines vertreten und verfochten wird. Nedanócz 1887. 52 p.

Gründung eines meteorologischen Zentralinstitutes für das Königreich Ungarn. Wien 1868. 15 p.

Hellmann, Gustav, Die Organisation des meteorologischen Dienstes in den Hauptstaaten Europas. Bln. 1878.

Istvánffi, Jules et François Sávoly, Recherches sur les rapports entre le temps et le mildiou en Hongrie. (Comptes rendus des traveaux du Congrès à Montpellier 1911.)

Konkoly, Thege Nikolaus v., Die königlich ungarische Reichsanstalt für Meteorologie und Erdmagnetismus in Budapest und das königlich ungarische meteorologische und physikalische Observatorium in Ó-Gyalla. Bp. 1898. (Publ. d. kgl. ungar. R.-Anst. f. Meteorologie und Erdmagnetismus, Bd. 1.)

Ó-Gyalla. Ungarisches meteorologisch-magnetisches Observatorium. Beobachtungen. 1894—1905.

Ungarn. Reichsanstalt für Meteorologie und Erdmagnetismus. Jahrbücher der dem kgl. ungar. Ackerbauminister unterstehenden kgl. ungar. Reichsanstalt für Meteorologie und Erdmagnetismus. Jg. 1—44 (1871—1922). Bp. (Die Jg. 26—30 bestehen aus 3 Teilen, die Jg. 31—44 aus 4 Teilen. Von 1916 an in einem Band.)

Ungarn. Reichsanstalt für Meteorologie und Erdmagnetismus. Bericht über die Tätigkeit der kgl. ungar. Reichsanstalt für Meteorologie und Erdmagnetismus und des Observatoriums in Ógyalla. 1901—1909. Bp.: Pester Buchdruckerei A. G.

Chavanne, Josef, Beiträge zur Klimatologie von Österreich-Ungarn. Wien 1872. 76 p.

Fiume. Marine-Akademie. Meteorologische Beobachtungen an der k. u. k. Marine-Akademie im Jahre 1891—1918. Fiume 1891/7.

Gothard, Eugen v., Meteorologische Beobachtungen an dem astrophysikalischen Observatorium zu Herény (Ungarn). 1900. Bp.: Druck. Heisler 1902. 7 p.

Gottschling, Adolf, Übersicht der Witterungserscheinungen in Hermannstadt. 1887—1891. Kronstadt 1892.

Hegyfoky, Kabos, Die meteorologischen Verhältnisse des Monats Mai in Ungarn. Bp.: Naturwissenschaftliche Ges. 1886. 204 p. 4⁰. [Ungarisch-deutsch.]

Hellwig, Wilhelm, Die Witterungsverhältnisse von Sächsisch-Regen in den Jahren 1868—1877. Sächsisch-Regen 1883. 19 p. (Gymnasialprogramm.)

Kisch, G. O., Beitrag zur Meteorologie und Klimatologie Siebenbürgens. Bistritz 1866. 3—38 p. (Gymnasialprogramm.)

Kolbenheyer, Karl, Beitrag zur Kenntnis der Klimatologie der Hohen Tátra. Bielitz 1883. 35 p.

Nalepa, August, Beiträge zur Klimatologie von Werschetz. Werschetz 1862. (Gymnasialprogramm.)

Neutrataler Landwirtschaftlicher Verein. Kontrolresultat des durch das agrarmeteorologische Observatorium d. Neutrataler landwirtschaftl. Vereins hrsg. Wetterkalenders für Ungarn für Febr., März, April 1884. Selbstverlag 1884. 8°.

Plivelić, St., Prilog klimatskim odnošajima grada Zemuna. — Beiträge zu den klimatischen Verhältnissen der Stadt Semlin. Semlin 1902.

Reißenberger, Ludwig, Die Witterungserscheinungen des Jahres 1870 in Siebenbürgen. Hermannstadt 1872. 90 p.

Reißenberger, Ludwig, Zur Höhenkunde von Siebenbürgen. Hermannstadt 1870. (Gymnasialprogramm.)

Réthly, Anton, Beiträge zur Kenntnis der meteorologischen Verhältnisse der ungar. forstlichen Versuchsstationen. Bp. 1914. 8°. (VII. Versamml. d. int. Verb. d. forstl. Versuchsanstalten in Ungarn. 1914.)

Réthly, Anton, Die meteorologischen Beobachtungen auf der Babjagúra im Jahre 1906. Jahrbuch. Bielitz 1907. 8°. 10 p.

Róna, Sigmund, Sur l'organisation du service méteorologique en Hongrie. Rome 1913. 8°. (Bull. mens. des Plantes.)

Róna, Sigmund, Das Klima von Ungarn. Braunschweig 1911. 27 p. (S.-A. aus: Meteorolog. Zeitschrift.)

Rothe, Carl, Die meteorologischen Verhältnisse zu Preßburg im Mittel aus 15 Jahren verglichen mit den Beobachtungen zu Wien. Ein Beitr. zur Kenntnis der Klimatologie von Ungarn. Wien: Braumüller 1866. 36 p. 2°.

Salzer, Hermann, Beiträge zur Kenntnis der klimatischen Verhältnisse von Hermannstadt und Schäßburg. Schäßburg: Jördens 1892. 45 p. 8°. (Gymnasialprogramm.)

Sáringer, Candid Johann, Die klimatologischen Verhältnisse der Umgebung des Balatonsees. Wien: Hölzel 1898. 130 p. 10 Taf. 4°. (Resultate der wiss. Erforschung des Balatonsees, 1. Bd., 4. Tl.)

Sávoly, François, Sur les conditions de l'apparition du mildiou en Hongrie. Bp. 1914. 8°. (Ann. de l'Institut Central ampélologique roy. hongr. Tome V. 1914.)

II Temperatur.

Chavanne, Josef, Die Temperaturverhältnisse von Österreich-Ungarn, dargestellt durch Isothermen. Wien 1871. 55 p.

Hann, J., Über die monatlichen und jährlichen Temperaturschwankungen in Österreich-Ungarn. Wien: Gerold 1882. 73 p. 8°.

Jelinek, K(arl), Über den jährlichen Gang der Temperatur und des Luftdruckes in Österreich und an einigen benachbarten Stationen. Wien 1866.

Jelinek, K(arl), Über den jährlichen Gang der Temperatur zu Klagenfurt, Triest und Árvaváralja. Wien 1870. p. 39.

Margules, Max, Temperaturmittel aus den Jahren 1851—1885 und das dreißigjährige Mittel 1851—1885. für 120 Stationen in Ostschlesien, Galizien, Bukowina, Ober-Ungarn und Siebenbürgen. Wien 1886. 18 p.

Reißenberger, Ludw., Zur Bestimmung des täglichen Ganges der Luftwärme und des Luftdruckes in Hermannstadt. Hermannstadt 1862. 37 p. (Gymnasialprogramm.)

Róna, Sigmund, Der jährliche Gang der Temperatur in Ungarn. Bp.: Reichsanstalt für Meteorologie 1900. 132 p. (Publikationen der ungar. Reichsanstalt f. Meteorologie, Bd. 3.) [Ungarisch-deutsch.]

Róna, Sigmund, und Ludw. Frauenhoffer, Die Temperaturverhältnisse von Ungarn. Bp.: Reichsanstalt für Meteorologie 1904. 155 p. (Publikationen der ungar. Reichsanstalt f. Meteorologie, Bd. 6.) [Ungarisch-deutsch.]

Rothe, Carl, Die Wärmeverhältnisse zu Oberschützen verglichen mit Wien und Graz. Wien: Braumüller 1866. 15 p.

III Niederschläge.

Bogdánfy, Edmund, Niederschlagsverhältnisse und Regenkarten der Balatongegend (1882—91). Wien: Hölzel 1899. 15 p. 18 Taf. (Resultate der wiss. Erforschung des Belatonsees, I. Bd., 4. Tl. 2. Sektion.)

Friesenhof, Gregor Frhr. v., Die Niederschlagsverhältnisse des Neutratales. Nedanócz o. J. 17 p.

Grissinger, Karl, Die Regenverteilung der Zentralkarpathen von 1871—1885. Wien 1885. 32 p.

Hann, Jul., Untersuchungen über die Regenverhältnisse von Österreich-Ungarn. H. 1—2. Wien: Gerold 1879. 8 °. (S.-A. aus Sitz.-Ber. der k. Akademie der Wissenschaften.)

Hegyfoky, Kabos, Regenangaben aus Ungarn für den Zeitraum 1851—1870. (Ergänzung zum Werke: „Die jährliche Periode der Niederschläge in Ungarn.") Bp.: Reichsanstalt für Meteorologie 1909. 54 p. 8 °. (S.-A. aus dem Jahrbuch der ungar. Reichsanstalt für Meteorologie.) [Ungarisch-deutsch.]

Hegyfoky, Kabos, Die jährliche Periode der Niederschläge in Ungarn. Bp.: Reichsanstalt für Meteorologie 1909. 129 p. 4 °. (Publikationen der ungar. Reichsanstalt für Meteorologie 8.) [Ungarisch-deutsch.]

Héjas, Andreas, und A. Réthly, Die Häufigkeit der Niederschläge in Ungarn. Nach 15jähr. Beobachtungen (1886—1900) von 20 Stationen. Bp. 1908. 4 °.

Héjas, Andreas, Die Verteilung des Niederschlages in Ungarn im J. 1904. Bp.: Reichsanstalt für Meteorologie 1907. (S.-A. aus dem Jahrbuche der ungar. Reichsanstalt für Meteorologie.) [Ungarisch-deutsch.]

Héjas, Andreas, Die durchschnittliche Verteilung der Jahresmengen des Niederschlages in Ungarn auf Grund zehnjähriger (1901—1910) Beobachtungen. Bp.: Reichsanstalt für Meteorologie 1913. 27 p. (Publikationen der ungar. Reichsanstalt für Meteorologie 10.) [Ungarisch-deutsch.]

Héjas, Andreas, Die Niederschlagsverhältnisse im Tiszatal. Bp.: Reichsanstalt für Meteorologie 1909. 31 p. (S.-A. aus dem Jahrbuch der ungar. Reichsanstalt für Meteorologie.) [Ungarisch-deutsch.]

Kronich, Leonhard, Hagelfälle und Hagelschaden in Ungarn 1896—1903. Bp.: Pester Buchdr. 1904. 49 p. [Ungarisch-deutsch.]

Opažanja, oborina i vodostaja ŭ Kraljevinama Hrvatkoj i Slavoniji godine 1895. (Beobachtungen über Regen- und Wasserstand in Kroatien und Slavonien im J. 1895.) Agram 1895.

Raum, Oskar, Die Regenverhältnisse der kleinen und großen ungarischen Tiefebene (1871—1900). Bp. 1901. 4 °. (S.-A. aus: Jahrbücher d. ungar. meteorolog. R.-Anstalt.)

Sávoly, Franz, Der Wolkenbruch in Krasso am 13. Juni 1910. Bp. 1912. 4 °. (S.-A. aus: Jahrb. d. ungar. meteorol. R.-Anst.)

Schenzl, Guido, Über die Niederschlagsverhältnisse in den Ländern der ungar. Krone. Bp. 1885. 3 Sp. Mit einer Regenkarte. 4 °.

Technisches Militärkomitee, III. Sektion. Monatliche Übersichten der Ergebnisse von hydrometrischen Beobachtungen in 49 Stationen der österr.-ungar. Monarchie, dann in 5 Stationen des Okkupationsgebietes. Jg. 1—25. Wien. 1897—1900.

IV Gewitter.

Budapest. Ungar. Reichsanstalt für Meteorologie und Erdmagnetismus. Rapport sur les orages en Hongrie de 1903 —1904. Guide pour les stations météorologiques pourvues d'appareils enregistreur d'orage. Bp. 1903—4.

Héjas, Andreas, Die Gewitter in Ungarn. Nach den Beobachtungen von den J. 1871—1895. Bp.: Ungar. naturwiss. Ges. 1898. 175 p. und XXIII Taf. [Ungarisch-deutsch.]

Héjas, Andreas, Jahresgang der Gewitter in Ungarn auf Grund zehnjähriger Beobachtungen (1896—1905). Braunschweig 1909. 7 p. (S.-A. aus Meteorologische Zeitschrift.)

Héjas, Andreas, Az 1898 junius 27, 28 és 29-iki jég zivatarok. — Das Hagelwetter vom 27., 28 und 29. Juni 1898. Bp. 1901. 4 °.

Jelinek, C[arl], Über die jährliche Verteilung der Gewitterlage nach den Beobachtungen an den meteorologischen Stationen in Österreich und Ungarn. Wien 1870. 9 p.

Raum, Oskar, 15jährige Ergebnisse der Gewitterbeobachtungen in Ungarn aus dem Zeitraum 1896—1910. Bp. 1914. 4 °. (S.-A. aus: Jahrb. d. Ung. Meteorolog. R.-Anst.)

Steiner, L., Über die Häufigkeit der Gewitter in Zusammenhang mit dem Wechsel der Mondphasen. (Abrégé der „Földrajzi Közlemények" Bd. 34. H. 1.) 10 p.

Szalay, Ladislaus v., Die Blitzschläge in Ungarn i. d. J. 1890/1900. Bp.: Reichsanstalt für Meteorologie 1901. 128 p. (Publikationen der ungar. Reichsanstalt für Meteorologie, Bd. 4.) [Ungarisch-deutsch.]

Szalay, Ladislaus v., Neuere Daten zur Statistik der Blitzschläge in Ungarn. Bp.: Toldi 1905. 30 p. 1 Taf. 4°. (S.-A. aus Jahrbuch der ungar. Reichsanstalt für Meteorologie und Erdmagnetismus.)

Karvázy, Sigmund, Wolkenbeobachtungen in Ó-Gyalla im J. 1898. Bp.: Meteorologisches Institut 1900. 68 p. und 12 Graphikone. (Publikationen der ungar. Reichsanstalt für Meteorologie 2.) [Ungarisch-deutsch.]

Konkoly, Thege Nikolaus, Die Methoden und Mittel der Wolkenhöhenmessungen. o. O. J.

V Wind.

Hegyfoky, Kabos, Über die Windrichtung in den Ländern der ungarischen Krone, nebst einem Anhang über Barometerstand und Regen. Bp. 1886. IV, 200 p.

Hegyfoky, Kabos, Über Berg- und Talwinde 1906. (S.-A. aus: Hann-Band d. Meteorolog. Zeitschr.)

Hegyfoky, Kabos, Über die Windrichtung in den Ländern der ungarischen Krone, nebst einem Anhang über Barometerstand und Regen. Bp.: Kilián 1894. IV, 173 p. 5 Kt.

Róna, S., Die südungarische Kossava. 1906. (S.-A. aus d. Hann-Band der Meteorologischen Zeitschrift.)

Róna, Sigm., Die Luftdruckverhältnisse Ungarns. Bp.: Ungar. naturwiss. Ges. 1897. IV, 204 p.

VI Aerologie.

Marcell, Georg, Ergebnisse der aerologischen Beobachtungen in Budapest. Bp. 1918. 4°. (Teil III. [1913] der Jahrb. d. Ungar. Meteorolog. R.-Anst.)

F. Seismologie.

Boué, A., Über die Erdbeben v. 1864 in der Mitte Ungarns. (Akad. Sitzungsberichte. Math. Naturwiss. Kl. Bd. 58. H. 2.) Wien 1868.

Bulletin hebdomadaire des observatoires sismiques de la Hongrie 1911. Bp.: Observatoire sismique de la Hongrie.

Kövesligethy, R. de, Rapport annuel sur les observatoires sismiques des Pays de la Sainte Couronne de Hongrie. 1906–1919. Bp. 1907–1920.

Kövesligethy, R. v., Vorweisung des ungar. Erdbebenkatalogs. Lpzg. 1902. 2 p. (S.-A. aus: Verh. d. ersten internat. seismolog. Konferenz.)

Lajos, Franz, Das Erdbeben in Südungarn vom 2. April 1901. Bp. 1902. (S.-A. aus Földtani Közlöny.)

Pilar, G., Grundzüge der Abyssodynamik, zugleich ein Beitrag zu der durch das Agramer Erdbeben vom 9. November 1880 neu angeregten Erdbebenfrage. Agram 1881. 8⁰.

Réthly, Antal, Das Erdbeben von Mór am 14. Januar 1810. Bp.

Réthly, Anton, Az 1894—1895, 1896—1899 években Magyarországon észlelt földrengések. — Die in den Jahren 1894 bis 1895, 1896—1899 in Ungarn beobachteten Erdbeben. Bp. 1914/1915. 8⁰.

Réthly, Anton, Erdbebenbeobachtungen im Königreiche Ungarn. 1903–1911. Bp.: Ungar. Meteorolog. Reichsanst. 1904–1912. [Ungar.-deutsch.]

Réthly, Anton, Az 1900–1902, 1903, 1904, 1905, 1906, 1907 évi magyarországi földrengések. Die Erdbeben in Ungarn im J. 1900—1902, 1903, 1904, 1905, 1906, 1907. Bp.: Toldi 1906—1908. 8⁰.

Réthly, Anton, Die Elemente des Kecskeméter Erdbebens. (S.-A. aus Ungar. Geographische Mitteil. XXXIX.) Bp. 1911.

Réthly, Anton, Die Erdbebenkarte Ungarns. Lpz., Bln. 1914. 8⁰. (S.-A. Gerlands Beiträge zur Geophysik XIII.)

Schafarzik, F., Die Erdbeben in Ungarn. (Ber. der ersten internat. seismol. Konferenz.) Bp. 1902.

Schafarzik, Franz, Bericht über die ungar. Erdbeben in den J. 1885 und 1886. Bp. 1889. 26 p. (Geolog. Mitt.)

Service Sismologique de Hongrie. Bulletin macrosismique 1911—1913. Année VI—VIII. Bp.

Ungarn. Reichsanstalt für Meteorologie. Avis macrosismique de Hongrie 1906—1910. Année I–V. Bp.

Vargha, Z. v., Sur la profendeur du foyer et le coefficient d'absorption du tremblement de terre observé à Jókő le 10 janvier 1906. Modena: Societá Tipografica 1907. 6 p. 8⁰.

G. Geodäsie.

Die astronomisch-geodätischen Arbeiten des k. k. militär-geogr. Institutes in Wien. Wien seit 1906.

Emericzy, Eugen, Meine barometrischen Höhenmessungen im Gömörer Grantale und Puszta-Poloer Hochlande. Leutschau 1881. 41 p.

Eötvös, Roland Baron, Über geodetische Arbeiten in Ungarn, besonders über Beobachtungen mit der Drehwage. Bericht an die 12. allgem. Konferenz der internat. Erdmessung. Bp. 1909.

Eötvös, Roland Baron, Über geod. Arbeiten in Ungarn. Budapest 1909. 42 p. 4⁰. (Mit einem Anhang von K. Oltay.)

Eötvös, Roland Baron, Sur les travaux geodésiques executés en Hongrie. (Avec appendice par Ch. Oltay.) Bp. 1909. 40 p. 4⁰.

Eötvös, Roland Baron, Bericht über geod. Arbeit in Ungarn. Leiden 1910. 38 p. 4⁰. (Mit einem Anhang von K. Oltay.)

Die Ergebnisse des Präzisions-Nivellement in der österr.-ungar. Monarchie. Teil I—IV. Wien: Lechner 1896—1899.

Die Ergebnisse der Triangulierungen des k. u. k. militär-geogr. Inst. im östl. Teil der Monarchie. T. 1—2. Wien: Militärgeograph. Institut 1901 bis 1902.

Längenunterschiedmessungen Budapest—Wien—Krakau—Budapest und Budapest—Pola. Wien: Militär-geograph. Institut 1899. VI, 227 p.

Lehrl, Franz, Das Präzisionsnivellement in der österreichisch-ungarischen Monarchie. Wien: Lechner 1900. 28 p. 8⁰. (S.-A. aus Mitt. d. k. k. militär-geograph. Instituts.)

Thümen, F., Hypsometrie von Siebenbürgen. Ein systematisches Verzeichnis sämtlicher Höhenmessungen. Hermannstadt 1868. 63 p. 8⁰.

Trigonometrische Arbeiten: Die Netzausgleichungen im östlichen Teile der Monarchie. Wien: Lechner 1902. X, 279 p.

Urlinger, Paul, 20,000 Höhenbestimmungen der bekannteren Berge und Orte in der ganzen österreichisch-ungarischen Monarchie. Krems (Wien: Mayer) 1873. VII, 459 p. 8⁰.

H. Astronomie.

Braun, Carl, Berichte von dem Haynaldschen Oberservatorium zu Kalocsa in Ungarn. Über die daselbst in den ersten fünf Jahren ausgeführten Arbeiten. Münster i. W.: Aschendorf 1886. 178 p. 4⁰.

Budapest Polytechnikum. Mitteilungen vom Observatorium des kgl. Polytechnikum in Budapest. Herausg. von Josef Bártfay. 1887. 45 p. 8⁰.

Gothard, Eugen, Publikationen des Astrophysikalischen Observatoriums zu Herény in Ungarn. Herény 1884. 104 p.

Kövesligethy, R. v., Beschreibung der Sternwarte in Kis-Kartal. Lpzg. 1887. (S.-A. aus: Sirius, Bd. XX.)

Kövesligethy, R. v., Neues Spektralphotometer der Sternwarte in Kis-Kartal. Halle 1890. 5 p. (S.-A. aus-Konkoly, N. v., Handbuch für Spektroskop. Rev.)

Nießl, G., Über die astronomischen Verhältnisse bei dem Meteoritenfalle von Mócs in Siebenbürgen am 3. Februar 1882. Brünn 1884. 11 p.

Koch, A., Bericht über den am 3. Februar l. J. stattgefundenen Meteorsteinfall von Mócs in Siebenbürgen. Wien: (Gerold) 1882. 17 p. 8⁰. (Aus Sitz.-Ber. der k. Akad. der Wiss.)

Schrader, Carl, Verzeichnis der unter mittleren nördlichen Breiten sichtbaren Sterne 1. bis 5. Größe (Aqu. 1880. 0). Zum Einzeichnen in die Ó-Gyallaer Kartennetze. Ó-Gyalla 1877. 20 p.

Semsey, Andr., Die Meteoritensammlung des ungarischen Nationalmuseums in Budapest. Bp.: Athenaeum 1886. 14 p. 8⁰.

Stefanescu, Grigoriu, Consideraţii geologice asupra Abiei, Dâmboviţei şi meteoritului de la Moci in Transilvania. Bucureşti: Româna Akademia 1883. 14 p. (Geolog. Betrachtungen über A., D. und den Meteoriten von Mócs.) [Rumänisch.]

I. Erdmagnetismus.

Eötvös, Roland v., Die Niveaufläche des Balaton und die Änderungen der Schwerkraft. Wien: Hölzel 1908. (Resultate der wiss. Erforsch. des Balatonsees Bd. 1.)

Kreil, Karl, Magnetische und geographische Ortsbestimmungen im südöstlichen Europa und einigen Küstenpunkten Asiens. Wien 1862. (Denkschriften d. math.-naturwiss. Kl. d. Akad. d. Wiss. Wien. Bd. XX.)

Kailer, Karl, Erdmagnetische Reisebeobachtungen, ausgeführt während der Reise S. M. Schiffes „Aurora", 1895/1896. Süd- und ostasiatische Küsten. Pola 1897.

Kurländer, Ignatz, Erdmagnetische Messungen in den Ländern der ungarischen Krone in den Jahren 1892 bis 1894. Bp.: Naturwiss. Ges. 1896. 68 p. III Taf. [Ungarisch-deutsch.]

Liznar, J., Die Verteilung der erdmagnetischen Kraft in Österreich-Ungarn zur Epoche 1890. Nach den in den Jahren 1889 bis 1894 ausgeführten Messungen, 1895. 232 p.

Oltay, Karl, Relative Bestimmung der Schwerkraft in Budapest. Bp. 1917. 132 p. 8 °.

Posepny, F., Die magnetische Deklination und die Isogonen im Bereiche der österreichisch-ungarischen Monarchie und der angrenzenden Gebiete. Wien 1878. 8 °. (Berg- u. Hüttenmänn. Jb., Bd. 26.)

Schenzl, Guido, Magnetische Ortsbestimmungen im Königreiche Ungarn. Bp. (Wien) 1865. 26 p. (Gymnasialprogramm des II. Bez.)

Schenzl, Guido, Beiträge zur Kenntnis der erdmagnetischen Verhältnisse in den Ländern der ungarischen Krone. Bp.: Kgl. ungar. naturwiss. Ges. 1881. XII, 539 p. 4 °. [Ungarisch-deutsch.]

Steiner, L., Erdmagnetische Messungen in der Umgebung des Balatonsees, ausgeführt im Sommer 1901. Wien: Hölzel 1908. 29 p. (Resultate der wiss. Erforschung des Balatonsees, Bd. 1.)

Sterneck, Robert v., Untersuchungen über die Schwerkraft in der Umgebung des Balatonsees. Wien: Hölzel 1908. 30 p. (Resultate der wiss. Erforschung des Balatonsees, Bd. 1.)

K. Mineralogie und Petrographie.

Bielz, Ed. Alb., Die Gesteine Siebenbürgens, ihr Vorkommen und ihre Verwendung. Hermannstadt: Michaelis 1883. (S.-A. aus Jahrbuch des Siebenbürgischen Karpathenvereins 1883.) — 2. Aufl.: Die Gesteine Siebenbürgens, eine systematische Aufzählung der in diesem Lande vorkommenden Mineralien und Felsarten. Hermannstadt: Michaelis 1889. 82 p. 8°. (S.-A. aus Verhdl. u. Mitt. d. Siebenbürg. Vereins f. Naturwiss.)

Emszt, Koloman [usw.], Chemische Analysen einiger Gesteine, Wässer und eines Gases aus der Balatonseeumgebung von Koloman Emszt, B. v. Horváth [usw.]. Wien: Hölzel 1911. 17 p. (Resultate der wiss. Erforschung des Balatonsees, Bd. 1.)

Franzenau, A., Über den Calcit von „Kis Strázsahegy“ bei Esztergom. Lpzg. 1907. 8°. (Zeitschr. f. Krystallographie usw., Bd. 43.)

Franzenau, A., Über die Calcite aus Ungarn. Lpzg. 1909. 8°. (Zeitschr. f. Krystallographie usw., Bd. 46.)

Hutyák, V., Anglesit von Laurium und Utah. Bp. 1900. (S.-A. aus: Term. tud. füz. 23.)

Kalecsinszky, S., Bericht über die Wirksamkeit des chemischen Laboratoriums der kgl. ungar. geolog. R.-Anst. im J. 1885 und 1887. Bp. 1887—1889. (Jahresber. der kgl. ungar. geolog. R.-Anst. f. 1885 und 1887.)

Kalecsinszky, S., Mitteilungen aus dem chemischen Laboratorium der kgl. ungar. geolog. R.-Anst. für 1886 und 1887. Bp. 1888. 8°. (Jahresber. der kgl. ungar. geolog. R.-Anst. f. 1887.)

Kalecsinszky, S., Mitteilungen aus dem chemischen Laboratorium der kgl. ungar. geolog. R.-Anst. Bp. 1889 bis 1893. 8°. (Jahresber. der kgl. ungar. geolog. R.-Anst. f. 1887—1889, 1891.)

Kalecsinszky, S., Die quantitative chemische Analyse des Amphibols von Szarvaskő bei Erlau. Bp. 1883. 8°. (Geolog. Mitt., Bd. 13.)

Kalecsinszky, S., A magyar korona országainak megvizsgált tűzálló agyagjai. — Die untersuchten feuerfesten Tone der Länder der ungarischen Krone. — Essais des agiles réfractaires des pays de la couronne de Hongrie. Bp. 1896.

Kispatić, M., Rude u hrvatskoj. Die Minerale in Kroatien. Agram 1901. 8°. (Rad. jugosl. akad. znan. i. umjetn. Knjig. 147.) [Kroat.]

Kispatić, M., Über Serpentine und serpentinähnliche Gesteine aus der Fruska-Gora (Syrmien). Bp. 1889. 8°. (Mitt. a. d. Jb. d. kgl. ungar. geolog. R.-Anst., Bd. 8.)

Koch, Ant., Mineralogisch-petrographische Notizen aus Siebenbürgen. Wien 1877. 8°. (Mineralog. Mitt., Jg. 1877.)

László, E. D., Magyarországi agyagok chemiai és mechanikai elemzése, tekintettel ipari alkamazhatóságukra. — Chemische und mechanische Analyse ungarländischer Tone. Bp. 1886. 8°.

Liffa, Aurel, Beiträge zur krystallographischen Kenntnis der ungarischen Pyrite. Bp. 1908. 8°. (Geolog. Mitt., Bd. 38.)

Ludwig, E., Kemičko iztraživanje alkaličko-muriatičke kiselic Apatovca u Hrvatskoj. — Chemische Untersuchung des alkalisch-muriatischen Säuerlings von Apatovac in Kroatien. Agram.

Rozlozsnik, P. und K. Emszt, Beiträge zur genaueren petrographischen und chemischen Kenntnis der Banatite des Komitates Krassó-Szörény. Bp. 1908. 8°. (Mitt. a. d. Jb. d. kgl. ungar. geolog. R.-Anst., Bd. 16.)

Schafarzik, F., Die Pyroxen-Andesite des Cserhát (3 Taf.). Bp. 1895. 8°. (Mitt. a. d. Jb. d. kgl. ungar. geolog. R.-Anst., Bd. 9.)

Schafarzik, F., Petrographische Beschreibung der älteren Eruptivgesteine sowie einiger Sedimente aus dem Bakonyer Waldgebirge. Wien: Hölzel 1911. 15 p.

Schlosser, J., Der alkalinische Säuerling Jamnica im Königreiche Kroatien. Agram 1868. 8°.

Sommerfeldt, Ernst, Petrographisch-chemische Untersuchungen an den Basalten des südlichen Bakony. Wien: Hölzel 1911. 20 p. (Resultate der wiss. Untersuchungen des Balaton, Bd. 1.)

Szabó, J., Urvölgyit. Kupferkalkhydrosulphat, ein neues Mineral von Herrengrund (Ungarn). Bp. 1879. 8°. (Liter. Ber. aus Ungarn, Bd. 3.)

Szabó, Josef: Die Trachyte der Umgebung von Tokaj. Bp. 1866.

Zepharovich, V. und F. Becke, Mineralogisches Lexikon für das Kaisertum. Österreich, Bd. 1—3. Wien 1859—93. (Auch über Ungarn.)

L. Biogeographie.

I Pflanzengeographie.

A. Algemeines.

Berdau, Felix: Flora Tatr, Piemin, i Beskidu zachodniego. Warszawa: Filipowicza 1890. IV, 827 p. 8⁰.

Borbás, Vincent: Geographia atque enumeratio plantarum comitatus Castriferrei in Hungariae. Szombathely: Soc. oeconomica Com. Castriferrei 1887. 395 p. 8⁰.

Borbás, Vincenz v., Die pflanzengeographischen Verhältnisse der Balatonseegegend. Deutsche Bearbeitung von J. Bernátsky. Wien: Hölzel 1907. 155 p. 3 Taf. (Resultate der wiss. Erforschung des Balatonsees, II. Bd., II. T., 2. Sektion.)

Brusina, S., Eine subtropische Oasis in Ungarn. Graz 1903. (Mitt. d. naturwiss. Ver. f. Steiermark, Jg. 1902.)

Degen, Arpad, Die Flora von Herkulesbad. Bp. :Pallas 1901. 29 p. 8⁰.

Entz, Géza, Beiträge zur Kenntnis des Planktons des Balatonsees. Wien: Hölzl 1906. 36 p. 4⁰. (Resultate der wiss. Erforschung des Balatonsees. Bd. 2. Teil 1. Anhang.)

Fekete, Ludwig und Tibor Blattny: Die Verbreitung der forstlich wichtigen Bäume und Sträucher im ungarischen Staate. Schemnitz: Joerges 1914. 8⁰.

Fritsch, Karl, Normaler Kalender der Fruchtreife für die Flora von Österreich-Ungarn. Wien 1870. 17 p.

Fuss, M., Flora Transilvaniae excursoria. Cibinii 1866. 864 p. 8⁰.

Fuss, Michael, Herbarium Normale Transilvanicum. Fasc. 1—11. Hermannstadt 1862—1872.

Hayek, August v., Die Pflanzendecke Österreich-Ungarns. Auf Grund fremder und eigener Forschungen, Bd. 1—2. Wien: Deuticke 1914—1916. 8⁰.

Holuby, Josef Ludwig, Flora des Trencsiner Komitats. Trencsén 1888. 146 p. 8⁰.

Istvánffi, J. de, Une visite au jardin botanique de l'université de Kolozsvár. 1900. 22 p. 8⁰.

Jurányi, Ludwig, Delectus seminum in horto botanico universitatis Budapestiensis Anno 1866. 1895. Bp. 1896.

Kanitz, August, Übersicht der pflanzengeographischen Verhältnisse Ungarns, Siebenbürgens, Dalmatiens, Kroatiens und Slavoniens. Regensburg 1867.

Kanitz, August, Plantae Romaniae hucusque cognitae, T. 1—3. Klausenburg 1879—81.

Kanitz, August, Sertum Florae territorii Nagy-Kőrösiensis. Viennae 1862. (Aus Verhandl. d. k. k. zoolog.-botan. Ges. in Wien.)

Kanitz, August, Geschichte der Botanik in Ungarn (Skizzen). Hannover 1863.

Kanitz, August, Versuch einer Geschichte der ungarischen Botanik. Halle 1865. (Linnaea 7. 1864—1865.)

Kanitz, August (Ed.), Pauli Kitaibeli additamenta ad floram Hungaricam. Halis Saxonum 1864. (Linnaea 16. 1863.)

Kanitz, August, Noch einmal über Josef von Lerchenfeld und dessen botanischen Nachlaß. Hermannstadt: 1884. (Aus: Ver. f. Naturwiss. zu Hermannstadt.)

Kanitz, August, Reliquiae Kitaibelianae e Manuscriptis Musei Nationalis Hungarici. Viennae 1862—63. (Aus Verhandl. d. zoolog.-bot. Ges.)

Kanitz, August, Reliquiae Grisebachianae Flora Europaea. Klausenburg 1882.

Kanitz, August, Bemerkungen über einige ungarische botanische Werke. Viennae 1862. (Aus Verhandl. d. zoolog.-bot. Ges.)

Kanitz, August, Collectiones plantarum e quibus herbarium Dris Ludovici Haynald cardinalis coaluit. Klausenburg 1884. (Magy. Növ. Lapok. 8.)

Kerner, Anton: Flora exsiccata Austro-Hungarica a museo botanico universitatis Vindobonensis edita. Fasc. 1—10. Vindobonae 1881—1913.

Kerner von Marilaun, Anton Josef, Schedae ad floram exsiccatam Austro-Hungaricam 1881—1913. I—X. Forts. v. Fritsch und Wettstein.

Kerner, Anton, Österreich - Ungarns Pflanzenwelt. (In: Die österr.-ungar. Monarchie in Wort und Bild. Übersichtsband.) p. 185—248.

Kerner von Marilaun, Anton Josef, Das Pflanzenleben der Donauländer. Innsbruck: Wagner 1863. XIII, 348 p. 8 °.

Kerner von Marilaun, Anton Josef, Die Vegetationsverhältnisse des mittleren und östlichen Ungarns und angrenzenden Siebenbürgens, Lfg. 1—2. Innsbruck: Wagner 1875—1876. 536 p. 8 °. (Aus Österr. Bot. Zeitschr.)

Kerner von Marilaun, Anton Josef, Die Vegetationsverhältnisse des Bihariagebirges. Innsbruck 1863.

Kerner von Marilaun, Anton Josef, Nachträge zu Nendtvichs Enumeratio plantarum territorii Quinque-Ecclesiensis. Wien 1863. (S.-A. aus Verhandl. d. zoolog.-bot. Ver.)

Kotula, Bol., Rozmieszezenie roślin naczyniowych w Tatrach. Kraków: Univ. Jagiellonski 1889—1890. 512 p. 8 °.

Lengyel, Géza, Die Flora der forstlichen Versuchsflächen bei Likavska. Schemnitz: Joerges 1915. 24 p. 8 °.

Lengyel, Géza, Die Flora der zur kgl. ungar. Försterschule in Vadászerdő gehörigen Reviere Vadászerdő, Bisztre und Hidasliget. Schemnitz: Joerges 1915. 48 p. 8 °.

Lengyel, Géza, Die Flora der Umgebung der kgl. ungar. Försterschule zu Királyhalom. Schemnitz: Joerges 1915. 26 p. 8 °.

Lengyel, Géza, Die Flora des Sturecz-passes. Selmecbánya 1915. 44 p.

Lutsch, A., Beitrag zu einem Kalender der Flora der nächsten Umgegend von Hermannstadt. Hermannstadt 1871. 3—35 p. (Gymnasialgrogramm.)

Neilreich, A., Die Vegetationsverhältnisse von Kroatien. Wien (Lpzg.: Brockhaus) 1868. XLI, 288 p. 8 °. — Nachträge dazu: Ebd. 1869.

Nyárady, Julius, Descriptio florae convallium in Tatrae Magnae montibus Menguszfalvensis, Omladékvölgyensis (Ruinensis) atque in lateribus Hungaricis clivi Vadorzóensis. Késmárk. (Bürgerschulprogramm 1909/1910.)

Pax, F., Grundzüge der Pflanzenverbreitung in den Karpathen. Lpzg.: Engelmann Bd. 1. 1898. 269 p. Bd. 2. 1908. 321 p

Pill, Karl, Das Leithagebirge und seine Flora. Eisenstadt. 88 p. 8 °.

Pill, Karl, Die Flora des Leithagebirges und am Neusiedlersee. 2. Aufl. Graz 1916.

Richter, Aladár, Die Umwandlung der Pozsonyer Au in einen mit der Universität verbundenen Botanischen Garten und gleichzeitig in einen „Jardin des plantes" der kgl. Freistadt Pozsony. Denkschrift. Preßburg 1917. (Sonderbeilage d. Westungar. Grenzboten.)

Römer, Julius, Aus der Pflanzenwelt der Burzenländer Berge in Siebenbürgen. Mit 30 chromolithogr. Tafeln. Wien 1898.

Römer, Julius, Die Pflanzenwelt der „Zinne" und des „Kleinen Hangesteines". Kronstadt: Gött 1892. 69 p. 8 °. (S.-A. aus d. Festschrift aus Anlaß der Wanderversammlung ungar. Ärzte und Naturforscher.)

Sagorski, Ernst, und Gustav Schneider, Flora der Zentralkarpathen mit spezieller Berücksichtigung der in der Hohen Tatra vorkommenden Phanerogamen und Gefäßkryptogamen. Hälfte 1—2. Lpzg.: Kummer 1891—1892. 209, 591 p. 8 °.

Scherfel, Aurel, Die Medizinalpflanzen der Zips. 1873.

Schlosser, J., und L. Farkas-Vukotinvic, Flora croatica, exhibens stirpes phanerogamas et vasculares cryptogamas etc. Zagrabiae 1869. 1362 p. 8 °.

Schulzer, St., A. Kanitz und J. Knapp Die bisher bekannten Pflanzen Slavoniens. Wien 1866. 172 p. 8 °. (Verh. d. zool.-bot. G. 15.)

Schur, J. F., Enumeratio plantarum Transsilvaniae exhibens stirpes phanerogamas sponte crescentes atque frequentius cultas, cryptogamas vasculares. 1866. 984 p. 8 °.

Simonka, Ludwig, Enumeratio florae transilvanicae vasculosae critica. Bp. 1886. 49, 678 p. 8 °.

Staub, Mor., Resultate der phytophänologischen Beobachtungen in der Umgebung des Balatonsees. Aus dem Nachlasse in Druck gelegt von J. Bernátsky. Wien: Hölzel 1906. 45 p. 4 °. (Resultate der wiss. Erforschung des Balatonsees, Bd. 1, IV. Tl., 3. Sekt.)

Thaisz, Ludwig, Beiträge zur Flora des Abauj-Tornaer Komitates. Bp. 1910. (S.-A. aus: Botanikai Közlemények.)

Tocl, Karl, Ein Beitrag zur Flora Nordungarns. Prag: Rivnáč 1900. 19 p. 8 °.

Ungar, Karl, Die Alpenflora der Südkarpathen. Hermannstadt: Siebenbürg. Karpathenverein 1913.

Ungarn. Musei Nationalis Hungarici. Sectione botanica. Flora Hungarica exiccata. Fasc. 1—6. Bp. 1912 bis 1913.

Wagner, J., Die Vegetation der Sandpußta Deliblat. Schemnitz: Joerges 1914. 56 p.

Wettstein, Richard, Über die Kompositen der österreichisch-ungarischen Flora mit zuckerabscheidenden Hüllschuppen. Wien: Tempsky 1888. 20 p. 8⁰. (Aus den Sitz.-Ber. der k. Akad. der Wiss. in Wien.)

Wiesbaur, I., Katalog der Flora von Preßburg (nach Neilreich). Preßburg 1864.

Woenig, Franz, Die Pusztenflora der großen ungarischen Tiefebene. Nach d. Verf. Tode hrsg. v. E. S. Zürn. Lpzg.: Meyer 1899. VIII, 146 p. 8⁰.

B. Kryptogamen.

Filarszky, Nándor, Die Characeen mit besonderer Rücksicht auf die in Ungarn beobachteten Arten. (Ungarisch und deutsch.) Bp.: Kilián 1893. VIII, 129 p. 4⁰.

Győrffy, J. und M. Péterfi, Bryophyta regni Hungariae exsiccata edita a sectione botanica Musei Nationalis Transsilvanici. No. 1—15. Klausenburg 1915—1919.

Höhr, Heinrich, Schäßburgs Archegoniaten. (Moos und Farnpflanzen.) Ein Beitrag zu Siebenbürgens Kryptogamenflora. Hermannstadt: Drotleff 1914. 58 p. 8⁰.

Hollós, L., Die Gasteromyceten Ungarns. Lpzg.: Weigel 1904. 278 p., 31 Taf. 2⁰.

Istvánffi, Julius, Algae Romaniae. Ex A. Kanitz Plantis Romaniae seorsum impressum. Klausenburg 1880.

Istvánffi, Julius, Kryptogame Flora des Balatonsees und seiner Umgebung. Wien: Hölzel 1897. 140 p. (Resultate der wiss. Erforschung des Balatonsees, Bd. 2, II. Tl., 1. Sektion.)

Istvánffi, Julius, Fragmenta Phycologiae Bosniaco-Serbicae. Klausenburg 1883.

Istvánffi, Julius, Flore microscopique des thermes de l'île de Margitsziget. Bp. 1905. 16 p.

Istvánffi, Julius v., Die Vegetation der Budapester Wasserleitung. Cassel 1895.

Kalchbrenner, Karl, Icones selectae Hymenomycetum Hungariae per St. Schulzer et C. Kalchbrenner observatorum et delineatorum. Fasc. 1—4. Pestini: Athenaeum 1873. 1875.

Lenhart, Georg: Fungi Hungarici exiccati. Fasc. 1—5. Magyar-Óvár 1882—1886.

Pantocsek, Josef, Die Bazillarien des Balatonsees. Wien: Hölzel 1902. 142 p. (Resultate der wiss. Erforschung des Balatonsees. Bd. 2, II. Tl., 1. Sektion. Anhang.)

Rehm, H., Ascomycetes Lojkani, lecti in Hungaria, Transsilvania et Galicia. Bp. 1882.

Römer, Julius, Unsere wichtigsten eßbaren und giftigen Pilze. Ein Merkblatt für Schule und Haus. Kronstadt: Zeidner 1905.

Schulzer, St. v. Müggenburg, Einige Worte über die Magyarhon Myxogasterei irta Hazslinszky Frigyes. Eperjes 1877. Agram 1886. 14 p. 8⁰.

Schumann, J., Die Diatomeen der Hohen Tátra. Wien (Lpzg.: Brockhaus) 1867. 103 p. 8⁰.

C. Phanerogamen.

Holuby, Josef Ludwig, Phanerogamenflora von Nemes-Podhrágy. Preßburg 1871. (S.-A. aus Verhandl. des Vereins für Naturkunde. IX.)

Nalepa, August, Beitrag zur Kenntnis der phanerogamen Flora von Werschetz. Werschetzer Gymnasialprogramm 1861.

Neilreich, August, Nachträge zu Malys Enumeratio plantarum phanerogamicarum imperii Austriaci universi. 1861. 2, 348 p. 8⁰.

Porcius, Florian: Flora Panerogama din fostulu districtu alu Nasedului. Sibiu 1881. 219 p. 8⁰. (S.-A. aus Transsilvania.)

Slezák, A., Die bisher bekannten phanerogamen Pflanzen der Umgebung von Pancsova. Pancsova 1866. 3—20 p. (Gymnasialprogramm.)

Borbás, Vinzentius, Symbolae ad „Caryophilleas et Melanthaceas" florae Croaticae. Agram 1876. (S.-A. aus dem Agramer Rad.)

Borbás, Vinzent, Revisio Knautiarum. Delectus seminum in horto botanico Univ. Fanc. Joseph. Klausenburg: Kovács 1905. 110 p. 8 °.

Degen, Arpád, Gramina hungarica. (Exsiccaten-Werk.) Unter Mitwirkung von Karl v. Flest und Ludwig v. Thaisz. Fasc. 1—8. Bp. 1900—1915.

Dorner, Josef, Die Cuscuten der ungarischen Flora. Vortrag gehalten in der IX. Versammlung der Naturforscher zu Pest. 1863. (S.-A. aus Linnaea.)

Gombocz, Andreas, Monographia generis Populi. Bp.: Akademie 1908. 238 p. 8 °. (Mathematische und naturwissenschaftliche Mitteilungen 30. Nr. 1.)

Haynald, Ludw., Castanea vesca. I: Solum in quo in Hungaria crescit. II: Incolatus eius in Hungaria. Colocae 1881.

Janchen, Erwin, Die Cistaceen Österreich-Ungarns. Wien 1909. 124 p. 8 °. (Mitteilungen d. Naturwiss. Vereines an der Universität Wien. Nr. 1—3.)

Kanitz, August, Expeditio Austriaco-Hungarica ad Oras Asiae orientalis I. Anthophytae, quae in Japonia legit beat. Emanuel Weiss . . . et quae Mus. Nat. Hung. procuravit Ioannes Xantus enumerat. Bp. 1878. (Term. füz. II.)

Kanitz, August, Catalogus Cormophytorum et anthophytorum Serbiae, Bosniae, Herzegovinae, Montis Scodri, Albaniae hucusque cognitorum. Klausenburg 1877. (Beilage zu Magy. Növ. lapok I.)

Kanitz, August, Iohannis Heuffelii M. d. fragmenta; monographia Caricum Hungariae. Braunschweig 1863. (Linnaea 31.)

Kanitz, August, Über Urtica b. oblongata Koch nebst einigen Andeutungen über andere Nesselarten. Regensburg 1872. (Aus Flora 15.)

Lovassy, Alexander, Die tropischen Nymphaceen des Hévízsees bei Keszthely. Wien: Hölzel 1909. 84 p. 4 Taf. (Resultate der wiss. Erforschung des Balatonsees, Bd. 2, II. Tl., 2. Sektion. Anhang.)

Neilreich, Aug., Aufzählung der in Ungarn und Slavonien bisher beobachteten Gefäßpflanzen nebst einer pflanzengeograph. Übersicht. Wien: Braumüller 1866. XXIV, 504 p. 8 °.

Neilreich, Aug., Diagnosen der in Ungarn und Slavonien bisher beobachteten Gefäßpflanzen, welche in Kochs Synopsis nicht enthalten sind. (Herausg. v. d. k. k. zoolog.-bot. Ges. in Wien.) Wien (Lpzg.: Brockhaus) 1867. VI, 153 p. 8 °.

Neilreich, Aug., Nachträge und Verbesserungen zur Aufzählung der in Ungarn und Slavonien bisher beobachteten Gefäßpflanzen. Wien 1870. XI, 111 p. 8°.

Neilreich, Aug., Kritische Zusammenstellung der in Österreich-Ungarn bisher beobachteten Arten, Formen und Bastarde der Gattung Hieracium. Wien: Gerold 1871. 77 p. 8 °. (Sitz.-Ber. der k. Akad. der Wiss.)

II Tiergeographie.

A. Allgemeines.

Entz, Géza, Über die Fauna des Balatonsees. Wien: Hölzel 1897. 39 p. (Resultate der wiss. Erforschung des Balatonsees, Bd. 2, 1. Tl.)

Entz, Géza, Beiträge zur Kenntnis des Planktons des Balatonsees. Wien: Hölzl 1906. 36 p. (Resultate der wiss. Erforschung des Balatonsees, Bd. 1.)

Loisel, Gustave, Rapport sur une mission scientifique dans les jardins et établissements zooligiques publics et privés de l'Allemagne, de l'Autriche-Hongrie, de la Suisse et du Danemark. Paris 1907. (Extrait.)

Fauna regni Hungariae. Bd. 1—6. In memoriam regni Hungariae mille abhinc annis constituti. Bp.: Ungar. naturwiss. Ges. 1900—1920.

Fritsch, Karl, Kalender der Fauna von Österreich-Ungarn. Tl. 1—2. Wien 1867, 1869. 22, 20 p.

Mojžišovič, Aug., Das Tierleben der österr.-ung. Tiefebenen. Wien 1897.

Der Tiergarten-Cicerone durch den Pester Tiergarten. Pest 1866.

B. Urtiere.

Daday, Eugen, Über eine Polythalamie der Kochsalztümpel bei Déva in Siebenbürgen. Lpzg. 1884. (S.-A. aus Zeitschr. f. wiss. Zoologie.)

Francé, R., Protozoen des Balatonsees. Wien: Hölzel 1897. 64 p. (Resultate der wiss. Erforschung des Balatonsees, Bd. 2, 1. Tl.)

C. Pflanzentiere.

Vángel, Eugen, Schwämme und Hydren [des Balatonsees]. (Coelenterata.) Wien: Hölzel 1897. p. 68—79. (Resultate d. wiss. Erforschung d. Balatonsees, Bd. 2. Teil 1.)

D. Würmer.

Daday, Eugen, Neue Beiträge zur Kenntnis der Rädertiere. Klausenburg 1883. (S.-A. aus Math. u. Naturwiss. Berichte aus Ungarn.)

Daday, Eugen v., Rotatorien des Balatonsees. Wien: Hölzel 1897. p. 124—143. (Resultate d. wiss. Erforschung d. Balatonsees, Bd. 2. Teil 1.)

Daday, Eugen v., Nematoden des Balatonsees. Wien: Hölzel 1897. p. 83—119. (Resultate d. wiss. Erforschung d. Balatonsees, Bd. 2. Teil 1.)

Rátz, Stefan v., Die Parasiten der Fische des Balaton. Wien: Hölzel 1897. 7 p. (Resultate der wiss. Erforschung des Balatonsees, Bd. 2, 1. Tl.)

Szigethy, Karl, Turbellaria des Balatonsees. Wien: Hölzel 1897. 58 p. (Resultate der wiss. Erforschung des Balatonsees, Bd. 2, 4. Tl.)

Vángel, Eugen, Gliederwürmer des Balatonsees (Annelides). Wien: Hölzel 1897. 6 p. (Resultate der wiss. Erforschung des Balatonsees, Bd. 2, 1. Tl.)

E. Weichtiere.

Bielz, E. A., Fauna der Land- und Süßwassermollusken Siebenbürgens. Hermannstadt: Steinhaußen 1863. VIII, 280 p. 8 °. 2. Aufl. Ebd.: Filtsch 1867. III, 216 p.

Clessin, S., Die Molluskenfauna Österreich-Ungarns und der Schweiz. Nürnberg 1887. 8 °. (Clessin: Die Molluskenfauna Mitteleuropas, Tl. I.)

Daday, Eugen, Weichtiere des Balatonsees. Wien: Hölzel 1897. 6 p. (Resultate der wiss. Erforschung des Balatonsees, Bd. 2, 1. Tl.)

Hazay, Julius, Die Molluskenfauna von Budapest mit besonderer Rücksichtnahme auf die embryonalen und biologischen Verhältnisse ihrer Vorkommnisse. Cassel: Fischer 1881. 187 p. 8 °. (S.-A. aus Malakozoolog. Blätter.)

Weiß, Arthur, und Theodor Kormos, V., Nachtrag zu der Aufzählung der im Balatonsee und in dessen Umgebung vorkommenden lebenden Weichtieren (Mollusken). Wien: Hölzel 1906. 26 p. (Resultate der wiss. Erforschung des Balatonsees, Bd. 1, 1. Tl. Anhang.)

———

Vángel, Eugen, Moostiere des Balatonsees (Bryozoa). Wien: Hölzel 1897. 8 p. (Resultate der wiss. Erforschung des Balatonsees, Bd. 2, 1. Tl.)

F. Gliederfüßer.

Bielz, Albert, Siebenbürgens Käferfauna nach ihrer Erforschung bis zum Schlusse des Jahres 1886 übersichtlich dargestellt. Hermannstadt: Michaelis 1887. 90 p. 8 °. (S.-A. aus Verhandl. und Mitteilungen d. siebenbürg. Vereins f. Naturwissenschaften.)

Chyzer, Cornelius et Lad. Kulczynski, Araneae Hungariae. Bd. 1—2. Bp.: Akademie 1891—1897.

Chyzer, Cornelius, Crustacea phyllopoda faunae pesthinensis. Pest 1861. (Aus: Mathemat. u. naturwiss. Berichte.)

Chyzer, Cornelius, Berichtigungen und Ergänzungen zu meiner Abhandlung über die Crustaceen-Fauna Ungarns. Wien 1861. (Aus: Verh. u. Mitt. des siebenbürg. Vereines f. Naturwiss. zu Hermannstadt.)

Chyzer, Kornel, Nachtrag zu Viktor Sills Mitteilungen über die in den Salzsolteichen Siebenbürgens vorkommenden Artemia. Hermannstadt: Steinhaußen 1862. (S.-A. aus den Verhandl. und Mitteil. des siebenbürg. Vereins für Naturwiss. zu Hesmannstadt, XIII.)

Daday, Eugen, Crustaceen des Balatonsees. Wien: Hölzel 1897. 28 p. (Resultate der wiss. Erforschung des Balatonsees, Bd. 2, 1. Tl.)

Daday, Eugen Catalogus crustaceorum faunae Transylvaniae. Kolozsvár 1884. (S.-A. aus Orv. és Term. Értesitő. Term. szak.)

Daday, Eugen, Crustacea cladocera faunae Hungaricae. Bp.: Kilián 1888. 128 p.

Daday, Eugen, Ostracoda Hungariae. Bp.: Akademie der Wissenschaften 1900. 320 p. [Ungarisch-lateinisch.]

Daday, Eugen, Myriopoda Regni Hungariae. Bp.: Kilián 1889. 126 p. [Lateinisch-ungarisch.]

Daday, Eugen, Wassermilben des Balatonsees. Wien: Hölzel 1897. 10 p. (Resultate der wiss. Erforschung des Balatonsees, Bd. 2, 1. Tl.)

Fritsch, Carl, Jährliche Periode der Insektenfauna von Österreich-Ungarn. H. 1—5. Wien: Gerold 1875—1880. 4 °. (S.-A. aus Denkschriften der k. Akademie der Wissenschaften.)

Ganglbauer, L., Sammelreisen nach Südungarn und Siebenbürgen. Koleopterologische Ergebnisse, Tl. 1. Wien: Hölder 1896. 25 p. 8 °.

Hermann, Otto, Ungarns Spinnenfauna, Bd. 1—3. Bp.: Kilián 1878. 100 p. 4 °.

Horváth, Géza, Monographia Lygaeidarum Hungariae. Bp.: Kilián 1875. VII, 109 p. 4°. [Ungarisch und lateinisch.]

Latzel, Robert, Die Myriopoden der österreichisch-ungarischen Monarchie. 1. Wien: Hartleben 1880. 228 p. 8°.

Mocsáry, Alexander, Chrysididae Faunae Hungaricae. Bp.: Akad. d. Wiss. 1882. 92 p. 2 Tab. [Ungar.-latein.]

Mocsáry, Alexander, Charakteristische Daten zur Hymenopterenfauna Siebenbürgens. Bln.: Friedländer 1885. 32 p. 8°.

Ormay, S., Ujabb adatok Erdély bogárfaunájához. Recentiora supplementa faunae coleopterorum in Transsilvania. Bp. 1890. 65 p. 8°. [Ungarisch und lateinisch.]

Petri, Karl, Siebenbürgens Käferfauna auf Grund ihrer Erforschung bis z. J. 1911. Bln.: Friedländer 1912. X, 376 p. 8°.

Petri, Karl, Ergebnisse entomologischer Exkursionen im Gebiete Schäßburgs. Schäßburg 1885. 63 p. (Gymn.-Progr.)

Pungur, G., A magyarországi tücsökfélék természetrajza. Histoire naturelle des Gryllides de Hongrie. (Herausg. v. d. kgl. ung. Naturwiss. Ges.) Bp. 1891. 4°.

Rothe, Ludw., Die Käfer Oberschützens. Oberschützen 1868. (Gymn.-Progr.)

Rothe, Ludw., Die Großschmetterlinge Oberschützens. Oberschützen 1867. (Gymn.-Progr.)

Rózsay, Emil, Catalogus coleopterorum Cassoviae et Posonii inventorum. Preßburg 1868. 127 p. (Gymn.-Progr.)

Seidlitz, Georg, Fauna transsylvanica. Die Käfer [Coleoptera] Siebenbürgens. Lfg. 1—6. Königsberg: Hartung 1888 1891. 8°.

Tömösváry, Edmund, Die Kolumnacser Mücke. Ung. Weißkirchen: Hepke 1885. 24 p. 8°.

G. Wirbeltiere.

Bielz, Ed. Alb., Fauna der Wirbeltiere Siebenbürgens. Eine systematische Aufzählung und Beschreibung der in Siebenbürgen vorkommenden Säugetiere, Vögel, Amphibien und Fische. Hermannstadt: Steinhaußen [1885?].

Horváth, Géza, Neue Beiträge zur Kenntnis der Wirbeltiere Ober-Ungarns. Wien 1861. (S.-A. aus Verhandl. der k. k. zoolog.-botan. Ges.)

Daday, Eugen, Fische des Balatonsees. Wien: Hölzel 1897. 15 p. (Resultate der wiss. Erforschung des Balatonsees, Bd. 2, 1. Tl.)

Méhely, Ludwig, Lurche und Kriechtiere des Balatonsees. Wien: Hölzel 1897. 5 p. (Resultate der wiss. Erforschung des Balatonsees, Bd. 2, 1. Tl.)

Werner, F., Die Reptilien und Amphibien Österreich-Ungarns und der Okkupationsländer. Wien: Pichler 1897. 162 p. 8°.

Schlosser, J., Fauna kornjačah trojedne kraljevine. Svez. 1—2. Agram 1877 bis 78. 8°. (Schildkrötenfauna des kroat.-slavon.-dalmat. Königreichs.) [Kroatisch.]

Csörgey, Titus, Ornithologische Fragmente aus den Handschriften von Johann Salomon von Petényi. Mit Einleitung von O. Herman. Gera-Untermhaus: F. E. Köhler 1905. 400 p.

Fászl, Stephan Alexander, Beiträge zur Kenntnis der Schwirrsänger Locustella luscinvides (der Nachtigallrohrsänger) am Neusiedlersee. Wien 1886. (S.-A. aus Mitt. des ornith. Vereins in Wien.)

Floericke, C., Der 98-er Frühlingszug im Alföld. Bln.: Freidländer 1899. 55 p. 4°. (Aus Aquilia.)

Frivaldszky, Johannes, Aves Hungariae cum notis brevibus biologicis, locis inventionis, virorumque, a quibus oriuntur. Bp. 1891. 197 p.

Hauptbericht des 2. internationalen ornithologischen Kongresses. Bp. 1891. Tl. 1—2. Bp.: Friedländer 1892. 4°.

Herman, Otto, Die Elemente des Vogelzuges in Ungarn bis 1891. Bln.: Friedländer 1895. 216 p. 5 Karten.

Herman, Otto, Über die ersten Ankunftszeiten der Zugvögel in Ungarn. Vorbericht für den 2. internationalen ornithologischen Kongreß. Bp. 1891.

Herman, Otto, The international convention for the protection of birds concluded in 1902 and Hungary. Bp. 1907.

Herman, Otto, Recensio critica automatica of the doctrine of bird-migration. Bp. 1905.

Homeyer, E. F. v., Die Wanderungen der Vögel. Lpzg.: Grieben 1881. 415 p. 8°. Ungarn p. 363.

Lorenz, Ludwig, Die Ornis von Österreich-Ungarn aus den Okkupationsländern. Führer durch den Saal XXIX des Museums. Wien: Hölder 1893. 70 p. 8 °.

Lovassy, Alexander, Vögel des Balatonsees. Wien: Hölzel 1897. 20 p. (Resultate der wiss. Erforschung des Balatonsees, Bd. 2, 1. Tl.)

Madarász, J. v., Erläuterungen zu dem aus Anlaß des 2. internationalen Ornithologenkongreß zu Budapest veranstalteten Ausstellung der ungarischen Vogelfauna. Mit Originalskizzen von Géza v. Vastagh. Bp.-Bln.: Friedländer 1891. 124 p.

Madarász, J. v., Die Vögel Ungarns. Bp.: Ungar. naturwiss. Ges. 1899 bis 1903. 663 p. [Ungarisch-deutsch.]

Marschall, A. Graf, und A. Pezeln, Ornis vindobonensis. Die Vogelwelt Wiens und seiner Umgebung. Mit einem Anhang: Die Vögel des Neusiedler sees. Wien: Hölder 1882. 192 p. 8 °.

Pungur, Jul., Der Herbstzug der Rauchschwalbe in 1898 in Ungarn. Bp.: Kilián 1904. VIII, 257 p.

Rapport sur l'ouvrage intitulé: Les oiseaux de la Hongrie et leur importance économique. Bp. 1900. 22 p. 8 °.

Schenk, J., Der Vogelzug in Ungarn während des Frühjahrs 1898. Bln.: Friedländer 1899. 84 p. 4 °.

Washington, Stephan Frh. v., Über ein Vorkommen des Pelecanus sharpa du Bocage in Österreich-Ungarn. Wien: Hölder 1868. 10 p. 8 °. (S.-A. aus: Annalen d. k. k. naturhist. Hofmuseums.)

Méhely, Ludw., Monographia chiropterorum Hungariae. Bp.: Nationalmuseum 1900. 372 p. 22 T. [Ungar.-latein.]

M. Völkerkunde.

S. auch Allgemeine Geschichte der Nationalitäten in Ungarn p. 15—28; Nationalitätenfragen Österr.-Ungarns p. 249—256; Literatur über d. einzelnen abzutretenden Gebiete p. 309—315; Landeskunde p. 319—366.

I Allgemeine Ethnographie.

Anzeiger der Ethnographischen Abteilung des Ungarischen National-Museums. Bd. 1—10 red. v. Semayer, Bd. 11 bis 15 red. v. Bátky. Bp. 1903—1922. 8 °.

Ethnologische Mitteilungen aus Ungarn. Monatsschrift für die Völkerkunde Ungarns und der damit in ethnographischen Beziehungen stehenden Länder. Red. u. hrsg. v. Anton Hermann. Bd. 1—9. 1887—1911. Bp. u. Klausenburg.

Túrán, Zeitschrift f. osteuropäische, vorder- und innerasiatische Studien. Anzeiger d. ung.-oriental. Kulturzentrale. (Túrán. Gesellschaft.) Seit 1918.

Adam, Types et Paysages de Hongrie. Paris: Gautier 1893. 36 p.

Cahn, Théodore, Russes et Autrichiens en robe de chambre. Paris: Marpon et Flammarion 1887. 12 °.

Charnock, R[ichard] S[tephen], The peoples of Transylvania. Founded on a paper read before the Anthropological Society of London. London 1870. 8 °.

Deutsch, George, Lebensweise der Völker in Österreich-Ungarn. Vortrag. Wien: Hartleben 1877. 56 p. 8 °.

Diefenbach, Lorenz, Völkerkunde Osteuropas, insbesondere der Haemoshalbinsel und der unteren Donaugebiete. Bd. 1—2. Darmstadt: Brill 1880. 8 °.

Du Lys, Irma, Hungarian life. Vol. 1—2. London: Strahan 1870.

Ficker, Adolf, Die Völkerstämme der österr.-ungar. Monarchie, ihre Gebiete, Gränzen und Inseln. Wien: Prandel 1869. 98 p. (S.-A. aus Mitteilungen aus dem Gebiete der Statistik 15.)

Fletcher, Margaret, Sketches of life and character in Hungary. London: Sonnenschein 1892. VIII, 248 p. 8 °.

Gautier, Théophile, L'Orient. T. 1. Le Danube et les populations danubiennes d'après les aquarelles ethnographiques de Th. Valerio. Paris: Charpentier 1877.

Hermann, Otto, Ethnographische Elemente der Milleniums-Ausstellung Ungarns mit bes. Berücks. der Urbeschäftigungen. Vortrag. Wien: Anthropol. Ges. In Komm. A. Hölder 1896. 11 p.

Hobirk, Fr., Wanderungen auf dem Gebiet der Länder- und Völkerkunde. Bd. 4: Die österreichischen Staaten. Detmold: Meyer 1875. VIII, 198 p. 8 °.

Hunfalvy, Paul, Ethnographie von Ungarn. Übertr. von J. H. Schwicker. Bp.: Franklin 1877. XVI, 446 p.

Jankó, Johannes, Ethnographie der Bevölkerung der Umgebung des Balatonsees. Deutsch bearb. v. Willibald Semayer. Wien: Hölzel 1906. 500 p. (Resultate der wiss. Erforschung des Balatonsees, III. Bd., II. Tl.)

Jankó, J., Magyarische Typen. Ser. 1. Die Umgebung des Balaton. Mit 24 Taf. Lpzg.: Hiersemann 1900. 9 p. 4 °. [Deutsch u. ungarisch.]

Kaindl, Raim. Fr., Ethnographische Streifzüge in den Ostkarpathen. Wien: Hölder 1898. (Aus: Mitt. der anthrop. Gesellsch. in Wien p. 229—249.)

Katona, L., Zur Literatur und Charakteristik des magyarischen Folklore. Bln. 1887. 8 °. (S.-A. aus: Zschr. f. vergleich. Literaturgesch.)

Keane, A. H., Man, past and present. Cambridge: Univ. Press. 1896. (Cambridge geographical series.) [Avars and Magyars.]

Keane, August Henry, Ethnology. Cambridge: Univ. Press. 1896. (Cambridge geographical series.) [Finno-Turki types and Magyars.]

Kettler, J. I., Völkerkarte der österr.-ungar. Länder. Mit statistisch-geogr. Begleittexte. 1 : 1500000. Bln.: Flemming & Wiskott [1919]. 4 p. gr. 8 °. 69,5 × 88 cm. (Flemmings Friedenskarten 4.)

Knopf, Rud., Die Völker Österreich-Ungarns. Bonn: Cohen 1914. 19 p. (Bonner vaterländische Reden und Vorträge 4.)

Kovács, Alois, Peoples of Hungary. 2. edit. London: Low, Dawson. — Bp.: Pfeifer 1921. 21 p. 8°. (East-european problems 21.)

Leipen, Eduard, Die Sprach-Gebiete in den Ländern der ungarischen Krone auf Grund der Ergebnisse d. Volkszählung v. J. 1890. Komm. Perles 1896. 56 p. 8°.

Mazere, Nicolae, Hartă etnografică a Transilvaniei. Jasi 1909. Anhang 96 p. [Rumänisch.]

Meitzen, A., Siedelung und Agrarwesen der Westgermanen und Ostgermanen, der Kelten, Römer, Finnen und Slaven. Bd. 1—3. Bln. 1895. 8°.

Österreich-ungarische Volkstypen. Casette 1. Olmütz: Promberger 1911. 180 farb. Taf. 28 × 19 cm.

Palma, Luigi, Il censimento etnografico della monarchia austro-ungarica. (Archivio di statistica 1.)

Palmer, Francio H. E., Austro-Hungarian Life in Town and Country. London: Navnes 1903. X, 251 p.

Pozzi, S., Les habitants de la Hongrie, anciens et modernes. Paris 1887. 24 p. 4°. (Extr. Les lettres et les arts.)

Richardson, Ralph, The ethnology of Austria-Hungary. (Edinburgh). 1906. 8 p. 1 T.

Schuler-Libloy, Friedr., Über das Verhältnis der Klein- und Großgewerbe mit Beziehung auf das Volksleben. Hermannstadt: Michaelis 1869. 15 p. 8°.

Schwab, Erasmus, Land und Leute in Ungarn. Lpzg. 1865.

Semerád, C., Obyvatelé a činnosti říše rakousko-uherské. Prag: Bačkovský 1907. 46 p. (Einwohner und Gewohnheiten in Österr.-Ung.) [Tschechisch.]

Teleki, Paul, The ethnographical composition of Hungary. Bern 1919. 8 p. 1 Kte.

Teleki, Paul, Ethnographical map of Hungary based on the density of population. Haag 1920.

Ternky, R. K., Scenes from the peasent life of Hungary. P. 1—2. Trans. by Mary Horvitt. London: Lovett 1874. (Horvitts Journal 1—2.)

Tucker, William James, Life and society in Eastern Europe. London: Low. Marston 1886. XII, 432 p. (Life in Transylvania.)

Ulbach, Louis, La csárdás. Notes et impressions d'un Français en Autriche, en Hongrie, en Roumanie etc. Paris: Lévy 1888. 329 p.

Vámbéry, Hermann, Die primitive Kultur des turko-tatarischen Volkes. Auf Grund sprachlicher Forschungen erörtert. Lpzg.: Brockhaus 1879. VIII, 276 p. 8°.

Vlach, Jaroslav, Die Völker Ungarns. Ve Velkém Mezi iči Šašek. 1893. 113 p.

Die Völker Österreich-Ungarns. Ethnographische und kulturhistorische Schilderung. Bd. 1—12. Wien: Prochaska 1881—1885.

Winkler, Heinrich, Skizzen aus dem Völkerleben. 1. Aus Osteuropa. 2. Aus dem Magyarenlande. Bln.: Dümmler 1903. 198 p. 8°.

Berkes, Koloman, Das Leben und Treiben der Gauner. Nach d. Ungar. Deutsch bearb. V. Erdélyi. Bp.: Robicsek 1889. 156 p. 8°.

A. Haus. Dorf.

Das Bauernhaus in Österreich-Ungarn und seinen Grenzgebieten. Wien 1906.

Das Bauernhaus in Ungarn. Bp. Lpzg.: Hiersemann 1907.

Bünker, J. R., Das ethnographische Dorf des ungarischen Milleniums. Landesausstellung in Budapest. Wien: Hölder 1897. 79 p. 4°. (S.-A. aus Mitteilungen der anthropolog. Ges. in Wien.)

Bünker, J. R., Das siebenbürgisch-sächsische Bauernhaus. Wien 1899. 4°. (S.-A. aus Mitt. d. anthrop. Ges. in Wien.)

Bünker, J. R., Herde und Öfen in den Bauernhäusern des ethnographischen Dorfes der Milleniumsausstellung in Budapest. Wien 1897. 8°. (S.-A. aus Zschr. d. Ver. f. Volkskunde.)

Bünker, J. R., Die Hafneröfen in Stoob. Wien 1903. 4°. (S.-A. aus Mitt. d. Anthrop. Ges. in Wien.)

Bünker, J. R., Das Bauernhaus in der Heanzerei (Westungarn). Wien: Hölder 1895. 66 p. 4°. (S.-A. aus Mitteilungen der anthropologischen Ges. in Wien.)

Bünker, J. R., Das Bauernhaus in der östlichen Mittelsteiermark und in benachbarten Gebieten. Wien 1897. 4°. (S.-A. aus Mitt. d. Anthrop Ges. in Wien.)

Bünker, J. R., Typen von Bauernhäusern aus der Gegend von Ödenburg in Ungarn. Wien: Hölder 1894. 16 p. m. 14 Abb. 4 °. (S.-A. aus: Mitteilungen der anthropologischen Ges. in Wien 24.)

Bünker, J. R., Das Székler-Haus. Wien 1904. 8 °. (S.-A. aus: Zschr. d. Ver. f. österr. Volkskunde.)

Bünker, J. R., Typen von Dorffluren an der dreifachen Grenze von Niederösterreich, Ungarn und Steiermark. Wien. (S.-A. aus Mitteilungen der anthropologischen Ges. in Wien.)

Das deutsche Haus des Zipser Oberlandes. Wien 1899.

Fritsch, Ludw., Das sächsische Bürgerhaus. Hermannstadt: Drotleff 1898.

Lutsch, H., Neuere Veröffentlichungen über das Bauernhaus in Deutschland, Österreich-Ungarn und in der Schweiz. Bln.: Ernst & Sohn 1897. 58 p. 8 °. (S.-A. aus Zeitschrift für Bauwesen.)

Österreichischer Ingenieur- u. Architekten-Verein. Das Bauernhaus in Österreich-Ungarn und in seinen Grenzgebieten. Lfg. 1—4. Dresden: Kühtmann 1901. 45 Taf. 2 °.

Peez, Alexander, Das Bauernhaus in Österreich-Ungarn. Wien: Hölder 1891. p. 57—59. (S.-A. aus Mitteilungen der anthropologischen Ges. in Wien.)

Rückert, E., Die Pfahlbauten und Völkerschichten Osteuropas, besonders der Donaufürstenthümer. Würzburg: Stuber 1869. VI, 76 p. 8 °.

Schröer, Julius E., Ein Haus und seine Bewohner aus Geidel in der Neutraer Gespanschaft Ungarns. Preßburg 1873.

Schuller, Gust., Der siebenbürgisch-sächsische Bauernhof und seine Bewohner. Eine kulturhistorische Skizze. Hermannstadt: Drotleff 1896. 41 p. 8 °.

Sváb, Julius, Das Bauernhaus in Ungarn. Nach Aufnahmen von K. Rob. Kertész und Julius Sváb gezeichnet von —. Hrsg. vom Ungar. Ingenieur- u. Architekten-Verein. H. 1—2. Lpzg.: Hiersemann 1907. 24 Taf.

Wolff, J., Unser Haus und Hof. Kulturgeschichtliche Schilderungen aus Siebenbürgen. Hermannstadt: Michaelis 1882. 74 p. 8 °.

Teutsch, Friedr., Die Wegtaufungen. Hermannstadt: Drotleff 1890. (S.-A. Siebenbürg. dtsch. Tageblatt.)

B. Trachten, Stickereien.

Album österr.-ungar. Trachten. Bl. 1—20. Wien: Heck 1883—1887. 8 °. 2. Sammlung. 24 Taf. (In Mappe.)

Heinbucher, Joseph, v. Bikkessy, Pannoniens Bewohner in ihren volkstümlichen Trachten auf 78 Gemälden dargestellt; nebst ethnographischer Erklärung. Wien 1920.

Wittstock, Oskar, Beiträge zur siebenbürgisch-sächsischen Trachtenkunde. Hermannstadt 1895. (Gymnasial-Programm 1894/95.)

Fleischer, M., Muster von Leinenstickereien sächsischer Bäuerinnen aus dem Nösner Gau. Bistritz 1904. (Gymnasial-Programm.)

Muster von Leinenstickereien sächsischer Bäuerinnen aus den siebenbürgischen Landesteilen Ungarns. Hermannstadt: Michaelis 1896. 11 Taf. 2 p. 4 °.

Sigerus, Emil, Siebenbürgisch-sächsische Leinenstickereien. Hermannstadt: Drotleff 1907. VII p. Text m. Taf. 35 × 25,5 cm.

Šíma, Jos., Studien über nationale Stickereien aus Böhmen, Mähren und der Ungar. Slowakei. Brünn: Píša 1909.

Šíma, J., Studie výšivek lidovych ze Cech, Morayv a Uher. Slovenska. Brünn: Píša 1908. 4 °. 10, 30 p. Tafeln. (Studien über Volksstickereien aus Böhmen, Mähren u. der Ungar. Slowakei]. [Tschechisch.]

Sochan, P. B., Vzory slovenského národnino vyšiváni. Prag 1890. 4 °. (Muster der slowakischen Volksstickerei.) [Tschechisch.]

Szontagh, A. v., Die Csetneker Spitzen. Ca. 300 Originalaufnahmen. Moderne ungar. Volkskunstarbeiten. 20 Taf. in Lichtdr. Plauen: Haebler 1911.

C. Volksbräuche.

Hillner, Johann, Volkstümlicher Glaube und Brauch bei Geburt und Taufe im Siebenbürger Sachsenlande. Schäßburg: Jördens 1877. 52 p. 8 °. (Gymnasial-Programm Schäßburg.)

Temesváry, Rud., Volksbräuche und Aberglauben in der Geburtshilfe und der Pflege des Neugeborenen in Ungarn. Lpzg.: Grieben 1900. VIII, 148 p.

Borbis, Johann, Hochzeitsgebräuche der Slowaken. Schwerin: Didier 1863. 40 p. 8 °. (S.-A.aus: Theologische Zeitschrift.)

Düringsfeld, Ida und O. Frhr. v. Reinsberg-Düringsfeld, Hochzeitsbuch. Brauch und Glaube der Hochzeit bei den christl. Völkern Europas. Lpzg.: Gera Verlag 1871. VII, 272 p. 8 °. [Auch über Ungarn.]

Flachs, Adolf, Rumänische Hochzeits- und Totengebräuche. Altenburg 1899.

Kopecky, J., Slovácká svatba. Prag: Otty 1898. 74 p. 8 °. (Slowakische Hochzeit.) [Tschechisch.]

Schuster, Über den in einigen Ortschaften des Sachsenlandes bei Hochzeiten üblichen „Rosseltanz". Sächsische Regen 1863. (Gymnasial-Programm.)

Socháň, Pavel, Kroje a svatba v Lopašově na Slovensku v nitranské stol. (Národopisný Sborník československý. Sv. XI.) V Praze. Museum českoslov. 69 p. 8 °. Mit 24 Bildern. (Trachten und Hochzeit in der slowakischen Gemeinde Lopassó, Komitat Nyitra. Tschechoslow. volkskundliche Sammlung XI.) [Tschech.]

Wellisch, Adalbert, Starisinstvo i začinstvo. St. Gotthárd: Wellisch 1898. 80 p. 8 °. (Trauzeugenschaft und Brautführerschaft.)

Schuller, Georg, Volkstümlicher Glaube und Brauch bei Tod und Begräbnis im Siebenbürger Sachsenlande. Ein Beitrag zur Kulturgeschichte. Schäßburg 1863., 1865. (Gymnasial-Programm.)

Schuller, Johann Karl, Das Todaustragen und der Muorlef. Ein Beitrag zur Kunde sächsischer Sitte und Sage in Siebenbürgen. Hermannstadt: Steinhausen 1861. 18 p. 8 °.

Schuster, Wilh., Über alte Begräbnisstätten bei Mühlbach. Sächsisch-Regen 1867. 14 p. (Gymnasial-Programm.)

Trauschenfels, Eugen v., Ein Leichenbegängnis und eine Hochzeitsfeier am siebenbürgischen Fürstenhofe. Vortrag. Kronstadt: Gött 1876. (S.-A. Sächsischer Hausfreund.)

Wlislocki, H., Tod und Totenfetische im Volksglauben der Magyaren. Wien 1892. 4 °. (S.-A. aus Mitt. d. Anthrp. Ges. in Wien.)

Heinrich, Gustav A., Agrarische Sitten und Gebräuche unter den Sachsen Siebenbürgens. Sächsisch-Regen 1880. 33 p. (Gymnasial-Programm.)

Schmidt, Wilh., Das Jahr und seine Tage in Meinung und Brauch der Romänen Siebenbürgens. Ein Beitrag zur Kenntnis des Volksmythus. Hermannstadt: Steinhaussen 1867. X, 66 p. 8 °.

Schullerus, Pauline, Pflanzen im Glauben und Brauch der Siebenbürger Sachsen. Hermannstadt: Drotleff. 23 p. 8 °.

Wlislocki, H., Die Lappenbäume im magyarischen Volksglauben. Wien 1895. 4 °. (Mitt. d. Anthrop. Ges. in Wien.)

D. Glaube.

Gießwein, Alex, Notes historiques relatives à la religion des anciens magyars. [1896.] (Extrait des mélanges Charles de Harlez.)

Haltrich, Josef, Die Macht und Herrschaft des Aberglaubens in seinen vielfachen Erscheinungsformen mit einigen Beispielen aus dem Siebenbürger Sachsenland. Hermannstadt: Selbstverlag 1871.

Hostinský, Zaboj, Stará vieronauka slovenská. Pest 1870. (Die alt-slowakische Mythologie.) [Slowakisch.]

Kohlbach, B., Über den Polytheismus der heidnischen Ungarn. (Resumé.) Verhandlungen des 2. Int. Kongr. für Allg. Religionsgeschichte in Basel.) Basel: Helbing & Lichtenhahn 1905.

Pauliny-Tóth, Wilhelm, Slovenské bájeslovie. Turč. Sv.-Martin 1876. (Slowakische Mythologie.) [Slow.]

Wlislocki, Heinr. v., Volksglaube und religiöser Brauch d. Magyaren. Münster i. W. 1893. XIII, 171 p. 8 °.

Wlislocki, Heinrich, Volksglaube und Volksbrauch der Siebenbürger Sachsen. Bln.: Felber 1893. 212 p. 8 °. (Beiträge zur Volks- und Völkerkunde 1.)

E. Kunst, Kunstgewerbe.

Becker, Mar. L., Ungarische Volkskunst. Bln. 1903.

Cserghő, Géza und Josef Csorna, Alte Grabdenkmäler aus Ungarn. Bp.: Kilián 1890. 122 p. 8 °.

Diner, Josef, Ungarische Fayencen und Töpferwaren. Bp. 1890.

Edgar, Emil, Habánska Keramika. Prag 1919. (Keramik der Habanen.) [Tschechisch.]

Gerlach, Martin (Hrsg.), Volkstümliche Kunst, Bd. 2. Österreich - Ungarn. Vorw. v. Jos. Aug. Lux. Wien: Gerlach & Wiedling 1911. 183 p. (Die Quelle 12.)

Holme, Charles, Peasant art in Austria and Hungary. London: Studio 1911. X, 54 p. 109 Taf. 4 °.

Huszka, Josef, Magyarische Ornamentik. Übers. v. Willibald Semayer. Lpzg.: Hiersemann 1900. 20, 50 Tafeln. 4 °.

Kimakovitz, M. von, Die kobaltblaue Keramik Siebenbürgens. — Siebenbürgische Alabasterfiguren. Hermannstadt 1911. 14 p. (S.-A. aus: Korrespondenzbl. d. Ver. f. siebenb. Landesk. 34.)

Malonyay, Desider, L'art populaire en Hongrie. Vol. 1—5. Paris: Hessling 1913. 4 °.

Niederle, L., Keramika v Čechách, na Moravě a Uhersk. Slovensku. Prag. 4 °. (Keramik in Böhmen, Mähren und der ung. Slowakei.) [Tschechisch.]

Pisch, A., Vorlagen-Sammlung des mährischen und ungarisch-slowakischen Ornamentes. Olmütz: Promberger 1902. 45 T. u. 19 p. 2 °.

Pulszky, Charles, Ornements de l'industrie domestique de la Hongrie. Planches par Fréd. Fischbach. Bp. 1878. 40 T. [Introd. en fr. Texte hongr. all. et fr.]

Roth, V., Geschichte des deutschen Kunstgewerbes in Siebenbürgen. Straßburg 1908.

Seyffert, Oskar, Von der Wiege bis zum Grabe. Ein Beitrag zur sächs. Volkskunst. Wien: Gerlach & Wiedling 1906. 6 p. 72 T. 8 °.

Transylvanian Hungarians. Peasant Art. Bp.: Popular Literary Society 1921. 19 p., 29 T. 4 °. (Dass. auch in französ. und holländ. Sprache.)

Spiele und Tänze.

Gabnay, Franz v., Ungarische Kinderspiele. Braunschweig 1904. (S.-A. aus: Globus. Zeitschr. f. Länder- u. Völkerkunde.)

Gabnay, Franz v., Ungarische Puppen. Braunschweig: Vieweg 1902. (S.-A. aus: Globus für Länder -u. Völkerkunde.)

Höhr, A., Siebenbürgisch-sächsische Kinderreime und Spiele. Hermannstadt 1903.

Ferencicz, Miklós, Der ungarische Nationaltanz „Kör". Gründliche und leichtfaßliche Beschreibung für Tanzlehrer. Wien: Wenedikt 1869. 38 p. 16 °.

Teutsch, J., Der Boritzatanz der Csángómagyaren in den Siebendörfern bei Kronstadt. Hermannstadt 1903. 8 °. (S.-A. aus: Jahrb. d. Sieben. Karpathenver. Bd. 13.)

F. Volkslieder.

Aigner, Ludwig, Ungarische Volksdichtungen. Übersetzt und eingeleitet v. —. Bp.: Aigner 1873. XL, 227 p. 8 °. 2. Aufl. Ebenda 1874. XL, 227 p. 8°.

Benkő, Karl, Ungarische Volkslieder. Deutsch von Boromäus Benkő. Bp.: Eggenberger 1877. 61 p.

Carneri, B[artholomäus] (Hrsg.), Ungarische Volkslieder u. Balladen. Deutsch von —. Wien: Braumüller 1892. VIII, 49 p. 8 °.

Cop Marlet, M., Das Hochzeitslied von Lugos. Wien 1892. 8 °.

Fabietti, (Ettoce), La poesia popolare ungherese. Milano: Martinelli. 1902. 15 p. 16 °.

Farkas, Max, Ungarische Volkslieder. Übertragen von —. Lpzg.: Bibliographisches Inst. 1897. 148 p. 16°. (Meyers Volksbücher 843, 844.)

Gigante, Silvino, Canti popolari ungheresi. Milano-Palermo-Napoli 1912. 203 p. (Biblioteca Dei Popoli. Diretta da Giovanni Pascoli. XII.)

Gigante, Silvino, Fiorità di canti popolari ungheresi. Fiume: Mohovich 1910. 80 p.

Handmann, Adolf, Magyarische Volksdichtungen. Sonderdruck aus den Dioskuren 1895. 9 p. 8 °.

Handmann, Adolf, Magyarische Volkspoesien. Sonderabdruck aus den Dioskuren 1894. 9 p. 8 °.

Horschetzky, Carl (Hrsg.), Volkslieder der Ungarn. Bibliothek ungarischer Dichter in treuer, metrischer deutscher Übersetzung. Pest: Poldini-Druck. Eigent. d. Übers. 1861. 154 p. 8 °.

Néthy, Jean de, (Red.) Ballades et chansons populaires de la Hongrie. Traduites par J. de N. Paris: Lemerre 1891. 164 p. 8 °.

Brandsch, G., Zur Metrik der siebenbürgisch-deutschen Volksweisen. Hermannstadt: Krafft 1905. 43 p. 8 °. (Gymnasial-Programm.)

Buchholzer, Ernst, Die siebenbürgisch-sächsische Volksdichtung. Hermannstadt: Drotleff [1899]. (Vortragsordnung d. Festvorstellung z. Teutschdenkmal-Enthüllungsfeier.)

Buchholzer, Ernst, Die Volkspoesie der Siebenbürger Sachsen. Vortrag. Hermannstadt: Krafft 1898. 27 p. 8 °. (S.-A. aus: Kirch.-Blätter.)

Bünker, J. R., Heanzische Volkslieder. Wien 1919. (Sonderabdruck aus der Wiener Zeitschrift für Volkskunde. Ergänzungsband 15.)

Herfurth, Franz, Sächsisches Volksliederbuch. Hermannstadt: Krafft 1895. 156 p. 8 °.

Schullerus, Adolf, Unsere Volksdichtung. Drei Aufsätze zur siebenbürgisch-sächsischen Geistesgeschichte. I. Hermannstadt.

Schuster, Friedr. Wilh., Siebenbürgisch-sächsische Volkslieder, Sprichwörter, Rätsel, Zauberformeln und Kinderdichtungen. Hermannstadt: Steinhaussen 1865. XXIV, 556 p. 8 °.

Sztachovics, Remigius, Braut-Sprüche und Braut-Lieder auf dem Heideboden in Ungern. Gesammelt und geordnet. Wien: Braumüller 1867. 327 p. 8 °.

Thirring-Waisbecker, Irene, Volkslieder der Heanzen. Wien 1916. 40 p. 4 °. (S.-A. aus: Zeitschrift für österr. Volkskunde.)

Francisci, M., Trávnice. Turčiansky Sv. Martin. 1908. (Die Schnitterinnen. Volkslieder.) [Slowakisch.]

Lichard, Milan (Hrsg.), Šesť vencov zo slovenských národných piesni složenych v antickych stupniciach. Turč. Sv. Martin: Kniht. učast, spolok. (Sechs Kränze aus slow. Volksliedern.)

Slovenské spevy. Sbierka nápevov národnych piesni slovenskych. Tom. 1—3. Turč. Sv. Martin: Kniht. učast. spolok. (Slowakische Lieder-Sammlung von Melodien slow. Volkslieder,) [Slow.]

Slovenské Štvorspevy vydává Slovenský Spevokol. Turč. Sv. Martin: Kniht. učast. spolok. (Slowakisches Quartett, Hrsg. v. slow. Sängern.) [Slow.]

Salva, Karol, Národni Spevnik. Ružemberok 1897. (Volksliederbuch.) [Slowakisch.]

Škultéty, Joseph, Venec slovenských národnich piesní. Turčiansky Sv. Martin 1897. (Slowakischer Volksliederkranz.) [Slowakisch.]

Teslik, Joseph, Slovensky l'udový spevnik. Skalic 1904. (Slowakische Volkslieder.) [Slowakisch.]

Bollano, G. de, Ugro-russkija narodnija pjeszni sz prilozseniem ethnogr. karti Vengrii. St. Petersburg 1885. (Volkslieder d. Ruth. i. Ung.) [Russ.]

Bosković, Stepan, Bacwanske pjesme. Novi Sad 1862. (Volkslieder aus der Bácska.) [Serbisch.]

Krausz, F. S., Das Fräulein von Kanizsa. Guslarenlied. Bp. 1895. 8 °. (S.-A. aus: Ethnol. Mitt. aus Ungarn.)

Sibinjanin Janko u narodnim pesmama. Sa Slikom njegovom. U Novome Sadu, Br. Popovic 1900. 44 p. 8 °. (Johann Hunyadi in der südslawischen nationalen Dichtung.) [Serbisch.]

Vrabels, M., Uhro-ruski narodny spivanky. Bp.: Franklin 1900. (Ugrorussische [ruthenische] Volkslieder.) [Ruthenisch.]

Alexicĭ, G., Texte din literatura poporana română, Tom. I Poesia tradiţională. Bp.: Alexicĭ 1899. XV, 294 p. 8 °. (Texte der rom. Volksliteratur.) [Rom.]

Băncila, P., Colindele crăciunulni şi ai paştilor. Ca adaos colăcaritul sau vornicitul. Hermannstadt: Krafft 1911. 78 p. 8 °. (Weihnachts- und Hirtenlieder.) [Rum.]

Bartók, B., Cântece poporale romaneşti din comitatul Bihor (Ungaria). — Chansons populaires Roumaines du département Bihar (Hongrie). Bukarest: Acad. Română 1914. XXII, 360 p. 8 °.

[Bibicescu, J. G.], Poezii poporale din Transilvania. Bukarest 1893. LXIX, 511 p. 8 °.

Bud, Tit., Poezii poporale din Maramures. (Din vieta poporului român III.) Bucuresti 1908. Acad. roman. 86 p. 8 °. [Rumänisch.]

Budnariu Sălăuţanu, J., Musa Someşană. Doine, hove şi sative poporale române din giurul Năsendului. Arad: Tribuna 1901. 96 p. (Rumänische Doinen und Tänze.) [Rum.]

Călbază, T., Doine şi strigături de Wragoste. Ed. 10. Kronstadt: Ciurcu 1915. 44 p. 8 °. (Doinen und Tanzlieder aus W.) [Rum.]

Cioca, J., O sută şişase doine culese pe Pogonici. Kronstadt: Ciurcu 1908. 48 p. 8 °. (116 Doinen, gesammelt bei Viehtreibern.) [Rum.]

Epure, J., Poezii şi cântece din Bănat. Kronstadt: Ciurcu 1892. 96 p. 8 °.

Gruiaeni Novac, Legenda poporală. Kronstadt: Ciurcu 1912. 24 p. 8 °.

Hetcoŭ, Peter, Poezia poporală din Bihor. 1912. 94 p. (Belényeser Gymn.-Progr.) [Rum.]

Hodos, E., Poezii poporale din Bănat. Vol. 1—3. Hermannstadt 1892—1912. 1912. 22 p. [Rum.]

Hodos, E., Cântece Bănăţene. Caransebes 1898. 126 p. 8 °. (Biblioteca Noastră 11, 12.) (Lieder aus dem Banat.) [Rum.]

Hodos, E., Cântece cătăneşti. Caransebes [1898] 8 °. (Biblioteca Noastra Nr. 13.) (Soldatenlieder) [Rum.]

Jarnik, J. U. und A. Bârseanu, Doine şi strigaturi din Ardeal. Bukarest: Rum. Akademie 1885. XV, 528 p. (Dazu französ. Glossar.) (Siebenb. Doinen und Tanzlieder.) [Rum.]

Moldavan, S., Poeziile noastre poporale istorice. Kronstadt 1911. 42 p. 8 °.

Muntean, It., 100 doine şi strigaturi culese din gura soldaţilor rom. din Ţara Ardealului. Ed. 10. Kronstadt: Ciurcu 1909. 96 p. 16 °. (100 Doinen und Tanzlieder aus dem Munde siebenbürgisch-rumänischer Soldaten.) [Rum.]

Onisor, V., Doine şi strigături din Ardeal culese şi publicate intormaĭ cum ledice poporul. P. I. Jaşi: Şaraga S. a. 112 p. 8 °. (Doinen und Tanzlieder aus Siebenbürgen.) [Rum.]

Pintea Vitezul (Baladă poporală). Kronstadt: Ciurcu 1897. 24 p. 8 °.

Reteganu, J., 125 chiuturi de care strigă feciorŭ în joc adunate din popor. Gherla: Aurora 1908. 34 p. 8 °. (Tanzlieder.)

Russu, C. T. 164 strigături şi nituri culese de la frumoase jocuri poporale din Tinutul Zarandului. Kronstadt: Ciurcu 915. 44 p. 8 °. [Rum.]

Schuster, Wilh., Über das walachische Volkslied mit einer Auswahl erläuternder Beispiele. Sächsisch-Regen 1862. p. 3—28. (Gymnasial-Programm.)

Ţiplea, A., Poezii populare din Maramureş. Bukarest: Göbl 1906. 119 p. 8 °. (S.-A. aus An. Academici Române.)

Velcu, N. G., Colinde, cântări ocazionale la naşterea Domnului şi alte sărbători. Caransebes: Tipogr. Diecezane 1911. 30 p. 8 °. [Rum.]

Agathyrsus, Napocae Agathyrsorum. Bokila dem Lenoremythenkreis verwandte Volksballade der nordsiebenbürgischen Rom. (Zigeuner). Mündlicher Überlieferung entnommen und verdeutscht von —. 1901. 4 °.

Arpad, Marcel (Hrsg.), Zigeunererzählungen und Volksdichtungen in Versen. Übersetzt und eingeleitet. Halle a. d. S.: Hendel [1909]. XII, 84 p. 12 °.

Meltzl, H., Jile Romane. Volkslieder der ungar. Zigeuner. Originaltexte mit Verdeutschungen. Klausenburg 1878. 8 °.

Wlislocki, Heinrich, Eine Hildebrands-Ballade der transsilvanischen Zigeuner. Lpzg.: Friedrich 1880. 8 p. 12 °.

Wlislocki, Heinrich, Haideblüten. Volkslieder der transsilvanischen Zigeuner. Inedita, Originaltexte und Verdeutschungen. Lpzg.: Friedrich 1880. 47 p. 12 °.

Wlislocki, Heinrich, Volksdichtung der siebenbürgischen und südungarischen Zigeuner. Gesammelt und übersetzt. Wien: Graeser 1890. 431 p. 8 °.

G. Märchen, Sagen und Schwänke.

Dovsky, Beatrice v. [Pseud. Beatrice v. Vay], Märchenkranz aus der Ostmark. 12 Volksmärchen aus der österr.-ungar. Monarchie. Aus d. Originalen übersetzt. Stuttgart: Loewe 1912. 159 p. 8 °. Dasselbe. Volksausgabe. Ebd. 1912. 159 p.

Curtin, Jeremiah, Myths and folktales of the Russians, western Slavs., and Magyars. London: Sampson Low & Co. 1890. XXV, 555 p. 8 °.

Curtin, Jeremiah, Fairy tales of Eastern Europe. New-York: McBride, Nast. 1914. 259 p. 8 °.

Heller, Bernard, Variantes hongroises de „L'Estorm" et du „Prètre comporté". Paris 1906. 6 p. (Extrait de la Revue des traditions populaires.)

Hermann, A., Die Flutsagen der finnisch-ugrischen Völker. Braunschweig. 4 °. (S.-A. aus: Globus.)

Müller, Fr., Basme din Transilvania. Traduse de Elena Densuşianu. Bucureşti: Minerva 1914. 96 p. 8 °. (Siebenbürgische Märchen.) [Rum.]

Philipp, J., Sag n aus der Karpathenwelt. Neudorf (Igló) 1881. 8 °.

Smolle, Leo, Sagenbuch aus Österreich u. Ungarn. Sagen u. Volksmärchen aus den einzelnen Kronländern u. aus den Ländern der ungar. Krone. Der Jugend erzählt. Stuttgart: Levy & Müller 1911. XII, 217 p. 8 °.

Gepesényi, J., Die Sage von Beczkó. Pöstyén: Gipsz 1908. 18 p. 8°.

Jones, H. and Lewis L. Kropf (Ed.), The Folktales of the Magyars. Collected by Kriza, Erdélyi, Pap and others. Translated and edited with comparative notes. London: Folk-lore Society 1889. LXXII, 438 p.

Kisfaludy, A., Sagen aus der magyarischen Vorzeit. Pest 1863. 8 °.

Klimo, Michel, Contes et légendes de Hongrie. Paris: Maisonneuve 1898. 307 p. 16 °. (Les littératures populaires de toutes les nations 36.)

Orczy, Baronesse and Montagu Barstow (Ed.), Old hungarian fairy tales. London: Dean 1895. 96 p. 4 °.

Pogány, Nándor, The hungarian fairy book. Illus. by Willy Pogány. London: Unwin 1913. 300 p. 8 °.

Rona-Sklarek, Elisabeth (Hrsg.), Ungarische Volksmärchen. Ausgewählt übersetzt. Einleitung von A. Schullerus. Lpzg.: Dieterich 1901. XX, 300 p. 8 °. Neue Folge. Ebd. 1909. VIII, 313 p.

Rona-Sklarek, Elisabeth (Hrsg.), Ungarische Volksmärchen. 1—6. [Ausgewählt] und übersetzt. Bln. 1909. getr. p. (S.-A. aus der Zeitschrift des Vereins für Volkskunde in Berlin.)

Schumacher, Alex., Ungarske folkeeventyr. Kjöbenhavn: Det Reitzelske forlag 1894. (Ungarische Volksabenteuer.) [Dänisch.]

Swan, Anni, Unkari laisia kansansatnja. Lapsille suomeksi kertonut —. Porvoossa: Gödershöm (1904). 124 p. 8 °. [Finnisch.]

Bertleff, A., Bistritzer Sagen. (Mundartl.) Bistritz 1888. p. 22—38. (Gymnasial-Programm.)

Bünker, J. R., Schwänke, Sagen und Märchen in heanzischer Mundart. Lpzg.: Deutsche Verlagsaktienges. 1907. XVI, 436 p. 8 °.

Haltrich, Josef, Deutsche Volksmärchen aus dem Sachsenlande in Siebenbürgen. 2. verm. Aufl. Wien: Gräser 1882. XVI, 364 p. 8 °. 4. Aufl. Wien: Gräser 1885. VIII, 332 p. 8 °. (Siebenbürgisch-deutsche Volksbücher 2.)

Haltrich, Joseph (Hrsg.), Tiermärchen aus dem Sachsenlande in Siebenbürgen. Federzeichnungen von Franz Jüttner. Köln: Schaffstein o. J. 55 p. 8 °. (Schaffsteins Blaue Bändchen 126.)

Heitz, Andreas, Beiträge zum Frô-Mythus aus Mähren und Sitte der Deutschen in Siebenbürgen. Sächsisch-Regen 1870. 35 p. (Gymnasial-Programm.)

Müller, Friedr. (Hrsg.), Siebenbürgische Sagen. 2. Aufl. Wien: Gräser 1885. XXXVII, 404 p. (Siebenbürgisch-deutsche Volksbücher 1.)

Schuller, Friedr., Aus dem Märchen- und Sagenschatze der Siebenbürger Sachsen. Hermannstadt: Krafft 1895. 120 p. 8 °.

Dobšinsky, Pavel, Slovenské povesti. Banská Štiavnica 1861. (Slowakische Sagen.) [Slowakisch]

Dobšinsky, Pavel, Uvahy o slovenských poviestach. Turč. Sv. Martin 1871. (Abhandlungen über die slowakischen Volkssagen.) [Slowakisch.]

Kálal, K., Slovenské pohádky. 3. Aufl. Nymburk: Hrnčíř 1897. 76 p. 8 °. (Slowakische Märchen.) [Slowakisch.]

Loos, J., Zur Mythologie slovakischer Volksmärchen. Bistritz 1872. 9 p. (Gymnasial-Programm.)

Němcová, B., Slovenské pohádky a pověsti. Bd. 1—2. Prag: Kober 1890. (Slowakische Märchen und Sagen.) [Tschechisch.]

Němcová, B., Slovenské pohádky a pověsti. Prag: Laichter 1908. 322 p. 2. Aufl. Bd. 1—2. Prag: Rasín 1912—1914. (Slowakische Märchen und Sagen. [Tschechisch.]

Němcová, B., Vybrané pohádky slovenské. Karlín: Solč 1900. 252 p. 8 °. (Ausgewählte slowakische Märchen.) [Tschechisch.]

Krauß, Friedr. S[alomo], 1000 Sagen und Märchen der Südslaven. Gesammelt und verdeutscht. Lpzg.: Ethnolog. Verlag 1914. 444 p. 8°.

Wlislocki, Heinr., Märchen und Sagen der transsilvanischen Zigeuner. Bln.: Nicola 1886. XVIII, 139 p. 8°.

Wlislocki, Heinr., Vier Märchen der transsilvanischen Zeltzigeuner. Inedita, gesammelt, mit deutscher Übersetzung und Glossar. Bp. 1886. 23 p. 4°. (S.-A. aus: Ungarische Revue.)

Wlislocki, Heinrich, Märchen und Sagen der Bukowinaer und Siebenbürger Armenier. Hamburg: Verlagsanstalt 1892. VIII, 188 p. 8°.

H. Volksschauspiele.

Heinzel, Marcus, Deutsche Weihnachtsspiele in Ungarn.. Wien 1865.

Hartmann, Aug., Volksschauspiele in Bayern und Österreich-Ungarn mit vielen Melodien aus dem Volksmund aufgezeichnet v. Hyac. Abele. Lpzg.: Breitkopf & Härtel 1880. XVI, 608 p. 8°.

Schröer, K. J., Deutsche Weihnachtsspiele aus Ungern, geschildert und mitgeteilt. Neue (Titel-) Ausgabe. Wien: Braumüller 1862. VIII, 219 p. 8°.

I. Rätsel, Sprichwörter.

Meltzl, Hugo, Die Rätsel- und Vexierfragen der Széckler. Kolozsvár 1880.

Schlandt, Heinr., Deutsch-magyarisches Sprichwörter-Lexikon. Kronstadt: Kerschner 1913. 395 p 8°.

Schuller, Johann Karl, Zur Kunde siebenbürgisch-sächsischer Spottnamen und Scheltenamen. Sylvestergabe. Hermannstadt: Steinhaussen 1862. [1861.] 24 p. 8°.

Stockinger, Julius, Ungarische Sprichwörter in deutscher Sprache. 1. Stufe. Wien: Hartleben 1919. 36 p. 8°.

Záturecky, A. P., Slovenské příslovi. Prag 1897. (Slowakische Sprichwörter.) [Tschechisch.]

Zipser, J., De adagiis proverbiisque dictionario Alberti Molnár inspersis. Bp.: Athenaeum 1897. 8°.

Haltrich, Josef, Deutsche Inschriften aus Siebenbürgen. Ein Beitrag zur epigrammatischen Volks-Poesie der Deutschen. Hermannstadt: Filtsch 1867. 52 p. 8°.

II Nationalitäten.

A. Allgemeines.

Dominian, Leon, The frontiers of language and nationality in Europe. New-York 1917.

L'*Europe orientale,* son état présent, sa réorganisation; avec deux tableaux ethnographiques et politiques et une carte. Tchèques, Polonais, Magyares, etc. Paris: Germer Baillière 1873. XV, 235 p. 8°.

Grant Duff, Sir Mountstuart Elphinstone, Studies in European politics. Edinburgh 1866. 8°.

Lazar, Aurel., Chestiunea de nationalitate 1914. (Nationalitätenfragen.) [Rumänisch.]

Polith, M[ichael], Die Nationalität und ihre staatsrechtliche Begründung. 1862.

Schücking, Walther, Das Nationalitätenproblem. Dresden: Zahn & Jaensch 1908. 79 p, (Neue Zeit- und Streitfragen.)

Steinmetz, S. R., Die nationaliteiten in Europa. Eene sociographische en politische studie. Zuid- en Ost-Europa. Amsterdam: van Lovy 1920. (Die Nationalitäten in Europa.) [Holländisch.]

Sztern, M., Die Lösung der Nationalitätenfrage. Zürich 1917.

Türr, Steph., le général, La question des nationalités. Paris 1867. 16 p.

B. Österreich-Ungarn.

Auerbach, Bertrand, Les races et les nationalités en Autriche-Hongrie. Paris: Alcan 1898. 340 p. 8°. — 2. éd. ibid. XXI, 496 p. (Bibliothèque d'histoire contemporaine.)

Charmatz, Richard, Österreich als Völkerstaat. Wien-Lpzg.: Fromme 1918. 92 p. 8°. (Österreichische Bücherei 3.)

Drandar, Antoine G., La situation des slaves et des roumains en Autriche-Hongrie. Les croates. Paris: Falk fils 1900. 136 p. 8°.

Ghein, J. van d., Les populations Danubiennes. Bruxelles 1886. 8°.

Goll, Jaroslav, Der Haß der Völker und die österreichischen Universitäten. Prag: Bursik und Kohout 1902. 31 p. 8°.

Gumplowicz, Ludwig, Das Recht der Nationalitäten und Sprachen in Österreich-Ungarn. Innsbruck: Wagner 1879. 329 p. 8°.

Guttmann, B., Österreich-Ungarn und der Völkerstreit. Frankfurt: Sozietätsdruckerei 1918. 85 p. 8 °.

Helfert, Joseph Alexander Frhr. v., Trias, 3 Aufsätze als Ms. für politische Freunde. Wien: Faesy 1884. 70 p. 8 °.

Henry, René, Des monts de Bohème au golf Persique (le suffrage universel en Autriche; la Crise hongroise etc.) Préf. de Anatole Leroy-Beaulieu. Paris: Plon & Nourrit 1908. 16 °.

Hickmann, A. L., Sprachen-Atlas. Ein Beitrag zur Nationalitäten- und Sprachenfrage in Österreich-Ungarn. 6 Karten nebst erläut. Text. S.-A. aus: Taschen-Atlas von Österreich-Ungarn. Wien: Freytag & Berndt 1900. 6 Karten und 4 p. Text.

Hotowetz, Rud., Das österreichische Staatsproblem. Prag 1915.

Hungarus [Ladislaus Gorove], Die Sprachenfrage der Armee und der Dualismus. 1906.

Járay, Gabriel Louis, Les nationalités en Autriche-Hongrie. Paris: 19 rue Bonaparte 1902. 8 °.

Laporte, de la Porte D., De la situation intérieure en Autriche-Hongrie. Des parties politiques et nationalistes, tant en Hongrie qu'en Autriche; de leurs aspirations, de leur composition et de leurs objectifs. Bruxelles: Société belge de librairie 1897. 8 °. (Extrait de la Revue générale.)

Le Monnier, Sprachenkarte der österr.-ungar. Monarchie. Wien: Hölzel 1889.

Montferrier, H. G., Voyage de fantaisie politique en Autriche-Hongrie, en Serbie et en Bulgarie. Paris: Levy 1885. 12 °.

Odstrčil, Ludw., Magyaren und Böhmen. Betrachtungen über Österreich-Ungarn. Prag: Valečka 1856. 55 p. 8 °.

Die neue Lage in Österreich und die Deutschen. Graz 1917.

Die österreichische Frage. Antwort auf die Scotus-Viator-Broschüre. Von einem Deutsch-Österreicher. Lpzg.: Fritsch 1908. 24 p. 8 °.

Poinz [Heinrich Schmidt], Staat oder Nationalität? Eine österreichische Studie. Lpzg. 1867. 8 °.

Ritter, Alb., Autonomie? Zur Frage der Neugestaltung Österreichs. Graz 1916.

Salata, F., La nazionalita in Austria-Ungheria. Roma: Nuova Antologia 1903. p. 568—589.

Samassa, Paul, Der Völkerstreit im Habsburger Staat. Lpzg.: Dietrich 1910. IV, 181 p. 8 °.

Schierbrand, Wolf v., Austria-Hungary the polyglot empire. New-York: Stokes 1917. VII, 352 p. 8 °.

Schwarzemberg, Karl, Kann sich die österr.-ungar. Armee den Einflüssen der Nationalitätenkämpfe entziehen? München: Lehmann 1898. 24 p. 8 °.

Die Sprachen- und Nationalitätenfrage in Österreich von einem Romanen. Wien: Gerold 1860.

Treutin-Umlauft, Wandbilder der Völker Österreich-Ungarns. Wien: Pichler 1898. 39 p.

Weißkirchen, Simon, Die Sprachenfrage in der österr.-ungar. Monarchie. 1886.

Witek, Anny, Interessante Enthüllungen aus k. k. Zeiten im alten Österreich. München, Lpzg.: Linda-Verlag [1919]. 73 p. 8 °.

Witte, Jean baron de, Des Alpes bavaroises aux Balkans. Paris: Plon & Nourrit 1903. 16 °. (Conflit des nationalités austro-hongroises p. 414—434.)

C. Ungarn.

Ältere und neuere Magyarisierungsversuche in Ungarn. Prag 1876.

Asbóth, Joh., Über die Grenzen der Berechtigung des Nationalitäten-Prinzipes. Pest 1869.

Beleuchtung des Gesetzentwurfs d. Ungarischen Unterhaus-Kommitées zur Nationalitätenfrage. Wien: Mechitharisten-Buchdruckerei o. J. 11 p. 8 °.

Berán, O., Zur Lösung der Nationalitätenfrage in Ungarn. Ungar. Weißkirchen 1899. 8 °.

Chwolson, O. D., Hegel, Haeckel, Kossuth und das zwölfte Gebot. Braunschweig: Vieweg 1906. 90 p. 8 °.

Comité des Trois Nationalités. La question des trois nationalités en Hongrie. Compte rendu du meeting tenu le 11 juillet 1896 à la salle Wagram à Paris, sous la présidence de M. Emile Flourens. Discours prononcés, télégrammes, lettres d'adhésion et articles de journaux concern. le meeting. Paris: Impr. de la cour d'Appel 1896. 2 Tab., 104 p. 8 °.

Pázmándy, D[énes], Réponse à M. Flourens. Paris 1896. 13 p. 8 °.

Draghicescu, D., The future of the peoples in Hungary. London 1905.

[Eisler, Ignaz], Die Nationalitätenfrage und die ungarische Reichsidee. Bp.: Ráth 1908. 73 p. 8 °.

Eötvös, Josef, Die Nationalitäten-Frage. Übersetzt von Max Falk. Bp.: Ráth 1865. XI, 192 p. — 2. Ausg. 1888. X, 192 p. 8 °.

Eötvös, Josef, Chestiunea de naţionalitate. Traducere de Sever Bocu. Arad: Nichin 1906. 169 p. 8 °. [Rumänisch.]

Filtsch, Jos. Wilhelm, Zur Sprachenfrage in Ungarn. Kronstadt: Gött 1885. (S.-A. aus der Kronstädter Zeitung.)

Heinze, Rudolf, Hungarica. Eine Anklageschrift. Freiburg i. B.: Mohr 1882. 128 p. 8 °.

Heinzes Anklageschrift Hungarica im Lichte der Wahrheit. Preßburg: Stampfel 1882. 151 p.

Deutsche Wahrheiten und Magyarische Entstellungen. Eine Entgegnung auf die offiziöse Broschüre: Dr. Heinzes Anklageschrift ,Hungarica' im Lichte der Wahrheit. Lpzg.: Wigand 1882. IV, 195 p. 8 °.

Hevesy, André de, Nationalities in Hungary. London: Unwin 1919. 247 p. 8 °.

La Hongrie, ses nationalités, son avenir. Paris: Dentu 1878. 72 p. 8 °.

Jászi, O., Les tendences de la politique hongroise envers les nationalités. 1909.

Jászi, Oskar, Narodnosno pitanje i budućnost ugarska. Novi Sad 1912. 8 °. (Die Nationalitätenfrage und die Zukunft Ungarns.) [Serbisch.]

Karácsonyi, John de, The formation of the nationalities in Hungary. Berne: (Hungarian territorial integrity league.) 20 p. 8 °.

Keleti, Karl, Ungarns Nationalitäten auf Grund der Volkszählung d. J. 1880. Bp.: Franklin 1882. (S.-A. aus d. Ungarischen Revue.)

Kossuth, Luigi, Trogetto di organizzazione politica dell' Ungheria. La questione della nationalità, prese in considerazione de L. K. a Kuteya. Con pref. del colonele Stefano Türr. Milano: Tipografia Guiglelmini 1860. 40 p.

Kovács, A., Autenticité des données du recensement hongrois relatives aux langues maternelles. Bp. 1919.

Kovács, A., The authenticity of the Hungarian census on the data of the mother-longue. Bp. 1918.

Leipen, Eduard, Die Sprachgebiete in den Ländern der ungarischen Krone. Wien 1896. 56 p.

Löher, Franz v., Die Magyaren und andere Ungarn. Lpzg.: Fues 1874. XVI, 451 p. 8 °.

Löher, Franz v., Vom Sprach- und Völkerstreit in Ungarn. Hermannstadt 1873.

Ludolf, Karl, Der Sprachen- und Völkerkampf in Ungarn. Lpzg.: Mutze Osvald 1882. 88 p. 8 °.

McLanahan, Samuel, Our people of foreign speech. 2. ed. New York 1906. (Nationalities in Hungary p. 28—58.)

Máday, André de, Lettre ouverte à M. Björnstjerne-Björnson au sujet de „l'Oppression magyare". Paris: Giard & Brière 1908. 8 °.

Magyary, Géza, Règlement de procédure relative à la protection des minorités. [Bp. 1920.]

Mailáth, Jos. Graf, Hungaricae res. I. Die Nationalitäten in Ungarn. II. Ungarn u. Österreich. III. Ungarn u. Kroatien. Bln.: Walther 1908. XII, 95 p. 8 °.

Mailáth, Joseph Count, A vindication of Hungary; a reply to Scotus Viator and other Writers. London: Polsue (1909). 38 p. 8 °.

Národnostní otázka v Uhrách. Brünn. (Nationalitätenfrage in Ungarn.) [Tschechisch.] (Verboten.)

Nationalism in Hungary from the business point of view. By Veridicus. London 1909.

[Nedeczky, Stephan Karl], Eine Stimme über den Nationalitäten-Gesetzentwurf beim Pester Reichstage. V. Stef. Karl N . . . y. Trenchin: Starnitzel 1867. 26 p.

Neugeboren, Emil Jul., Die Nationalitätenpolitik Koloman von Szélls. Fünf Aufsätze. Hermannstadt: Drotleff 1901. (S.-A. aus: Siebenbürgisch-deutsches Tageblatt.)

Noch ein Wort zur Lösung der Nationalitätsfrage in Ungarn. Pest 1866. 29 p. 8 °.

Ortloff, Herm., Das Magyarentum in Ungarn im Kampfe um den Nationalstaat. Lpzg.: Luckhardt 1904. XVI, 246 p. 8 °.

Popovici, C. Aurel, Chestiunea de naţionalitate şi modrurile soluţiunii sale în Ungaria . . . 1894. (Nationalitätenfragen und die Arten ihrer Lösung in Ungarn.) [Rumänisch.]

Porubsky, D., Ungarns Nationalitäten und Politik. Preßburg: Heckenast 1896. 20 p. 8 °.

Scotus Viator, Národnostní otázka v Uhrách. Brünn 1913. (Die Nationalitätenfrage in Ungarn.) [Tschechisch.]

[Seton-Watson, R. V.], pseudonym Scotus Viator, Politische Verfolgungen in Ungarn. Wien: Stern 1908. 23 p. 8 °.

[Seton-Watson, R. W.], pseudonyme Scotus Viator, La persécution politique en Hongrie. Paris: Cornély 1908. 48 p. 12 °.

[Seton-Watson, R. W.], Political persecution in Hungary. By Scotus Viator. London: Constable 1908. 8 °.

[Seton-Watson, R. W.], Racial problems in Hungary. By Scotus Viator. London: Constable 1908. XXVII, 540 p. 8 °.

Slovak National Committee. Count Albert Apponyi, the so-called Angel of peace and what he stands for in Hungary. Cleveland 1911.

Statesku, Joh., Salvarea Ungariei prin pacea cu Naţionaliţatile. Caracal (Rumänien): Jorga 1910. (Die Rettung Ungarns durch den Frieden mit den Nationalitäten.) [Verboten.]

Széll, [Kálmán], Rede des Ministerpräsidenten K. v. Sz. in der Nationalitätenfrage. 1900.

Timon, Ákos, Hungary. Papers in inter racial problems, ed. Spiller. London 1911.

Veöreös, Eug. v., Nemzeti könyv. Nationalbuch über die Berechtigung und Ausdehnung der ungar. Nationalansprüche. Raab: Pannonia 1903. 237 p. 8 °.

Vincenty, Charles, Les nationalités en Hongrie. 3. éd. augm. d' une carte éthnogr. Genève: Atar 1918. 222 p. 8 °.

[Wolf, Carl.] Magyarisierung in Ungarn. Nach den Debatten des ungar. Reichstages über den obligaten Unterricht der magyarischen Sprache in sämtlichen Volksschulen. München: Ackermann 1879. VII, XXVI, 486 p. 8 °.

Zay, Karl Graf, Die ungarische Frage im wahren Lichte. Pest: Ráth 1864. 12 p. 8 °.

D. Einzelne Völker.

Ungarn.

Bartucz, L., Die Körpergröße der heutigen Magyaren. Braunschweig (1915). 18 p. 4 °. (S.-A. aus Archiv für Anthropologie.)

Codex Bandinus. Memoriu asupra scrierei lui Bandinus dela 1646. Urmată de textă însoţită de acte şi documente de V. A. Urechia. Bucureşti: Göbl 1895. CLXXIII, 161 p. 8 °. (C. B., Denkschrift über die Schriften des B. v. J. 1646.) (Über den Zustand der ungar. Dörfer in der Moldau im 17. Jh.) [Rum.]

Győrffy, St., Das Ungartum im Tale der Schwarzen Kőrös. (Siedelungskundliche Studie.) Bp.: Fritz 1914. 42 p. 8 °. (Aus: Földrajzi Közlemények.)

Hermann, Otto, Urgeschichtliche Spuren in den Geräten der ungarischen volkstümlichen Fischerei. Bp.: Kilián 1885. 45 p. 8 °.

Hunfalvy, Paul, Die Ungarn oder Magyaren. Ins Deutsche übertragen von J. H. Schwicker. Lpzg.: Haessel 1881. 254 p. 8 °.

Jancsó, Benoit de, Les Sicules. Étude historique et ethnographique. Bp.: Hornyánszky 1921. 48 p.

Jancsó, Benoit de, The Székelys. A historical and ethnographical essay. Bp.: Hornyánszky 1921. 47 p.

Jankó, Joh., Magyarische Typen. I. Serie: Die Umgebung des Balaton. Bp., Lpzg.: Hiersemann 1900. Mit 24 Taf. 9 p.

Jankó, Joh., Die Magyaren (Székler) von Torda. Bp.: Révai 1893. 296 p.

Jankó, J(ohann), Die Herkunft der magyarischen Fischerei. Bp. 1900.

Irvine, Alex., The Magyar. A story of the social revolution. Kansas: Girard 1911. 277 p.

Papp, [J. V.] et J. Erdélyi, Les Magyars, peints par eux mêmes. Préface de Pertinax. Paris-Nancy: Berger-Levrault 1991. XIV, 141 p. 16 °.

Polek, Johann, Die magyarischen Ansiedelungen Andreasfalva, Hadikfalva und Joseffalva in der Bukowina. Czernowitz: Pardini 1899. 42 p. 8 °. (S.-A. aus: Czernowitzer Zeitung.)

Pucikovics, J., Vengerci. (Iz narodovjedenija.) Petersburg 1897. 8 °.

Roemhild, Willy, Magyaren. Dresden 1899.

Sirelius, U. T., Über die Sperrfischerei bei den finnisch-ugrischen Völkern. Lpzg.: Harrassowitz 1906. 486 p. 4 °. (S.-A. aus Matériaux et recherches ethnogr. de la société finno-ougrienne.)

Wlislocki, Heinr. v., Aus dem Volksleben der Magyaren. Ethnologische Mitteilungen. München: Huttler 1893. X, 183 p. 8 °.

Wlislocki, Heinr. v., Die Székler und Ungarn in Siebenbürgen. Hamburg: Verlagsanstalt 1891. 39 p. 8 °. (Sammlung gemeinverst. wiss. Vorträge.)

Deutsche.

Le Monnier, Franz, Verbreitung der Deutschen in Österreich-Ungarn nach der Volkszählung vom 31. Dez. 1880. Wien 1885. [Landkarte.]

Schwicker, Johann Heinrich, Die Deutschen in Ungarn und Siebenbürgen. Wien u. Teschen: Prochaska 1881. IV, 512 p. (Die Völker Österreich-Ungarns Bd. 3.)

Hecht, L., Les colonies lorraines et alsacciennes en Hongrie. Nancy 1879. 54 p.

Kliegl, Theodor, Die Gründler. Eine Entdeckungsreise in das Ländchen der Mántáken. Bp.: Rózsa 1894. 189 p. 8 °.

Weber, Arthur, Die Zipser Deutschen. Bln.: Ver. f. d. Deutscht. i. Ausland 1919. 21 p. 8 °. (Schriften z. Selbstbestimmungsrecht der Deutschen 5.)

Weber, Rudolf, Hopgarten. Ein populärer Beitrag zur Zipser Volkskunde. Késmárk 1911.

Stepan, Eduard (Hrsg.), Burgenland. Festschrift aus Anlaß der Vereinigung des Landes der Heidebauern und der Heinzen mit Deutsch-Österreich. Oedenburg 1921.

Thirring-Waisbecker, J., Zur Volkskunde der Hienzen. Bp. 1897. 18 p. 4 °. (S.-A. aus Ethnolog. Mitt. aus Ungarn, Bd. V.)

Famler, Gustav Adolf, Torzsa und seine Ansiedlung. Neusatz: Pajevits 1884. 134 p. 8 °.

Köhl, W., Die deutschen Sprachinseln in Südungarn und Slavonien. Innsbruck: Wagner 1902. 100 p. 8 °.

Milner, Emanuel, Schwäbische Kolonisten in Ungarn. Bln.: Habel 1880. 32 p. 8 °. (Deutsche Zeit- und Streitfragen 142.)

Müller-Guttenbrunn, Adam, Deutsches Leben in Ungarn. Lpzg.: Insel-Verlag 1916. 8 °. 83 p. [1916.] (Österreichische Bibliothek 18.)

Fronius, Franz Friedrich, Bilder aus dem sächsischen Bauernleben in Siebenbürgen. Ein Beitrag zur deutschen Kulturgeschichte. Wien: Gräser 1879. 2. veränd. Aufl. Ebd. 1883. 3. Aufl. Ebd. 1885. (Siebenbürgisch-deutsche Volksbücher III.)

Gaßner, J. M., Aus Sitte und Brauch der Mittersdorfer. Bistritz 1902.

Haltrich, Jos., Zur Volkskunde der Siebenbürger Sachsen. Kleinere Schriften. In neuer Bearbeitung hrsg. v. Wolff. Wien: Gräser 1885. 535 p. 8 °.

Kirchhoff, A. (Hrsg.), Beiträge zur Siedelungs- und Volkskunde der Siebenbürger Sachsen. Stuttgart: Engelhorn 1895. 190 p. 8 °. (Forschungen zur deutschen Landes- und Volkskunde, Bd. 9.)

Leonhardt, Joh., Siebenbürgisches Kleinleben. Geschichten und Gestalten. Hermannstadt: Krafft 1912. III, 136 p. 8 °.

Möckel, Christian, Die Durlacher und Hanauer Transmigranten in Mühlbach. Sächsisch-Regen 1884. 32 p. (Gymn.-Progr.)

Müller-Langenthal, Friedr., Die Siebenbürger Sachsen und ihr Land. Buchschmuck v. Jos. Windisch. Dresden: Heimat u. Welt-Verlag 1912. 176 p. 8 °.

Richter-Wilkau, Die Siebenbürger Sachsen. Halle: Ev. Bund 1908. 25 p. 8 °. (Wartburghefte.)

Das sächsische Burzenland. Bd. 1. Kronstadt 1898. 8 °.

Schiel, Albert, Die Siebenbürger Sachsen. Prag: Deutscher Verein 1886. 24 p. 8 °. (Sammlung gemeinnütziger Vorträge.)

Teutsch, Fr., Die Siebenbürger Sachsen in Vergangenheit und Gegenwart. Lpzg. Köhler 1916. XIII, 350 p. 8 °. (Schriften zur Erforschung des Deutschtums im Ausland, Bd. 1.)

Teutsch, Friedr., Siebenbürgisch-sächsische Bauern in alter Zeit. Hermannstadt: Drotleff 1876. (S.-A.)

Wattenbach, W., Die Siebenbürger Sachsen. 2. verm. Aufl. München: Bassermann 1882.

Wenzelides. Otto, Von den Deutschen Siebenbürgens. (Mit Abbild.) Troppau 1908.

Wlislocki, Heinrich, Sitte und Brauch der Siebenbürger Sachsen. Hamburg: Verlagsanstalt u. Druckerei 1888. 36 p. 8 °.

Wittstock, O., Volkstümliches der Siebenbürger Sachsen. Stuttgart: Engelhorn 1895. 62 p. 8 °. (Forschungen zur deutschen Landes- und Volkskunde.)

[Baußnern, Guido v.], Das Erwürgen der deutschen Nationalität in Ungarn: Vorw. v. Franz Löher. München. Ackermann 1874. XI, 59 p. 8 °.

Bedeus, Gust., Antrag betreffend die Siedlungsaktion der Siebenbürger Vereinsbank. Hermannstadt: Roth 1916. 7 p.

[Bedeus, Jos. Baron], Das sächsische Nationalvermögen. Eine rechtsgeschichtliche Studie. Hermannstadt 1871. 41 p. 8 °.

Bergner, Rudolf, Die deutschen Kolonien in Ungarn. Weimar: Geogr. Institut 1887. 42 p. 12 °.

Bergner, Rudolf, Die Frage der Siebenbürger Sachsen. Mit einer Sprachenkarte v. Siebenbürgen von J. J. Kettler. Weimar: Geographisches Institut 1890. 43 p. (Kolonial-Bibliothek 1.)

Bleyer, Jakob, Das ungarländische Deutschtum. Bln.: Paetel 1917. p. 350—357. (S.-A. aus Deutsche Rundschau.)

Braunschweig, M[ax], Vom Deutschtum in Ungarn. Wien: Mitschke 1905. 59 p. 8 °.

Bruckner, Wilh., Beleuchtung der dem hohen Abgeordnetenhaus in Pest überreichten Denkschrift der angeblich zum Königsboden gehörigen Gemeinden der sogenannten Filialstühle Szelistye und Talmatsch wegen Regelung ihrer staatsrechtlichen Verhältnisse. Hermannstadt: Krafft 1869.

Capesius, V., Zur Lage der Siebenbürger Sachsen. 2. Aufl. München 1878.

Debatte vom 27. Januar 1882 im ungarischen Abgeordnetenhaus über die deutsche Bewegung. Hermannstadt 1882. 8 °.

Die deutsch-evangelischen Mittelschulen in Siebenbürgen und die denselben drohende Gefahr. Eine Rechts- und Kulturfrage. Lpzg.: Wigand 1880. 119 p. 8 °.

Deutsch-Ungarn. Mitt. d. Vereins zur Erhaltung d. Deutschtums in Ungarn. Seit 1911. Wien: Selbstverl.

Deutsche Erklärungen aus Siebenbürgen. Hermannstadt: Michaelis 1882. 119 p. 8 °.

Die Deutschen in Ungarn und Siebenbürgen und der „Deutsche Schulverein". Hermannstadt: Michaelis 1882. 211 p. 8 °.

Das Deutschtum in Österreich und Ungarn jetzt von Treumund. Hrsg. von Karl Pröll. Lpzg.: Gracklauer 1885. 28 p. 8 °.

Elvert, Christian v., Zur Geschichte des Deutschtums in Österreich-Ungarn. Mit besond. Rücksicht auf die slavisch-ungarischen Länder. Brünn: Winiker 1884. XX, 816 p. 8 °. (Schriften der historisch-statistischen Sektion der mähr.-schles. Gesellschaft.)

English, Mich. (etc.) [Red.], Sächsisches Wehr- und Mehrbuch. Ein Volksbuch. Hrsg. v. —, Rud. Schuster u. Heinr. Siegmund. Mediasch 1914. 307 p.

Die Erklärungen der Hermannstädter und Kronstädter deutschen Wähler vom 16. April 1882. Hermannstadt 1882.

Frank, Peter Jos., Gegenwart und Zukunft der Siebenbürger Sachsen. Hermannstadt: Drotleff 1892. 368 p. 8 °.

Fuchs, Karl, Das Eigentum der deutschen Stämme Ungarns und ihr Verhältnis zum Madjarentum. 6 p.

Halász, Alexander, Was der Schulverein will. Bp.: Révai 1882. 30 p. 8 °.

Was der Schulverein will. Eine Entgegnung auf A. Halász: Was der Schulverein will. Hermannstadt: Drotleff 1882.

Herfurth, Franz, Aus Heimat und Ferne. Vorträge. Wien: Gräser 1898. VI, 116 p. 8 °.

Herwig, Georg Schönerer und die Entwicklung des Alldeutschtums in der Ostmark. Ein Lebensbild. Bd. 1—2. Wien: Alld. Ver. f. d. Ostm. 1912—1913. 8 °.

Hoch, Karl, Die Entwickelung unserer Politik seit 1848. (Im Rahmen eines polit. Lebensbildes Jos. Gulls.) Schäßburg: Horeth 1899.

Ein juridisch-politisches Charakterbild, getreu nach dem siebenbürgischen Leben gezeichnet von einem Unbefangenen. Hermannstadt 1868. 8 °.

Kaindl, Raim. Friedr., Die Deutschen in den Donauländern u. ihren Nachbargebieten. Ein Sendschreiben an Deutsche u. Nichtdeutsche. Frankfurt:

Hamm, Breer & Thiemann Verlag 1919. p. 197—224. (Frankfurter zeitgemäße Broschüren, Bd. 38, H. 10—11.)

Kaindl, Raim. Friedr., Die Deutschen in Osteuropa. Lpzg.: Klinkhardt 1916. VI, 104 p. (Bibliothek des Ostens.)

Kaindl, Raimund Friedr., Deutsche Siedlung im Osten. Bln.-Stuttgart: Deutsche Verlagsanstalt 1915. 40 p. 8 °. (Der deutsche Krieg, H. 34.)

Kampf der Siebenbürger Sachsen für die Überreste des Feudalwesens. Bp. 1874. 8 °.

Koch, Jos., Sendbriefe an unsere Deutschen. Baden: Neusati 1885.

Korn, Arth., Die Deutschenverfolgung in Ungarn. München: Lehmann 1903. 92 p. 8 °. (Der Kampf um das Deutschtum 20.)

Korodi, Lutz, Deutsche Vorposten im Karpathenland. Bln.: Paetel 1908. 107 p. 8 °. (Paetels Bücherei 2.)

Kraushaar, Karl, Die deutschen Ansiedler in Ungarn. Temesvár: Der Landbote 1918. 19 p. 8 °.

[Kubinyi, Zsigm.], Das Deutschtum in Ungarn. Einige Worte zur Aufklärung von einem Stock-Magyaren. Bln.: Mosse 1882. 44 p. 8 °.

Ledersteger, A. P. Baron, Das Schwinden des Deutschtums in Österreich 1882.

Löw, Wilhelm, Das von einer gewissen Grenze herab unteilbare sächsische Bauerngut vom rein nationalen Standpunkte betrachtet. Hermannstadt: Steinhaußen 1863. 16 p. 8 °.

Magyaren und Sachsen 1848—1911. Ein polit. Leitfaden f. Deutsche. Lpzg.: Dietrich 1912. VI, 100 p. 8 °.

[Mayer, Maritta], 14 Jahre der gräßlichsten Existenz einer preuß. Familie unter den Siebenbürger Sachsen. (1879—93.) Als Ms. gedr. Kronstadt 1893. 100, 307 p.

Meltzl, Oskar v., Die Stellung der Siebenbürger Sachsen in Ungarn. Hermannstadt: Schmiedicke 1878. 72 p. 8 °.

Persz, Adf., Die Nationalitätenfrage in staatsethischem Lichte. Kritik der Flugschrift „Die Stellung der Siebenbürger Sachsen in Ungarn" v. Oskar v. Meltzl. Hermannstadt: Schmiedicke 1879. 76 p. 8 °.

Milner, Eman., Schwäbische Kolonisten in Ungarn. Vortrag. Bln.: Habel 1880. 32 p. 8 °. (Deutsche Zeit- und Streitfragen, H. 142.)

Müller, Georg (Hrsg.), Beiträge z. Verfassungs- u. Verwaltungsgeschichte der Deutschen in Ungarn. Im Auftrage d. Vereins f. siebenbürgische Landeskunde hrsg. v. Georg Müller. Hermannstadt: Michaelis 1912.

Müller-Guttenbrunn, Adam, Deutsche Kulturbilder aus Ungarn. 1. u. 2. Aufl. Lpzg.: Meyer 1896. 184 p. 8 °.

Müller-Guttenbrunn, Adam, Deutsche Sorgen in Ungarn. Studien und Bekenntnisse. Wien: Strache 1918. 170 p. 8 °.

Müller-Guttenbrunn, Adam, Götzendämmerung. Ein deutsches Kulturbild aus Ungarn. Mit Buchschmuck von Alfred Keller. Neue durchges. Ausg. 10. u. 11. Taus. Lpzg.: Staackmann 1914. V, 337 p. 8 °.

Müller-Guttenbrunn, Adam (Hrsg.), Ruhmeshalle deutscher Arbeit in der österr.-ungar. Monarchie. Stuttgart: Deutsche Verlags-Anstalt 1916. VII, 524 p. 22 T. 4 °.

Nabert, H., Die Bedrängnis des Deutschtums in Österreich-Ungarn. Stuttgart: Lutz 1894. 46 p. 8 °.

Neményi, Ambros., Hungaricae res. Ein Kommentar zu dem „Aufruf" und zu dem „Offenen Schreiben" des Allgemeinen Deutschen Schulvereins in Angelegenheit der Unterdrückung der Deutschen in Ungarn und Siebenbürgen. 2. verm. Aufl. Bp.: Aigner 1882. 40 p. 8 °.

Die wahren Hungaricae res. Eine Entgegnung auf die Druckschrift Hungaricae res von Ambros Neményi. Hermannstadt 1882. (Aus: Siebenbürg.-d. Tagebl.)

Neugeboren, Emil, Über die Siebenbürger Sachsen. Hermannstadt 1898.

Pflug, Jul., Beitrag zur Beurteilung der Deutschen Südungarns in ihrer Haltung. Pancsova: Wittigschlager 1882. 41 p. 8 °.

Die Preß-Prozesse gegen die Redakteure deutscher Zeitungen in Südungarn. Bln.: Herm. Walther 1902. 20 p. 8 °.

Der Preßprozeß gegen das „Siebenbürgisch-Deutsche Tageblatt" am 29. Jan. 1878. Hermannstadt 1878.

Pröll, Karl, Die Kämpfe der Deutschen in Österreich um ihre nationale Existenz. Dresden: Pierson 1887. 79 p. 8 °. 3. Aufl. Bln.: Lüstenöder 1890. 149 p. 8 °.

Pröll, Karl, Vergessene deutsche Brüder. Wanderungen im „Sachsenlande" Siebenbürgens. Lpzg.: Reclam [1887]. 124 p. 16 °.

Radó, Samuel, Das Deutschtum in Ungarn. Einige Worte zur Aufklärung von einem Stockmagyaren. Bln.: Puttkammer & Mühlbrecht 1903. 95 p. 8 °.

Reißenberger, Karl, Die deutschen Besiedlungen Siebenbürgens in älterer und neuerer Zeit. Graz 1906. 19 p. 8 °.

Révai, [Mor.] u. Rud. Eucken, Die deutsche Sprache in Ungarn. Briefwechsel. Breslau: Schottländer 1916. 10 p. 8 °. (Aus: Nord und Süd.)

Rittinger, Eduard, Die Banater Schwaben. Hermannstadt: Krafft 1900. 16 p. 8 °. (S.-A. aus: Akademische Blätter.)

Roquencourt, Guy de, La question de Transylvanie. Lausanne 1919. (Extrait de la Revue politique internat.)

Rohmeder, Wilh., Das Deutschtum in Zipsen. München: Ackermann. p. 80—108.

Roth, Steph. Ludw., Der Sprachkampf in Siebenbürgen. Eine Beleuchtung des Woher und Wohin. 2. Aufl. Hermannstadt: Drotleff 1896. VIII, 77 p. 12 °.

Rudloff, Ernst, Die deutsche Not in Ungarn. Eine Denkschrift f. d. deutsche Volk. Bln.: Verein f. d. Deutschtum im Ausland [1918]. 67 p. 8 °.

Sächsische Universität. Protokolle über die Verhandlungen der Generalversammlung der sächsischen Universität und der Siebenrichter in Hermannstadt. Hermannstadt: Reißenberger 1884. XXII, 105 p.

Sächsische Universität. Verhandlungsprotokolle der Generalversammlung der sächsichen Universität und der Siebenrichter vom 15. Sept. bis 5. November 1884. Hermannstadt: Steinhaussen 1885. XVIII, 240, 96 p.

Sächsische Universität. Die pro 1902/3 erstatteten Jahresberichte der Gewerbeschulkommission und Direktionen der unterstützten Gewerbe-Lehrlingsschulen. 1903.

Sächsische Vereine. Festschrift der sächsischen Vereine anläßlich ihrer Tagung in Schäßburg. Schäßburg: Krafft 1910. 146 p. 8 °.

Schröer, Karl Julius, Die Deutschen in Österreich-Ungarn und ihre Bedeutung für die Monarchie. Vortrag. Bln.: Habel 1879. 32 p. 8 °. (Deutsche Zeit- und Streitfragen 123.)

Schuller, Fr., Volksstatistik der Siebenbürger Sachsen. Stuttgart: Engelhorn 1895. p. 25—53. (Forschungen zur deutschen Landes- und Volkskunde.)

Schullerus, A. G., Die Augen Auf! Aus dem sächsischen Volk für das sächsische Volk. Hermannstadt: Michaelis 1893. 196 p. 8 °.

Schultheiß, Franz Guntram, Das Deutschtum im Donaureiche. Bln.: Priber & Lammers 1895. VII, 118 p. 8 °.

Schultheiß, Franz Guntram, Deutschtum und Magyarisierung in Ungarn und Siebenbürgen. Mit 1 Karte des Anteils d. Deutschen an der Gesamtbevölkerung. München: Lehmann 1898. IV, 96 p. 1 Karte. (Der Kampf um das Deutschtum 9.) [Verboten.]

Seivert, Gustav, Akten und Daten über die gesetzliche Stellung und den Wirkungskreis der sächsischen Nations-Universität. Hermannstadt 1870. VIII, 146 p. 8 °.

Sepp, Joh., Ein Volk von zehn Millionen oder der Bayernstamm, Herkunft und Ausbreitung über Österreich, Kärnthen etc. Kampfschrift wider Czechen und Magyaren. München: De Crignis 1882. XII, 248 p. 8 °. Dasselbe 2. verstärkte Aufl. Ebd. 1882. XIV, 212 p. 8 °.

Die Siebenbürger Sachsen und die Sprachenfrage von V—y, Z. Pancsova: Wittigschlager 1885. 35 p. 8 °. (S.-A. aus d. Banater Post.)

Der siebenbürgisch - sächsische Bauer. Hermannstadt 1873. 8 °.

[Streubel, Woldemar], Das Germanentum und Österreich. Von Arkolay. Darmstadt: Zernin 1870. 282 p. 8 °.

Teutsch, Friedr., Die Entwicklung unseres nationalen Bewußtseins. Hermannstadt: Drotleff 1888. (S.-A. aus: Siebenbürgisch-deutsches Tageblatt.)

Teutsch, Friedr., Das sächsische Nationalprogramm 1887. (S.-A. aus: Siebenbürgisch-deutsches Tageblatt.)

Tóth, Kaspar, Verteidigung der Ungarn gegen Prof. Dr. Joh. Sepps's Angriffe. Als Erwiderung auf die im Werke: „Ein Volk von zehn Millionen oder der Bayernstamm. Eine Kampfschrift gegen Czechen und Magyaren" erhobenen Anklagen. Preßburg: Stampfel 1884. 188 p. 8 °.

Ungarn. Abgeordnetenhaus. Die Debatte vom 27. Jan. 1882 im ungarischen Abgeordnetenhaus über die deutsche Bewegung. Übers. aus dem stenogr. Protokoll. Hermannstadt 1882.

Weil, Georges, Le pangermanisme en Autriche, ses causes, ses origines, son histoire, ses élements et son avenir. Paris: Fontemoing 1904. XV, 296 p. 8 °.

Westungarn zu Deutschösterreich. Wien: Alldeutsches Tagblatt. (Flugschriften des Alldeutschen Tagblattes.) [Verboten.]

Wien. Deutscher Verein. Zur Lage der Siebenbürger Sachsen. Flugblatt. 2. verm. Aufl. Wien: Ackermann 1878. 48 p. 8 °.

Wittstock, Osk., Grün oder Schwarz? Eine Beleuchtung der gegenwärtigen politischen Verhältnisse der Siebenbürger Sachsen. Hermannstadt: Seraphin 1896. 51 p. 8 °.

Wolff, Carl, Die Ausrottung des Deutschtums in Ungarn. Hermannstadt: Drotleff 1881.

[Wolff, Carl], Die Zertrümmerung des Siebenbürger Sachsenlandes. Nach d. Debatten d. ungar. Landtages 1876. München: Ackermann 1878. 48 p. 8 °.

Slawen.

1. Allgemeines.

Diels, Paul, Die Slawen. Lpzg.: Teubner 1920. 141 p. 8 °. (Aus Natur- und Geisteswelt 740.)

Niderle, Lubor, La race slave. Statistique, démographie, anthropologie. Trad. du tchèque par Louis Leger. Paris: Alcan 1910. XII, 232 p. 12)°. (Nouvelle collection scientifique.)

[Rieger], Les Slaves d'Autriche et les Magyars. Études ethnographiques, politiques et littéraires. Paris 170 p.

Die Slawen und die slawische Frage in Österreich. Wien: Geitler 1871. 38 p. 8 °.

L'Assiette au beurre. Magyars et slaves. Paris 1912.

Berry, F. May Dickinson, Austria-Hungary and her Slav subjects. London: Allen & Unwin 1918. 48 p. 8 °.

Bourgeois, Léon, Études sur les peuples slaves et l'Europe orientale. IV. La Hongrie. Paris [1876?]. 233, 35 p.

Czambel, Samo, Československá národní jednotost, její minulost, přitomnost a budoucnost. (Die tschechoslowakische Nationaleinheit, ihre Vergangenheit, Gegenwart und Zukunft.)

Helfert, Jos. Alex. Frhr. v., Die Tschecho-Slawen. Wien und Teschen 1883.

Hipman, Ch., La nation tchèque, sa mission et son rôle en Europe. Prague 1895.

Hrbkova, Sárka B., The Slavs of Austria Hungary. Lincoln (Nebr.) 1918.

Leger, Louis, Le monde slave au 19. siècle. Paris: Cerf. 1885. 8 °.

Leger, Louis, Le monde slave. Études politiques et littéraires. Paris: Hachette 1872. 12 °. 2. éd. Ibid. 1897.

Leger, Louis, Nouvelles études slaves. [Les slaves au 19. siècle, etc.] Paris: Leroux 1886. 12 °.

Leger, Louis, Russes et Slaves, études politiques et littéraires. Paris: Hachette 1890. 16 °.

Masaryk, Th., [La question tschèque.] Prague 1895.

Pierantoni, Augusto, Le nazionalità Boema e l'impero austro-ungarico. Rome: Tribuna 1897. 47 p. 8 °. (Estratto della Rivista politieche letterarie.)

Rieger, Rakouští Slované a Mad'aři (Svět. knih. 545/46). Prag: Otto. (Österr. Slawen und Ungarn.) [Tschechisch.]

Rimler, Jul., Die Aussöhnung zwischen Magyaren und Slaven. Preßburg 1894.

Stowik, Julius, Die Slawen, das älteste autochthone Volk Europas. Turčianski Svati Martin. 1908. 98 p. 8 °.

Štúr, L., Slovjanstvo i mir buduščago. 1867. (Das Slawentum und die Welt der Zukunft.) [Russisch.]

2. Panslawismus.

Bidermann, Hermann Ignaz, Russische Umtriebe in Ungarn. Mit einem Anhang Zur Statistik der ungarischen Slaven. Innsbruck: Wagner 1867. IV, 72 p. 8 °.

[Biográdacz, Johann], Occident, Orient und der Panslavismus oder Beiträge zur Orientierung für die südöstl. Völker Europas. Pest: Lauffer 1865. 19 p.

Bresnitz v. Sydačoff, Die panslavistische Agitation und die südslavische Bewegung in Österreich-Ungarn. Lpzg.: Luckhardt 1899. 127 p. 8 °. Dasselbe 2. Aufl. Ebd. 1900. 127 p. 8 °.

Fischel, Alfred, Der Panslawismus bis zum Weltkrieg. Ein geschichtlicher Überblick. Stuttgart: Cotta 1919. VII, 590 p. 8 °.

Häusler, P. J., Der Panslavismus. Bd. 1. Bln.: Stankiewicz 1886. 93 p. 8 °.

Nötzel, Karl, Der entlarvte Panslavismus und die große Aussöhnung der Slaven und Germanen. München, Lpzg.: Hans Sachs-Verlag [1914]. 16 p. 8 °.

Papkoff, Alexander, L'Esclavage au centre de l'Europe. Saint-Pétersbourg: Besobrasoff 1889. 48 p. 8 °. [Sur les Slovaques.]

Sternberg, Adalbert Graf, Gegen den Panslavismus. Wien: Goldschmidt 1909. 23 p. 8 °.

Ungarn und die Apostel des Panslavismus. Von X. Y. Z. 2. Taus. Bln.: Pan-Verlag 1908. 93 p 8 °.

Volf, Josef, Panslavistskoje bratstvo Kollára, Palackago i Šafařika. Warszawa. Učebokrug 1912. 13 p. (Panslaw. Bruderschaft Kollar-Palacky-Šafařik.) [Poln.]

3. Slowaken.

Broch, Olaf, Studien von der slovakisch-kleinrussischen Sprachgrenze im östlichen Ungarn. Kristiania: Bennecke 1897. 72 p.

Broch, Olaf, Weitere Studien von der slovakisch-kleinrussischen Sprachgrenze im östl. Ungarn. Kristiania 1899.

Čapek, Thomas, The Slovaks of Hungary. New-York: Knickerbocker Press 1906. XVI, 209 p.

Dobšinsky, Pavel, Prostonárodné obyčaje, povery a hry slovenské. (Slowak. Volksbräuche, Aberglauben und Spiele.) Turčiansky Svati Martin 1880. [Slowakisch.]

Kálal, Karel, Slovensko a Slováci. Prag 1905. (Die Slowakei und die Slowaken.) [Slowakisch.]

Niederle, Lubor, Uheršci Slováci. Prag 1906. (Die ungarischen Slowaken.)

Niederle, Lubor, Národopisná mapa uherských Slováků na zakladě sčítáni lidu z r. 1900. Prag 1906. (Ethnographische Karte der ungarischen Slowaken auf Grund der Volkszänlung v. J. 1900.) [Tschech.]

Sašinek, Fr. R., Die Slowaken. Eine ethnogr. Skizze. Turóc Sz. Márton. Prag: Gregr & Dattel 1875. 33 p. 8 °. 2. Aufl. Prag: Urbánek 1875. 50 p. 8 °.

Sašinek, Fr. U., Slováci v Uhorsku. Turč. Sv.-Martin: Knithlač. učastin. spolok 1902. 40 p. (Die Slowaken in Ungarn. [Slowakisch.] 2. verb. und durchges. Ausg. Ebd. 1905. 40 p. 8 °.

Skultéty, J., Stodvadzat'pet' rokov zo slovenského života 1790—1914. (125 Jahre slow. Lebens.) Turč. Sv. Martin 1920. [Slowakisch.]

Stodola, Emil, Prispevok ku Statistike Slovenska. Turčiansky Sv. Martin 1902. (Beiträge zur slowakischen Statistik.) [Slowakisch.]

Alexy, J., Album obrazov zo Slovenska. Trnava: Sv. Vojtech. (Bilder aus der Slowakei.)

American Slovak association of journalists. The political criminal trial against the Rev. A. Hlinka, etc. New York 1906.

Botto, Julius, Jonáš Záborsky. Turčiansky Sv.-Martin: Knihtlač. učast. spolok 1912. 72 p. 1 T.

Botto, Julius, Slováci. Vývin ich národného provedomia. 1—2. Turčiansky Sv. Martin: Knihtlačiarsky učastinársky spolok 1906—1910. (Die Slowaken.) [Slowakisch.]

Bouska, Hynek, Slovakoj kaj Magiaroj. Kelkaj vostoj pri Slovaka suferado a Hungario. Prag 1908. (Slowaken und Magyaren. Die Unterdrückung, die die Slowaken erleiden müssen.) [Esperanto.]

Černovský process. Sostavil y H. V. Turčiansky Sv.-Martin: Knihtlač. učast. spolok 1908. 90 p. (Der Černov-Prozeß.) [Slowakisch.]

Denis, Ernest, La question d'Autriche. Les Slovaques. Paris: Delagrave 1917. 283 p. 8 °.

Francisci, Ján., Vlastný zivotopis. Turčiansky Sv.-Martin: Knihtlač. učast. spolok 1909. 131 p. (Autobiographie.) [Slowakisch.]

Hurban-Vajanský, Nálady a vyhlady. Turč. Sv.-Martin 1897. (Stimmungen und Ausblicke.) [Slowakisch.]

Hurban-Vojansky, Svetozár a Ján Francisci, Storočna pamiatka narodenia Štefana Moysesa, 1797—1869. Turčiansky Sv.-Martin: Knihtkupecko nakladatelsky spolok 1897. 191 p. 1 T. (Erinnerung zum hundertjähr. Geburtsfest von Stefan Moyses.) [Slowakisch.]

Hurban, M. J. L., Viliam Pauliny-Toth a jeho doba. Turč. Sv.-Martin 1877. (V. P.-T. und seine Zeit.) [Slowakisch.]

Kálal, K., Jděte na Slovensko. Prag: Stiegelmayer 1908. 64 p. 8 °. (Geht nach der Slowakei.) [Tschechisch.]

Kálal, Karel, Slovenské pohledy. Prag. (Slowakische Ansichten.) [Tschechisch.]

Kovačicky process. Turčiansky Sv.-Martin: Knihtlač. učastin. spolok 1908. 128 p. (Odtlačeno z „Národnych Novin".) (Der Kovačic-Prozeß.)

Krčméry, Štefan, Ked' sa sloboda rodila. Turč. Sv.-Martin 1920. (Als die Freiheit geboren wurde.) [Slowakisch.]

Kretz, Fr., Informáce o Slovenska. Uh. Hradiške. (Informationen über die Slowakei.) [Slowakisch.]

Leger, Louis, La renaissance tchèque au 19. siècle. Paris: Alcan 1911. XV 273 p. 12⁰.

Magyarisierungsversuche, ältere und neuere, in Ungarn, mit bes. Rücksicht auf die Slowaken. Prag: Urbanek 1876. 103 p. 8⁰.

Margin, Novoveké filozofia a Slováci. Tur. Sv. Mart. 1903. (Die neuzeitliche Philosophie und die Slowaken.) [Slow.]

Markovič, Julius, Nitrianský politický proces. Turč. Sv. Martin: Kniht. učast. spolok.

Masaryk, Th. C., Karel Havlíček. Prag 1896. [Tschechisch.]

Meakulpinský, Čo hati Slováky? Odpověd' dáti se pokusil. Hodonin: Hodan 1901. 246 p. (Was bedrückt die Slowaken?) [Slowakisch.]

Medvecký, Karol A., Andrej Kmet. Životopis. T. 1. Turč. Sv.-Martin: Spisovatel 1913. 185 p. (A. K., Biographie.) [Slowakisch.]

Memorial addressed by American citizens of Slovak birth to the Hungarian members of the Interparliamentary peace Congress held at St. Louis 1914.

Mudroň, Pavel, Kulturabel krivdy Slovákov. Turč. Sv.-Martin 1912. 15 p. 8⁰. [Slowakisch.]

Namier, Lewis B., The czecho-slovaks. An oppressed nationality. London: Hodder & Stoughton 1917. 24 p. 8⁰.

Paló, Pokrokovost' a Konzervatizmus na Slovensku. Bp. 1911. (Fortschritt und Konservatismus in der Slowakei.) [Slowakisch.]

Pietor, Ambro, Nápor-Odpor. Turč. Sv.-Martin 1905. [Slowakisch.]

Pokorny, Rudolf, Z potulek po Slovensku. Prag 1885. (Von Streifzügen in der Slowakei.) [Tschechisch.]

Ritter, William, L'entêtement slovaque. Paris 1910. 61 p. 8⁰.

Rozhovor o Memorandum národa slovenského. V. Budine 1861. (Gespräch über das Memorandum der slowakischen Nation.) [Slowakisch.]

Sasinek, Fr. Viktor, Slováci v Uhorsku. Turócz-Szent-Márton 1905.

Sasinek, Fr. Die Slowaken. Turc. Sv.-Martin 1875. 33 p. 8⁰. 2. Aufl. Prag: Urbaneh 1875.

Škultety, J., Pamiatka Dr. Josefa M. Hurbana. Turč. Sv.-Martin. 1888. (Erinnerung an Josef M. Hurban.) [Slowakisch.]

Škultéty, Josef, Slovenske memorandum roku 1861. Turč. Sv.-Martin 1911. (Das slow. Memorandum-1861.) [Slowakisch.]

Starec, Theolog, Naša politika. Liptovský Sv. Mikulás. (Unsere Politik.) [Slowakisch.]

Stefanovič, Samuel, Našá politika. 1896. (Unsere Politik.) [Slowakisch.]

Stodola, Emil, Príspevok ku štatistike na slovensku. T. Sv. Martin 1912. 31 p. (Beitrag zur Statistik in der Slowakei.) [Slowakisch.]

Stodola, Emil, Štatistika slovenska. T. Sv. Martin 1912. 158 p. [Slowakisch.]

Thirring, Gustav, Andreas „Globus" und die Magyarisierung. 22 p. (S.-A. aus Ungarische Revue 13.)

Tourtzer, H[élène], Louis Stúr et l'idée de l'indépendence slovaque. (1815—56.) (Thèse.) Paris: Guilmoto 1913. XXIV, 216 p. 8⁰.

Truhelka, C. Slovenski tanovci. Sarajevo 1897.

Die Unterdrückung der Slowaken durch die Magyaren. Prag 1903. 76 p.

Věci Slovenské. Skalica 1901. (Slowakische Dinge.) [Slowakisch.]

Záborsky, Jonas, Nákres životpisný. (Biographischer Entwurf.) [Slowakisch.]

Zvolenčan, Z našich úloh. Ružomberk 1898. (Von unseren Aufgaben.) [Slowakisch.]

4. Südslawen.

Bogišić, Balthasar, De la forme dite inokosna de la famille rurale chez les Serbes et les Croates. Paris 1884.

Krauß, Friedr., Slavische Volksforschungen. Abh. über Glauben, Gewohnheitsrechte, Sitten, Bräuche und die Guslarenlieder der Südslaven. Lpzg.: Heims 1908. VII, 431 p.

Leger, Louis, Les Slaves du Sud et leur civilisation. Rouen: Deshays; Paris: Impr. Poupart-Davyl 1869. 16 p. 8 °.

Čop Marlet, Mara (Pseudonym f. Marie v. Berks), Südslawische Frauen. Auf Höhen und Tiefen der Balkanländer. Einbegleitung von J. A. Helfert. Bp.: Grill 1889. 64 p. 4 °.

Cviétisa, Frano, Les problèmes nationaux de l'Autriche-Hongrie. Les Yougoslaves. 2. mille. Paris: Bossard 1918. 148 p. 8 °.

Duhem, Jules, La question yougoslave. La monarchie danubienne et l'Europe. (1878—1918.) Paris: Alcan 1918. 280 p. 16 °. (Bibliothèque d'histoire contemporaine.)

Gauvain, Auguste, La question yougoslave. 5. éd. Paris: Bossard 1918. 100 p. 8 °.

Hilferding, A., Ugarska i Sloveni. Temesvár: Narodnoga Glasnika 1879. 67 p. 8 °. [Serbisch.]

Kolin, M., Zemlja Srba, Hrvata, Slovenaca. Territorio de los Serbios, Croatas, Eslovenos. Territoire des Serbes, Croates, Slovènes. Land of Serbians, Croats, Slovèns. Buenos Aires 1918. Predgovor na pisav M. B. 21 p. 4 °.

Kossić, M. M., Die Südslavenfrage. Zürich: Tschopp 1918. 206 p. 8 °.

Kroatische Frage. Die kroatische, die südslavische Frage. Von einem aktiven Politiker der kroatischen Rechtspartei. Wien 1913.

Lay, Felix, Verbreitung u. Kultur der Südslaven. Frankfurt: Naumann 1871. 26 p.

Milčinovics, Andr. u. Joh. Krek, Kroaten und Slawonen. Mit Vorwort hrsg. v. Karl Nötzel. Jena: Diederichs 1916. 107 p.

Nastitsch, Geo, Finale. Sarajevo: Kajon 1908. 91 p. 8 °.

Nastitsch, Georg, Wo ist die Wahrheit. Neue Daten und Dokumente zur südslavischen revolutionären Agitation. Sarajevo: Kajon 1908. 57 p. 1 Faks. Beilage. 8 °.

Seton-Watson, R. W. (Scotus Viator), Die südslavische Frage im Habsburger Reiche. Aus dem Engl. v. Franz Meguscher u. Karlernst Knatz. Bln.: Meyer & Jessen 1913. XII, 651 p. 8 °.

Seton-Watson, R. W., The Southern Slav question and the Hapsburg Monarchy. London: Constable 1911. 476 p. 8 °.

Slavicus, Österreich-Ungarn u. d. südslavische Frage. Bern: Wyß 1917. 31 p. 8 °.

Vosnjak, Bogumil, Les slaves du sud et l'Autriche-Hongrie. Un rempart contre l'Allemagne. Les Slovènes. Adapté sur l'édition anglaise, par Henri Froidevaux. Préface de Gabriel Louis-Járay. Paris-Nancy: Imhaus & Chapelot 1918. 198 p. 8 °.

Denton, William, Servia and the Servians. London 1862. 8 °.

Glatter, E., Die biostatistischen Verhältnisse der griechischen Serben in Ungarn. Bln. -11 p.

Lazarovich-Hrebelianovich, Prince and Princess L.-H. (Eleanot Calhoren), The Servian people, their past glory and their destiny. Vol. 1—2. London: Laurie 1910.

Mijatovich, Chedo, Servia and the Servians. London: Pitman 1908. 306 p. 8 °.

Picot, Émile, Les serbes de Hongrie, leur histoire, leurs privilèges, leur église, leur état politique et social. Prague: Dattel 1873. 474 p. 8 °. (Anonyme.) 2. éd. Ibid. 1874. 385 p. 8 °.

Stead, Alfred, Servia and the Servians. London: Heinemann 1909. 390 p. 8 °.

Vilovsky, Stefanović, Theodor Ritter, Die Serben im südlichen Ungarn, in Dalmatien, Bosnien und in der Herzegowina. Wien: Prochaska 1884. 339 p. 8 °. (Die Völker Österreich-Ungarns 11.)

Antunovich, J., Razprava o podunavskih i potisanskih bunjevcih i šoksih u pogledu narodnom vjerskom, umnom, gradjanskom i gospodarskom. Wien: Pisac 1882. 180 p. 8 °. (Abhandlungen über die Bunjevazen und Schokazen in Hinsicht auf Nationalität, Glauben, Geist, Bürgertum und Wirtschaft.) [Kroatisch.]

Ivanić, Ivan, Bunjevci i Šokci u Bačkoj Baranji i Lici, istorisko-etnografska rasprava. (Die Bunjevacen u. Schokazen im Bacskaer, Baranyaer u. Likaer Com.) Belgrad: Dimitrijévić 1899. 235 p.

Adamović, Jova, Privilegija srbskog naroda u Ugarskoj i rad vl. sabora 1861. Zagreb: Štampa Srpske Štamparije 1902. 262 p. 4 °. (Die Privilegien der serbischen Nation in Ungarn und die Arbeit der 1861er Nationalversammlung.)

Albansky problemi, Srbija i Austro-Ugarska. Belgrad: Kon. [Serbisch.] (Verboten.)

Georgewitsch, Wladan, Die serbische Frage. Stuttgart: Deutsche Verlagsanstalt 1909. 148 p. 8°.

Mandl, Leopold, Österreich-Ungarn und Serbien. Ein Beitrag zur Erkenntnis der herrschenden Ideen unter den Serben. Wien: Reißers 1911. VII, 76 p. 8°.

Matić, A., M. Prosvetne prilike Srba u Ugarskoj. N. Sad: Zadruzna Štamparija 1913. 21 p. (Kultur. Abbild der Serben in Ungarn.)

Miletics, Die Schlußverhandlung im Hochverratsprozesse Miletics. Neusatz 1878.

Pavlović, St., Srbski narodni sabor. U Sremskim Karlovcina godine 1869. Ujvidék: Platonovoj 1870. 312 p. 8°. (Die serbische nationale Regierung.)

Pavlović, Stevân, Srbi u Ugarskoj njihova povesnica povlastice, crkva političko i društveno stanje. Ujvidék: Pajevics 1883. IX, 288 p. 8°.

Sax, Karl R. v., Die Wahrheit über die serbische Frage und das Serbentum in Bosnien. Lpzg. [191 ?].

Serben und die politische Frage. Von einem Serben. Bantran 1865.

Seton-Watson, R. W., The spirit of the Serb. London: Nisbet 1915.

Szalay, Ladislaus, Das Rechtsverhältnis der serbischen Niederlassungen zum Staate in den Ländern der ungarischen Krone. Pest: Lauffer 1862. 2, 171 p. 8°.

Trevelyan, G. M., The Servians and Austria. London [s. d.] 8°.

Staré, Jos., Die Kroaten im Königreiche Kroatien und Slavonien. Wien: Prochaska 1882. 153 p.

Bogović, Emerich, Politische Rückblicke in bezug auf Kroatien. Agram 1861.

[Boris, Samuel], Offene Rücksprache mit Nik. Krestić. Agram: Albrecht [1891]. 21 p.

[Hellenbach, L. Baron v.], Politische Gespräche auf der Südpromenade in Agram. Agram: Jakic 1864. 18 p.

Hrvat iz Banovine, Hrvati i ujedinjenje. Niš: Državna Štamp. Kral Srbije 1915. 21 p. 8°. (Savramena pitána 12.) (Ein Kroate aus d. Banat. Die Kroaten und die Vereinigung.) [Kroatisch.]

Loiseau, Charles, Hongrois et Croates. Paris: Chaix 1905. 23 p. (Extrait de la Revue de Paris.)

Pavia, L., Croazi e Ungheria nella lotte par diritto e despotismo. Milano: Bellini 1903. 79 p. 8°. [Verboten.]

Pavia, Vjekoslav, Hrvatska i Ugarska u borbi medju pravom i samosiljem. Prevod s talijanskoga. Zadar: Hrvatske Knjizarni ce 1904. 68 p. 8°. (Kroatien und Ungarn im Kampf zwischen Recht und Gewaltherrschaft.)

Krek, Ivan, Les Slovènes. Traduit par A. U. Avec deux cartes. Paris: Alcan [1917].

Šuman, Josef, Die Slovenen. Teschen: Prochaska 1881. 184 p. 8°. (Die Völker Österreich-Ungarns 9.)

Trstenják, Anton Slovenci v šomodski županiji na Ogrskem. V Ljubljani. 115 p. 8°. (Die Slowenen des Komitats Somogy.) [Slowenisch.]

Czirbusz, Géza, Die südungarischen Bulgaren. Wien: Prochaska 1884. 63 p. 8°. (Völker Österreich-Ungarns 11, Anhang.)

5. Ruthenen.

Bidermann, Herm. Ig., Die ungarischen Ruthenen, ihr Wohngebiet, ihr Erwerb und ihre Geschichte. Bd. 1—2. Innsbruck: Wagner 1862, 1868. 8°. [Unvollendet.]

Dulískovics, Joh., Istoričeskija čerty ugro-russkich. Ungvár 1874—1877. I—III. (Historische Züge der Ruthenen in Ungarn.) [Ruthenisch.]

Hnatjuk, V., Hungaro-Ruthenica. (Studien von der slowakisch-kleinrussischen Sprachgrenze.) Lemberg 1899.

Kupczanko, Gregor, Die Schicksale der Ruthenen. Lpzg.: Friedrich 1887. IV, 195 p. 8°.

Nomenklation der österr.-ungar. Russen. Wien 1885.

Šuchevič, Vlodymyr, Huculščyna. Lemberg 1899—1902. (Das II., IV., V., VII. B. der ethnol. Sammlung der Šerčenko-Gesellsch.) (Das Huzulentum.) [Ruthenisch.]

Rumänen.

Botez, J., A short survey of the neolatins of the Near-East. London: E. Stock 1914.

Draghicesco, D., Les Roumains. (Transylvanie, Buccovine, Banat.) Avec une carte. Paris: Bossard 1918. 244 p. (Les problèmes nationaux de l'Autriche-Hongrie.)

Frâncu, T. und G. Candrea, Românii din Munţii Apuşeni (Moţii) Scriere etnografica. Bukarest: Luis 1888. 225 p. 8⁰.

Hunfalvy, Paul, De peuple roumain ou valaque. Tours 1879.

Ivanits, Ivan, Rumuni u Macedoniji i Epiru. Istorija, kultura, statistika. Les roumains de Macedonie et de l'Empire. Histoire, culture, statistique. Ujvidék: Natosevics 1909. 32 p. 8⁰.

Kadleč, Karel, Valaši a valašské právo v zemích slovanských a uherských. Prag 1916. 328 p. (Die Wallachen und das wallachische Recht auf slawischem und ungarischen Boden.) [Tschechisch.]

Maquennehen, André, Les Roumains. de Transylvanie. Amiens 1905. 32 p.

Meruţiu, V., Românii între Tisa şi Carpaţi. Raporturi etnografice. Jaşi: Goldner 1915. 135—143 p. 4⁰.

Moldovan, S. und N. Togan, Dictionarul numerilor de localitati cu popolatiune română din Ungaria. Hermannstadt: Krafft 1909. V, 352 p. 8⁰. (Verzeichnis der Orte mit rum. Bevölkerung in Ungarn.) [Rumänisch.]

Russu Sirianu, Jean, Românii din Statul-Ungarici. Bukarest 1904. (Die Rumänen des ungarischen Staates.) [Rumänisch.]

Slavici, Joan, Die Rumänen in Ungarn, Siebenbürgen und der Bukowina. Wien. Prohaska 1881. 236 p. 8⁰. (Die Völker Österreich-Ungarns 6.)

Wlislocki, Heinrich, Aus dem Leben der Siebenbürger Rumänen. Hamburg: Verlagsanstalt 1889. 34 p. 8⁰.

Alexic, Gheorghe, Pagini din trecut. Cum s'a propoveduit unirea în părţile Bihorene? Hermannstadt: Erzbisch. Dr. 1903. 43 p. 8⁰. (Blätter aus der Vergangenheit. Wie hat sich die Union in der Gegend von Bihar verbreitet?) [Rumänisch.]

An das Forum Europas. Aufruf des am 4. Juni 1894 zu Bukarest abgehaltenen National-Meeting's der Bürger des Königreichs Rumänien in Angelegenheit der Rumänischen Frage in Ungarn und Siebenbürgen. Bukarest: Göbl 1894. 136 p. 4⁰ (8⁰.)

Appel à la justice. Lettre des citoyens roumains réunis en meeting national à Bucarest 1894. Bucarest: Göbl 1894. 230 p.

Babes, Emil, Diagnoz. Studiu asupra situaţiunii politice a Românilor din Ungaria. Bp.: Poporul Român 1910. 230 p. (Studie über die politische Lage der Rumänen in Ungarn.) [Rumän.]

Balaceano, Constantin, La question de Transylvanie. Lettre ouverte au comte Albert Apponyi. Bucarest: Lazareano 1893. 14 p. 8⁰.

Baritiu, G., Ein politischer Preßprozeß gegen Georg Baritiu. Hermannstadt: Drotleff 1879. 20 p. 8⁰.

Beksics, Gustave, La question roumaine et la lutte des races en Orient. Paris: Chailley 1895. 296 p. 12⁰.

Bertha, Alex. de, Magyars et Roumains devant l'histoire. Paris: Plon & Nourrit 1899. V, 483 p. 8⁰.

Bodiu, Michel et Etienne Moldovan (Hrsg.), Protestation contre la réplique publiée au nom de la jeunesse universitaire roumaine. Trad. par A. Bertha. Kolozsvár 1893. 51 p. 8⁰.

Branisce, V., Coriolan Brediceanu. Lugos: Auspitz 1911. 24 p.

Branisce, V., Trăească dr Valerian candidatul partidului national român in cercul electoral al Bocsei. Lugos: Transfellner 1907. 16 p. 8⁰. (Vivat Dr. Valerian, der Kandidat der national-rumänischen Partei im Wahlkreis B.)

Brote, Eugen, Die rumänische Frage in Siebenbürgen und Ungarn. Bln.: Puttkammer & Mühlbrecht 1895. XII, 432 p. 1 Kte. 8⁰.

Brote, Eugen, Zur siebenbürgisch-rumänischen Frage. [Bukarest]: Göbl 1894. 11 p. 4⁰.

Bunea, Augustin, Jerarchia românilor din Ardeal şi Ungaria. Blasendorf: Gr.-kath. Seminar-Dr. 1904. VII, 307 p. 8⁰. (Hierarchie der Rumänen in Ungarn und Siebenbürgen.)

Buteanu, J., Păreri despre propunerea limbelor odraine. Belényes 1877. 11 p. (Gymnasial-Programm.)

Cantilli, P. G., Les Roumains de Transylvanie. Quelques mots de réponse à M. M. le général Türr, de Pázmándy, Óváry. Paris 1894. 19 p.

Cassius. Ce pretind nationalităţile dela Coloman Széll? Gherla: Aurora 1899. 14 p. 8°. (Was verlangen die Nationalitäten von Col. Széll.)

Chestiunea a Transilvaniei in parlamentul româniei. Sibiiu 1893. (Siebenbürg. Fragen im rumän. Parlament.)

Chestiunea româna in Transilvania şi Ungaria. Replica junimei academice române din Transilvania şi Ungaria. „Responsul dat de junimea academica maghiara". 2. ed. rev. Viena: Autor. 1892. VII, 155 p. Bibliographie p. 152 bis 155. (Rum. Fragen in Siebenbürgen und Ungarn. Erwiderung der rumän. akad. Jugend auf die Antwort der ungar. akad. Jugend.) [Rum.]

D'Argès, Jean, Les procès d'une nation. Les Roumains de Transylvanie. Paris 1894. 15 p.

Denkschrift der Universitäts-Studierenden Rumäniens über die Lage der Rumänen in Ungarn u. Siebenbürgen. Bukarest: Göbl 1891. 56 p. 8°.

Diaconovich, C., Enciclopedia Română. Sibiu: Krafft.

Djuvara, Alexandre, La lutte des nationalités. Hongrois et roumains. Paris: Pedone 1895. 8°. (Extrait de la Revue générale de droit international public.)

Draghicesco, D., La lutte sociale et politique en Transylvanie. Paris: Ed. de „la Revue" 1918. 16 p. 8°. (Extrait de la Revue [ancienne „Revue des revues"]. 1—15 mars 1918.)

Étudiants universitaires. Mémoire des étudiants universitaires de Roumanie relatif à la situation des Roumains de Transylvanie et de Hongrie. Bucarest 1891. 51 p. 4°.

Fava, Roberto, La question roumaine et les agents de M. Wekerle à l'étranger. Trad. de l'ital. avec une préface par P. G. Cantilli. Paris 1894. VII, 32 p. 8°.

Gaidoz, Henri, Românii din Ungaria. Traducere de Georgiu Moroian. Bukarest 1894. (Die ungarländischen Rumänen.) [Verboten.]

Ghica, Jean T., Les Roumains de Transylvanie et de Hongrie. Lettre adressée à M. Saissy. Paris 1896. 14 p.

Groze, Czirják B., Constituţiunea Românilor. Blasendorf 1897/8. (Gymnasial-Programm.)

Hodosiu, Josef, Românii şi constituţiunile Transilvaniei. Pest 1871. [Rumänisch.]

Hunfalvy, Paul, Josef Ladislaus Pič's „Der nationale Kampf gegen das ungarische Staatsrecht, besprochen". Teschen: Prochaska 1883. 93 p. 8°.

Hunfalvy, Paul, Die Rumänen und ihre Ansprüche. Wien: Prochaska 1883. 365 p. 8°.

Hunfalvy, Paul, Rumänische Deklamation u. rumänische Politik. 1881.

Jorga, Nicolaus, Ceva despre ardealul românesc şi viaţa culturala românesca de astăzi. Bukarest 1907. (Einiges über das rumänische Siebenbürgen und über die heutige rumänische Kultur.) [Verboten.]

Jorga, Nicolaus, Cultura naţionala şi politica naţionala. Discurs. Valenide Munte: Neamul Romanesc 1908. [Verboten.]

Jorga, Nicolaus, Les Hongrois et la nationalité roumaine en 1909. Procés de presse et autres persecutions. Valenide Munte: Neamul Romanesc. [Verboten.]

Jorga, Nicolaus, Lupta pentru limba româneascã. Bukarest: Minerva 1906. (Kampf um die rumänische Sprache.) [Verboten.]

Jorga, Nikolaus, Neamul Romănesc în Ardeal şi Ţara ungurească. Vol. 1—2. Bukarest: Minerva 1905. (Das rumänische Volk in Siebenbürgen und Ungarn.) [Verboten.]

Jorga, Nicolaus, Vecinii noştri, conferinţa, ţinută la Botozani in ziua de 11. noemv. 1908 de N. J. Valeni de Munte. (Unsere Nachbarn.) [Rumänisch.] [Verboten.]

Das Kaisermemorandum der Siebenbürger Rumänen vom 1. Juni 1892. Bukarest: Göbl 1894. 4°.

Kogalniceanu, Vasile M., Roumains et hongrois après les derniers élections en Hongrie. Bukarest 1910.

Lascu, Dem., Privire asupra situaţiei generale a romanilor din ţările coroanei Sf. Stefan. Bukarest: Minerva 1908. (Betrachtungen über die Lage der Rumänen, aus d. Gebieten der heil. Stefans-Krone.) [Verboten.]

Lascu, Dem., Un cuvânt cătră fraţii de lupta din ţara Bihorului. Bukarest 1908. (Ein Wort an die im Gebiete von Bihar kämpfenden Brüder.) [Rumänisch.] [Verboten.]

Lupaska, J. Alex., România şi Neamul românesc in legătura cu statele şi popoarele vecine său contocuitoare. Galac: Schenk-Burbea 1908. (Rumänien und die rumänische Nation im Verkehr mit den Nachbarstaaten und den benachbarten Nationen.) [Rumänisch.] (Verboten.)

Lupulescu, Jean, Rapport général de l'activité du Comité central de la Ligue pour l'unité d'instruction des roumains. Lu à l'Assemblé gén. de la Section centrale 1892. Bucarest: Göbl 1892. 120 p.

Manegutiu, Nicolau, Reunirea Românilor din Transilvania şi Ungaria. Sibii: 1893. 216 p. 8⁰. (Vereinigung der Rumänen aus Siebenbürgen und Ungarn.) [Rumänisch.]

Maniu, Cassin, Despre natura juridica a chestiunei româna din Transilvania şi Ungaria. Sibiiu: Tipografia 1902. 108 p. 8⁰. (Über die jur. Natur der rumän. Frage in Siebenbürgen und Ungarn.) [Rum.]

Moldován, Gregor, Eine Antwort auf die Denkschrift der Bukarester Universitäts-Jugend. Bp.: Kilián 1891. 45 p. 4⁰. (S.-A. aus: Ungarische Revue.)

Moldován, Gregoire, Réponse au Mémoire de la jeunesse roumaine de Bucarest. Trad. par A. de Bertha. Kolozsvár 1891. 71 p.

Moldován, Silvestru, Şir nesfârşit. Un mic capitol din viaţa foilor româna din Ungaria. Sibiu 1906. (Unendliche Reihe . . ., ein kurzes Kapitel aus dem rumän. Leben in Ungarn,)

Óváry, Leopold, Die dakoromänische Frage und der Ungarische Staat. Übers. von Isidor Schwartz. Bp.: Budapester Universitätsklub 1894. VI, 61 p.

Óváry, (Leop.), La questione dacoromana e lo stato Ungherese. (Discorso.) Roma: Artero 1894. 71 p.

Óváry, L., Les Roumains de Hongrie et l'état hongrois. Paris 1895. 64 p. 8⁰.

Pacatian, Teodor V., Cartea de aur saŭ luptele politice naţionale ale românilor de sub coroana ungară. Vol. 1—8. Sibiu: Cicul parlamentor 1881—1913. (Blätter von Gold oder die pol.-nat. Kämpfe der Rumänen unter der ungar. Krone.) [Rumänisch.]

Papiu Harianu, Viaţa, operele şi ideele lui Georgiu din Sinca. Bucureşti 1869. 152 p. (Leben, Werke und Ideen des G. v. S.) [Rum.]

Politica naţională disrastica a românilor din regatul ungar. [Retiparită din „Desteptarea".] Braşov: Ciurca 1913. 17 p. 8⁰.

Popo, Jos., Conceptul juridic de naționalitate in Ungaria. Românii şi Dacorománismul 1910.

Pázmándy, D., La vérité sur la situation des Roumains en Hongrie. Bp. 1897. 46 p.

Politica Romanilor din Ungaria, trecut, prezent. viitor. Von B. A. Bukarest: Göbel 1909. (Politik der ungarländischen Rumänen, Vergangenheit, Gegenwart und Zukunft.) [Rumänisch.] [Verboten.]

[Popovici, Aurel.], Die rumänische Frage in Siebenbürgen und Ungarn. Replik der rumänischen akademischen Jugend Siebenbürgens und Ungarns zu der magyarischen „Antwort" auf die „Denkschrift" der Studierenden der Universitäten Rumäniens. Wien 1892. VIII, 172 p. 8⁰.

Popovici, Aurel C., Chestiunea română în Transilvania şi Ungaria. Replica: Hermannstadt 1892.

Popovici, Aurele C., La question roumaine en Transylvanie et en Hongrie. Préf. de N. P. Comnène. Paris: Payot 1918. 230 p. 8⁰.

Porumbescu Israelie. Salvus conductus. La catastrofa din Bozan, ratificată in Aprilie 1858. Brasov: Muresianu 1894. 18 p. 8⁰.

Der Preßprozeß der „Romanischen Revue". Resicza: R. R. 1888. 58 p. 8⁰. (S.-A.)

Procesul de presă al aiaruleu „Foaia poporului". Sibiiu 1894. (Preßprozeß der Volkszeitung.)

Programmes politiques des Roumains de la Transylvanie et de la Hongrie, suivis du Memorandum adressé à l'Empereur François Joseph I. en 1892 ainsi que des lois des nationalités de 1864 et 1868. Bucarest 1894. 55 p.

La question roumaine en Transylvanie et en Hongrie. Réplique de la jeunesse roumaine universitaire de la Transylvanie et de la Hongrie à la Réponse faite par la jeunesse magyare des Académies hongroises. Vienne 1892. 151 p.

Ratti, F. V., Romania latina. Introd. Gio. Diaman dg. Firenze: Bemporad (1915). 141 p. (I libri d'oggi.) Bibliografia p. 139—141.

Raica, Theodor, Rolul d. lui D. A. Sturdza in chestiunea nationala. Ploeşti 1899. (Sturdzas Rolle in der Nationalitätenfrage.)

Răspuns declaraţiunilor făcute de Comitele Kálnoky, in delegaţiunea Ungara. Bukarest: Liga culturala 1894. (Antwort auf die Erklärungen des Grafen Kálnoky in der ungar. Delegation, Sept. 1894.) [Rumänisch.] (Verboten.)

Românii din Ungaria. Bukarest· [Rumänisch.] (Verboten.)

Roth, Daniel, Despre uniune şi per tangentum un cuvânt despre o pisibila monarchia Dacoromână sub Coroana Austriei. Sibiiu: Livius Albin 1895. 94 p. 8 °. (Über die Einigung und ein kurzes Wort über eine mögliche dakorum. Monarchie unter der österr. Krone.) [Rum.]

Les roumains hongrois et la nation hongroise. Réponse au Mémoire des étudiants universitaires de Roumanie. Bp. 1891. 64 p. 8 °.

Roumains et Hongrois. Leurs rapports envisagés aux point de vue des intérêts roumains, des droits historiques et de l'équité. Par X. Bp.: Impr. Neumayer 1891. 32 p. 16 °. (Extrait de Revue d'Orient et de Hongrie.)

Roumains et magyars. Réponse de l'indépendance roumaine à la Ligue hongroise. Bucarest 1909.

„Rumänien muß größer sein." Eine zeitgemäße Betrachtung von einem Ostländer. Bln.: Gunzel 1893. 16 p. 8 °.

Rumänische Liga. Ce este Liga Româneasca şi ce voeşte ea? Botoşani 1894. (Was ist und will die Rumänische Liga.) [Verboten.]

Rumänische Liga. Centrum-Comité der rumänischen Liga. Antwort auf die Erklärungen des Grafen (Gustav Siegmund) Kálnoky in der ungar. Delegation (Sept. 1894). Bukarest: Göbl 1894. 10 p. 8 °.

Rumänische Liga. Comité central de la Ligue roumaine. Réponse aux déclarations faites par le Comte Kálnoky dans la délégation hongroise (sept. 1894). Bucarest 1894. 8 p. 8 °.

Rumänische National-Partei. Die General-Konferenz der Delegierten der rumänischen Wähler aus Ungarn und Siebenbürgen. Wien 1892. 32 p.

Russu, Sirian J., Românii de peste Carpaţi. Bukarest: Göbl. (Die transkarpathischen Rumänen.) [Rumänisch.] (Verboten.)

Russu, Sirian Joh., Românii din Stat Ungariei. Bukarest 1904. (Die Rumänen des ungarischen Staates.) [Rumänisch.] (Verboten.)

Schwicker, Joh. Heinr., Die nationalpolitischen Ansprüche der Rumänen in Ungarn. Bp. 1894.

Schwicker, Joh. Heinr., Rumänen-Frage. Lpzg.: Licht 1883. (S.-A. aus: Auf der Höhe.)

Sibiu. Partidului national român. Actele conferenţei partidului naţional român in Sibiu. Sibiu 1891. (Die Akten der Konferenz der nat.-rumän. Partei in Hermannstadt.) [Rumänisch.]

Siegescu, Josef, Discursul deputatului prof. J. S. despre chestiunea româna in Camera ungară. Bp. 1917. (Die Rede des Abgeordneten Prof. J. S. über die rumän. Frage im ungar. Landtag.)

Sirianu, Mires, La question de Transylvanie et l'unité politique roumaine. Paris: Jouve 1916. 440 p. 8 °.

Slavici, Joan, Die Rumänen in Ungarn, Siebenbürgen und der Bukowina. Teschen: Prochaska 1881. 237 p. 8 °. (Die Völker Österreich-Ungarns, Bd. 6.)

Tanaszeszku, Gerg., Pănă când frate Ardelena. Giurgiu. (Wie lange noch siebenbürgische Brüder. Noten.) [Rumänisch.] (Verboten.)

Togan, Nicolau, Românii din Transilvania la 1733. Conscripţia episcopului Joan In. Klein de Sadu. Hermannstadt 1898. 45 p.

Toganu, N., Catalogul si bibliotecă asoţiaţiunei transilvane. Hermannstadt 1895.

Transylvanus, Viator, Le concordat des Roumains. Bp.: Bocskay. 184 p. 8 °.

Tisza, Steph., Gr. Discursurile, 1893—1915. Cu a profetâ despre personalitatea contelui Tisza şi despre conceptia lui asupra problemei românesti.) Contributiuni istorice la cunoaşterea chestiunei naţionalităţilor in Ungaria. Adurate de un Român iubitor de adevăr. Bp.: Typ. poporul român. 1915. VII, 133 p. [Rumänisch.]

Ungaria calumniata. Editâ de un comitet Maghiar. Tip. Magyar Polgár 1893. 27 p. 8 °.

Die ungarischen Rumänen und die ungarische Nation. Antwort der Hochschuljugend Ungarns auf das Memorandum der rumänischen Universitätsjugend. Hrsg. von den Hörern der kgl. ungar. Universität in Budapest (etc.). Bp. 1891. 78 p. 8 °.

Vajda, Ladislaulu, Epistola deschisă adresata Redactiunei „Telegrafului Român". Braşov: Gött 1873. 88 p. 8 °. (Offener Brief an die Redaction des T. R.)

Vaida-Voevod, Al., Mangra, Tisza și Tribuna. Brașov: Murcsianu 1911. 27 p. 8 °.

Vaida, Alexandru, Discorsul d. lui dep. Dr. A. V. Brașov: Murcsianu 1911. 37 p. 8 °.

Vertreter der rumänischen Wähler. Memorandum im Auftrage d. Generalkonferenz d. zu Hermannstadt vom 12.—14. Mai n. St. 1881 versammelten Vertreter d. rumänischen Wähler verfaßt u. veröffentlicht v. entsendeten Ausschusse derselben. (Aus dem Rumänischen übersetzt.) Hermannstadt 1882.

Vertreter der rumänischen Wähler. Mémorandum rédigé et publié par le Comité de l'assemblée générale des représentants des électeurs roumains réunis à Hermanstadt le 12, 13 et 14 mai 1881. Paris 1883. 96 p.

Voci latine. Dela frați la frați. C. culegere de adesiune a gindei latine la miseria nationala din Transylvania și Banat. (Red.) prim. V. A. Urechia. București: Socek. 1894. 174 p. (Brüder an Brüder.) [Rumänisch.]

Vuculescu, Titu, Amicul poporului. Arad 1899.

Xénopol, D. A.[lexander], Magyars et roumains devant l'histoire. Réponse à M. A. de Bertha. Paris: Leroux 1900. 29 p. 8 °.

Xenopol, D. A., Istoria Românilor din Dacia Traiana. Bukarest: Saraga 1906. (Geschichte der im trajanischen Dacien wohnenden Rumänen.) [Rumänisch.] (Verboten.)

Zur rumänisch-magyarischen Streitfrage. 1894.

Italiener.

Frangini, A., Italiani in Budapest. Strenna nazionale. Cenni biografici. Bp.: Weißenberg 1902. 38 p. 8 °.

Smolensky, Max, Die Italiener in Österreich-Ungarn. Wien: Manz 1917. VII, 103 p. 8 °.

Zigeuner.

Améro, Constant., Bohémiens, Tsiganes et Gypsies. Ill. par François Courboin. Paris: Firmin Didot [1895?]. 140 p. 12 °. (Les Tsiganes en Russie et en Hongrie.)

Baddeley, Welbore St. Claire, Travel Tide. London: Sampson Low & Co. 1889. IX, 270 p. 8 °. [Music of Hungarian Gypsies p. 257.]

Bataillard, P., Les débuts de l'immigration des Tsiganes dans l'Europe occidentale au XV. e siècle. Paris 1890. 31 p. 8 °.

Bataillard, P,, Les derniers travaux relatifs aux Bohémiens dans l'Europe orientale. Paris 1872. 80 p.

Bataillard, Paul, Sur les orignes des bohémiens ou tsiganes, avec l'explication du nom Tsigane. Paris: Franck 1875. 31 p. 8 °. (Extrait de la „Revue critique d'histoire et de littérature".)

Bataillard, Paul, Sur les origines des Bohémiens ou Tsiganes. Les Tsiganes de l'âge du bronze, études à faire sur les Bohémiens actuels. Avec une réponse de G. de Mortillet. Paris: Leroux 1876. 48 p. 8 °.

Bataillard, Paul, Les Tsiganes, d'après les lettres, les ouvrages et les chroniques de —, Boldényi, de Gerando. Paris 1874. 30 p.

Berger, Florence K., A winter in the city of pleasure; or, life on the Lower Danube. London: B. Bentley & Son 1877. 8 °. (Gypsy camp, Tziganes at home.)

Burton, Richard Francis, The jew, the gipsy and El Islam. Edited with a preface and brief notes by W. H. Wilkins. London: Hutchinson & Co. 1898. XIX, 352 p. 4 °. (The gypsy in Hungary pp. 263—269.)

Cole, Greneville Arthur, The gypsy road. A journey from Krakow to Coblentz. London: Macmillan 1894. X, 166 p.

Colozzi, Adrian, Canti, musica e danze degli Zingari. Torino 1889. 277 p. 8 °.

Elmény, Frank, Poor Janos: a tale of Hungarian Gipsy life. London: H. Vickers 1886. 120 p. 12 °.

Grazie, M. delle, Die Zigeunerin aus dem ungarischen Heidenlande. Wien 1885. 8 °.

Hunfalvy, Paul, Etwas über die ungarländischen Zigeuner. Leiden: E. J. Brill 1892. 8°. (Actes du Congrès Internat. des Orientalistes,, tenu en 1889. P. 3. 2. sect. Aryenne.)

Kuyper, A., Autour de l'ancienne mer du monde. Trad. du néerlandais par Léon Hebbelynck et Jules Kleyntjens. Vol. 1—2. Bruxelles: Dewit 1910 bis 1911. 8 °. — p. 261—383 sur les tziganes.)

Liszt, Francois, Des Bohémiens et de leurs musique en Hongrie. Nouv. éd. Lpzg.: Breitkopf u. Härtel 1881. 540 p. 8 °.

Liszt, F., Die Zigeuner und ihre Musik in Ungarn. Deutsch bearbeitet von P. Cornelius. Pest 1861. 259 p. 8 °. Übers. v. L. Ramann. Lpzg.: Breitkopf u. Härtel 1883. XII, 396 p. (Gesammelte Schriften v. Fr. Liszt 6.) Dasselbe. Ebd. 1910. (Gesammelte Schriften 3.)

Macfie, Scott., Gypsy Lore. London: Sherratt & Hughes 1908. 15 p. [Umschlagt.] (S.-A. aus: The University Review.)

Meyer, A. R., Hambruch, Ungarische Zigeunermusik. Bln. o. J. 8 °.

Munczi and his orchestra. [With an account of the gypsies and their music.] New York: Eden Musee [1887]. 24 p. 16 °.

Parker, D. C., Some aspects of gipsy music. London: Reeves 1913. 64 p. 8 °.

Pennell, Eliz Robins., To Gipsyland., il. by J. Pennell. London: Fisher Unwin 1893. 240 p. 8 °.

Pucykowič, Th. Th., Cygany. (Die Zigeuner. Ethnologische Studie.) St. Petersburg: P. Lukownikov 1899. 16 p. 8 °. [Russisch.]

Religionsbüchlein für die Zigeuner in Siebenbürgen. Hrsg. v. d. Mission f. Süd-Ost-Europa. Hausdorf (Kreis Neurode, Preuß.-Schlesien). Diesdorf b. Gäbersdorf (Striegau): Urban 1913. 7 p. 8 °.

Samassa, Joh., Projet de loi sur la réglementation des Tziganes vagabonds par les législations. Bp.: Benkő 1911. 107 p.

Schwicker, Johann Heinrich, Unter Zigeunern. München 1890. (Beilage z. Münchener Allg. Ztg. 229—230.)

Schwicker, Johann Heinrich, Die Zigeuner in Ungarn und Siebenbürgen. Wien: Prochaska 1883. 187 p. 8 °. (Die Völker Österreich-Ungarns 12.)

Tissot, Victor, Die Reise ins Zigeunerland. Autorisierte deutsche Ausg. Von F. W. Dietz. Lpzg.: Greßner & Schramm. VIII, 444 p. 8 °.

Tissot, Victor, Chez les Tziganes. Paris [1899]. 32 p. 18 °. (Bibl. illus. des voyages 88.)

Tissot, Victor, Fra gli Zingari. Milano: Sonzogno 1900. 32 p. (Bibl. ill. dei viaggi 71.)

Ungarn. Statistisches Zentralamt. Ergebnisse der in Ungarn am 31. Januar 1893 durchgeführten Zigeunerkonskription. Bp.: Kilián. (Ungarische statistische Mitteilungen. N. F. 9.)

Werker, Die Theorie der Tonalität. Norden: Braams 1898. 50 p. 8 °. [Über Zigeunertonart.]

Wlislocki, Heinr. v., Aus dem inneren Leben der Zigeuner. Ethnologische Mitteilungen. Weimar: Felber 1892. VII, 220 p. 8 °.

Wlislocki, Heinr. v., Vom wandernden Zigeunervolke. Aus dem Leben der Siebenbürger Zigeuner. Hamburg: Verlagsanstalt 1890. 390 p. 8 °.

Wlislocki, Heinr. v., Zur Volkskunde der transsilvanischen Zigeuner. Hamburg: Verlagsanstalt 1887. 40 p. 8 °. (Virchow-Sammlung wissenschaftlicher Vorträge. N. F. Ser. 2. H. 36.)

Wlislocki, Heinr. v., Zauber- und Besprechungsformeln der transsilvanischen und südungarischen Zigeuner. Bp. 1888. (S.-A. aus Ethnol. Mitt. aus Ungarn.)

Juden.

Lippe, Ch. D., Bibliographisches Lexikon der gesamten jüdischen Literatur der Gegenwart. Wien: Löwy 1879—80. XVI, 704 p. 8 °.

Monumenta Hungariae Judaica. Publicare fecit Societas litteraria Hungarico-Judaica, studio A. Friss. T. 1. (1092—1530). Budapestini: Lampel (Wodianer) 1903. 524 p. 8 °.

Ungarländische jüdische Zeitung. Bp. Seit 1908. Hrsg. von Sam. Bettelheim.

Kongreß 1868.

Adler, N. und andere, Rabbinische Gutachten über die Statuten und Beschlüsse des ungar.-israel. Kongresses. Pest: (Schomre Hadath-Verein) 1869. 32 p. 8 °.

Bacher, Simon, Tekânôth Decisionen. Hebräische Übersetzung der Congress-Decisionen. Ofen 1869. 4 °. [Hebräisch.]

Bacher, Simon, Azath Schalom. Der Rat des Friedens. Begrüßungsgedicht zur Eröffnung des ungar.-israel. Kongresses zu Pest. Ofen 1869. 70 p. [Hebräisch, ungarisch u. deutsch.]

Bergel, Joseph, An die Mitglieder des nächsten Israeliten-Kongresses. Pest 1868.

Fried, L. [Friedlicher], Photographien aus dem ungarischen israelitischen Kongresse. Wien 1869.

Krauß, Sigmund, Worte des Friedens, gerichtet an die verehrl. Mitglieder des ungarischen israelit. Landes-Kongresses. Pest 1868.

Liebig, Friedrich, Photographien aus dem ungar. israelitischen Kongresse. Wien: Herzfeld & Bauer 1869. 56 p. 8⁰.

Löw, Leopold, Der jüdische Kongreß in Ungarn historisch beleuchtet. Pest: Aigner 1871. XVI, 336 p. 8⁰. (Neue Titelausgabe.) Zur neueren Geschichte der Juden in Ungarn. 2. Ausg. Bp.: Aigner 1874. XVI, 322 p. 8⁰.

Ungarn. Kongresse. Landes-Kongreß der Israeliten in Ungarn und Siebenbürgen. Die sanktionierten Statuten und Beschlüsse. (1868.) Pest: Ráth 1869. 127 p. 8⁰.

Der jüdische Kongreß in Ungarn. Pest 1871.

Antisemitischer Preß-Prozeß gegen H. Dr. M. K. Nendtwich, Prof. d. techn. Hochschule Budapest. Schwurgerichtsverhandlung 24. Mai 1884 in Preßburg. Preßburg 1885. 4⁰.

Der Apostat. Auch ein Beitrag zur Judenemanzipationsfrage. Pest: (Lauffer & Stolp) 1861. 31 p. 8⁰.

August, Adolph [Gustav Bierbrunner], Der gordische Knoten Europas.

Austriaca. Betrachtungen und Streiflichter. Lpzg.: Duncker & Humblot 1882. 245 p. 8⁰.

Austriacus, Österreich ein Juwel in jüdischer Fassung. Judenherrschaft und Judenwirtschaft in Österreich-Ungarn. 2. Aufl. Bln.: Hertze 1880. 42 p. 8⁰.

Bacher, Simon, Newe Schalom. [Die Wohnung des Friedens.] Festgedicht zur Eröffnung der ungarischen Landes-Rabbinerschule. Bp. 1877. 18 p. [Hebräisch.]

Bánóczi, Joseph, Die Geschichte des ersten Jahrzehnts der Landesrabbinerschule. Bp.: Athenaeum 1888. 107 p. 8⁰.

Báttaszéki, Ludwig, Allerlei über Antisemiten und Juden. Arad: Lit. Anst. Széchényi 1888. 148 p. 8⁰.

Baum, Jakob, Der Talmud im ungarischen Abgeordnetenhause. Bp.: Zeisler 1882. 14 p. 8⁰.

Bergl, Joseph, Geschichte der ungar. Juden. Nach besten Quellen bearbeitet. Kaposvár (Leipzig: Friedrich) 1879. 158 p. 8⁰.

Bergner, Rudolf, Die Judenherrschaft in den Karpathenländern. Sensationelle Enthüllungen. Marburg: Reichs Herold 1889. 61 p. 8⁰.

Bernstein, Bela, Die Toleranztaxe der Juden in Ungarn. Auf Grund archiv. Quellen. 30 p. 8⁰.

Bloch, J. S., Erinnerungen aus meinem Leben. Wien: Löwit 1922. Bd. 1—2. 8⁰.

Buechler, Sam., Ungarn während und nach der Kreuzzugsperiode. New York: Kafka 1909. 111, 50 p. 8⁰.

Duschak, M., Geschichte der Verfassung mit besonderer Beziehung auf die österr. ungar. Israeliten aus Anlaß des 40jährigen Regierungsjubiläums Sr. Maj. des Kaisers Franz Josef I. Wien 1888.

Duschenes, Adolf, Die Judenfrage, Ungarns Lebensfrage. (A zsidókérdés Magyarország életkérdése.) Wien 1867.

Ehrentheil, M., Jüdische Charakterbilder. Pest 1867.

Exiguus, Hat die jüdische Konfession ein Recht zu fordern, daß dieselbe in das neuzugestaltende Oberhaus ebenfalls berufen werde? Bp. 1885.

Friedmann, [Illés], Der Zionismus im Geiste des Judentums. Trencsén 1908.

Fishbug, M., Materials for the physical anthropology of the eastern Jews. Lancaster 1905. 8⁰.

Fürst, A., Sitten und Gebräuche einer Judengasse (Minhagasch). Stuhlweißenburg: Singer 1908. IV, 80 p. 8⁰.

Geist, Karl, Die Straßentumulte in Preßburg. Bp. 1882.

Galgóczi, A., Der Wunderrabbi. Drama aus dem jüdischen Volksleben im nordöstlichen Ungarn. Galgócz 1905.

Hartmann, L., Die Juden in Ungarn, Kroatien und Slawonien. Ein Beitrag zur Judenfrage i. J. 1848 u. i. d. Gegenwart. Agram 1861.

Hirsch, M., Autonomie u. Zentralisation. 1869.

Hochmuth, Abraham, Leopold Löw als Theologe, Historiker und Publizist. Lpzg.: Brockhaus 1871. XII, 248 p. 8⁰.

Hutten, Ulrich, Das Judentum in Österreich-Ungarn. Eine nationalhist. Studie. Bp.: Bartalits 1882. 138 p. 8⁰.

Istóczy, Victor, Statuten-Entwurf des Zentral-Vereins des Nichtjuden-Bundes von Ungarn. Bln.: Hentze 1880. 12 p. 8⁰.

Istóczy, Victor, Die Wiederherstellung des jüdischen Staates in Palestina. 1905.

August, Adolph [Gustav Bierbrunner], Istóczy und die Juden. Bp.: Grill 1876. 28 p. 8⁰.

Hat Istóczy der Judenfresser Recht oder Unrecht. Bp. 1879.

Die Judenfrage im ungar. Reichstag. Ein Wort zur Zeit. Pest: Fanda 1866. 15 p. 8⁰.

Das Judentum in Österreich-Ungarn. Von Ulrich von Hutten. Bp.: Bartalits 1882. 138 p. 8⁰.

Kannengießer, A., Juden und Katholiken in Österreich-Ungarn. Trier: Paulinus Druck. 1896. XXX, 308 p. 8⁰.

Kayserling, M., Der Wucher und das Judentum. Bp.: Wodianer 1882. 20 p. 8⁰.

Kohn, Sámuel, Was haben die jüngsten Vorgänge innerhalb der ungarischen Judenheit zu bedeuten? 1870.

Korna, Jacob Chaïm, Sefer ha-Jaschar. (Das Buch der Braven. Rede des Grafen Majláth, die Emanzipation der Juden in Österreich-Ungarn betreffend, ins Hebräische übertragen.) Lemberg 1861. [Hebräisch.]

Krajcsovich, Coloman, Der Antisemitismus in Ungarn. Bp.: Pester Buchdr. 1884. 52 p. 8⁰.

Landau, Leo Raphael, Judenfrage 1848 und 1867.

Landsberg, Leopold, Ele Toldoth. (Das ist die Lebensgeschichte des Rabbi Moses Sofer, Oberrabbiner zu Preßburg, nebst Überblick über seine Zeit- und Gesinnungsgenossen.) Preßburg 1876. [Hebräisch.]

Lázár, Jul., Das Judentum in seiner Vergangenheit und Gegenwart. Mit besonderem Hinblick auf Ungarn. 1. u. 2. Aufl. Bln.: Hentze 1880. II, 127 p. 8⁰.

Lignaeu, Jean de, Juifs et antisémites en Europe. Paris: Tolra 1891. 388 p. 8⁰. (Hongrie p. 289--325.)

Löw, Leopold, Jüdische Dogmen. Offenes Sendschreiben an Ign. Hirschler, Eigentümer des „Izraelita Közlöny". Bp.: Aigner 1871. 40 p. 8⁰.

Löw, Leopold, Das neueste Stadium der ungarisch-jüdischen Organisationsfrage. Offenes Sendschreiben an den Herrn Ign. Hirschler. Bp.: Aigner 1871. 80 p. 8⁰.

[Löw, Leopold], Die jüdischen Wirren in Ungarn. Beitrag zur Zeitgeschichte. Von Leon da Modena Redivivus. T. 1. Vor dem Kongresse. Pest: Aigner 1868. XII, 104 p. 8⁰.

[Löw, Leopold, Pseud. Weil], Aron Chorin. Eine biographische Skizze. Szegedin 1863.

Mandl, Bernh., Das jüdische Schulwesen in Ungarn unter Kaiser Josef II. (1780—1790). Frankfurt a. M.: (Kaufmann).

Mayer, Sigm., Ein jüdischer Kaufmann 1831—1911. Lebenserinnerungen. Lpzg.: Duncker 1911. VII, 400 p. 8⁰.

Nendtwich, C. M., Die Judenfrage in Österreich-Ungarn. Eine kulturhistorische Studie. Bp.: Aigner 1885. VI, 138 p. 8⁰.

Polónyi, Géza, Die Wirkung der Gesetzvorlage über die Wahl der Reichstagsabgeordneten auf die Konfessionen. 1913.

Ráth, Franz, Antisemiten-Katechismus für das ungarische Volk. Bp. 1884.

Die Rechte der Lehrer und die israelit. Notablen-Versammlung in Pest von J. G. Wien 1868.

Reformation der Juden. Von einem Glaubensgenossen. Aus dem Ungarischen. Pest: Heckenast 1867. 40 p. 8⁰.

Reich, Ignaz, Beth-el. Ehrentempel verdienter ungarischer Israeliten. Bd. 1 bis 3. Pest Bucsánszky 1859—82.

Der Religionskrieg in Ungarn. Der Kampf des glaubenslosen Staates gegen das Christentum. Aufruf zur Verteidigung der heiligen Kirche. (Übers. aus d. Ungar.) Wien: Roller 1895. 67 p. 8⁰.

Rittner, C. H., Ivan Simonyi oder die Verjudung des Antisemitismus in Ungarn. Hagen i. W.: Risel 1886. 71 p. 8⁰.

Rónai, J., Zion und Ungarn. Nagy-Szeben (Balázsfalva) 1897.

Rosenberg, A., Das Judentum und die Nationalitätsidee. Kaposvár 1882.

Rosenberg, Sam., Das Gesetz v. J. 1848 und die Gleichberechtigung der Juden in Ungarn. Pest 1861.

Roth, M. H., Ein offenes Wort über die anonyme Broschüre „Mahnruf an die Israeliten Ungarns". Prag 1868.

Sagittarius [Max Schütz], Franz Liszt über die Juden. Bp.: Pester Buchdr. 1881. 38 p. 8⁰.

Saitschik, R., Beiträge zur Geschichte der rechtlichen Stellung der Juden namentlich im Gebiet des heutigen Österreich-Ungarn vom 10.—16. Jh. Frankfurt a. M. Kauffmann 1890.

Sechs Briefe zur Beleuchtung der religiösen Wirren in Oberungarn. Kaschau 1866.

Seidl, G., Der Jude in Österreich-Ungarn. Skizzen aus dem sozialen Leben des 19. Jahrh. München: Abt. o. J. VIII, 184 p. 8 °.

Simonyi, Ivan v., Der Judaismus und die parlamentarische Komödie. Mit einer Einleitung: Die Juden und die Hohlheit unserer modernen Politik und Verfassung. Preßburg: Heckenast 1883. 94 p. 8 °.

Simonyi, Ivan von, Der Antisemitismus und die Gesetze der menschl. Gesellschaft. Rede gespr. am 1. Antisem. Kongresse zu Dresden am 10. Sept. 1882. Dresden 1884.

Simonyi, Ivan von, Zeit-, Streit- und Zukunftsfragen. Als Manuskr. gedr. Preßburg: (Grenzboten) 1887.

Simonyi, Ivan v., Die Wahrheit über die Judenfrage. Preßburg: Drodtleff 1882. 125 p. 8 °.

Spitzer, S., Die Gemeindeordnung bei den alten Israeliten verglichen mit den diesfälligen neueren Bestimmungen in Österreich-Ungarn. Esseg: Frank 1873. 142 p. 12 °.

Tharaud, Jérôme et Jean, Bar-Cochebas (notre honneur). Paris: Cahiers de la Quinzaine 1907. 16 °. (Histoire d'un étudiant juif en Hongrie.)

Ujassi, Wolfgang, Memorandum an den k. ungar. Kultusminister August v. Trefort (die Einheit der jüdischen Gemeinde betreffend). Aus dem Ungarischen. (Pozsony) 1873.

Varicourt, Br., Die Juden und die Judenfrage. Pest: (Lauffer) 1861. 32 p. 8 °.

Wolf, G., Die Juden. Mit einer Schlußbetrachtung von W. Goldbaum. Wien: Prochaska 1883. 178 p. 8 °. (Die Völker Österreich-Ungarns, Bd. 7.)

Wolf, G., Zur Kulturgeschichte in Österreich-Ungarn. 1848—1888. Wien: Hölder 1888. 186 p. 8 °.

Grünwald, M., Zur Geschichte der jüdischen Kultusgemeinde *Belovár*. Belovár 1881.

Fürst, A., Sitten und Gebräuche einer Judengasse (Minhagasch) (in der uralten jüdischen Gemeinde Kismarton = Eisenstadt). Stuhlweißenburg: Singer 1908. IV, 80 p. 8°.

Markbreiter, M., Beiträge zur Geschichte der jüdischen Gemeinde *Eisenstadt*. Wien 1908.

Erlau, Israelitische Kultusgemeinde. Aufruf an die ehrwürdigen Rabbinate und löblichen Vorstände der israelitischen Kultusgemeinden im Königreiche Ungarn. Erlau 1862.

Verhaltungsvorschriften des Heiligen Vereins . . . *Fünfkirchen* . . . Neu verfaßt. Ofen 1868.

Spiegler, Julius, Der Iszur in *Großwardein*. Kritisch beleuchtet. Kaschau 1862.

Gedenkblatt zur Feier des 25jährigen Jubiläums der israelit. Gemeindeschule zu *L. St. Miklós*. Neusohl 1870.

Toch, Rudolf, Mitteilungen aus dem Leben eines Märtyrers für das orthodoxe Judentum, von ihm selbst geschrieben. Ein Beispiel zur Geschichte der jüd. orth. Gemeinde zu *Pápa*. Pápa 1888.

Bauer, Márkfi Lörinc, Festklänge zur Feier der Erinnerung des israelit. Kultustempels in *Pest*.

Kritische Bemerkungen zum Entwurfe eines organischen Statuts für die *Pester* israelit. Gemeinde nebst dem Texte und einem Vorworte von einem Mitgliede des zur Ausarbeitung desselben niedergesetzten Komitees Pest 1861.

Eisenstädter, Ign. S., An die geehrten Wähler der israelit. Kultusgemeinde in *Temesvár*. Temesvár 1869.

Kaiser, S., *Tyrnau* einst und jetzt, in Bezug auf die israelit. Einwohner. Tyrnau: Winter 1885. 48 p. 12°.

Diamant, Julius, Spomemca. Festschrift zur 50jährigen Jubelfeier der israelit. Wohltätigkeits-Frauenvereine in *Vukovár*. Vukovár [1911].

Prozeß Tisza Eszlár.

Das Bilbul von Tisza-Eszlár wahrheitsgetreu geschildert. Bp.: Márkus 1883.

Der Blutprozeß von Tisza-Eszlár in Ungarn. New York: Schnitzer 1883. 206 p. 8 °.

Enoch, Jos., Entgegnung auf das vom Reformverein verbreitete Pamphlet, betr. die Ermordung der Esther Solymosi. Chemnitz: Selbstverlag 1882. 31 p. 8 °.

Eötvös, etc., Eingabe der 3 Verteidiger Eötvös, Funták, Horánszky in der Tisza-Eszlárer Angelegenheit. Bp.: Márkus 1882. 68 p. 8 °.

Frank, Fr., Der Ritualmord vor den Gerichtshöfen der Wahrheit und der Gerechtigkeit. Regensburg: Manz 1901. 327 p. 8 °.

Kászony, Daniel, Eszther Solymosi. Das Blutopfer von Tisza-Eszlár. Sozialroman. Bp.: Grimm 1883. IV, 255 p. 8⁰.

Kayserling, M., Die Blutbeschuldigung von Tisza-Eszlár. Bp.: Lampel 1882. 16 p. 8⁰.

Liebermann, Nathan, Megilath Ester. (Das Buch Ester. Wahrheitsgetreue Darstellung des [tendenziösen] Tisza-Eszláer Prozesses.) Bitsche 1883. [Hebräisch.]

Marcziányi, Georg v., Esther Solymosi oder der jüdische rituelle Jungfrauenmord in Tisza-Eszlár. Übers. v. M. Schulze. Bln. 1882. 8⁰.

Morel., Les juifs et la Hongrie devant l'Europe. (Affaire de Tisza-Eszlár.) Paris 1883. 63 p. 8⁰.

Nathan, Paul, Der jüdische Blutmord und der Freiherr v. Wackerbarth-Linderove. Ein antisemitisch-parlamentarisches Kulturbild. Bln.: Fontane 1892. 37 p. 8⁰. (S.-A. der Vorrede: Der Prozeß von Tisza-Eszlár.)

Nathan, Paul, Der Prozeß von Tisza-Eszlár. Ein antisemit. Kulturbild. Bln.: Fontane 1892. XXXIX, 416 p.

Neuda, Max, Einspruch des Leopold Abeles wider die Anklageschrift der Staatsanwaltschaft in Wr. Neustadt. Preßburg: Stampfel 1882. 76 p. 8⁰.

Ónody, Géza, Tisza-Eszlár in der Vergangenheit und Gegenwart. Übers. v. Georg Marcziányi. Bp.: Grimm 1883. IV, 215 p. 8⁰.

Reuss, Rodolphe, L'affaire de Tisza-Eszlár. Une épisode de l'histoire de l'antisémitisme au 19ᵉ siècle. [Strassbourg: Treuttal & Würtz.] 1883. 53 p. 8⁰. (Extrait du „Progrès religieux".)

Zweig, Arnold, Ritualmord in Ungarn. Bln. 1914.

Staats- und Sozialwissenschaften.

A. Statistik und Bevölkerungslehre.

I Organisation. Geschichte.

Bokor, Gustav, Geschichte und Organisation der amtlichen Statistik in Ungarn. Bp.: Kgl. ungar. statist. Bureau 1896. V, 291 p. 8°.

György, A., Statistique officielle de la Hongrie. Son histoire et son développement. Bp.: Athenaeum 1885. 109 p. 8°.

Keleti, Karl, Aktenstücke zur Organisation der Landesstatistik in Ungarn. Bp. 1874. 29 p.

Keleti, Charles, Statistique officielle de la Hongrie. Rapport présenté au 7. Congrès international de statistique à la Haye.) Pest: Athenaeum 1869. 82 p. 8°.

Neumann-Spallart, F. X. v., Die gemeinsame Reichs-Statistik. Wien 1877. 18 p. (S.-A. aus: Statist. Monatsschr.)

Roneali, Angelo, Il nuovo ordinamento della statistica in Ungheria. Torino.

Thirring, Gustav, Josef v. Kőrösy. p. 17—19. (Extrait du Abrégé du Bulletin de la Soc. hongr. de géographie.)

Thirring, Gustav, Joseph de Kőrösy. p. 1—5. (Extrait du Bulletin Int. de statist.)

Kongresse. Institute. Statistische Ämter.

Congrès international de statistique à Budapest, 9. session du 29 août au 11. Sept. 1876.

Avant propos 22 p.

1. Section: Théorie et population.
2. Section: Justice.
3. Section: Hygiène publique.
4. Section: Agriculture et sylviculture.
5. Section: Industrie, commerce, transport, finances.

Annexe 124, 120 p.

Compte-rendu de la 9. session. Vol. 1—3. Bp. 1876—1878.

1. Programme.
2. Travaux du Congrès.
3. Rapports et résolutions.

Déchy, Maurice, Catalogue de l'exposition graphique. Bp. 1876. 52 p.

Falbe-Hansen, V., Fra en Kongres-Rejse i Ungarn. Den statistiske Kongres i Budapest. 1876. 39 p. (Von einer Kongreßreise in Ungarn. Der statistische Kongreß in Budapest.) [Schwedisch.]

Ficker, Adolf, Die 9. Versammlung des internationalen statistischen Kongresses vom 30. August bis 7. September (1876). Wien: Gerold 1876. 54 p.

Mayr, Georg, Die 9. Versammlung des Internationalen statist. Kongresses zu Budapest i. J. (1876) und die Versammlung der permanenten Kommission des Kongresses in Wien (1873), Stockholm (1874) und Budapest (1876). München: Ackermann 1876. 30 p.

Konek, Alexander, Das statistische Komité der Ungarischen Akademie der Wissenschaften. Pest 1866. 5 p.

Juraschek, Franz v., Die 8. Session d. Internationalen statistischen Institutes in Budapest vom 29. September bis 5. Oktober (1901). Wien: Manz 1902. 31 p.

Ungarn. Gesetze u. Verordnungen. Act XXXV. of the year 1897 concerning the Central statistical office of the Kingdom of Hungary. Off. translation. Bp.: Pest pr. co. lim. 1897. 15 p.

Ungarn. Statistisches Zentralamt. Die Tätigkeit des kgl. ungar. statist. Zentralamts. (1871—1911.) Bp. (Ungarische statistische Mitteilungen N. S. 36.)

Ungarn. Office central du statistique. Activité et travaux de l'Office Central de statistique du Royaume de Hongrie. (1871—1911). Bp. (Publications N. S. 36.)

Földes, Béla, Das statistische Bureau der Hauptstadt Budapest. Bericht an den Großen Internationalen statistischen Kongreß zu Budapest. Bp.: Pester Buchdr. 1876. 23 p. (S.-A. aus: Pester Lloyd.)

Kőrösi, Joseph, Catalogue raisonné de l'exposition du bureau de statistique de la ville de Budapest. Bln. 1886. 54 p. 8 °.

Kőrösi, Joseph (Red.), Ouvrages du bureau communal de statistique de la ville de Budapest. Bp.: Soc. d'impr. par actions 1878. 24 p. (Exposition univ. de Paris 1878.)

Thirring, Gust., Geschichte des Statistischen Bureaus der Haupt- und Residenzstadt Budapest. 1869—1894. Bln.: Puttkammer & Mühlbrecht 1894. 41 p.

II Allgemeine Statistik.

Österreich. Handelsministerium. Statistisches Departement. *Nachrichten* über Industrie, Handel und Verkehr. Bd. 1—82. Wien: Hof- und Staatsdruckerei 1873—1914. 4 °.

Österreich. Statistische Zentralkommission. Statistisches Jahrbuch der österreichischen Monarchie. 1863—1866. Wien: Hölder.

Österreich. Statistische Zentralkommission. Statistisches Jahrbuch der österr.-ungar. Monarchie. 1867. Wien: Hölder.

Österreich. Statistische Zentralkommission. Statistisches *Jahrbuch.* 1868—1881. Wien: Hölder. (Fortsetzung s. u. *Handbuch.*)

Österreich. Statistische Zentralkommission. Österreichisches statistisches *Handbuch.* Nebst einem Anhange für die gemeinsamen Angelegenheiten der österr.-ungar. Monarchie. 1—32. (1882—1913.) Wien: Hölder 1883—1915. (Vorher s. u. *Jahrbuch.*)

Österreich. Statistische Zentralkommission. *Mitteilungen* aus dem Gebiete der Statistik. Jahrg. 1—20. (1852—1874). Wien: Hof- und Staatsdruckerei. 8 °.

Österreich. Statistische Zentralkommission. *Tafeln* zur Statistik der österreichischen Monarchie. N. F. 1849—1865. (1—5.) Wien.

Österreich. Statistische Zentralkommission. *Übersichtstafeln* zur Statistik der österreichischen Monarchie. 1861/62. Wien: Hof- und Staatsdruckerei 1863. 475 p.

Österreichsiches und kgl. ungarisches statistisches Bureau. Statistisches *Handbuch* der österr.-ungar. Monarchie für den Zeitraum 1867 bis 1876. Wien: Hölder 1878. XV, 249 p. 8 °.

Österreich. Statistische Zentralkommission und ungarisches statistisches Landesbureau. Statistisches *Handbuch* der österr.-ungar. Monarchie. Neue Folge. Wien: Hof- und Staatsdruckerei 1888. IX, 218 p. 4 °. [Ungar.-deutsch.]

Ungarn. Statistisches Zentralamt. Ungarisches statistisches Jahrbuch. I—XIX. (1871—1889). N. F. 1—23 (1893—1915). Bp.

Ungarn. Office central du statistique. Annuaire statistique hongrois. Nouv. Serie 9—23 (1901—1915). Bp.

Ungarn. Statistisches Zentralamt. Amtliche statistische *Mitteilungen.* 1868 bis 1894. (1868—1874 Jahrg. 1—7, weitere Jahrg. unnummeriert.) Bp.: Drucker. Athenaeum. [Ungar.-deutsch.]

Ungarn. Statistisches Zentralamt. Ungarische statistische *Mitteilungen.* Neue Folge Bd. 1—29. [Ungarisch-deutsch.] Neue Serie Bd. 1—61. Bp.: Drucker. d. Athenaeum 1892—1902; 1902—1917.

Ungarn. Office central du statistique. *Publications* statistique hongroise. Nouvelle Série. Vol. 1—61. Bp.: Impr. Athenaeum 1902—1916. 4 °.

Ungarn. Bureau de statistique roy. hongrois. Statistique de la Hongrie. *Livre de poche.* Red. à l'occasion du 9. congr. intern. par Ch. Keleti & C. Beöthy. Bp.: Impr. Franklin 1876. XII, 161 p. 8 °. (Franç.-hongr.)

Brachelli, Handbuch der Geographie und Statistik des Kaisertums Österreich. Lpzg. 1861—1867.

Brachelli, H. F., Statistische Skizze der österr.-ungar. Monarchie. 13. Aufl. Lpzg. 1892. (Brachelli, Stat. Skizze d. Europ. Staaten.)

Chavanne, Physikalisch - statistischer Handatlas von Österreich-Ungarn mit erläuterndem Text. Wien 1882—1887.

Czoernig, Carl v., Statistisches Handbüchlein für die österreichische Monarchie Jg. 1. (1865.) Wien: Direktion der administrativen Statistik 1867.

Effenberger, Eduard, Grundzüge der Postgeographie und österr.-ungar. Statistik. 4. Aufl. Wien: K.k. Hofdr. 1893. 325 p. 8 °.

Fillunger, J., Vergleichende Statistik über die Real- und Produktionswerte der Landwirtschaft, der Montan-Industrie, der Verkehrs- und Kommunikations-Anstalten, dann Erörterung des Staatshaushaltes im österreichischen Kaiserstaate. Wien: Hof- u. Staatsdruckerei 1868. 309 p.

Frank, Karl, Geographie und Statistik der österr.-ungar. Monarchie. Wien: Hölder 1903. IV, 99 p.

Hickmann, A. L., Geographisch-statistischer Taschenatlas von Österreich-Ungarn. Wien 1895. 52, 43 p. Neue Aufl. Ebenda 1900. 77, 58 p.

Hunfalvy, J., Kurzgefaßte Statistik des österreichischen Reiches mit besonderer Rücksicht auf den ungarischen Staat. Pest 1867.

Keleti, Charles, Hongrie. Exposé géographique et statistique à l'occasion de l'exposition universelle de Vienne de 1873. Trad. p. E. Schwiedland. Bp. 1883. X, 407 p.

Klun, V. F., Statistik von Österreich-Ungarn. Wien: Braumüller 1876. VIII, 366 p. 8 °.

Křížek, Václav, Statistika císařství Rakouského čili říše Rakousko-uherské. Praha 1872. 425 p. 8 °. [Tschechisch.]

Matkovic, Petar., Statistika austrijske Carevine za visa ucilista. Zagreb 1866. 399 p. 8 °. [Kroatisch.]

Neelmeyer-Vukassowitsch, H., Österreich-Ungarn. Lpzg. 1885. 96 p. (Welt-Taschenbücher.)

Obrucew, N. N. u. A. F. Rittich, Alostro-Wengrija. Otdĕl I. Obščaja statistika. St. Petersburg 1874—1879. (Österreich-Ungarn. Tl. I. Allgemeine Statistik.) [Russisch.]

Richard, Eduard, Katechismus der Geographie und Statistik der österr.-ungar. Monarchie. Ein alphabetisch geordnetes Nachschlagebuch. Wien: Hartleben 1880. 188 p. 8 °.

Schmitt, F., Statistik des österreichischen Kaiserstaates. 3. Aufl. Wien: Gerold 1867. III, 233 p. 8 °.

Schwicker, Joh. Heinr., Statistik des Königreiches Ungarn. Stuttgart: Cotta 1877. XVIII, 859 p.

Strahalm, Franz, Politisch-statistische Tafel der österr.-ungar. Monarchie. Jg. 1—5. Wien: Hartleben 1875—1882. 2 °.

Tiele, A. und J. Mutelka, Statistika mocnářství rak.-uherského. Prag: Kytka 1908. 178 p. (Statistik von Österreich-Ungarn.) [Tschechisch.]

Trampler, Geographie und Statistik der österr.-ungar. Monarchie. Wien 1874.

Twardowszki, Jul., Statistische Daten über Österreich. Anhang über Ungarn. Wien: Deuticke 1902. 125 p.

Umlauft, Frdr., Die österr.-ungar. Monarchie. Geogr.-statist. Handbuch mit bes. Rücksicht auf Politik u. Kulturgeschichte. Wien: Hartleben 1875. 844 p. 8 °.

Wirth, Max, Ungarn und seine Bodenschätze. Statistisches Handbuch der ungarischen Landeskunde nach amtlichen Quellen. Frankfurt a. M.: Sauerländer 1885. VIII, 489 p.

Budapest.

Budapest. Kommunal-statistisches Bureau. Statistisch-administratives *Jahrbuch* der Haupt- und Residenzstadt Budapest. Jg. 1—12 (1894—1908, 1909/12, 1913/20). Bp. [Ungarisch-deutsch.]

Budapest. Statistisches Bureau der Haupt- und Residenzstadt. *Publikationen.* Übers. aus dem Ungar. Jg. 1—52 (1894—1921). Bp.: Ráth.

Budapest. Kommunal-statistisches Bureau. *Monatshefte* des Budapester Kommunal-statistischen Bureaus. Jg. 1—50 (1873—1922). Bp. [Ungarisch-deutsch.]

Budapest. Kommunal-statistisches Bureau. *Wochenausweise* des Budapester Kommunal-statistischen Bureaus Jg. 1—50 (1873—1922). Bp. [Ungarisch-deutsch.]

Einzelne Landesteile.

Major, Paul, Statistik des Wieselburger Komitates. Magyaróvár: Czéh-Druck. 1868. 48 p.

Meltzl, Osk. v., Statistik der sächsischen Landbevölkerung in Siebenbürgen. Kronstadt: Michaelis 1886. VII, 296, 73 p.

Preßburg. Handels- und Gewerbekammer. Statistische Nachweisungen über das Neutraer Komitat. Preßburg 1871. 375 p.

Preßburg. Handels- und Gewerbekammer. Statistische Nachweisungen über das Preßburger Komitat. Preßburg: Wigand 1866. III, 331 p. 8 °.

Preßburg. Handels- und Gewerbekammer. Statistische Nachweisungen über das Trentschiner Komitat. Preßburg: Handels- und Gewerbekammer 1867. 343 p. 8 °.

Reviczky-Matejecz, Johann, Beschreibung des Arvaer Komitates. H. 1—3. 1871. [Manuskript im Kgl. ungar. statistischen Amt Budapest.]

Stodola, Emil, Príspevok ku statistike na slovensku. Turóczszentmárton 1902. 31 p. (Beiträge zur Statistik der Slowakei.) [Slowakisch.]

III Demologie.

A. Allgemeines.

Österreich. Statistische Zentralkommission. Bewegung der Bevölkerung im Königreiche Ungarn im Jahre 1864, mit Rückblick auf die Jahre 1852—1859. Wien 1867. (Mitteilungen aus dem Gebiete der Statistik 13.)

Ungarn. Statistisches Zentralamt. Bewegung der Bevölkerung der Länder der ungarischen heiligen Krone in den Jahren 1890/91, 1892/93, 1897, 1900/02, 1903/05, 1906/08, 1901/10, 1909/12. (Nach Gemeinden.) Bp. (Ungarische statistische Mitteilungen N. F. 5, 8, 22. N. S. 7, 22, 32, 46, 50.)

Ungarn. Office central du statistique. Mouvement de la population dans les Pays de la sainte Couronne hongroise en 1900/02, 1903/05, 1906/08, 1901/10, 1909/12. Bp. (Publications N. S. 7, 22, 32, 46, 50.)

Ungarn. Statistisches Zentralamt. Mortalitätstafeln der Länder der ungarischen heiligen Krone vom Jahre 1900 und der Volksbewegungsangaben für die Jahre 1900 und 1901. Bp. (Ungarische statistische Mitteilungen. N. S. 11.)

Ungarn. Office central du statistique. Table de mortalité des Pays de la sainte Couronne hongroise sur la base des données du recensement de 1900 et sur celle des données relatives du mouvement de la population de 1900 et 1901. Bp. (Publications. N. S. 11.)

Jekelius, Aug., Die Bevölkerungs- und Berufsstatistik des ehemaligen Königsbodens. Hermannstadt: Drotleff 1908. 311 p.

Keleti, Karl, Übersicht der Bevölkerung 1870. Pest 1870.

Keleti, Charles, Revue de la population de 1870. Pest 1871. 40 p.

Keleti, Karl, Zu- und Abnahme der Bevölkerung Ungarns nach Nationalitäten. Bp. 1879. 16 p. (S.-A. aus: Literarische Berichte aus Ungarn.)

Kovács, Alois, The development of the population of Hungary since cessation of the Turkish rule. Bp.: Pfeifer 1921. 32 p. 8 °. (East-European problems 13.)

Kovács, Aloysius, The development of the population of Hungary since the Turkish rule has ceased. Transl. by J. György. [Bp.: Hungarian territorial integrity league 1919?] 19 p. 8 °.

Lang, Ludwig, Statistik der Bevölkerung Ungarns. (Deutscher Auszug aus der in ungarischer Sprache erscheinenden Statistik Ungarns.) Bp.: Athenaeum 1885. 193 p. 8 °.

Waber, Leop., Die zahlenmäßige Entwicklung der Völker Österreichs 1846 bis 1910 (und) der Länder der ungarischen Krone 1840—1910. Brünn: Stetter 1916. 133 p.

Kőrösy-Thirring, Die Nationalitäts- und Mortalitätsverhältnisse ungarischer Städte in den Jahren 1878/93, 1878/95. Bp.: Grill 1894—1897.

Thirring, Gustav, Bevölkerungsentwicklung der ungarischen Städte. 1. Bevölkerung der ungarischen Städte im 18. Jahrh. Bln. p. 334—354. (S.-A. aus Ungarische Rundschau.)

Thirring, Gustav, Bevölkerungsverhältnisse der ungarischen Städte im Jahre 1777. p. 1—8. (S.-A.)

Budapest.

Budapest. Kommunalstatistisches Bureau. Sterblichkeit der Stadt Budapest in den Jahren 1908 und 1909. (Mit den Hauptangaben für das Jahr 1910—1913.) Bp. 1916. (Publikationen d. Kommunalstatist. Bureaus 51.)

Kőrösy, Josef, Beiträge zur Frage der Fruchtbarkeit der hauptstädtischen Bevölkerung und des Kinderreichtums der Familien. Bp. 1902. (S.-A. aus Wochenausweise d. Kommunalstatist. Bureaus.)

Kőrösy, Jos., Bewegung der Bevölkerung der Stadt Pest. Pest: Ráth 1873. 68 p. (S.-A. aus: Publikationen d. Hauptstädt. stat. Bureaus.)

Kőrösy, Josef, Daten zur Fruchtbarkeit der hauptstädtischen Bevölkerung im Jahre 1898. (Bulletin de l'Institut in de stat. Vol. 12.)

Kőrösy, Josef, Einfluß der Konfession des Wohlstandes und des Berufes auf die Todesursachen. Bln.: Puttkammer & Mühlbrecht 1898. (S.-A. aus Publikationen d. Kommunalstatist. Bureaus 26.)

Kőrösy, Joseph, L'influence de la confession sur les causes de décés. St. Petersburg. 11 p. (Extrait des Comptes-rendus du 12. Congr. int. de médecine.)

Kőrösy, Josef, Kindersterblichkeit in Budapest 1874—75, 1876—1881. Bln.: Puttkammer & Mühlbrecht 1885. (S.-A. aus: Publikationen d. Hauptstädt. stat. Bureaus.)

Kőrösy, Josef, An estimate of the degrees of legitimate natality compiled by the author from his observations made at Budapest. London 1896. 95 p. (Philosophical transactions of the Roy. Soc. of London. Vol. 186.)

Kőrösy, Josef, Die Sterblichkeit der Stadt Budapest in den Jahren 1872/73, 1874/75, 1882/85, 1886/90, 1891/95, 1896/1900, 1901/1905.) und deren Ursachen. Bln.: Puttkammer & Mühlbrecht 1888. (Publikationen 11, 14, 18, 22, 26, 31, 35, 36.)

Madzsar, Jos., Die Entwicklung der Geburtenziffer und der Säuglingssterblichkeit in Budapest. Lpzg.: Barth 1918. p. 129—224. (S.-A. aus: Zeitschrift für Säuglingsfürsorge.)

Pikler, Jul., Das Budapester System der Todesursachenstatistik. Ein Beitrag zur Frage der internationalen Vergleichbarkeit. Bln.: Puttkammer & Mühlbrecht 1909. 41 p. 8⁰.

Pikler, Julius, Sterblichkeit der Stadt Budapest im Jahre 1906, 1907. Bp.: Grill. (Publikationen d. Kommunalstatist. Bureaus 40, 44.)

Thirring, Gustav, Bewegung der Bevölkerung der Hauptstadt Budapest im Jahre 1896. Bp.: Pester Buchdr. 1897. 53 p. 4⁰. (S.-A. aus Wöchentl. Ausweise d. Hauptstädt. Stat. Bur.)

Thirring, Gustav, Die Bewegung der Bevölkerung in Budapest i. d. J. 1906/7 und Statistik der Volksbewegung v. 1874 bis 1907. Bp.: 1912. 108 p. (Publikationen d. Kommunalstatist. Bur. aus 42.)

Thirring, Gust., Der Einfluß der Wanderungen auf die Gestaltung der Bevölkerung von Budapest. Bp.: Pester Buchdr. 1897. 8 p.

Thirring, Gustav, Die Kindersterblichkeit in Budapest. Vortrag. Bp.: Buchdr. Werböczy 1900. 14 p. 8⁰. (S. A. aus: Pester medizinisch-chirurgische Presse.)

Thirring, Gustav, Das Wachstum Budapests. 12 p. (S.-A. aus: Österr.-ungar. Revue 13.)

Einzelne Landesteile.

Gusbeth, Ed., Die Bewegung der Bevölkerung im Kronstädter Komitat im Jahre 1876—1887. Brassó: Albrecht & Zillich 1889. 86 p. 4⁰.

Hintz, Johann, Das wandernde Siebenbürgen. Eine statistische Studie. Kronstadt: Handels- u. Gewerbekammer 1876. 54 p. 8⁰.

Österreich. Statistische Zentralkommission. Bewegung der Bevölkerung im Großfürstentume Siebenbürgen vom Jahre 1864. Wien: Hof- und Staatsdruckerei 1867. (Mitteilungen aus dem Gebiete der Statistik 14.)

B. Volkszählungen.

Ungarn. Statistisches Zentralamt. Die Bevölkerung Ungarns zur Zeit der pragmatischen Sanktion (1720—1721). Bp.: Kilián. (Ungarische statistische Mitteilungen. N. F. 12.)

Gürtler, Alfred, Die Volkszählungen Maria Theresias und Josefs II. 1753—1790. Innsbruck: Wagner 1909. X, 152 p.

Österreich-Ungarn. Ministerium des Innern. Bevölkerung und Viehstand von Ungarn. 1857. Wien. (Die Ergebnisse nach Einteilung des Jahres 1870 umgeschrieben in Ms. im Landesstatist. Bureau in Budapest.)

Ungarn. Statistisches Zentralamt. Ergebnisse der in den Ländern der ungarischen Krone am Anfang des Jahres 1870 vollzogenen Volkszählung. Pest: Kgl. ungar. statist. Bureau 1871.

[Müller, Franz]. Die wichtigsten Ergebnisse der durch den III. G.-A. angeordneten Volkszählung. 1872.

Keleti, Karl, Zur Frage der Volkszählung i. J. 1880. Wien: Hölder. (S.-A. aus der „Statistischen Monatsschrift".)

Ungarn. Statistisches Landes-Bureau. Ergebnisse der in den Ländern der ungarischen Krone am Anfange d. J. 1881 vollzogenen Volkszählung samt Nachweisung einiger nutzbarer Haustiere. Bd. 1—2. Bp.: Athenaeum 1882. [Ungarisch-deutsch.]

Ungarn. Statistisches Zentralamt. Ergebnisse der in den Ländern der ungarischen heiligen Krone am Anfang des Jahres 1891 durchgeführten Volkszählung. Bd. 1—3. Amtl. Übersetzung aus dem ung. Originale. Bp. (Ungarische statistische Mitteilungen. N. F. 1—3.)

1. Allgemeine Demographie.
2. Berufsstatistik der Bevölkerung.
3. Gebäude-Statistik.

Hecke, Wilhelm, Die ungarische Volkszählung vom 31. Dezember 1900. Wien: Gerlach & Wiedling 1910. 16 p.

Ungarn. Statistisches Zentralamt. Volkszählung in den Ländern der ungarischen heiligen Krone im Jahre 1900. Bd. 1—10. Bp. (Ungarische statistische Mitteilungen. N. S. 1, 2, 5, 9, 12, 14, 15, 16, 18, 27.)

1. Allgemeine Beschreibung der Bevölkerung, nach Gemeinden.
2. Die Berufstätigkeit der Bevölkerung, nach Gemeinden.
3. Detaillierte Beschreibung der Bevölkerung.
4. Die Berufstätigkeit der Bevölkerung, detailliert.
5. Einige Details der Berufstätigkeit der Bevölkerung, ferner Statistik der Unternehmungen.
6. Arbeitszeit und Arbeitslohn des zur Industrie gehörigen Beamten und sonstigen Hilfspersonals.
7. Berufstätigkeit der Bevölkerung, kombiniert mit den wichtigeren demographischen Angaben.
8. Öffentliche Dienstzweige und freie Berufe.
9. Haus- und Grundbesitzverhältnisse der Bevölkerung.
10. Zusammenfassung der Endergebnisse. (Mit 24 graphischen Karten.)

Ungarn. Office central du statistique. Dénombrement général de la population des Pays de la sainte Couronne hongroise en 1900. Part. 1—10. Bp.

1. Démographie générale suivant les communes.
2. Profession de la population, par communes.
3. Démographie détaillée.
4. Statistique professionelle détaillée.
5. Quelques détails concernant la profession de la population et statistique des entreprises.
6. Heures de travail et salaires des employés et de l'autre personnel auxiliaire rentrant dans la catégorie de l'industrie.
7. Les données professionnelles combineés avec les principales donneés démographiques.
8. Principales conditions démographiques de la population rentrant dans la catégorie du service public et dans celle des professions liberales.
9. Conditions de la propriété bâtie et foncière.
10. Résumé des résultats.

(Publications. N. S. 1, 2, 5, 9, 12, 14, 15, 16, 18, 27.)

Zombory, Ida, Die Volksdichtigkeit Ungarns im Gebiete jenseits der Donau auf Grund der Daten der Volkszählung v. J. 1900. Abrégé du Bulletin de la Société Hongroise de Géographie. (Supplément au 23. vol. der Földrajzi Közlemények) 1905. p. 7—10

Ungarn. Statistisches Zentralamt. Volkszählung in den Ländern der ungarischen heiligen Krone i. J. 1910. T. 1—6. Bp.

1. Wichtigere Angaben über die Bevölkerung nach Gemeinden und volkreichen Pußten.
2. Die Berufstätigkeit der Bevölkerung und die großgewerblichen Unternehmungen, nach Gemeinden.
3. Berufstätigkeit der Bevölkerung detailliert und die Unternehmungsstatistik.
4. Berufstätigkeit der Bevölkerung, kombiniert mit den wichtigeren demographischen Angaben und Haus- und Grundbesitzverhältnisse der Bevölkerung.
5. Detaillierte Demographie.
6. Endgültige Ergebnisse.

(Ungarische statistische Mitteilungen. N. S. 42, 48, 52, 56, 61, 64.)

Ungarn. Office central du statistique. Recensement général de la population des Pays de la sainte Couronne hongroise en 1910. Part. 1—6.

1. Données principales de la population par communes, et par hameaux, colonies plus populeux.
2. Professions de la population et les grandes entreprises industrielles, par communes.

3. Spécification de la profession de la population et statistique des entreprises.
4. Profession de la population combinée avec les principales données démographiques et propriétés bâties et non bâties de la population.
5. Démographie détaillée.
6. Résumé des résultats.

(Publications. N. S. 42, 48, 52, 56, 61, 64.)

Budapest.

Budapest. Kommunalstatistisches Bureau. Resultate der Pester Volkszählung 1857. Bp.: Grill. (Publikationen 2.) (Nur 12 autographierte Exemplare.)

Kőrösi, Jos., Vorläufiger Bericht über die Resultate der Pester Volkszählung vom Jahre 1870. Aus dem Ungarischen. Bp.: Ráth 1872. 24 p. 8°. (Publikation des kommunalstatist. Bureaus 3.)

Budapest. Kommunalstatistisches Bureau. Resultate der Pester Volkszählung 1870. Bp.: Grill. (Publikationen 1.) (Nur 12 autographierte Exemplare.)

Kőrösi, Jos., Die königliche Freistadt Pest im Jahre 1870. Resultate der Volkszählung u. Volksbeschreibung. Bp.: Ráth 1872. XV, 344 p. 8°. (Publikation des kommunalstatist. Bureaus 4.)

Kőrösy, Josef, Die Hauptstadt Budapest im Jahre 1881. Resultate der Volksbeschreibung und Volkszählung. H. 1—3. Bln.: Puttkammer & Mühlbrecht. (Publikationen des kommunalstatist. Bureaus 15.)

Kőrösy, Jos., Plan de dépouillement du récensement de la ville de Budapest. (1881.) Bp.: Ráth 1881. 102 p.

Kőrösy, Jos., Recensement du 1. Janvier 1881. Ville de Budapest. Tableaux internationaux des recensements de 1880/81. Bp.

Kőrösy, Jos., Resultate der am 1./7. 1886 durchgeführten Konskription der Bevölkerung Budapests. Bln.: Puttkammer & Mühlbrecht 1887. 48 p. (Publikation des kommunalstatist. Bureaus 21.)

Kőrösy, Josef, Resultate der am 15. Nov. 1896 durchgeführten Konskription der Bevölkerung Budapests. Bln.: Puttkammer & Mühlbrecht 1898. (Publikationen des kommunalstatist. Bureaus 27.)

Kőrösy, Josef und Gustav Thirring, Die Hauptstadt Budapest i. J. 1901. Resultat der Volkszählung und Volksbeschreibung. Bd. 1—3. Bln.: Puttkammer & Mühlbrecht 1904.

Budapest. Kommunalstatistisches Bureau. Vorläufige Resultate der Volkszählung vom Jahre 1920. Bp. 1921. 32 p. (Publikation 52.)

C. Ein- und Auswanderung.

Braun, Marcus, Immigration abuses glimpses of Hungary and hungarians: experiences of an American immigrant that country's history. New York: Pearson 1906. 136 p. 8°.

Oppenheimer, Ludwig v., Über die Leitung der deutschen Auswanderung nach Ungarn. Lpzg.: Kollmann 1866. 48 p. 8°.

Studnitz, Arthur v., Ungarn als Auswanderungsziel. Bln.: Druck Kerskes & Hohmann. 20 p. (S.-A. aus dem Arbeiterfreund.)

Baghdasarian, S., L'emigration européenne au 10. siècle. Italie, Autriche, Hongrie, Russie, Grande-Bretagne, Allemagne. Thèse. Bâle: Werner Riehm 1910. 136 p. 8°.

Caro, Leop., Auswanderung und Auswanderungspolitik in Österreich. Lpzg.: Duncker & Humblot 1909. 284 p. (Verein für Sozialpolitik, Schriften 311.)

Clark, Francis Edward, Old homes of new Americans: the country and the people of the Austro-Hungarian monarchy and their contribution to the new world. Boston: Houghton 1913. 26 p. 265 p. il. 12°.

Commons, John Rogers, Races and immigrants in America. New York: Macmillan 1907.

Cook, Huldah Florence, The Magyars of Cleveland; with a brief sketch of their historical, political and social back grounds. Cleveland: Amerikanization Com. 1919. 31 p. 8°.

Esterházy, Paul O., The Hungarian colony of Esterház, Canada. Ottawa 1902.

Gonnard, R., L'emigration européenne au 19. siècle. Angleterre, Allemagne, Italie, Autriche-Hongrie, Russie. Paris: Colin 1906. 297 p.

Hirsch, Heinr., Überseeische Kolonisation durch Österreich-Ungarn. Wien: Hölzel 1888. 75 p. 8 °.

Mailáth, Josef Graf, Auswanderung aus Ungarn. 1901.

Mailáth, Joseph comte de, L'emigration hongroise. Bruxelles: Goemare 1905. 28 p.

Mailáth, Josef Graf, Über ungarische Auswanderung. Bp. 1905.

Márki, A., Die Ungarn in Amerika. Bp. 1893.

Sheridan, Feank J., Italian, Slavic and Hungarian Unskilled immigrant labourers in the United States. Washington 1907. 486 p. (Bulletin of the Bureau of Labour.)

Schneider, Lad., Die ungarische Auswanderung. Diss. Zürich 1915. 203 p.

Schroft, Richard, Zur Auswanderungsfrage. Mit bes. Berücksichtigung der österr.-ungar. Auswanderung. Wien: Raimann & Gordina 1895. 35 p. 8 °.

Schroft, Richard, Die österr.-ungar. überseeische Kulturarbeit und Auswanderung. Ein patriotisches Mahnwort. Wien: Konegen 1894. 56 p. 8 °.

Schwegel, Hans, Die Einwanderung in die Vereinigten Staaten von Amerika, mit bes. Rücksicht auf die österr.-ungar. Auswanderung. Wien: Braumüller 1904. 86 p.

Steiner, Eduard, On the trail of the immigrant. (Little Hungary.) New York: Fleming 1906. 374 p.

Steiner, Edward A., The immigrant tide; its ebb and flow. New York: Revell 1909.

Ungarn. Gesetze und Verordnungen 1909. Gesetzartikel II vom Jahre 1909 über die Auswanderung. Amtl. Ausg. Hrsg. vom kgl. ungar. Ministerium des Innern. Bp.: Toldi 1909. 31 p. 8 °.

Ungarn. Gesetze und Verordnungen 1903. Zirkularverordnung des kgl. ungar. Ministers des Innern. Inslebentreten und Vollzug des G.-A. 4 vom Jahre 1903 über die Auswanderung. Bp.: Toldi 1904. 58 p.

Vereinigte Staaten von Amerika. Bureau of foreign commerce. Emigration and immigration. Reports of the consular officers of the United States. (Austria-Hungary.) Washington: Government printing 1887. 748 p.

Weisl, Ernst Franz, Die ungarische Auswanderungsfrage. (Mit bes. Berücksichtigung der Auswanderungen aus Deutschland, Italien, Österreich und Ungarn.) Bln.: Süsserott 1905. 39 p.

Whelpley, James Davenport, The problem of the immigrant; a brief discussion, with a summary of conditions, laws and regulations governing the movement of population to and from the Austria-Hungary [etc.]. London: Chapman Hall 1905. 295 p.

Wittstock, Osk., Unsere Volksgenossen in Amerika. Bericht über eine Studienreise zu den in die Vereinigten Staaten ausgewanderten Siebenbürger Sachsen. Hermannstadt: Seraphin 1910. 59 p. 8 °.

B. Sozialwesen.

I Allgemeines.

Albertus, J., Österreichs innere Politik. Eine Studie über die sozialpolitischen und wirtschaftliehen Fragen der Gesamtmonarchie. Innsbruck: Rauch 1879. 192 p. 8 °.

Bunzel, Julius, Österreich und Ungarn. Eine sozialhistorische Studie. München: Duncker & Humblot 1909.

Schulpe, Georg v., Die Sozialreformbewegung in Ungarn. Preßburg: Heckenast 1901. 91 p. 8 °.

Somogyi, M., Un précurseur de la politique sociale en Hongrie. Paris 1908.

Szterényi, Josef, Die Sozialpolitik der letzten drei Jahre. Jena: G. Fischer 1912. 9 p. 8 °. (Schriften d. ungar. Vereinigung f. gesetzl. Arbeiterschutz 9.)

II Wohlfahrtspflege.

[Baußnern, G.] Louise Edle v. Baußnern-Stiftung. Hermannstadt 1909.

Drotleff, Josef, Zur Umgestaltung unseres städtischen Armenwesens. Hermannstadt: Drotleff 1891. 80 p. 8 °

Ferenczi, Em., Das Volkshotel im VI. Bezirk der Hauptstadt Budapest. Bp.: Druck. d. Hauptstadt 1912. 23 p., 5 T.

Ferenczi, Em., Une entreprise municipale. L'Hotel populaire du 6. arrondissement de Budapest. Bp.: Impr. mun. 1912. 21 p. und 5 pl. (Extrait de Városi szemle.)

Ferenczi, Em., The peoples hotel in Budapest. (VI. District.) Bp.: Mun. pr. works 1912. 21 p. pl. 5. (From: Városi Szemle.)

Koch, Louise, L'association des dames hongroises. Bp. 1873.

Kőrösi, Jos. v., Die Armenpflege in Budapest 1900—1902. Bln.: Puttkammer & Mühlbrecht 1905. 87 p. 8 °. (Publikationen des statist. Bureaus der Haupt- und Residenzstadt Budapest 37.)

Nagy, Ignatz, Geschichte der Adam Hauserischen Armenstiftung zu Rohoncz. Oberwart: Schodisch 1891. 61 p. 8 °.

Pach, Heinr., Die Wohlfahrtseinrichtungen der kgl. ungar. Staatseisenfabriken. Berlin 1908.

Szathmáry, Charles, Mémoire sur le mouvement de l'éducation dans les salles d'asile en Hongrie. Bp.: Univ.-Druckerei 1878. 19 p. 8 °.

Vámossy, Stefan v., Die katholische Bürgerversorgungsanstalt in Preßburg. Festschrift aus Anlaß des 500jährigen Bestehens der Anstalt. Preßburg: Heckenast 1898. Getr. Pag. 8 °.

Wildner, Edm., Les institutions sociales de Budapest. Conf. Bp. 1913. 6 p.

Libansky, J., Die Blindenfürsorge in Österreich-Ungarn und Deutschland. Wien: Pichler 1898. 135 p. 8 °.

Libansky, J., Die Ausbildung der Blinden in der österr.-ungar. Monarchie. Wien: Graesser 1885. 161 p. 8 °.

Bülow, Heinrich v., Werdegang des österr.-ungar. Invalidendank. Wien: Seidel 1904. 102 p. 8 °.

Mozes, Ladislas, Abrégé de l'origine de la Société de Budapest, pour l'assistance d'aliénés guéris à Budapest. 1894.

III Kinderschutz, Säuglingsfürsorge.

Berend, Nikolaus, Die Ursachen der Säuglingssterblichkeit in Ungarn. Die bisherigen Resultate und zukünft. Wege der Säuglingsfürsorge in Ungarn. Wien: Deuticke 1911. 70 p., 1 Taf. 8 °. (Ergebnisse der Säuglingsfürsorge. Heft 10.)

Bosnyák, Zoltán und Edelsheim-Gyulai, Cte de, Le droit de l'enfant abandonné et le système hongrois de protection de l'enfance. Préf. du Cte. Jules Andrássy. Bp.: Athenaeum 1909. XVI, 511 p. 8 °.

Deutsch, Ernő, L'enseignement officiel et particulier de la puériculture et la vulgarisation de la hygiène enfantine en Hongrie. Rapport 1906. 3 p.

Finkey, François, La loi pénale dérogatoire hongroise de 1908. Bp. 1910. 25 p.

Grimanelli, P., L'Enfance coupable, conférence faite à Budapest, le 5 septembre 1905, à l'occasion du septième Congrès pénitentiaire international. München: impr. administrativa 1905. 31 p. 8°.

Heller, Wolfgang, Die Kinderarbeit in Ungarn. Jena: Fischer 1912. 38 p. 8°. (Schriften der ungar. Vereinigung für gesetzl. Arbeiterschutz, H. 10.)

Horváth, Daniel, Le dévelopement du patronage en Hongrie depuis 1905. Bp. 1911.

Kanócz, Etienne, L'assistance publique en Hongrie. Bp.: Buschmann 1900. 82 p. 8°.

Keller, Arth., Kinderschutz und Säuglingsfürsorge in Ungarn. Lpzg.: Deuticke 1911. 36 p. (Ergebnisse d. Säuglingsfürsorge 8. H.)

Kun, Béla u. Ettienne Láday, La lutte contre la criminalité des mineurs en Hongrie. Publié par le ministère hongr. de la justice. Bp.: Franklin 1905. VII, 400 p. 4°.

Lers, Wilhelm Baron v., Volkswirtschaftliche Entwicklung Ungarns. Über das ungar. Kinderschutzwesen. Vorträge. Bp.: Pester Buchdruckerei 1910. 32 p.

Lévay, Joseph de, Étude sur la législation et les institutions relatives au patronage en Hongrie. (Rapport présenté au Congrès internat. des patronages.) Bruxelles 1905. 8 p. 8°.

Lévay, Joseph baron, La délimitation de l'état en matière de patronage. Rapport général au 7. Congrès pénitentiaire international. Berne: Staempfl 1907. 11 p. 8°.

Márkus, Desider, Das Recht des unehelichen Kindes. Bp. 1899. 59 p. (S-A. aus Zeitschrift f ungar öffentliches und Privatrecht)

La protection de l'enfance en Hongrie. Ouvrage publ. à l'occasion du congrès international pour l'enfance, tenu à Budapest 1899. Par le Comité préparatoire du congrès. Bp.: Impr. de Pest 1899. 110 p. 8°.

Schmidt, Wilhelm, Die Stiftung des katholischen Theresinaischen Waisenhauses bei Hermannstadt. Hermannstadt: Steinhaußen 1869. 183 p. 8°.

Schuschny, Heinrich, Über Schulhygiene in Ungarn. 2. Aufl. Lpzg.: Langkammer 1892. 24 p. 8°.

Schwicker, J. H., Staatlicher Kinderschutz in Ungarn. Lpzg.: Dietrich 1909. 25 p. (Kultur und Fortschritt 267.)

Sellers, Edith, Foreign solutions of poorlaw problems. London 1912. [The state children of Hungary pp. 1—28.]

Szana, Alexander, Staatliche Säuglingsfürsorge in Ungarn. München 1905. (Aus: Medizinische Wochenschr.)

Szilágyi, Arthur Charles, La protection de l'enfance en Hongrie. Bp. 1911. 27 p.

Torday, Fr., Das staatliche Kinderschutzwesen in Ungarn. Vortrag. Langensalza: Bayer 1908. 37 p. 8°. (S.-A. aus: Beitr. d. Kinderforsch. u. Heilerziehung 48.)

Tuszkai, Edmd., Kinderheilkunde und Kinderschutz in Ungarn. Bp.: Hornyánsky 1899. VIII, 86 p. 10 T.

Ungarn. Ministre de l'intérieur. L'assistance publique de l'enfance en Hongrie. Bp.: Pátria 1906. 175, 3 p. 8°.

Ungarn. Ministère royal hongrois de la justice. Les maisons de correction de l'état hongrois. Bp.: Légrády. 155 p.

Das ungarische System der staatlichen Fürsorge für verlassene Kinder. Bp. 1911. 8 p.

Vámbéry, Rusztem, Der ungarische Jugendgerichtsentwurf. Heidelberg: Winter 1914. p. 75—78. (Aus: Monatsschrift f. Kriminalpsychologie u. Strafrechtsreform.)

Vay, Martha Gr., Über die Kinderschutzliga in Ungarn. Aus d. Ungar. übers. Bp.: Franklin 1911.

IV Kriminalität. Gefängniswesen.

Földes, Béla, Die Statistik der Recidivität in Ungarn. 1891. (Aus: Bulletin de l'Institut intern. de stat. 6.)

Ráth, Zoltán, Communication sur la méthode de la statistique criminelle de la Hongrie, réorganisée en 1900. (Aus: Bulletin de l'Institut Int. de stat. 13.)

Ungarn. Statistisches Zentralamt. Kriminalstatistik der Länder der ungar. heil. Krone der Jahre 1904—1908. Bp.: Kilián. (Ungarische statistische Mitteilungen, N.-S. 30.)

Ungarn. Office central du statistique. Statistique criminelle des Pays de la sainte. Couronne hongroise dans les années 1904—1908. Bp.: Kilián. (Publications N. S. 30.)

Megyery, Etienne de, Les institutions pénitentiaires de la Hongrie. Bp.: Ministère roy. hongrois de la justice 1905. VII, 634 p. 9 Plans. 8 °.

Reiner, J., Les établissements pénitentaires en Hongrie. Paris 1898.

Rosenberg, Ludwig, Strafreform und Gefängnisvereine in Ungarn. Ein Vortrag gehalten in der „ Zur Großmuth [in Budapest]. Bp.: Rosenberg i. Komm. 1874. 44 p. 8 °.

V Arbeiterfrage.

A. Arbeiterschutz, Arbeitergesetzgebung.

Brüll, Leop., Zur Verbesserung der Lage der arbeitenden Klassen. Bp.: Kilián 1883. 62 p. 8 °.

Bödiker, T., Die Unfallgesetzgebung der europäischen Staaten. Lpzg.: Duncker & Humblot 1884. VI, 172 p. 8 °. (Staats- und sozialwissenschaftliche Forschungen, Bd. 5, H. 2.) [p. 42—53 Österreich-Ungarn.]

Decrais, P. L. A. et M. Delabarre, Les conditions du travail en Autriche-Hongrie. 1. Autriche, rapport de P. L. A. Decrais. 2. Hongrie, rapport de M. Delabarre. Paris: Berger-Levrault 1890. 8°.

Drage, Geoffrey, Report to Royal Commission of Labour on Austria-Hungary. London: Macmillan 1894. 225 p. (Foreign reports Vol. 11.)

Friedrich, Wilh., Die Phosphornekrose in Ungarn. Jena: Fischer 1910. IV, 67 p. (Schriften d. ungar. Vereinigung f. gesetzl. Arbeiterschutz 4.)

Kiss, Adolf, Die Trinkerfürsorge der Budapester Arbeiterversicherungskasse. Wien: Arbeiter-Abstinenten-Bund 1918. 8 p. 8 °. (S.-A. aus Österr Zeitschr. f. öff. u. private Versicherung.)

Kiss, Géza, Zur Frage der Regelung der Arbeitszeit in Eisenhütten, Walzhütten und Glashütten. Jena: Fischer 1910. 7 p. 8 °. (Ungar. Vereinigung f. gesetzl. Arbeiterschutz. Schriften 5.)

Kovács, Alois, Die Morbidität und Mortalität d. Arbeiter in Ungarn. Jena: Fischer 1914. 25 p. 8 °. (Schriften der ungar. Vereinigung f. gesetzl. Arbeiterschutz 11.)

Krejcsi, R., Die ungarische Arbeitergesetzgebung. München 1886. (Sozialpolitische Zeit- und Streitfragen.)

Máday, André, La question ouvrière en Hongrie. (Extrait de: Magyar közgazdaság és kultura.) Bp. 1913.

Mandello, Jules, Le mouvement social en Hongrie. Paris: Giard & Brière 1894. 16 p. (Extrait de la Revue internat. de sociologie.)

Mandello, Jules, Conciliation et arbitrage industriels en Hongrie. Anvers 1894. 22 p. 8 °. (Congrès internat. d'Anvers sur la législat. douanière et la réglementation du travail.)

Pach, Heinr., Der ungarische Arbeiterschutz. Lpzg.: Vogel 1909. 54 p. (S.-A. aus Zeitschrift für soziale Medizin.)

Pach, Heinrich, Die Phosphornekrose in den ungarischen Zündhölzerfabriken. 1909. (S.-A. aus: Österreichische Ärzte-Zeitung.)

Rubinek, Jul., Gesinde- und Arbeiterfrage. 1894.

Schiff, Walter, Der Arbeiterschutz im Deutschen Reiche und in der österr.-ungar. Monarchie. München: Duncker & Humblot 1916. p. 169—233. (Schriften des Vereins für Sozialpolitik, Bd. 155. Tl. 2.)

Somogyi, Emanuel, Die Lage der Arbeiter in Ungarn vom hygienischen Standpunkte. Bp.: Schlesinger 1891. (S.-A. aus Budapster Hygienische Zeitung.)

Steinacker, Edm. und Rud. Krejcsi. XXVIII. Gesetzartikel v. J. 1893. Über den Schutz der in Gewerblichen und Fabriksbetrieben Beschäftigten gegen Unfälle und über die Gewerbeinspektoren. Bp.: Ráth 1894. 20 p.

Szana, Alexander, Das neue Gewerbegesetz vom hygienischen Standpunkte. Bp.: 1909.

Szokolay, Stephan, Gesetz über die Sonntagsruhe. Bp.: 1892.

Szterényi, Josef, Entwurf für ein neues ungarisches Gewerbe- und Arbeiterschutzgesetz. Jena: Fischer 1908. X, 416 p. 8 °.

Szterényi, Joseph, Protection légale des travailleurs en Hongrie. Bp.: Soc. an. d'impr. de Pest 1900. 114 p. 8 °.

Szterényi, Joseph, La législation sociale en Hongrie. Bp. 1897. 58 p. 8 °.

Tóth, Emerich v., Abhandlungen über die hygienischen Zustände in den Erzbergwerken. Bp.: Staatsdruckerei 1911. 42 p. 8°.

Ungarische Vereinigung für gesetzlichen Arbeiterschutz. Schriften der ungarischen Vereinigung für gesetzl. Arbeiterschutz. Jena: Fischer 1907 bis 1914. (Ungarische Sektion der internat. Vereinigung für gesetzlichen Arbeiterschutz.)

Ungarn. Statistisches Zentralamt. Arbeitszeit und Arbeitslohn des zur Industrie gehörigen Beamten- und sonstigen Hilfspersonals. (Volkszählung 1900. Tl. 6.) Bp.: Athenaeum 1905. 4°. (Ungar. statist. Mitteil. N. S. 14.)

Varró, Stephan, Die Durchführung der Arbeiterschutzgesetze in Ungarn. Jena: Fischer 1908. 31 p. 8°. (Vereinigung für gesetzl. Arbeiterschutz, Schriften 2.)

Varró, Stephan, Die Regelung der Maximalarbeitszeit der Frauen und der Jugendlichen in Betrieben mit 10 oder mehr Arbeitern. Jena: Fischer 1911. 10 p. 8°. (Schriften der ungar. Vereinigung f. gesetzl. Arbeiterschutz 8.)

Arbeiterversicherung.

Die Arbeiterversicherung in Ungarn. Bln.: Troschel 1899, 1905, 1908. (Die Arbeiterversicherung im Auslande, H. 8, 8a, 8b.

Bosányi, Andr., Die ungar. Arbeiterversicherungsgesetze und Verordnungen betr. die Unfall- und Krankenversicherung der in Gewerbe- und Handelsbetrieben Angestellten. G.-A. XIX v. J. 1907. Bd. 1. Bp.: Grill 1907. XV, 129 p.

Fritz, P., Ges. A. XIV v. J. 1891 über die Unterstützung in Krankheitsfällen der gewerblichen und Fabriks-Angestellten. Bp.: Ráth 1891. 40 p. 8°.

Herczeg, Franc., Workmen's insurance in the realm of the crown of Hungary. Bp 1911. 29 p.

Pach, Heinr., Die Arbeiter-Krankenunterstützungs- und Unfallversicherungs-Landeskasse. Zusammengest. f. d. Internat. Hygiene-Ausstellung Dresden. Bp. 1911. 30 p.

Pap, Géza, Kranken- und Unfallversicherung der Ausländer in Ungarn. Jena: Fischer 1910. 15 p. 8°. (Ungar. Vereinigung f. gesetzl. Arbeiterschutz, Schriften 6.)

Rauchberg, Heinr., Die Erkrankungs- und Sterblichkeitsverhältnisse bei der allgemeinen Arbeiter-Kranken- und Invaliden-Casse in Budapest. Wien 1887. 16 p.

Steinacker, Edm., Gesetz über die Krankenunterstützung der in Gewerbe- und Fabriksbetrieben Beschäftigten. G.-A. XIV v. J. 1891. Übers. und erläutert. Bp.: Dobrowsky 1891. 66 p. 8°.

Szterényi, Joseph, Die Arbeiterversicherung in Ungarn. Wien: Internat. Arbeiterversicherungskongr. 1905. 91 p.

Ungarn. Statistisches Zentralamt. Krankenkassen der Länder der Ungar. Krone i. J. 1898. Bp. 1901. (Ungar. statist. Mitteilungen, N. F. XXV.)

B. Arbeitsmarkt.

Bolgár, Alex., Das Auswanderungsproblem und die Arbeitslosigkeit in Ungarn. Jena: Fischer 1913. p. 377—392. (S.-A. aus: Weltwirtschaftl. Archiv 22.)

Ferenczi, Em., Die behördliche Organisation des Arbeitsnachweises in Ungarn. Wien: Manz (1916?). p. 180—203. (S.-A. aus: Zeitschr. f. Volkswirtschaft, Sozialpolitik u. Verwaltung.)

Ferenczi, Em., Die erste Arbeitslosenzählung in Budapest und 24 Nachbargemeinden am 22. März 1914. Jena: Fischer 1915. 156 p. 8°.

Ferenczi, Em., Le premier essai d'assistance aux chômeurs à Budapest. Grande assemblée 1913. 16 p. (Ass. intern. pour le lutte contre le chômage 1. assemblée grande.)

Ferenczi, Em., Die Frage der Arbeitslosigkeit in Ungarn. Paris: Impr. coop. ouv. 1910. 15 p. (Conf. internat. du chômage. Rapport 27.)

Ferenczi, Em., The Distress in Hungary and the Relief Work of foreign countries. Ed. by the Central comittee for Hungarian Relief Work. Bp. 1920.

Ferenczi, Em., Die Wiedereinstellung der Kriegsbeschädigten ins Erwerbsleben in Österreich, Deutschland und Ungarn. — Vortrag geh. in Wien am 29. Oktober 1915. Wien 1915. (2. Flugheft der Österr. Vereinigung zur Bekämpfung der Arbeitslosigkeit.)

Hacker, Erwin v., Das ungarische Gesetz über die gemeingefährlichen Arbeitsscheuen. Heidelberg: Winter 1914. p. 238—246. 8°. (S.-A. aus Blätter für Gefängniskunde.)

Mitteleuropäische Wirtschaftsvereine. Bericht über die Referenten-

Konferenz zur Frage der Organisation des Arbeitsmarktes, erstattet den Präsidien der Mitteleuropäischen Wirtschaftsvereine in Deutschland, Österreich und Ungarn für die Spezialkonferenz in Budapest am 7.—8. Oktober 1910. Bp. 1910. 56 p.

Mitteleuropäische Wirtschaftsvereine. Verhandlungen der Budapester Konferenz betreffs Organisation des Arbeitsmarktes in Budapest 1910. XIV, 252 p. 8°. (Verhandlungen der Mitteleuropäischen Wirtschaftsvereine in Deutschland 1.)

C. Arbeiterbewegung.

Budapest-Altofner Arbeiterverein. Die Streitfrage der Budapester Arbeiter. Bp. 1877. 30 p. [Ungarischdeutsch.]

Bunzel, J., Die erste Lassalle-Bewegung in Österreich-Ungarn. Gautzsch bei Lpzg.: Dietrich 1914. 16 p. 8°. (Kultur und Fortschritt 499.)

Bureau international du travail. La liberté syndicale en Hongrie. Documents rapportés par la mission d'information du B. I. du T. Genève 1921. 193 p.

Czóbel, Ernst, Zur Verbreitung der Worte „Sozialist" und „Sozialismus" in Deutschland und in Ungarn. [Lpzg. 1912.]

Ferenczi, Em., Das Koalitionsrecht in Ungarn. Ein Beitrag zur Geschichte der Arbeiterbewegung. Tübingen: Mohr 1906. p. 180—220. (S.-A. aus Archiv f. Sozialwiss.)

Garami, Ernst, Der Sozialismus in Ungarn. Bln. 1897. 425—32 p. (S.-A. aus Sozialistische Monatshefte.)

Huber, Johann, Die Philosophie in der Sozialdemokratie. München 1895. (Samml. gesellschaftswiss. Aufsätze.)

Járay, Gabriel Louis, La question sociale et le socialisme en Hongrie. Paris: Alcan 1909. 433 p. 8°. (Bibliothèque d'histoire contemporaine; collection au musée social.)

Jászai, Sam., Die Gewerkschaftsbewegung in Ungarn. Bericht zum 5. Gewerkschaftskongreß. Im Auftrage des Ungarländischen Gewerkschaftsrates. Bp.: Világosság 1911. 36 p.

Keleti, [Karl], The method of strikestatistics in Hungary. 1902. (Bulletin de l'Institut international de Stat. 17.)

Kulemann, W., Die Berufsvereine. Abteilung 1. Geschichtliche Entwicklung der Berufsorganisationen der Arbeitnehmer und Arbeitgeber aller Länder. 2. völlig neu bearbeitete Aufl. der Gewerkschaftsbewegung. Bd. 1—6. Bln.: Simion 1913. 8°. Bd. 5: Österreich-Ungarn usw. VII, 551 p.

Mailáth, Joseph comte de, Le socialisme en Hongrie. 1909.

Mailáth, Josef Graf, Der sogenannte unabhängige Sozialismus in Ungarn mit bes. Rücksicht auf die Bodrogköz und die Mittel seiner Lösung. Wien 1898.

Mailáth, Comes Josephus, Tribus sermonibus de sociologia necnon diversis generibus socialismi disserens. Bp.: Stephaneum 1904. 16 p.

[Neumayer.] An die Abonnenten und Leser der Volksstimme. Bp. [Verboten.]

Rubinek, Jul., Bauernsozialismus. Bp. 1895.

Le socialisme à l'étranger: Angleterre, Allemagne, Autriche, Italie, Espagne Hongrie [etc.]. Avec une préface de Anatole Leroy-Beaulieu et une conclusion de Jean Bourdeau. Paris: Alcan 1909. VII, 420 p. 16°.

Ungarn. Gewerkschaftsrat. Die gewerkschaftliche Bewegung in Ungarn. Bericht 1904/1907. Bp.

Ungarn. Kongreß. Protokoll des Landeskongresses der ungarländischen Fachvereine und Gewerkschaften. Bp. Seit 1899 ff. Bp.

Ungarn Kongreß. Protokoll des Kongresses der ungarländischen Fach- und Bildungsvereine. Seit 1900 ff. Bp.

Ungarn. Sozialdemokratische Partei. Bericht der sozialdemokratischen Partei an den internationalen Sozialistenkongreß. Wien 1914. Bp.: Világosság Dr. [1914]. 37 p.

Ungarn. Sozialdemokratische Partei. Aus der Geschichte der ungarländischen Arbeiterbewegung. Bp.: Fried & Krakauer 1904. 60 p.

Ungarn. Sozialistische Partei. Die Leitung der sozialistischen Partei Ungarns. Bp. [Verboten.]

Záray, G. (vide Louis), La Question sociale et le socialisme en Hongrie. Paris 1909.

D. Landarbeiter.

Bernát, Steph., Agrarbewegung in Ungarn. [Wien 1898.]

Czettler, Eugen v., Landwirtschaftliches Gesinde in Ungarn. Die neueste

Regelung der Rechtsverhältnisse. Bln.: Puttkammer & Mühlbrecht 1910. 144 p. gr. 8 °.

Dékány, Landwirtschaftliche Arbeiterfragen. 1895.

Gaál, E. v., Die Alfölder Arbeiterbewegung. Bp. 1891.

Kun, Emil, Sozialhistorische Beiträge zur Landarbeiterfrage in Ungarn. Jena: Fischer 1903. VIII, 141 p. (Samml. nat.-ök. und stat. Abh. d. Staatswiss. Sem. zu Halle, 37.)

Lederer, B. H., Agrarstatistische Beiträge und Studien zur Alfölder Landarbeiterfrage. Diss. Halle: Kaemmerer 1910. 111 p. 8 °.

Lukács, Endre, Die wirtschaftliche und soziale Lage des Feldarbeiterstandes in Ungarn. Diss. Heidelberg: Geier 1909. 129 p. 8 °.

Mailáth, Josef Graf v., Studien über die Landarbeiterfrage in Ungarn. Wien: Deuticke 1905. XVI, 157 p. u. 1 Taf. 8 °. (Wiener staatswissenschaftliche Studien, Bd. 6, H. 2.)

Mailáth, Josef Graf v., La question ouvrière dans l'exploitation agricole. Paris 1917. 20 p.

Mailáth, Josef Graf v., Die Arbeiterfrage im landwirtschaftlichen Betriebe. 2. Aufl. Bp.: Benkő 1920. 30 p. 8 °.

Mandello, Jules, La statistique des salaires agricoles. Bp.: Athenaeum 1903. 19 p. (Extrait du Bulletin de l'Institut internat. de statistique.)

Nagy, K. Alexander, Gesetzbuch des landwirtschaftlichen Arbeiters. Bp. 1898.

Sándor, Nikolaus, Die Lage der ungarischen Landarbeiter. Weida i. Thür.: Thomas & Hubert 1911—1912. 153 p.

Ungarn. Gesetze u. Verordnungen. Les plus récentes lois de la Hongrie relatives aux ouvriers agricoles. Ed. par le Ministère de l'agriculture. Bp.: Pallas 1900. 72 p.

Ungarn. Ministery of agriculture. Law XLV of 1907. Juridical relations between employer and farm-servant. Bp.: Athenaeum 1907.

Ungarn. Ministry of agriculture. Law XLVI of 1907. State aided erection of agricultural labourer's dwellings. Bp.: Athenaeum 1907.

Ungarn. Ackerbauministerium. Landwirtschaftliche Arbeiter und landwirtschaftliche Sozialpolitik in Ungarn. Zusammengestellt v. d. Abt. f. landwirtschaftl. Arbeiterangelegenheiten im kgl. ungar. Ackerbauministerium. Bp.: Franklin 1910. 45 p. Dasselbe auch englisch.

E. Andere Arbeitergruppen.

Scheidl, Jos., Die Lage der Waffenarbeiter im allgemeinen, mit bes. Rücksicht der ungar. Waffenfabrik. Bp.: Weißenberg-Druckerei 1899. 13 p.

VI Wohnungswesen.

Arbeiterkolonien. Die in der Umgebung der Haupt- und Residenzstadt Budapest auf Staatskosten zu errichtenden Arbeiterkolonien. Bp.: Ungar. Staatsdruckerei 1911. 63 p. und 1 T.

Budapest. Statistisches Bureau. Die Bautätigkeit Pests i. d. J. 1870/71, 1872, 1873/74, 1875/1884, 1885/1895. Bln.: Puttkammer & Mühlbrecht. 8 °. (Publikationen d. statist. Bur. Budapest. V, VIII, XII, XX, XXVIII, XXXII, I.)

Citées ouvrières se construisant aux frais de l'État, dans les environs de la capitale de Budapest. Bp.: Impr. de l'État 1911. 61 p. und 1 pl.

Einige Daten über die kommunalen Kleinwohnungsbauten der Haupt- und Residenzstadt Budapest. Bp.: Hausdr. 1911. 4 p.

Ferenczi, Emerich, Die Fortschritte des Wohnungswesens in Ungarn in den letzten fünf Jahren. Wien 1910.

Ferenczi, Em., Kleinhaus oder Miethaus? Wien 1910. 13 p. (9. Internat. Wohnungskongreß Wien.)

Ferenczi, Em., Die kommunale Wohnungspolitik in Ungarn, namentlich in Budapest. Wien: Jasper 1910. 29 p. (Internat. Wohnungskongreß Wien.)

Ferenczi, Em., Les progrès en matière d'habitation en Hongrie depuis 3 ans. La Haye 1913. 141p. (Congrés internat. d'habitations à bon marché 10.)

Ferenczi, Em., Die Wohnungsfrage in Budapest. Bln.: Heymann 1909. 13 p. (S.-A. aus Zeitschr. f. Wohnungswesen.)

Ferenczi, Em., Bekämpfung des Wohnungswuchers in Budapest. (S.-A. aus: Zeitschrift für Wohnungswesen.) Bln. 1918.

Halász, Emanuel, Zur Arbeiterwohnungsfrage. Bp.: Pester Lloyd 1894. 10 p.

Krejcsi, Rud., Bericht über die von der Budapester Handels- und Gewerbekammer in Angelegenheit der Wohnungsfrage eingeleitete Aktion. Bp.: Pester Buchdr. 1910. 6 p. (9. Internat. Wohnungskongreß.)

Lindemann, H., Die Wohnungsstatistik von Wien und Budapest. Lpzg.: Duncker & Humblot 1902. 24 p. (Verein für Sozialpolitische Schriften 98.)

Meissner, Alois, Budapest, seine Entwicklung und seine Arbeiterkolonien. Die Arbeiterkolonien im Umkreise von Budapest.

Meissner, Alois, Wie wohnt und lebt das Volk zu Anfang des 20. Jahrh. Eine sozialökonomische Studie aus den J. 1885—1900. Tl. 1—3. Bp.: Pátria 1901. (Aus der Pariser Ausstellung 1900.)

Schwarz, Josef, Arbeiterwohnungen. Bp.: Népszava. 19 p. (Vortrag gehalten am 8. hygienisch-demographischen Kongreß.)

Ungarn. Kgl. ungar. statistisches Bureau. Gebäude-Statistik. (Ergebnisse der in den Ländern der ungar. Krone durchgeführten Volkszählung. 1891. Tl. 3.) Bp.: Pester Buchdruckerei 1893. (Ungar. statist. Mitteilungen, N. F. III.)

Werkner, Albert, Der Kleinwohnungsbau in Budapest. Diss. Weida: Thomas und Hübert 1913. 127 p.

VII Genossenschaftswesen.

Beram, Oscar, Das neue Gesetz über die Auflösung der Hauskommunionen. Ung. Weißkirchen 1898.

Bernát, Stephan, L'avilissement des prix et la cooperation. Bp.: 1896.

Camanni, Vincenzo, Gli ultimi progressi della cooperazione agraria in Germania. La cooperazione in Ungheria. Roma: Bertero 1916. 439 p.

Eichmann, Entwicklung und Stand des Kredit- und Genossenschaftswesens der Siebenbürger Sachsen (unter Berücksichtigung des allgem. ungar. Genossenschaftsrechtes). Diss. Bln.: Puttkammer & Mühlbrecht 1903. IV, 211 p.

Festschrift aus Anlaß der 25. Jahreswende seit Gründung der ersten Raiffeisengenossenschaften im Siebenbürger Sachsenlande. Hermannstadt: Krafft 1910. 123 p.

„Hangya" („Ameise"), Produktionsverwertungs- und Konsumgenossenschaft. Genossenschaftszentrale des Bundes der Ungarischen Landwirte. Bp. 1898–1920.

„Hangya" („La Fourmi"), Cooperative de production, de négociation et de consommation de marchandises; union cooperative de la Ligue des agriculteurs Hongrois. 1898—1920. Bp. 1920. 40 p.

„Hangya" („Ant"), Co-operative Wholesale society of the Alliance of the Hungarian farmers 1898—1920. Bp. 1920. 37 p.

Horváth, Johann, Das Handwerkergenossenschaftswesen in Ungarn. Bp.: Nagel 1904. 59 p. 8°.

International Co-operative alliance. Report of the 6th congress, Budapest, 1904. Bp. 1905.

Mailáth, Joseph Count., Co-operation in Hungary. 6th Co-operative congress, 1904. London 1905.

Mailáth, Josef Graf, Die Kreditgenossenschaften in Ungarn. Bp. 1903.

Mailáth, Josef Graf, Die Entwicklung des Genossenschaftswesens. Bp. 1904.

Mailáth, Joseph Comte de, Le développement de la question des associations en Hongrie. Bp. 1904.

Mailáth, Joseph Count., Development of co-operation in Hungary. Bp. 1913.

Mailáth, Josef Graf, Über Landwirtezirkel und ihre soziale Aufgabe. 1901.

Mailáth, Josef Graf, Über die ländlichen Konsumvereine in Ungarn. 1901.

Mailáth, Joseph Comte de, Les sociétés coopératives de consommation. 1905.

Müller, Hans, Der internationale Genossenschaftskongreß in Budapest und seine Resultate. Basel: Basler Buch- und Antiquariatsh. 1905. 106 p. 8°.

Müller, Hans, Le congrès coopératif international de Budapest et ses résultats. Traduit de l'allemand Paris: Comité central de l'Union coopérative 1905. 61 p. 8°.

Popp, C., Mitteilungen über das Genossenschaftswesen in Ungarn. Hermannstadt 1910.

Preßburg. Handels- und Gewerbekammer. Das Gesetz über die Genossenschaften. Gutachten. Preßburg: Eder 1895. 58 p. 8°.

Schuller, G., Aufgaben unseres Verbandes und seiner Vereine (Raiffeisenvereine) auf dem Arbeitsfelde der Kleinsiedlung. Hermannstadt 1914.

Seidl, Ambr., Organisation und Tätigkeit der Landeszentral-Kreditgenossenschaft für Ungarn. Bp.: Lipinszka 1904. 50 p.

Seidl, Ambr., The hungarian central cooperative society its organisation and work. Bp. 1904. 43 p.

Siebenbürger Raiffeisenbote. 1900.

Ungarn. Ministry of agriculture. Rural credit and cooperation in Hungary. Bp. 1913. 99 p.

Verbandstag der ländlichen Spar- und Vorschußvereine und Wirtschafts-Genossenschaften. Jg. 1—31. (1896 bis 1916.) Hermannstadt.

Anhang.

Hygiene, Medizin, Tierheilkunde.

A. Hygiene. Sanitätswesen.

Fáy, Aladár de, L'hygiène publique en Hongrie. Bp.: Ministre de l'intérieur 1909. VIII, 326 p. 8 °. (Congrès international de médecine 16. [1909].)

Das Gesundheitswesen in Kronstadt in den Jahren 1899—1900. Kronstadt 1901. 210 p.

Girode, J., L'Hygiène en Allemagne et en Autriche-Hongrie. Paris: Baillière 1891. 8 °. (Extrait des Annales d'hygiène publique.)

Gusbeth, Eduard, Das Sanitätswesen in Kronstadt im J. 1885. Kronstadt 1886.

Gusbeth, Eduard, Zur Geschichte der Sanitätsverhältnisse in Kronstadt. Kronstadt: Römer & Kamner 1884.

Internationale Hygiene-Ausstellung. Dresden 1911. Der kgl. ungar. Staatspavillon. [Dasselbe auch in englischer und französ. Sprache.]

Kerekes, Paul de, La Hongrie charitable. L'assistance publique et les hôpitaux en Hongrie. Bp.: Ministre de l'intérieur 1909. 245 p. 1 Tab. 8 °.

Klasz, Paul, La législation et l'administration sanitaire de la Hongrie. Bp. 1900. 138 p. 8 °.

Krematistische Ausstellung. Katalog des 8. internationalen Kongresses für Hygiene und Demographie in Budapest. 1.—9. Sept. 1894. — Catalogue de l'exposition crématoire du 8. congrès international d'hygiène et de démographie. Wien: Verein der Freunde der Feuerbestattung. 156 p.

Martin, A. J. und L. Masson, Ville de Paris. Congrès international d'hygiène et de démographie, tenu à Budapest en 1894. Rapports de mission présentés au Conseil municipal de Paris (10. juin 1895). — Paris: Impr. municipale 1896. 154 p. 4 °.

Pach, Heinr., Die öffentliche Gesundheitspflege Ungarns. Lpzg. 1908.

Süssmann, Hermann, Streiflichter zum Sanitätswesen in Ungarn. Hermannstadt: Drotleff 1890.

Thuróczy Karl, Die Organisation der Sanitätsverwaltung und des Heilwesens der Dorfgemeinden. 1890.

Ungarn. Gesetze und Verordnungen, 1876. Loi sur l'organisation des affaires de l'hygiène publique. (Sanctionnée le 3 avril 1876.) Préface par Louis Grósz. Bp.: Athenaeum 1876. 62 p. 8 °.

Ungarn. Minister des Innern. Das Gesundheitswesen Ungarns. Kurzgefaßte Skizze der Organisation und des derzeitigen Standes des öffentlichen Gesundheitswesens in Ungarn. Bp.: Boruth 1896. VIII, 65 p.

Ungarn. Ministre de l'intérieur. L'hygiène publique de Hongrie. Essai sur l'organisation et l'état actuel de l'hygiène publique en Hongrie. Bp.: Boruth 1896. VIII, 65 p. 8 °.

Bugel, Edmund, Die hygienische Bedeutung des Trinkwassers mit besonderer Berücksichtigung der Brunnenwässer und der Gesundheitsverhältnisse der Stadt Preßburg. Preßburg: Drotleff 1881. 60 p. 8 °.

Farkas, Coloman de, Le service des ingénieurs sanitaires en Hongrie. Bp.: Pátria 1900. (Direction national du service des eaux en Hongrie. Publications 9.)

Geržeetič, Nikolaus, Das Wasser als Träger der Krankheitskeime, mit besonderer Berücksichtigung des Trinkwassers als Ursache der Typhuserkrankungen in Budapest. Bp.: Pester Lloyd-Ges. 1890. 26 p. 8°.

Budapest. Congrès international contre l'alcoolisme (10.) tenu à Budapest du 11 au 16 Septembre 1905. Rapports et compte-rendu des séances et des réunions. Publiées par Philippe Stein. Bp.: Kilián 1906. IV, 504 p.

Alkoholfreie Arbeitervereinigung. Appel aux membres du 16. congrès international des médicins. Bp. 1909.

B. Medizin.

Geschichte.

Schwarz, Ignaz, Zur Geschichte der Medizin in Ungarn. Bp.: Kilián 1890. 46 p. 8°. (S.-A. aus „Ungarische Revue".)

Vámossy, Stephan v., Beiträge zur Geschichte der Medizin in Preßburg. Preßburg: Stampfel 1902. XVI, 307 p. 8°.

Bruck, Jakob, Ignaz Philipp Semmelweis. Wien: Tempsky 1887.

Dirner, C., Le monument international de Semmelweis, à Budapest. Bp. 1909. 292 p. 8°. (Texte hongr., fr. et all.)

Hueppe, Ferd., Ignaz Semmelweis. Festrede gehalten bei Enthüllung seines Denkmals in Budapest. Bln.: Hirschwald 1894. 24 0. 8°.

Schürer, Fritz v. Waldheim, Ignaz Philipp Semmelweis. Sein Leben und Wirken. Urteile der Mit- und Nachwelt. Wien: Hartleben 1905. V, 256 p. 8°.

Semmelweis, J. Ph., Lettre en 1860. Trad. française et fac-simile. Bp. 1894. 7 p.

Sinclair, Wm. I., Semmelweis (Ign.). His life and his doctrine. A chapter in the history of medicine. Manchester: Unio 1909. X, 369 p. 1 t.

Allgemeines.

Association générale des médicins de Roumanie. Mémoire relatifs au 16. Congrès international de médicine de Budapest. Bucarest: Gröbl 1909. 40 p. 8°.

Grosz, Émile, L'enseignement de la médecine et l'enseignement médical complementaire en Hongrie 1913. (Conf. intern. de Londres.)

Gusbeth, Eduard, Die Landärzte im Kronstädter Komitate. Kronstadt: Gött 1887.

Linzbauer, Franc. Xav., Codex sanitaro-medicinalis Hungariae. T. 1—3, vol. 1—7. Budae: Typis universitatis 1852—61.

Magyar Gyógyszerészkönyv Pharmacopoea hungarica. Bp. 1884. 8°.

Medizinalschematismus der graduierten und diplomierten Ärzte, Tierärzte etc. Österreich-Ungarns. Wien: Szelinszky 1893. 272 p. 8°.

Tuszkai, Edm., Ärztlich-pharmazeutischer Almanach Ungarns. Bp. 1898. IV, 224 p.

Zipser, C. A., Ödenburg und die achte Versammlung ungarischer Ärzte und Naturforscher im August des Jahres 1847. Pest 1863. 110 p.

Einzelne Krankheiten.

Feuer, Nathaniel, Die Verbreitung des Trachoms in Ungarn und das behördliche Vorgehen gegen dasselbe. Stuttgart: Enke 1897. 69 p. 1 Kte. 8°. (8. Volkshyg. und demogr. Kongreß.)

Gerlóczy, Sigmond, Febris miliaris. 1912.

Gusbeth, Eduard, Die vorherrschenden Infektionskrankheiten in Kronstadt im 19. Jh. Festgabe für die in Kronstadt tagende 26. Wanderversammlung der ungar. Ärzte u. Naturforscher. Kronstadt: Alexi 1892.

Győry, Tiberius v., Morbus hungaricus. Eine medico-historische Quellenstudie, zugleich ein Beitrag zur Geschichte der Türkenherrschaft in Ungarn. Jena: Fischer 1901. VIII, 191 p. 8°.

Kőrösi, Jos., Die Choleraepidemie in Pest in den Jahren 1872 und 1873. Bln.: Stuhr 1876. 22 p. (Aus: Die Sterblichkeit der Stadt Pest in den Jahren 1872 und 1873 und deren Ursachen.)

Linzbauer, Franz Xav., Kretinismus und Idiotie in Östrreich-Ungarn nach der Volkszählung 1880. (Skizzen aus dem Werke: Gesamtbild des Kretenismus und der Idiotie.) Wien 1882. 52 p.

Ungarn. Statistisches Zentralamt. Statistik der Krebskranken in den Ländern der ungarischen heil. Krone. Bp.: Kilián. (Ungarische statistische Mitteilungen N. S. 19.)

Ungarn. Office central du statistique. Statistique des personnes atteintes de cancer dans les pays de la sainte Couronne hongroise. Bp.: Kilián. (Publications N. S. 19.)

Klinische Anstalten. Spitäler usw.

Antal, Geyza und Em. Réczey, Die chirurgische Klinik des Professor Josef Kovács an der kgl. ungar. Universität zu Budapest 1871—74. Bp.: Franklin 1897. 183 p. 8⁰.

Bakody, Theodor, Statistik der klinischen Lehranstalt im St. Rochus-Spitale und des Krankenhauses „Bethesda" zu Budapest. Lpzg.: Schwabe 1883. 70 p. 8⁰.

Békésy, Géza, Les hôpitaux et les maisons de la santé de la Hongrie. Bp. 1900. VIII, 208 p.

Berger, P., Führer durch die Privatheilanstalten Deutschlands, Österreich-Ungarns und der Schweiz. 8. Aufl. Bln.: Steinitz 1902. 224 p. 8⁰.

Chantre, E., Étude sur l'organisation et le fonctionnement des policliniques en Allemagne et en Autriche-Hongrie. Lyon 1892. 72 p. 4⁰.

Faure, Hippolyte, Étude sur les oeuvres hospitalières à Narbonne, en Angleterre, dans le nord, le nord-est et l'est de l'Autriche-Hongrie. 2. éd. Narbonne: Caillard 1890. 219 p. 8⁰.

Geiszberg, C., Das rote Kreuz in der österr.-ungar. Monarchie. Karte. Wien: Artaria 1887.

Geschichte der Entstehung und Entwicklung des Krankenhauses Bethesda und der damit verbundenen Diakonissen-Bildungsanstalt in Budapest. Bp.: Hornyánszky 1885. 61 p. 8⁰.

Jendrássik, A. E., Das neue physiologische Institut an der Universität zu Budapest. Bp.: Univ.-Druckerei 1877. VIII, 251 p. 8⁰.

Kézmárszky, Th., Klinische Mitteilungen aus der ersten geburtshilflich-gynäkologischen Universitätsklinik in Budapest. 1874—82. Mit kurzer Übersicht über die J. 1869—74. Stuttgart: Enke 1884. VIII, 239 p. 8⁰.

Kresz, Géza, Die Budapester freiwillige Rettungsgesellschaft (1887—1893). Bp. 1894. 48 p. (Dass. englisch.)

Lorenz und D. Diestel, Neuere Krankenhäuser in Wien und Budapest. Bln.: Ernst 1895. 10 p. (S.-A. aus: Zeitschr. f. Bauwesen.)

Michael, F., Die Heil- und Pflegeanstalten des deutschen Reiches (Österreich-Ungarns und der Schweiz) und die an ihnen beschäftigten Oberpfleger und Oberpflegerinnen. Neue Aufl. Halle: Marthold 1907. 39 p. 8⁰.

Navratil, Emerich, Bericht über die chirurgische Abteilung des hauptstädt. Barackenspitals (1874—1876). Bp.: Wilckens 1878. 61 p. 8⁰. (S.-A. aus: Pester mediz. chirurg. Presse.)

Pach, Henrik, Die Lungenheilstättenbewegung in Ungarn. Wien 1909. (8) p. (Aus: Österr. Ärzte-Ztg.)

Parassin, Josef, Die Zentral-Fürsorgestelle für Lungenkranke der Haupt- und Residenzstadt Budapest. Bp. 1918. 26 p.

Schulek, G., Notes historiques sur la clinique d'ophtalmologie de l'université royale hongroise de Budapest (1801—1899). Bp. 1900. 44 p. 8⁰.

Süßmann, Hermann, Rückblick auf die Entwicklung des Franz-Josef-Bürgerspitals in Hermannstadt. Hermannstadt: Drotleff 1888. 36 p. 8⁰.

Szenes, Sigismund, Bericht über Prof. Dr. Julius Bökes Ambulatorium für Ohrenkranke im Rochusspital i. J. 1886. Bp. 55—62 p. 8⁰. (S.-A. aus: Archiv f. Ohrenheilkunde.)

[Trauschenfels, Eugen v.], Zur Geschichte der Errichtung des Bürger-Krankenhauses in Kronstadt. Kronstadt: Gött 1875.

C. Tierheilkunde.

Budapest. Internat. tierärztlicher Kongreß. 8. (1905) Bericht. Bd. 1—3. Bp.: Kilián 1906.

Budapest. International veterinary congress. Report of the 8th congress at Budapest 1905. London. 1906.

Budapest. Congrès international de médecine vétérinaire (8.), tenu à Budapest (1905). Vol. 1—3. Bp. 1906.

Högyes, A., La rage et son traitement prophylactique en Hongrie (1890 bis 1899). Bp. 1900. 50 p. 8⁰.

Hutyra, Franz, Jahresbericht über das Veterinärwesen in Ungarn. Im Auftrage des kgl. ungar. Ackerbauministeriums. Jg. 1—16 (1889—1904). Bp.: Königl. ungar. Ackerbauministerium. Druck. Franklin.

Konferenz-Protokoll, betreffend den Abschluß eines Vertrages zwischen der Schweiz und Österreich-Ungarn zur Abwehr ansteckender Tierkrankheiten. Bern 1883.

Meyer, Joh. B., Die Approvisionierung des europäischen Fleischmarktes in ihren Beziehungen zur österreichisch-ungarischen Landwirtschaft. Ein Beitrag zur Lösung der Rinderpestfrage. Wien: Hölder 1879. 69 p.

Organisation des Veterinärwesens in Ungarn. Bp. 1890. (Mitteilungen des Ung. Min. für Landwirtschaft.)

Organisation du Service vétérinaire en Hongrie. Bp. 1900. (Publications du Ministre Royal Hongrois de l'Agriculture.)

Udránszky, Joseph, École supérieure vétérinaire royale hongroise de Budapest. Bp. 1900. 76 p. 8°.

C. Volkswirtschaft.

I Allgemeines.

A. Osterreich-Ungarn.

Ankenbrand, Andreas, Wege zur Wirtschaftsunion Deutschland — Österreich-Ungarn. Bln.: Troschel 1907. 30 p. 8 ^{0}. (Deutsch-österr.-ungar. Verband f. Binnenschiffahrt. Verbandsschriften N. F. 37.)

Ankenbrand, Andr., Über einen engeren wirtschaftl. Zusammenschluß zwischen Deutschland, Österreich u. Ungarn. Bln.: Troschel 1909. 11 p. 8 ^{0}.

Berndl, Raim., Das deutsche und das österr.-ungar. Wirtschaftsleben. Lpzg.: Haase 1916. 77 p. 8 ^{0}.

Büchelen, Carl, Bosnien und seine volkswirtschaftliche Bedeutung für Österreich-Ungarn. Wien: Lehmann 1879. 48 p. 8 ^{0}.

Carli, Fil., La politica economica dell' Austria e il separatismo Ungherese. Roma 1915.

Crenneville, Ludw. Graf, Österreich-Ungarns Wirtschaftspolitik, Balkanpolitik und Staatsverfassung. Wien: Fromme 1910. III, 73 p. 8 ^{0}.

Deutsch- österreichisch - ungarischer Wirtschaftsverband. Stenographischer Bericht über die Verhandlungen des ungar.-deutschen, deutsch-österr.-ungar. und österr.-deutschen Verbandes am 23.—24. VI. 1917 in Budapest, betr. das gemeinsame Vorgehen in Fragen der Übergangswirtschaft. Bp. 1917. 124 p.

Fadrus, V. u. F. Biffl, Wirtschaftsgeographie von Österreich - Ungarn. Überblick über das Wirtschaftsleben Europas u. d. Weltwirtschaft. Wien: Tempsky 1914. 203 p. 8 ^{0}. (Hilfsbücher zur Vorbereitung f. d. Bürgerschullehrerprüfung 9.)

Frankfurt a. M. Handelskammer. Unsere Wirtschaftsbeziehungen zu Österreich-Ungarn. Frankfurt a. M.: Scheller 1917. 79 p. 8 ^{0}.

Gruntzel, Josef, Unsere künftige Wirtschaftspolitik. Warnsdorf: Strache 1917. 33 p. 8 ^{0}. (Flugschr. für Österreich-Ungarns Erwachen 20.)

Hantos, Elemér, Volkswirtschaft und Finanzen im Weltkriege m. bes. Rücksicht auf Österreich-Ungarn. Göttingen: Hapke 1915. VII, 89 p. 8 ^{0}.

Heiderich, Franz u. Siegm. Schilder, Österreich-Ungarn als Wirtschaftsgebiet. Eine vergleichende geographisch-wirtschaftliche Studie. Wien: Manz 1912. 37 p. 14 p. Lex. 8 ^{0}. (Die Produktivkräfte Österreichs 1.)

Heiderich, Franz, Die weltpolitische u. volkswirtschaftliche Stellung der österr. ungar. Monarchie. Wien: Pommer 1918. 20 p. 8 ^{0}.

Heiderich, Franz (Hrsg.), Wirtschaftsgeographische Karten und Abhandlungen zur Wirtschaftskunde von Österreich-Ungarn. H. 1—16. Wien: 1916 bis 1918.

Kahl, Friedrich, Die Pariser Wirtschaftskonferenz vom 14.—17. Juni 1916 und die ihr voraufgegangenen gemeinsamen Beratungen der Ententestaaten über den Wirtschaftskrieg gegen die Mittelmächte. Jena: Fischer 1917. 94 p. 8 ^{0}. (Kriegswirtschaftliche Untersuchungen aus dem Institut f. Seeverkehr u. Weltwirtschaft an der Univ. Kiel, 13.)

Kranold, Herm., Der deutsch-österr. Wirtschaftsbund als sozialdemokratische Aufgabe. Berlin-Karlshorst 1915.

Landwirtschaft, Industrie und Handel unter Franz Josef I. Bp.: Lloyd-Ges. 1910. 104 p.

Marenzi, Franz Karl, Die interparlamentarische Pariser Handelskonferenz vom 27., 28. u. 29. April 1916 u. die Pariser Wirtschaftskonferenz vom 14., 15., 16. u. 17. Juni 1916. Bp.: Pester Lloyd 1917. 33 p. 8 ^{0}. (S.-A. aus Pester Lloyd. Febr. 1917.)

Mitteleuropäischer Wirtschaftsverein. Bericht über die Konstituierung des mitteleuropäischen Wirtschaftsvereines in Österreich. Wien: Manz 1905. 15 p. 8 ^{0}.

Mitteleuropäischer Wirtschaftsverein. Bericht über die Generalversammlung des Mitteleuropäischen Wirtschaftsvereins in Deutschland. Bln.: Puttkammer, Lpzg.: Deichert 1907.

(Veröffentlichungen des Mitteleuropäischen Wirtschaftsverbandes in Deutschland 12.)

Mitteleuropäischer Wirtschaftsverein. Veröffentlichungen des mitteleuropäischen Wirtschaftsvereins in Deutschland. H. 1—17. Lpzg.: Deichert 1904 bis 1914.

Niederösterreichische Handels- u. Gewerbekammer. Gutachten, betr. die Wahrnehmung unserer wirtschaftlichen Interessen im Verkehr mit Deutschland. Wien 1880. 8⁰.

Palotai, Rudolf, Ein Blick auf unsere wirtschaftlichen Beziehungen zu Österreich. Bp.: Grill 1897. 33 p. 8⁰.

Pistor, Erich, Die Volkswirtschaft Österreich-Ungarns und die Verständigung mit Deutschland. Bln.: Reimer 1915. IX, 175 p. gr. 8⁰.

Prossinagg, G., Ein Wort an Österreich-Ungarns Völker. Wirtschaftliche Betrachtungen. T. 1—2. 2. Aufl. Wien: Selbstverlag 1883. 8⁰.

Rajnik, Béla, Die wirtschaftspolitischen Beziehungen zwischen Österreich und Ungarn und die internationalen Interessen. München: Duncker & Humblot 1914. III, 88 p. 8⁰.

Smolensky, Max, Österreich-Ungarns wirtschaftl. Beziehungen zur Schweiz. Wien: Manz 1918. 76 p. 8⁰.

Szterényi, [Josef], Wirtschaftliche Zukunftsprobleme. 1916.

Umrath, Wilh., Das Wirtschaftsgebiet Österreich-Ungarn. Wien: Braumüller 1916. 29 p. 8⁰.

Wien. Handelspolitische Kommission. Über das künftige wirtschaftliche Verhältnis Österreichs zu Deutschland und zu Ungarn. Wien 1915.

B. Ungarn.

Borgius, W., Wegweiser durch die Wirtschaftsverhältnisse des Königreichs Ungarn. Bln.: Welt-Reise-Verl. 60 p. 8⁰. (Volkswirtschaftliche Reiseführer 1.)

Buday, Ladislas de, L'unité économique de la Hongrie. Bp. 1919.

Buday, Ladislas de, The economic unity of Hungary. Bp. 1919.

Buday, Ladislaus v., Ungarn nach dem Friedensschluß von Trianon. Bln.: Vereinig. wiss. Verleger 1922. 313 p. 16⁰

Buday, Ladislaus, Dismembered Hungary. 1922. VII, 288 p. 16⁰.

Buday, Ladislas de, La Hongrie après le traité de Trianon. Paris 1922. VII, 297 p. 8⁰.

Denkschrift über die Studienreise nach dem nahen Orient im Frühjahr 1908. Bln. 1908. XI, 268 p.

Deutsch, Anton, 25 Jahre ungarische Finanz- und Volkswirtschaft. (1867 bis 1892.) Bln.: Puttkammer & Mühlbrecht 1892. 95 p.

Dorn, Alexander, Rückblicke auf die Entwicklung der ungarischen Volkswirtschaft im J. 1870. Pest: Fekete 1871. III, 59 p. 4⁰. (Aus: Pester Loyd.)

Edvi-Illés, Aladár und Albert Halász, The economies of Hungary in maps. 2. ed. Bp. 1920. 74 maps and diagrams.

Ein Kabinettstück ungarischer Volkswirtschaft. Klagenfurt: Kleinmayr 1887. 27 p. 16⁰.

Fekete, Jos., Zur Geschichte der Volkswirtschaft in Ungarn. 1000—1700. Bp.: Neumayer 1888. 84 p.

[Földes] Weisz, Béla, Ungarns Handelsbilanz u. Wirtschaftspolitik. 1876.

Haupt, Ottomar, La régénération économique et financière de la Hongrie. Paris: Truchy 1892. 46 p.

Hegedüs, Roland v., Ungarn nach dem Kriege. Warnsdorf i. B.: Strache 1916. 84 p. (Flugschriften f. Österreich-Ungarns Erwachen. H. 18/19.)

La Hongrie à la veille du millénaire. Données statistiques. Bp.: Société Anonyme d'Impr. de Pest 1896. 116 p. 8⁰.

Humphreys, R. R. H., Report on the commercial and industrial situation of Hungary. London 1921. 44 p.

Katona, Béla, Die Volkswirtscnaft Ungarns 1912. Bp.: Légrády 1913.

Kautz, Julius, Entwickelungsgeschichte der volkswirtschaftlichen Ideen in Ungarn und deren Einfluß auf das Gemeinwesen. Deutsch bearbeitet von Sigmund Schiller. Bp.: Grill 1876. XVI, 235 p. 8⁰.

Kneffel, Béla, Prospekt über den wirtschaftlichen Aufschwung des Ungarlandes. Bp. 1909.

Korn, Phil. Ant., Geschichte der ungar. Industrie, des Handels, Verkehrs und Landwirtschaft. H. 1—2. Bp. 1882.

Lanz-Liebenfels, J., Ungarns wirtschaftlicher Bankerott und wie machen wir Ungarn kirre? Rodaun b. Wien: Ostara 1906. 16 p. 8⁰. (S.-A. aus Ostara, österr. Flugschriften-Magazin 4.)

Lloyd-Kalender. Pest 1865—1866.

Mandello, Jules, Le commerce, l'industrie et le régime des transports en Hongrie. Extrait du rapport pour l'année 1890, de M. Gabr. Baross, ministre royal hongrois du commerce, rédigé par —. Bruxelles: Weissenbruch 1892. 4 °.

Mandello, Karl v. und Anton Deutsch (Red.), Rückblicke auf die Entwicklung der ungarischen Volkswirtschaft 1877 bis 1902. Bp.: Pester Lloyd-Ges. 1877 ff.

Matlekovits, Alexander, Das Königreich Ungarn. Volkswirtschaftlich und statistisch dargestellt. Bd. 1—2. Lpzg.: Duncker & Humblot 1900. 8 °.

Matlekovits, Alexander v., Die Volkswirtschaft Ungarns. (Ein Überblick.) Bp. 1913. 21 p. 8 °. (Vorträge des 7. internationalen Wirtschaftskurses. Budapest.)

Meyne, I., Entwurf der Statuten eines Patriotischen Landesvereines für Ungarn zur Hebung der wirtschaftlichen Verhältnisse. [Ödenburg] 1879.

Návay, A., La Hongrie. Son rôle économique. Préface de E. Levasseur. Paris. VI, 234 p. Paris: Fontemoing 1911. VI, 234 p. 8 °.

Saint-Maurice, comte de, La double couronne: I. L'empire Magyar. Étude économique de la Hongrie contemporaine. Paris: Roustan 1910. 120 p. 8 °. (Bibliothèque des études économiques et financières 7.)

Torkos, Paul, Einiges über Ungarns volkswirtschaftliche Zustände. Wien: Wallishauser 1885. 38 p. 8 °.

Ungarisch-italienische Handelskammer. L'economia nazionale della Ungheria mutilata. Bp.: Camera di commercio Ungaro-Italiana. Bp. 1921. 128 p.

Ungarisches geographisches Institut. Some economical facts about Hungary. Bp. 1919.

Varlez, Louis, Économie sociale. Rapport. Intr. de Éd. van der Smissen. Bruxelles: Vromant 1901. XIX, 191 p.

Varró, J., Ungar. sozialwirtschaftliche Bibliographie. Veröff. d. Budapester Stadtbibliothek. Bp. 1910—1913.

Vautier, Guillaume, La Hongrie économique. Paris: Berger-Levrault 1893. 486 p. 8 °.

Bernáth, Ludw., West-Ungarn zwischen Donau und Drau, und die Mittel zu dessen wirtschaftlicher Hebung. Wien: Spielhagen & Schurich 1884. 37 p. 8 °. (Technische Vorträge und Abhandlungen, 2.)

Frank, Peter Jos., Wirtschaftliche Resultate, eine Paralelle zwischen Siebenbürgen und Rumänien. Hermannstadt: Michaelis 1889.

Jickeli, O[tto] F[ritz], Industrie und Handel der Siebenbürger Sachsen. Hermannstadt: Krafft 1914. 30 p. 8 °.

Leuschner, Karl, Die landwirtschaftlichen und sozialen Verhältnisse im westlichen Ungarn. Unter bes. Berücksichtigung des Weißenburger, Tolnaer und Baranyaer Komitats. Jena: Fischer 1888. X, 107 p. (Staatswissenschaftliche Studien 2. 2.)

Ödenburg. Handels- und Gewerbekammer. Bericht über die Bodenproduktion, Industrieerzeugnisse, Handels- und Verkehrsverhältnisse im Ödenburger Kammerbezirke. Ödenburg 1862.

Schweinitz, Julius Graf, Studien über die wirtschaftliche Gegenwart und Zukunft Siebenbürgens und des Szekler Landes. München: Ackermann 1876. 43 p. 8 °.

Tedeschi, J., Jahresbericht über die volkswirtschaftlichen Verhältnisse der Stadt Temesvár 1891—1893. Temesvár: Csanáder Diözesan-Druck. 1893. 96 p. 4 °.

C. Volksernährung.

Bontoux, Eugen, Ungarn und die Ernährung Europas. Wien: Waldheim 1868. 35 p. 8 °.

Keleti, Karl, Die Ernährungsstatistik der Bevölkerung Ungarns auf physiologischer Grundlage bearbeitet. Bp.: Kilián 1887. V, 363 p. 19 Tab. 8 °.

Nüse, Karl, Die Sicherung der Ernährung der Mittelmächte durch gemeinsame Aufbringung. Österreichs Not und ihre Lehren. Bln.: Puttkammer & Mühlbrecht 1918. 21 p. gr. 8 °.

D. Preise.

Kőrösy, Jos., Beiträge zur Geschichte der Preise. Aus dem Ungar. Bp.: Ráth 1873. 24 p. 8 °. (Aus: Statist. Jahrb. der Stadt Pest.)

Richter, Josef, Die volkswirtschaftlichen Ursachen der Lebensmittelteuerung in Österreich und Ungarn und die Maßnahmen gegen dieselben. Wien: Frick 1912. III, 88 p. 8 °.

Ungarn. Statistisches Zentralamt. Preisstatistik. Bp. 1913. (Ungar. statistische Mitteilungen N. S. 44.)

E. Aktiengesellschaften.

Csillag, J., Bestand und Geschäftsergebnisse der Budapester Aktiengesellschaften im J. 1908 u. Statistik d. Aktiengesellschaften 1873—1908. Bp. 1912. 32, 48 p. (Publikationen d. statist. Bureaus d. Haupt- u. Res.-Stadt 4—7.)

Horn, Ed. [Eichhorn, J. E.], Die Aktiengesellschaften. Gesetzentwurf nebst Motivenbericht dem ungar. Reichstag unterbreitet. 1873. Bp.: Aigner 1873. 39 p. 8⁰.

Liebstein, Sigmund, Statistische Zusammenstellung sämtlicher in Ungarn samt Nebenländern bestehenden Aktiengesellschaften. Bp. 1874.

F. Ausstellungen.

Gelléri, Maurice, Le Comité central hongrois pour les expositions. Rapport sur la période triennale 1908—1910. Bp. 1911.

Gelléri, Moritz, Ungarische Zentralstelle für Ausstellungswesen. Ausstellungsreglements. Bp. 1911.

Ráth, K., Die ungarischen Gewerbeausstellungen in Vergangenheit und Zukunft. (S.-A. aus dem ungar. Landes-Industrierevier.) 1881. IV, 95 p.

Einzelne Ausstellungen.

[*Bukarest 1906.*] Rumänische Nationale-Ausstellung.

Catalogue de la section hongroise de l'exposition nationale roumaine de 1906. Bp.

[*Budapest 1878.*] Allgemeine Ausstellung.

Renseignements sur les voies et communications de la Hongrie. Bp. 1878. 45 p. 8⁰.

Budapester allgemeine Landesausstellung 1885. Bp. 1885.

Balogh, W. v., Franz Toldy und Moritz Gelléri, Führer durch die Ausstellung (1885 Budapest). Bp.: Pester Buchdruckerei A.-G. 1885.

Budapester Ausstellungszeitung. Illustriertes Fachorgan der Landesausstellung. Red. Carl Ráth 1884—1885. Bp. 1884—1885.

Catalogue de l'exposition nationale de Budapest de 1885. Part. 1—2. Bp.: Soc. anonyme d'impr. de Pest 1885.

Hrvatska i Slavonija na obscoj zemalskoj izlozbiu Budimpesti 1885. Zagreb 1885.

Internationale Abteilung der ungarischen Landesausstellung vom Jahre 1885. (III. Spezialausstellung.) Katalog. Verf. Ed. v. Miklós. Bp.: Pester Buchdr. 1885. 137 p.

Miklós, Edmund v., Katalog der internationalen Abteilung der ungarischen Landesausstellung vom Jahre 1885. Bp.: Pester Buchdr. 1885.

Mudrony, Soma, Katalog der Budapester allgemeinen Landesausstellung 1885. Übers. von Gustav Nendtvich. 2. verb. Aufl. T. 1—2. Bp.: Pester Buchdr. 1885.

Posner's Führer durch die Ausstellung und Budapest. Wien: Perles 1885. 179 p. 16⁰.

Schwicker, Joh. Heinr., Die ungarische Landesausstellung. Bp.: Kilián 1885. 63 p. 8⁰.

Stein d'Altenstein, Isidor baron, La Hongrie et l'exposition de Pest en 1885. Bruxelles: Weissenbrugh 1886. 144 p. 8⁰.

Straßer, Albert, Bericht über die 1885er Landesausstellung in Budapest. Temesvár: Handels- u. Gewerbekammer 1886. 43 p. 8⁰.

Sziklay, J. u. C. László, Führer durch die Landesausstellung. Mit einem Wegweiser von Budapest von Georg Mayer. Bp.: Lampel 1885. 117 p. 8⁰.

[*Budapest 1896.*] Millenniumsausstellung.

Bericht über die 89. gewerbliche Exkursion zum Studium der Milleniumsausstellung. Wien 1897.

Bosnien und die Herzegovina auf der Milleniumsausstellung in Budapest. Hrsg. vom Ausstellungsbureau der B. H. Landesregierung. Bp.: Pester Buchdr. XXIV, 311 p.

Budapest und seine Ausstellung. Bp.: Phoebus (1896). 64 p. 1 Taf.

Catalogue général de l'exposition nationale du Millénaire. Groupe 1b. Beaux-Arts. ed. off. Bp.: Kosmos 1896.

Catalogue général de l'Exposition nationale du Millénaire. Extrait franç. par. Arm. Sasvári. Groupe 1—10. Ed. off. Bp.: Kosmos 1896.

Gelléri, Maurice, Exposition nationale du Millénaire. Guide. Bp.: Kosmos 1896. 236 p

Gelléri, Moritz, Führer durch die Milleniumsausstellung Bp : Kosmos 1896 316 p

Gelléri, Moritz, Guide through the Hungarian national Millenium exhibition. Bp.: Kosmos 1896. 291 p.

Gemeiner Katalog der Millenium-Landesausstellung 1896. Übers. aus dem von S. Mudrony, Karl Ráth, Andr. Micseh verfaßten Originaltext. Off. Ausgabe. H. 1—21. Bp.: Kosmos 1896.

Glücksmann, Heinrich, Ungarns Millenium und Milleniumsausstellung. Wien: Breitenstein 1896. 47 p. 1 Plan. 12 °.

Die Königreiche Kroatien und Slavonien auf der Milleniums-Landesausstellung des Königreiches Ungarn in Budapest 1896. Agram: Kgl. Landesdruckerei 1896. 217 p.

Laurencic, Jules, Le Millénaire de la Hongrie et son exposition nationale. Livraison 1-12. Paris: Westhauser 1896. 4 °. Ill.

[*Brüssel 1888.*] Internationale Ausstellung der Wissenschaften und der Industrie.

Lederer, A. et Charles Mandello, Catalogue spécial de la section hongroise. Bp. 1888. 160 p.

[*Brüssel 1897.*] Internationale Ausstellung.

Návay, Aladár (Red.), Exposition internationale de Bruxelles. Catalogue spécial de la section hongroise. Bp. 1897.

[*Hermannstadt 1881.*] Rumänische Ausstellung.

Hintz, Joh. Andr., Die rumänische Ausstellung in Hermannstadt (1881). Kronstadt: Gött 1882.

[*Hermannstadt 1903.*] Lokalausstellung der Hermannstädter Gewerbetreibenden.

Lokalausstellung Hermannstädter Gewerbetreibender 1903. Katalog. Hermannstadt: Krafft 1903. 55 p. 8 °.

[*London 1908.*] Ungarische Ausstellung.

Hungarian society. Record of the procedings at the Mansion house in connection with the Hungarian exhibition. [London 1907.]

London. Hungarian exhibition 1908. London: Truscott 1908.

[*Milano 1906.*] Weltausstellung.

L'Ungheria all' esposizione internazionale di Milano 1906. Catalogo generale. Bp. 1906. 147 p.

Milano. Exposition internationale du Ministère royal hongrois du commerce. Exposition des écoles nationales d'enseignement industr. Bp.: Athenaeum 1906. 33 p. 4 °.

[*Paris 1868.*] Weltausstellung.

[Grisza, Auguste,] Catalogue spécial du royaume de Hongrie. Par la Commission royale. Exposition universelle de 1867 à Paris. Paris 1867.

Maager, Carl, Bericht über die Pariser Weltausstellung. Kronstadt: Römer & Kammer 1867. 24 p. 8 °.

Romer, Florian, Catalogue des objets hongrois de l'histoire du Travail à l'exposition universelle de 1867 à Paris. Paris: Marc 1867. XLIV p. 8 °.

[*Paris 1878.*] Weltausstellung.

Commission centrale hongroise pour l'exposition universelle de Paris 1878. Catalogue spécial de la section hongroise. Bp.: Soc. d'impr. par actions 1878. XXXV, 175 p.

Wiener, Henry et Paul Demény, L'Autriche-Hongrie et l'exposition de 1878. Paris: Delagrave 1878. 278 p. (Les pays étrangers et l'exposition de 1878. Vol. 1.)

[*Paris 1900.*] Weltausstellung.

Commissariat roy. hongrois. Exposition des pays de la couronne hongroise. Catalogue spécial. Bp. 1900. 539 p.

Guide à travers l'exposition hongroise à Paris 1900. Guide à travers la Hongrie. Bp. 1900.

Paris. Hungarian exhibition 1900. Guide. Guide through Hungary. With numerous illustrations. Bp. 1900.

[*Philippopol 1892.*] Erste bulgarische Nationalausstellung.

Catalogue Special de la section Hongroise publié par le Comité Hongrois pour l'exposition nationale de Philippopole. Bp. 1892.

[*St. Petersburg-Moskau 1899—1900.*] Österreich-ungarische Ausstellung.

Exposition Austro-Hongroise 1899 bis 1900. Catalogue. B. Hongrie. Section 1. Beaux-Arts. Section 2. Arts industriels. St. Petersbourg: Golike 1899.

[*Turin 1911.*] Weltausstellung.

Kovács, Giulio, Catalogo dell' esposizione d'Industria e d'agricoltura dei paesi della corona d'Ungheria. Bp.: Comitato Ungherese. 164 p.

Kovács, Jules (Red.), Catalogue de l'exposition de l'industrie et de l'agriculture des pays de la couronne hongroise. Bp.: Comité der Ausstellung. 154 p.

Premiazioni degli Espositori Ungheresi all' esposizione internazionale di Torino. 1911.

[*Wien 1873.*] Weltausstellung.

Ungarn auf der Wiener Weltausstellung. Spezialkatalog der ausgestellten Gegenstände der Urproduktion, Gewerbe, Wissenschaft und Kunst. T. 1—2. Bp. 1873.

[Földes], Weisz, Béla, Volkswirtschaftliche Betrachtungen über die Weltausstellung zu Wien. 1873.

Österr.-Ungarischer Exportverein. Katalog des Exportmusterlagers. Permanente Ausstellung österr.-ungar. Erzeugnisse. 1887, 1890.

II Landwirtschaft.

A. Allgemeines.

Geschichte.

Balás, Árpád v. Sipek, Kurzer Abriß der Geschichte der ungarischen Landwirtschaft. Wien: Frick 1897. 47 p. 8°.

Grünberg, Karl, Studien zur österreichischen Agrargeschichte. Lpzg.: Duncker & Humblot 1901. VI, 281 p. 8°.

Hamm, Wilhelm, Die Habsburg-Lothringer in ihren Beziehungen zur Bodenkultur. Festschrift. Wien: Braumüller 1879. 58 p. 8°.

Schuller, Georg Ad., Aus der Vergangenheit der siebenbürgisch-sächsischen Landwirtschaft. Dem siebenb.-sächs. Landwirtschaftsverein zur Feier seines 50jährigen Bestandes gewidmet. Hermannstadt: Krafft 1895.

Wolff, Joh., Beiträge zur siebenbürgischdeutschen Agrargeschichte. Sächsisch-Regen 1885. 51 p. (Gymnasial-Programm.)

Statistik und amtliche Berichte.

Ameline, Henri, L'agriculture au Congrès international de statistique à Budapest. Paris: Donnand 1876. 16 p. 8°.

Darányi, Ign., The State and agriculture in Hungary. Report of Minister of agriculture on his agricultural administration (1896—1903). Transl. by Andrew György. Ldn: Macmillan 1905. 288 p. 8°.

Ditz, Heinr., Die ungarische Landwirtschaft. Volkswirtschaftlicher Bericht aus dem kgl. bayerischen Ministerium des Handels. Lpzg.: Wigand 1867. VIII, 470 p. 8°.

Keleti, Charles, Rapport sur l'état de l'agriculture en Hongrie, rédigé par ordre de M. le ministre de l'agriculture, l'industrie, et du commerce. Présenté au congrès international de l'agriculture convoqué à Paris en 1878. Bp.: Société de l'agriculture en Hongrie 1878. VIII, 240 p. 8°.

Die landwirtschaftliche Produktion der Länder der ungarischen heilig. Krone i. d. Jahren 1891/2, 1893/4, 1895/6, 1901. (Mit graphischen Beilagen.) Im Auftrage des kgl. ungar. Handelsministers verfaßt und herausgegeben vom kgl. ungar. stat. Zentralamt. Amtl. Übersetzung aus dem ungar. Originale. Bp. (Ungar. statistische Mitteilungen N. F. 6, 11, 18, N. S. 4.)

Landwirtschaftliche Statistik der Länder der ungarischen heilig. Krone. T. 1—4. (Ungarische Statistische Mitteilungen N.F. 15, 18, 24.)

1. Die Entwicklung der ungar. landwirtschaftlichen Statistik und die Hauptergebnisse der Konskription v. J. 1895 nach Gemeinden.
2. Landwirtschaftliche Produktion .i d. Jahren 1895 und 1896.
3. Verteilung der Wirtschaften nach Charakter und Größe.
4. Endergebnisse. (Mit 17 graphischen Karten.)

Stodola, Emil, Príspevok k agrarny Statistike Slovenska. Turócz Szent Márton. 1903. 18 p.

Ungarn. Ministry of agriculture. Agricultural Hungary. Bp.: Hornyánszky 1906. VII, 136 p. (Publ. of the royal Hungarian min. of agricult.)

Ungarn. Ministry of Agriculture. The economical report service of Hungary. Bp.: Pallas 1908. 14 p.

Ungarns Landwirtschaft 1896. Hrsg. v. Kgl. ungar. Ackerbauministerium. Bp.: Nagel 1897. 525 p. 8°.

L'Ungheria agricola. Bp.: Pallas 1911. VII, 119 p. 8°. (Publicazioni del Ministro ungherese di agricoltura.)

Wrightson, John, Report on the agriculture of the Austro-Hungarian Empire. London 1874.

Landwirtschaftliche Vereine.

Bund der ungar. Landwirte. Über den Zollschutz und die Organisation der Landwirte. Auszüge aus dem Protokoll der Kaschauer Vollversammlung. Bp.: Stephaneum 1913. 34 p. 8°.

Csáky, Alex. comte, Agraria. Société agrico-industrielle pour introduire le „farm system" en Hongrie. Projet. Bruxelles: Goemaere 1898. 4 °.

Ein Echo aus Ungarn auf den Petitionsbeschluß der k. k. Landwirtschaftsgesellschaft zu Wien vom 7. Februar 1865. Wien: (Gerold). 41 p. 8 °.

Entstehung, Umgestaltung und Entwicklung des siebenbürgisch-sächsischen Landwirtschafts-Vereines 1845—1895. Hermannstadt 1895.

Galgóczy, Charles de, La société nationale d'agriculture de Hongrie. Son histoire et son développement. Bp.: Pátria 1900. 51 p.

Greger, Max v., Memorandum in Erwiderung einer Zuschrift des kgl. ungar. Landwirtschaftlichen Vereines. Nebst Beilage mit 4 Denkschriften. London: Lea & Co. 1880. 52 p. 4 °.

Herbert, P., Die Hauptversammlung des siebenbürgisch-sächsischen Landwirtschaftsvereines in Hermannstadt. Hermannstadt 1918.

Keglevich, Stefan Graf, Über Vereinstätigkeit auf dem Gebiete der Landwirtschaft. Bp. 1882.

Keglevich, Stefan Graf, Bericht an den Landes-Agrikulturverein über landwirtschaftliches Verbandswesen. Bp. 1882.

Kurzgefaßte Monographie der Genossenschaft ungarischer Landwirte. Bp. 1904.

Ligue agraire hongroise. Bp. [1910.]

Nachrichten des Soproner Komitats-Agrikulturvereins. Sopron 1900.

Raportul al comitetului al „reuniui romane de agricultura" din comitatul Sibiiului 1896. Sibiiu 1897.

Kongresse.

Budapest. Internationaler landwirtschaftlicher Kongreß 1885. Nach stenographischen Aufzeichnungen verfaßtes Protokoll. Bp. 1886. 275 p. 8 °.

Gaál, Eugen, Discours au Congrès agricole de Budapest 1885.

Budapest. Congrès international d'agriculture tenu à Budapest 1896. Vol. 1—2. Bp.

Rodiczky, Eugène de (Red.), Congrès international d'agriculture (1896). Comptes rendus. Vol. 1—2. Bp.: 1897. 8 °. (Plusieurs mémoires relatifs à la Hongrie.)

Budapest. 3. Agrar-Kongreß der ungarischen Landwirte (1895). Beschlüsse. Bp.: Kilián 1896. 78 p. 8 °.

Temesvár. Der Landwirtschaftskongreß des Bundes ungarischer Volkswirte in Temesvár 1914. Bp.: 1914. 83 p.

Darstellungen.

Dombrowski, R. v., Die Urproduktion und Industrie der Land- und Forstwirtschaft, mit besonderer Berücksichtigung Österreichs und Ungarns. Prag: Calve 1869. 126 p. 8 °.

Egan, Edmund v., Landwirtschaftliche Skizzen aus Ungarn. Bln.: Walther 1898. X, 177 p. 8 °.

Fellner, Friedr., Die Landwirtschaft Ungarns und die wirtschaftliche Annäherung zum Deutschen Reich. (Aus Schriften des Vereins für Sozialpolitik. Bd. 155, 1. Teil.) München: Duncker & Humblot 1916. p. 277—294.

Hitschmann, H. H., Die Land- und Forstwirtschaft in Österreich-Ungarn und in der Herzegowina im Jahre 1893. Wien: Gerold 1894. 256 p. 8 °.

Matlekovits, Alexander v., Die Landwirtschaft Ungarns. Lpzg.: Duncker & Humblot 1900. VII, 412 p. 8 °. (S.-A. aus: Matlekovits: Das Königreich Ungarn.)

Neumann-Spallart, F. X., Die Ernten und der Wohlstand in Österreich-Ungarn. Bln.: Habel 1874. 85 p. 8 °.

Pribyl, Hochländer (Hrsg.) [etc.], Das goldene Buch der Land- und Forstwirtschaft in Österreich-Ungarn. 2. Aufl. Wien: Frick 1891. 370 p. u. 40 Port. 8 °.

Szász, Jos., Die ungarische Landwirtschaft der Gegenwart, mit besonderer Berücksichtigung der Extensität und Intensität ihres Betriebes. Bp.: Deutsch 1907. 121 p. 8 °.

Wagner, Ladislaus, Landwirtschaftliche Zustände in Ungarn. Prag 1869.

Wittmann, Ed., Skizze des landwirtschaftlichen Betriebes in Ungarn. Jena 1865.

Bittrich-Rodmannshoefen, Vierzehn Tage auf ungarischem Boden. Erinnerungsblätter an die landwirtschaftliche Exkursion in Ungarn im September 1885. Königsberg: Bon 1886. 114 p. 8 °.

Dymond, T. S., Agricultural industry and education in Hungary, being an account of the visit of the Esser farmers' party to Hungary in May and June 1902. Chelmsford: County technical laboratories 1902. 177 p. 8 °.

Landwirtschaftliche Gesellschaftsreise durch Ungarn. Veranstaltet von der Deutschen landwirtschaftlichen Gesellschaft. Bln.: Deutsche Landwirtschafts-Gesellschaft 1911. 148 p. 8⁰.

Rougane, de Chanteloup, Comte, Excursion agricole en Hongrie. Clermond-Ferrand 1890. 24 p. 8⁰. (Extr. du Journal d'Agric. pratique. 1885.)

Rudloff, Reinhold, Die Landwirtschaft Ungarns in Reisebriefen geschildert. Bln.: Telge 1897. 201 p. 8⁰.

Ungarische landwirtschaftliche Reiseskizze von E. B. Halle a. S.: Reichhardt 1875. 55 p. 8⁰.

Ungarn. Agricultural Minister. Guide of the party of English agriculturists visiting Hungary in May-June 1902 and Appendix. Bp. 1902.

Vielhaack, Erich, Ungarische Reisebilder. Bericht über eine Gesellschaftsreise. Mit Beiträgen von Gust. Raus. Bln.: Parey 1912. 95, 8 p. 8⁰. (Arbeiten der deutschen Landwirtschafts-Gesellschaft 204.)

Ambrosi, Michael, Winke und Ratschläge zum einträglicheren Betrieb unserer Bauernwirtschaften. Dicsőszentmárton 1899.

Berg, Gustav Frhr. v., Die Zollnovelle vom März 1885 und ihre Bedeutung für die Landwirtschaft Ungarns. Wien: Frick 1885. 63 p. 8⁰.

Bernáth, Stefan, Die Agrarbewegung in Ungarn. [Wien] 1898.

Bernáth, Stefan, Die Zukunft der Agrarbestrebungen. 1903. 24 p.

[Borovszky, Karl,] Die Lage der ungarischen Landwirtschaft. Von Cautes. Bp.: Druck. Országgyülési értesitő. 1895. 115 p. 8⁰.

Fodor, Francis, Conditions of production in Hungary. Bp.: Pfeifer 1921. 10 p. 4⁰. (Hungarian geographical essays 1.)

Gaál, Eugen, Die Frage der landwirtschaftlichen Krise. Bp.: Pester Buchdr. 1885. VI, 158 p.

Gaál, Eugène de, La crise agricole. Rapport devant être présenté au congrès agricole de Budapest 1885. Bp. 1885. 146 p.

Hajnik, Johan, Praktische Anleitungen zu einem rationellen Wirtschaftsbetrieb im Banat. Temesvár 1873.

Herzog, Karl, Conditions naturelles et économiques, influençant l'extensité et l'intensité de l'agriculture hongroise. Lille: Impr. Centrale 1913. 68 p.

Herzog, Rud., Hat der künstliche Dünger einen Wert und wäre dessen Anwendung in Ungarn zeitgemäß. Pest 1865.

Hitschmann, H. H., Die Lage der Landwirtschaft in Österreich-Ungarn im Jahre 1892. Wien: Gerold 1893. 109 p. 8⁰.

Károly, R., Landwirtschaftliche Betriebszustände und Resultate. Bp. 1909.

Komers, A. E., Lage und Hilfskräfte der Landwirtschaft in der österreichisch-ungarischen Monarchie. Prag 1876.

Die Lebensfrage der Landwirtschaft auf dem Königsboden. Behufs ihrer Lösung beleuchtet von einem sächs. Dorfbewohner. Wien: Graeser 1878. 62 p. 8⁰.

Wehler, Albert, Die Kapitalarmut und Kreditnot der Landwirte Ungarns. Lpzg.: 1877.

Wie können wir unserer Landwirtschaft wieder aufhelfen? Kronstadt 1879.

Grundbesitzverhältnisse und Agrarpolitik.

Hirsch, Alfred: Ungarns Grundbesitzverhältnisse. Diss. Halle, 1893. 82 p. 8⁰.

Grimm, S. A., Das Urbarialwesen in Siebenbürgen. Wien: Förster 1863. VI, 167 p. 8⁰.

Hufnagl, Leopold, Gutsadministration und Güterschätzung in Österreich, in Ungarn und in Bosnien und der Herzegowina. Mit einem Anh.: Über Familienfideikommisse von Arthur Wick. 2. gänzl. neubearb. Aufl. Wien: Frick 1911. XII, 257 p. 8⁰. 3. verm. u. umgearb. Aufl. Wien: Gerold 1918. XV, 274 p. 8⁰.

Liechtenstein, Alois Prinz von und zu, Die Bodenfrage, beleuchtet durch die Verhältnisse Rußlands u. d. Länder d. ehemaligen österr.-ungar. Monarchie. 2. Aufl. Innsbruck: Tyrolia [1920]. 32 p. 8⁰.

Mailáth, Josef Graf, Landwirtschaftliche Interessenvertretung in Ungarn. Wien: Gerold 1907. 7 p. 8⁰. (S.-A. aus: Wiener Landwirtschaftliche Zeitung.)

Pohl, J., Die Verpachtung der Privatdomänen in Österreich-Ungarn. Tübingen 1879.

Buday, Barna v., Über Parzellierungen. (Referentenvorschlag für die volkswirtschaftliche Sektion des Landes-Agrikulturvereins.) Bp. 1909.

Delisle, J. J., La balcanisation de la propriété foncière en Hongrie. Bp.: Ligue Bocskay 1921. 110 p.

Fellner, Friedr., Das System der Rentengüter und seine Anwendung in Ungarn. Bp.: Kilián 1900. 203 p.

Fellner, Friedr., Das System der Rentengüter und seine Anwendung in Ungarn. Vorw. v. Karl Hieronymi. Bln.: Puttkammer & Mühlbrecht 1905. VII, 177 p. 8 °.

Ladik, Gustav de, Aperçu de la législation concernant l'administration de l'agriculture hongroise. Édition du Ministère roy. hongr. de l'agriculture. Bp.: Pallas 1910. 253 p. 8 °.

Mailáth, Joseph comte de, Les problèmes agraires, et la vie rurale en Hongrie. Bruxelles: Goemere 1905. 41—78 p.

Mailáth, Josef Graf, Zu einem ungarischen Agrarprogramm. 1907.

Mailáth, Josef Graf, Zur Vorgeschichte der besitzpolitischen Reform in Ungarn. Bp.: Benkő 1920. 55 p. 8 °.

Mandello, Karl, Die Reformarbeiten im ungarischen Ackerbauministerium. 21 p. (S.-A. aus Österr.-Ungar. Revue.)

Sebess, Dionys v., Die Agrarreform in Ungarn und das am 7. Dez. 1920 promulgierte Gesetz über die richtige Verteilung des Grundbesitzes. Bln.: Vereinigung wiss. Verl. 1921. 59 p. 8 °.

Thuránszky, Ladislaus v., Das ungarische Bodenreformgesetz (G.-A. XXXV vom Jahre 1920) und die Grundbesitzpolitik Ungarns. Bp.: (Pallas) 1921. 187 p.

Tisza, Stefan Graf v., Ungarische Agrarpolitik. Die Ursache des Preisfalles der landwirtschaftlichen Produkte und die Mittel der Abhilfe. Lpzg.: Duncker & Humblot 1897. XII, 80 p. 8 °.

Ungarn. Gesetze und Verordnungen. Die ungarische Agrarreform. Übersetzung des Ges.-Art. XXXVI v. 1920 über die Verteilung des Grundbesitzes. Mit einer Einleitung und Anmerkungen versehen. Bp.: Kgl. ungar. Ackerbauministerium 1921. 95 p.

Versuchsstationen. Landwirtschaftliche Geräte.

Cserháti, Alexander, Die Ergebnisse der Tiefkultur in Ungarn, mit besonderer Berücksichtigung der Dampfkultur. Wien: Frick 1892. 86 p. 8 °.

Degen, Árpád, Les stations royales hongroises d'essais de semences. Bp.: Pallas 1900. 14 p.

[Fuchs, J. M., Red.] Berichte der Versuchsstation für landwirtschaftliche Geräte und Maschinen an der kgl. ungar. landwirtschaftl. Lehranstalt in Ungarisch - Altenburg. 1870—71. Pest: (Wien: Faesy & Frick) 1871 und 1872.

Grandeau, Louis, L'agriculture et les institutions agricoles du monde au commencement du 20 e siècle. Paris: Rivière, 1905—1907. T. 1. 232—255 p. Hongrie.

Fuchs, J. M., Berichte der Versuchsstationen für landwirtschaftliche Geräte und Maschinen an der kgl. ungar. landwirtschaftl. Lehranstalt in Ungarisch-Altenburg 1870. Pest: 1871.

Hecke, W. und G. Krafft, Internationale Getreidemähmachinen-Konkurrenz, veranstaltet zu Ungarisch-Altenburg: 1869. Wien: Faesy & Frick 1870. IV, 112 p. 8 °.

Linhart, George, La station de physiologie et de pathologie végétale en Hongrie. (Extrait de l'ouvrage intitulé: Le service des stations agronomiques hongroises. Bp.: 1900.)

Szecsey, Étienne, Institut royal agronomique de Kolozs-Monostor. Aperçu historique. Kolozsvár: 1900.

Ungarn. Ministerium für Landwirtschaft. Service des stations agronomiques hongroises. Bp.: Pallas 1900. 70 p.

Fachunterricht.

Der landwirtschaftliche Fachunterricht im Königreich Ungarn im J. 1889. Ungarisch-Altenburg: Czéh 1890. 49 p. 8 °.

Udránszky, Joseph, École roy. hongr. des commis de l'hydraulique agricole. Bp.: Pátria 1900. (Direction nationale du service des eaux en Hongrie. Publications 6.) Nouv. éd. Ibid. 1903. 20 p.

Ungarisch-Altenburg. Landwirtschaftliche Lehranstalt. Wirtschaftsplan des Landgutes und der Gartenanlagen der k. k. höheren landwirtschaftlichen Lehranstalt zu Ungarisch-Altenburg. Ung.-Altenburg: Druck v. Czéh 1867. 42 p. 12 °.

Vörös, Alexander, The agricultural educational institutions of Hungary. Magyaróvár 1902.

Museen, Ausstellungen.

Budapest. Kgl. ungar. landwirtschaftliches Museum. Kurze Beschreibung. Bp.: Pallas. 24 p. 6 Ill. 16°.

Máday, Isidor, Die Ausstellung der Anstalten und Organe des Ministeriums für Ackerbau, Gewerbe und Handel in der landwirtschaftlichen Halle. (Übers. aus dem ungar. Originale.) Budapester allgemeine Landesausstellung 1885. Bp.

Programm der landwirtschaftlichen Ausstellung in Nagykőrös. Bp. 1888.

Ungarn. Ministerium für Ackerbau, Industrie und Handel. Mitteilungen betreffend die Pariser Weltausstellung i. J. 1878. Nr. 1—19. Bp.: Pester Buchdr. 1877—1878.

Wegweiser zur Wanderversammlung des südungar. landwirtschaftl. Bauernvereines. Temesvár: 1905.

Hochwasserschutz. Ent- und Bewässerung.

Bellacasa, Puig de la Don Narciso, El servicio hydrotecnico en Hungaria. Madrid 1913. [Spanisch.]

Dékány, M., Associations de dessèchement en Hongrie. Bp.: Weissmann 1878. 51 p.

Hobohm, H., Flußkarte für die Projektierung der Ent- und Bewässerung der March und Thayagebiete. Wien 1877. 7 p. 1 Karte.

Józsa, Ladislas, Le service de l'hydraulique agricole en Hongrie. Bp.: Patria 1900. (Direction nationale du service des eaux en Hongrie. Publications 5.) Nouv. éd. Ibid. 1903.

Lanfranconi, Enea, Rettung Ungarns vor Überschwemmungen. Wien: Hartleben 1882. 76 p. 4°.

Péch, I., Étude sur la prévision des crues. Bp.: Ministère hongrois de l'agriculture. 1895. (Extrait des Annales hydrographiques.)

Péch, Adalbert, Sociétés de dessèchement, d'amélioration et d'utilisation des eaux en Hongrie, relevant des bureaux de l'hydraulique agricole. Bp.: Pátria 1900. (Direction nationale du service des eaux en Hongrie. Publications 8.)

Vadas, Eugène, Plantation et culture des saules contre les inondations. Bp. 1903. 55 p. 8°.

B. Einzeldarstellungen.

Rowland, W., Statistisch-topographische Beschreibung der Compossessorats-Herrschaft *Árva* mit besonderer Beziehung auf ihre Forste. Árva-Váralja 1879. 8°.

Wegweiser im Ausstellungspavillon der Compossessorats-Herrschaft *Árva*. Bp.: Athenaeum 1885. 8 p. 8°.

Die Herrschaft *Béllye*, ein ungarischer Großgrundbesitz des Erzherzogs Albrecht. Mit 3 Taf. Wien 1883. 8°.

Geschichte und Beschreibung der Staatsanlagen von *Csoba* und Baracska. Arad 1899.

Békessy, Ladislaus, Übersicht der landwirtschaftlichen Verhältnisse der kgl. Freistadt *Debreczin* und der Hortobágyer Heide. Bp.: Pallas 1885. 24 p. 8°.

Stephani, Karl J., Der landwirtschaftliche Betrieb in *Draas*. Volkswirtschaftl. Studie. Vorw. v. E. [Valentin] v. Strebel. Hrsg. v. der Oberverwaltg. des siebenbürg.-sächs. Landwirtschaftsvereines. Hermannstadt: Krafft 1909. XVII, 223 p. 8°.

Kurze Beschreibung der Pachtdomänen *Kaposvár* und *Topovár*. Bp. 1911.

Übersichtskarte der Herrschaft *Kapuvár* 1892. Wien.

Kapuvár, domaine du prince Nicolas Esterházy. Fermiers et exposants. MM. les Barons Gustave et Maximilien de Berg. Vienne 1900.

Fürst Paul Esterházysche Majoratsherrschaft *Kapuvár*. Pachtung des Gustav Freiherrn v. Berg. Wien 1897.

Kurze Beschreibung der Herrschaft *Mágocs*. Bp. 1885.

Kurze Beschreibung der Herrschaft *Martonvásár*. Bp. 1911.

Kurze Beschreibung der Staatsdomäne in *Mezőhegyes*. Szegedin 1909.

Beschreibung des Fideikomiß-Dominiums *Mindszent-Algyó*. (Besitzer: Alex. Markgraf Pallavicini.) Bp. 1896.

Rovara, Friedr., Die Landwirtschaft des *Preßburger* Komitates. Preßburg 1897.

Otocska, Béla, Kurze Beschreibung der gräflich Emerich Széchenyischen Gutspachtung *Sopron-Kövesd*. Bp.: Franklin 1897. 22 p.

Beschreibung des A. Dreherschen Gutes *Ráczszent-László*.

Beschreibung der Herrschaft *Tolna*. Den Mitgliedern der v. hohen kgl. ungar. Ackerbauministerium am 16. September 1885 veranstalteten landwirtschaftlichen Exkursion in Ungarn im Septebmer 1885. Königsberg 1886. 32 p.

Hecke, Wenzel, Die Landwirtschaft der Umgebung von *Ungarisch-Altenburg* u. die landwirtschaftliche Lehranstalt daselbst. Wien: Braumüller 1861. VI, 226 p, 8 °.

Mészaros, Karl, Geschichte der Verpachtung der fürstlich Esterházyschen Güter. Preßburg 1866.

Instruktion für die Güter des Fürsten Antal Pálffy. Preßburg 1877.

C. Landwirtschaftliche Produkte im allgemeinen.

Geschichte.

Budapest. Handels- und Gewerbekammer. Beiträge zur Geschichte der Preise ungar. Landesprodukte im 19. Jh. Mit 23 graphischen Darstellungen. Bp. 1873. 352 p. 2 °.

Konek, Alexander, Beiträge zur Geschichte der Preise ungarischer Landesprodukte im 19. Jh. Hrsg. von der Handels- und Gewerbekammer 1873. Kritisch beleuchtet von —. Bp.: Grill 1873. 24 p.

Lange, F., Landwirtschaftlich-statistischer Atlas. Die landwirtschaftliche Erzeugung der Welt unter besonderer Berücksichtigung der Landwirtschaft in Deutschland, Österreich-Ungarn und Polen. Bln. 1917. XII, 105 p.

Morócz, Stephan, Notizen über die wichtigsten landwirtschaftlichen Erzeugnisse Ungarns. Pest 1863.

Ackerbau.

Milhoffer, Alexander, Die Pflanzenproduktion in Ungarn. Wien 1903.

Schuster, Martin, Die Ernteergebnisse auf dem ehemaligen Königsboden in den Jahren 1870, 1871, 1873—1874 auf Grund amtlicher Erhebungen, nebst einer Übersicht über die Bevölkerungsverhältnisse und die Aufteilung der Bodenfläche auf die verschiedenen Kulturen. Hermannstadt 1878. XXIV, 95 p.

Ungarn. Ministère de l'agriculture. Récolte mondiale des céréales et des principaux produits de l'agriculture en 1913. Bp.: Min. roy. hong. de l'agr. 1914.

Ecseri, Die Gestaltung der ungar. Getreidepreise seit der Mitte des vorigen Jahrhunderts. Bp. 1906. 29 p.

Faragó, Desiderius, Die zukünftige Getreideversorgung Österreich-Ungarns. Belgrad, Bp.: Grill 1917. 27 p. 8 °.

Kralovánszky, Koloman u. Isidor Ehrlich, Die Nebenproduktion an Getreide vom Standpunkte des landw. Betriebes und der Volkswirtschaft beurteilt. Preßburg 1880.

Kühne, Roland, Die Geschichte des ungarischen Getreidehandels und die Getreidepreisbildung in Österreich-Ungarn.. Diss. Ungar. Altenburg: Komitatsdruckerei 1911. XIV, 89 p.

Pekár, Emerich, Weizen und Mehl unseres Landes vom Standpunkte der Wissenschaft, des Verbrauchers, Müllers, und Züchters. Bp.: Grill 1882. 277 p. 8 °.

Say, Moritz, Chemische Untersuchung von 15 vorzüglichen ungarischen Weizensorten. Bp. 1867. (Realschul-Programm des II. Bezirkes.)

Schindler, Franz, Die Getreideproduktion Österreich-Ungarns im Hinblick auf Krieg und Volksernährung. Wien 1916. 74 p.

Stephani, W., Beiträge zur Frage unseres Sommerweizenbaues. Hermannstadt 1915.

Treyer, Joh., Weizen-Analitäten-Karte von Ungarn. 2. Ausg. Wien 1885.

Wolfinger, E., Untersuchungen über den Gebrauchswert des ungarischen Weizens der Ernte 1910. Diss. Halle: Hohmann 1913. 89 p.

Gálszécs, Emil, Der Körnermaisbau in Ungarn. Diss. Lpzg.: Zeugner 1917. 150 p. 8 °.

Rodiczky, Eugène de, Orge et houblon en Hongrie. Esquisse descriptive. Bp. 1896. 20 p. 8 °.

Strohmer, Fr., Über den gegenwärtigen Stand der Nematodenkrankheit der Zuckerrübe in Österreich-Ungarn. Wien 1893.

Telbisz, J., Über Zuckerrübenbau-Versuche und Zuckerfabrikation in den Komitaten Temes und Torontál. Temesvár: Ramel 1889. 48 p. 16 °.

La coltivazione del tabaco in Ungheria e l'amministrazione della privativa dei tabachi. Bp.: Stampesia ungh. di stato 1885. 11 p.

Dimitriewitsch, Alexander, Rückblick auf Ungarns Tabakbau. Bln. 1902.

Kosutány, Thomas, Chemisch-physiologische Untersuchung der charakteristischen Tabaksorten Ungarns. Bp.: Kilián 1882. 47 p. 8°. (Auszug aus dem Ungarischen.)

Chodounsky, Franz, Ungarischer Hopfen. Prag 1904.

Csonka, Franz u. Géza Váradi, Der Szegeder Paprika und der Szegeder Paprikahandel. Bn.: Pátria 1907. 64 p. 8°.

Katalog der vom ungar. Landes-Agrikulturverein veranstalteten Gersten- und Hopfenausstellung. Verfaßt von Eugen v. Rodiczky. Bp.: Pátria 1908. 56 p. 8°.

Schiefner, Th. Eug., Ramie (Urtica), deren Kultur und Bedeutung für Österreich-Ungarn. Bp.: Deutsch 1887. 23 p. 8°.

Obstzucht.

György, Stefan, Der Obst- und Gartenbau des Königreiches Ungarn, zugleich Katalog der ungarischen Gruppe der permanenten Gartenbau-Ausstellung. Bp. 1904.

Molnár, Étienne, Pomologie hongroise. Livrais. 1—5. Bp.: Nagel 1900—1909. 8°.

Sonnenfeld, M., Vorschläge zum autonomen Zolltarif und zur Hebung der Obstproduktion. Wien: Selbstverlag 1901. 16 p. 8°.

Stoll, Rudolf, Österreichisch-ungarische Pomologie. Klosterneuburg 1884.

Teutsch, Julius, Obstbau und Obsthandel im Gebiete des siebenbürgisch-sächsischen Landwirtschafts-Vereines. Vortrag am 22. Sept. Hermannstadt 1890.

Weinbau.

Ambrosi, M., Weg und Ziel zur Erhaltung unseres Weinbaues. Hermannstadt 1902.

Die Ausstellung der önologischen und Rebenkultur-Anstalten und Organe des kgl. ungar. Ackerbauministeriums. Bp. 1890.

Bein, Über die Bedeutung, Erzeugung, Untersuchung und Begutachtung der Ungarweine. Weimar: Steinert 1896. 12 p. 4°. (Aus: Zentralbl. f. Nahrungs- u. Genußmittelchemie.)

Böhm, Leonhardt, Der Weinbau Weißkirchens und dessen Umgebung. 2 Aufl. Weißkirchen 1868.

Carle, Alexander, Travail sur la vigne et vinification dans le Royaume de Hongrie. Bruxelles 1887.

Csanády, Gust., Anleitung zur rationellen Most- und Weinbehandlung für kleinere Weinproduzenten. Mit bes. Rücksicht auf den Gesetzartikel 23. (1893.). Bp.: Nagel 1899. 210 p. 12°.

Denman, James Lemoine, The vine and its fruit, more especially in relation to the production of vine, etc. London 1864. [Wines of Hungary.]

Drucker, Eugen, Der Weinbau Ungarns. Einleitung von St. Molnár. Bp.: Pátria 1905. 90 p. 8°.

Drucker, Eugène et Étienne Molnár, La viticulture de la Hongrie. Écrit à l'occasion de l'exposition nationale des vins arrangée a Tátralomnicz du 19—23 août 1905. Bp. 1905.

Drucker, Eugène et Stephan Molnár, Vine growing in Hungary written on the occasion of the national wine-exhibition arranged at Tátra-Lomnicz (1905). Bp. 1905.

Dusitt, Rob., Report on the cheap wines from France, Italy, Austria, Greece, and Hungary; their quality, wholesomeness, and price, etc. London 1865. 8°. 2. ed., rewritten and enlarged. London 1873. 8°.

Emich, Gustave de, Mémoire sur la question du phylloxera dans le royaume de Hongrie. Présenté à Mm. les Délégués au congrès phylloxérique international, à Lausanne. Lausanne: Genton 1877. 11 p. 8°.

Die Érmellék, ihre Weinkultur und ihre Weine. Mit bes. Rücksicht auf die Kellerwirtschaft Sr. Exz. des Herrn Franz Grafen Zichy. Eine Denkschrift zur Wiener Weltausstellung 1873. Pest 1873.

Fabini, Johann, Der Weinbau in Siebenbürgen. (Mediascher Gymnasial-Programm 1859/60.) Hermannstadt 1860.

Flagg, Wm. J., Three seasons in European vineyards. New-York 1869.

Friedmann, Ein Wort zur Weinverwertungsfrage. Bp. 1910.

Funk, Julius, Der Weinbau von Ofen und dessen Umgebung. Ein Beitrag zur Hebung der Kultur des Weinstocks. Pest: Lauffer 1868. 60 p. 8 °.

Fürst, Karl, Versuch über den Weinbau und Weinhandel der Ödenburger Gespanschaft im Königreiche Ungarn. Ödenburg 1897.

Göschl, Georg, Studienreise durch Ungarns Weingebiet. Preßburg 1898.

Greger, Max, Ungarns Weinfrage. — Denkschrift. London 1873.

Greger, Max, Denkschriften über Ungarns Weinfrage. London 1880.

Greger, Max, Notes on the pure or natural wines of Hungary. London: Haddon [1869]. 52 p. [A history of wine growing in Hungary and wine export to England.]

Hamm, W., Das Weinbuch. Lpzg. 1886. 3. Aufl.

Hézser, Emil, Eine kurze Monographie der Tokaj-Hegyaljaer Weingegend. Hrsg. von (Jul. Szabó). Bp.: Pátria 1897. 35 p.

Instruktion zur Durchführung des Kunstwein-Gesetzes. Bp. 1897.

Istvánffi, Gy. de, L'institut central ampélologique royal hongrois. Bp. 1907. 16 p. 8 °.

Jouzier, E., La viticulture à Tokaj (Hongrie). Nancy 1891.

Keglevich, Stefan Graf, Aufruf an die Weinbergbesitzer Ungarns. Bp. 1882.

Keleti, Karl, Viticulture de la Hongrie. 1860—1873. Trad. par Fréd. Schwiedland. Bp.: Athenaeum 1875. IV, 247 p. 8 °.

Knobl, M., Anleitung zur Weinverbesserung. Pest 1866.

Kövessi, Franz, Die Weinbau-Verhältnisse des Versecz-Fehértemplomer Weinbaugebietes. Bp. 1902.

Liste des producteurs des vins hongrois disposant de provisions surpassant 100 hectolitres 1880. Bp. 1880.

Littke, Johann, Studien über unsere Weine, über Mängel ihrer Haltbarkeit und Exportfähigkeit. Pest: (Bickel) 1869. 63 p. 8 °.

Lónyay, François de, La viticulture en Hongrie. Rome: Inst. international d'agriculture 1913. 10 p. 8 °. (Extrait du Bulletin mens. des Renseignements agricoles et des maladies des plantes.)

Memorandum zu der in Ungarn aufgeworfenen Weinfrage. Ödenburg 1886.

Miklós, Julius v., Ungarns Weinbau und die Phylloxera. Amtl. Bericht über die Tätigkeit des Regierungskommissärs für Weinbau i. d. J. 1885/1887. Bp. 1888.

Müller, Johann, Praktische Anleitung zur Hebung der Weinproduktion mit besonderer Rücksicht auf die Kronländer des österr. Kaiserstaates. 2. (Titel-)Aufl. Pest: Heckenast 1867. VI, 159 p. 8 °.

Ravald, G., Das kleine Buch von edlem Ungarwein. Halle a. S. 1899.

Register für Weinbau. Bp. 1880.

Registre oenologique. Bp. 1880.

Schröer, R., Der Weinbau und die Weine Österreich-Ungarns. Wien: Gerold 1889. 60 p. 8 °.

Spitzer, S., Ein Beitrag zur Lösung der Phylloxerafrage in Ungarn. Eisenstadt: Dick. o. J. 30 p. 8 °.

Statut, betreffend den Schutz gegen die Phylloxera vastatrix für das Weinbaugebiet der kgl. Freistadt Ödenburg. Ödenburg: Litfaß 1891. 11 p. 8 °.

Szabó, Joseph et Étienne Török (Red.), Album de la Tokaj-Hegyalja. Publié par la société vinicole de la Tokaj-Hegyalja. Pest 1867. 185 p.

Szabó, J. and Steph. Török (Ed.), Album of the Tokaj-Hegyalja. Published by the vinicultural Society of the Tokaj-Hegyalja. Pest: Emich 1867.

Szabó, J. and Steph. Török (Red.), Tokaj-Hegyaljaer Album. Hrsg. von der Tokaj-Hegyaljaer Weinkultur-Gesellschaft. Pest: Emich 1867. 185 p. 2°. (Text ungarisch, deutsch, englisch, französisch.)

Székely, Eduard, Keine Phylloxera-Gefahr mehr! Originelles Rebenpflanzen-System zum Schutze unserer Weingärten gegen die Phylloxera und zur Erhaltung ihrer Tragfähigkeit. Nach den Daten des Conrad Lutz. Pécs: Engel 1891. 24 p. 8 °.

Szemere, B., Notes on Hungarian wines. 2. éd. Paris 1861. 8 °.

Szilágyi, Julius, Beiträge zur Zusammensetzung der Ungarweine und ihrer Asche. Cöthen (Anhalt) 1902. (S.-A. aus- Chemiker-Zeitung.)

Tallavignes, Charles, La question des vins en Autriche-Hongrie. Rapport. Paris 1895. 38 p.

Teutsch, Jul., Die Phylloxera und unser Weinbau. Ein Überblick. Hermannstadt: Drotleff 1893. (S.-A. aus: Siebenbürgisch-deutsches Tageblatt.)

Der Tokayer. Einiges über Vorkommen, Benennung und Anwendung. 3. Aufl. Preßburg: Stampfel 1880. 56 p. 8 °. 6. Aufl. Preßburg 1886.

Trittner, Barth., Kurzgefaßte Beschreibung des Weinbaues der Stadt Fehértemplom. Fehértemplom 1904.

Ungarn. Gesetze u. Verordnungen, 1908. G.-A. XLVII: 1908. Über das Verbot der Weinverfälschung und des Verkehrs mit gefälschtem Wein. Mit Anmerkungen, Hinweisungen und Erklärungen. Bp.: Ráth 1909. 70 p.

Ungarn. Institut ampélologique royal. Annales 1906—1916/7. Bp.

Ungarn. Institut ampélologique royal. Publications. Vol. 1—5. (1900 —1914.) Bp.

Ungarn. Ministère de l'agriculture, industrie et commerce. Rapport sur le phylloxera en Hongrie pendant l'année 1886. Précédé d'un extr. français de ce rapport. [Franz.-ungarisch.] Bp.: Soc. d'impr. p. act. de Pest 1887. VII, 73 p. 8 °.

Vetter, Paul K., Die Wiege des ungar. Champagner. Preßburg o. J.

Waldbott, Friedrich Frhr., Weinbaubericht über die bisherigen Resultate bei der Rekonstruktion der eigenen Tokaj-Hegyaljaer Weinberge. Bp. 1898.

Weinbau und Traubenkultur im Komitate Arad. Arad 1899.

Forstwirtschaft.

Arány, Maximilian, Description financière et commerciale des forêts du royaume de Hongrie. Vo. 1—3. Bp. 1886.

Bedő, Albert, Beschreibung der Wälder des ungarischen Staates. Bd. 1—3. Bp.: Grill 1885. 4 °.

Bedő, Albert, Die wirtschaftliche und kommerzielle Beschreibung der Wälder des ungarischen Staates. Hrsg. v. Ign. v. Darányi. Bd. 1—4. 2. Aufl. Bp.: Ungar. Druck. 1896.

1. Allgemeine forstliche Verhältnisse. 591 p.
2. Lagerbuch der Wälder. T. 1. XIII, 908 p. [Mehr nicht erschienen.]
3. Aerarial-Wälder. XX, 250 p.
4. In staatliche Verwaltung übernommene Gemeindewälder. IX, 747 p.

Bedő, Albert, La description économique et commerciale des forêts de l'État Hongrois. Publié par le ministre de l'agriculture de Royaume de Hongrie. 2. éd. V. 1—4. Bp.: Impr. hongr. 1896.

1. Conditions forestières générales. 591 p.
2. Livre cadastral des forêts. 437 p.
3. Forêts dominiales. 248 p.
4. Communales administrées par l'État. VIII, 743 p.

Bedő, Albert, Statistische Daten aus den ungarischen Staatsforsten mit Rücksicht auf den Holzhandel. Bp. 1873. 15 p.

Bedő, Albert, Die wirtschaftliche und kommerzielle Beschreibung der kgl. ungarischen Staatsforste. Bp.: Finanzministerium 1878. 211 p. 4 °.

Boppe, L., Missions forestières à l'étranger: Grands-Bretagne, Autriche et Bavière. Paris: Berger-Levrault 1886. 8 °.

Boppe, L., Les Produits forestiers à l'Exposition nationale de Budapest 1885. Paris 1886. 15 p. 8 °.

Darstellung der Banater Güter der k. k. priv. österr. Staatseisenbahngesellschaft mit besonderer Rücksicht auf die Forste. Wien 1861. 33 p.

Divald, Adolf u. Karl Wagner, Ungar.-deutsches und deutsch-ungarisches Forst-Fachwörterbuch. Pest 1869.

Exkursionsführer nach Südungarn u. den slavischen Eichenwäldern. Bp. 1911.

Forêts. Catalogue. Exposition universelle 1900. [Paris.] Bp.: Ministère de l'agriculture 1903.

Fuchs, Friedrich, Ungarns Urwälder und das Wesentlichste zur Kenntnis, Beurteilung und Einführung eines rationellen Forstbetriebes in ungarischen Privatwaldungen. Pest: Kilián 1861. XVI, 152 p. 8 °.

Greiner, Ludwig, Forststatistik des waldreichen Gömörer Komitates in Ungarn. Ein Beitrag zur Forststatistik Ungarns. Pest 1873. 66 p.

Greiner, Ludwig, Grundzüge zu dem Forsttaxationsverfahren und zum Zeichnen der Forstkarten auf den herzogl. Sachsen-Koburg'schen Gütern in Ungarn. Bp.: Pester Buchdr. 1873. 84 p.

Gruber, Carl, Forststatistik des Komitates Zips. Leutschau 1873. 12 p.

Hoffmann, Alexander, Die Produktionsverhältnisse der kgl. ungar. Fondsdomänen-Forste. Bp. 1873. 34 p.

Hungarian forests experimental institutes. Origin and organisation.

Kögel, J. u. Lempp, Forstliche Studienreise nach Ungarn ausgeführt vom 17.—29. Mai 1899 im Auftrage des Gemeinderats der Stadt Heilbronn. Heilbronn 1900. 27 p.

Ottomar, Victor, Forststatistik über Deutschland und Österreich-Ungarn. Bln.: Springer 1871—1874. XV, 377 p. 8 °.

Madelin, Jules, Les restrictions légales au droit de propriété forestière privée en France, en Allemagne, en Autriche-Hongrie et en Suisse. (Thèse.) Paris: Rousseau 1905. 8 °.

Missics, Johann, Die Holzfrage der Temeser und Krassóer Staatsherrschaften. Temesvár 1868.

Réthly, Antal, Beiträge zur Kenntnis der meteorologischen Verhältnisse der ungarischen forstlichen Versuchsstation. Bp. 1914.

Rónai, Georg, Bisherige Ergebnisse der Likavaer Durchforstungsversuchsflächen. Bp. 1914. 46 p. 8 °. (Auszug aus dem Ungar.)

Société forestière nationale. Histoire de la — Bp.: Pallas 1899. Nouv. éd. 1908. 30 p.

Spezialkatalog des Forstwesens, forstlichen Unterrichtes und der Jagd. 5. Gruppe. Bp.: Pester Buchdr. 1885. 215 p. (Budapester Landesausstellung 1885.)

Ungarn. Ministre de l'agriculture. Histoire de la société forestière nationale. Bp.: Pallas 1903.

Ungarn. Gesetze u. Verordnungen, 1879. Loi XXXI de l'an 1879 sur les forêts. Ministre de l'agriculture. Bp.: Pallas 1903. 68 p. 8 °.

Ungarn. Gesetze u. Verordnungen, 1898. Loi XIX de 1898 sur la soumission au régime forestier de l'état. Publié par le ministre de l'agriculture. Bp.: Pallas 1903. 40 p.

Ungarn. Ministerium für Landwirtschaft, Industrie u. Handel. Instruktion über die Verfertigung der forstwirtschaftlichen Betriebspläne, erlassen vom k. k. ungar. Ackerbau-, Industrie- u. Handelsminister unter der Zahl 23. 347 vom Jahre 1880 auf Grund der in § 17 des G.-A. XXXI vom Jahre 1879 erhaltenen Bestimmung. Preßburg 1882.

Ungarn. Ministerium für Landwirtschaft. Instruktion für die Anfertigung der forstwirtschaftlichen Betriebspläne. Bp. 1885.

Ungarn. Ministère de l'agriculture. Circulaire concernant l'établissement simplifié des plans d'aménagement. Bp.: Pallas 1903. 13 p. 8 °.

Ungarn. Ministère de l'agriculture. Historique de la question des expériences forestières en Hongrie. Bp.: Pallas 1903. 11 p.

Ungarn. Ministère de l'agriculture. Instruction relative aux plans d'aménagement. Bp.: Pallas 1903. 125 p.

Ungarn. Ministère de l'agriculture. Instruction relative aux travaux de revision décennaux de la question forestière. Bp.: Pallas 1903. 19 p.

Ungarn. Ministère de l'agriculture. Organisation des écoles spéciales de gardes forestiers. Bp. 1903 16 p. 8 °.

Ungarn. Ministère de l'agriculture. Organisation du personnel employé dans le service des forêts dominiales. Bp.: Pallas 1899. [Nouv. éd.] 1903. 12 °.

Ungarn. Ministère de l'agriculture. Organisation du service des inspections royales des forêts et leur sphère d'action. Bp.: Pallas 1903. 13 p.

Ungarn. Ministère des cultes. Notice sur les forêts appartenant aux fondations d'utilité publique administrées par le ministère des cultes et de l'instruction publique de Hongrie. Bp.: Impr. de l'Université 1878. 30 p. 4 °.

Untersuchungen über die Festigkeit der Hölzer aus den Ländern der ungar. Krone. Verfügt vom k. ungar. Finanzministerium. Bp. 1873. 43 p.

Vadas, Eugène, Histoire de l'école forestière supérieure de Selmeczbánya depuis ses origines jusqu' à nos jours. (Extrait de l'original hongrois.) Bp.: Pátria 1899. 151 p.

Weiss, Leo, Forstpolitik in Ungarn. Diss. Zürich 1914. 180 p.

Wessely, Josef, Die große Forstausstellung der ungarischen Länder. Bp. 1873. 20 p.

Zaminer, Eduard, Geschichte des Waldwesens der kgl. freien Stadt Kronstadt. Kronstadt: Gött 1891. XI, 409 p. 8 °.

Gartenbau.

Fialkovszky, Ludwig (Hrsg.), Gedenkblatt von der ersten Frühjahrs-Gartenbauausstellung des ungarischen Landes-Gartenbauvereines zu Budapest. Bp.: Athenaeum 1886. 36 p. 8 °.

Molnár, Stephan, Internationale Gartenbau-Ausstellung St. Petersburg 1894. Katalog der ungar. Aussteller. Bp. 1894.

Schilberszky, Ch., Monographie de la horticulture en Hongrie. Bp.: Athenaeum 1900. 64 p. 4⁰.

Sebesztha, Joh., Ansicht und Beobachtungen aller Ursachen und Verfall der Gärtnerei in Ungarn. Nagy-Kőrös 1881.

Tierzucht.

Hintz, Johann, Viehzucht und Handel im südöstlichen Siebenbürgen. Hermannstadt 1881.

Horses, Cattle and Sheep of Hungary. Bp.: Ministry of agriculture.

Kronstadt. Handels- und Gewerbekammer. Statistik des Viehstandes in Siebenbürgen. Aus der Zählung 1870 zusammengestellt. Kronstadt: Gött 1878. 23 p.

Marchi, Erio, Ricordi di un viaggio zootecnico in Ungheria. I. Una visita nel R. Dominio di Mezőhegyes. II. Le razze bovina piu diffuse in Ungheria. Siena 1897.

Messner, Hans, Die Viehproduktion u. die Fleischversorgung Österreich-Ungarns. München: Duncker 1916. 295 bis 318 p. (Schriften d. Ver. f. Sozialpol. Bd. 155. T. 1.)

Rostafinski, Jan., Die Tierzucht Ungarns. Skizzen. Wien: Frick 1912. IX, 178 p. 8⁰.

Ungarn. Office central du statistique. Effectif des animaux des Pays de la sainte Couronne hongroise, d'après la situation au 28 févr. 1911. Tom. 1—2. (Publications N. S. 41, 51.)

Ungarn. Statistisches Zentralamt. Viehbestand in den Ländern der ungar. heil. Krone nach dem Stand vom 28. Februar 1911. T. 1—2. (Ungarische statistische Mitteilungen, N. S. 41, 51.)

Allgemeine Pferdeausstellung vom 5.—10. Oktober 1885. Katalog

Budapest, Tattersall. Annonces. Relevé mensuel des chevaux hongrois à vendre. Bp.: Société anonyme fondée pour l'amélioration de l'élevage de chevaux.

La croissance de chevaux de Mezőhegyes. A l'occasion de l'exposition. nationale millénaire. Arad 1896.

Domaines des haras royaux hongrois Bp. 1900.

Egan, Edward v., Das ungarische Pferd, seine Zucht und Leistung. Bln.: Parey 1893. VIII, 74 p. 4⁰.

L'élevage de chevaux en Hongrie. Institutions et dispositions gouvernementales et privées qui en favorisent le développement. Paris.

Erste große Pferdeausstellung (Luxus- und Gebrauchspferde) 5. bis 12. Mai. Verzeichnis der Aussteller. 2. große Pferdeausstellung (Zuchtpferde: Hengste, Musterstuten und Fohlen) 5.—12. Juni. Verzeichnis der Aussteller. Bp.: Pester Buchdr. 1896. 120, 52 p. [Ungarisch-deutsch-französisch.]

Foäche, Maurice Adrien., Notes sur l'élevage de chevaux en Autriche-Hongrie. Paris: Charles-Lavauzelle 1899. 8⁰.

Galgóczy, Charles, L'élevage de chevaux en Hongrie. Bp. 1900. 54 p. 8⁰,

Gödöllő. Les haras royaux hongrois de l'état et les domaines de la couronne royale. Bp. 1896. 85 p. 8⁰.

Hahn, Carl, Vier Wochen in Mezőhegyes. Mitteilungen über das kgl. ungarische Staatsgestüt daselbst. Stuttgart: Schickhardt & Ebner 1873. 32 p. 8⁰.

La Hongrie Chevaline. Exposition internationale de cheveaux à Paris 1878. Bp. 1878.

Hoeller, Bertram Moritz Baron, Hungarian and Austrian stallions of the present day. Bp. 1902.

Hoeller, Bertram Moritz Baron, Pedigrees von Vaterpferden. 2. Aufl. Bp. 1907.

Josch, Christof, Die Pferdezucht in Österreich-Ungarn. Klagenfurt 1878.

Ladygin, N., Awstro-wengerskje gosudarstwennyje konskic zawody Kišber i Babolna. St. Petersburg 1873. [Die kgl. österr.-ungar. Staatsgestüte Kisbér und Bábolna. (Ungarn.)] [Russisch.]

Lejeune, Phocas, La Hongrie agricole et ses haras. Compte rendu d'une excursion agricole à Mezőhegyes. Bruxelles: Mertens 1877. 8⁰.

Lydsir, A., Reisenotizen aus Ungarns Pferdezucht. Karlsruhe 1874.

Mezőhegyes. Haras de l'état royal hongrois, situé dans le Comitat de Csanád. Bp. [1876?]. 15 p. 16⁰.

Meuleman, E., Les haras royaux hongrois et le domaine d'Ungarisch-Altenburg. Notes d'un excursionniste. Bruxelles: Vanbuggenhoudt 1908. 12⁰.

Nemeshegyi, Oscar v., Die Privat-Vollblut-Gestüte in Österreich u. Ungarn. Tl. 1. Ungarn 1. Bln.: Reher 1918. III, 327 p. u. 1 Taf. 8 °.

Nemeshegyi, O. v. u. A. v. Rákóczky, Verzeichnis der englischen Vollbluthengste in Österreich-Ungarn 1912. Bp.: Grill 1912. 221 p. 8 °.

Nörner, Carl, Das ungarische Staatsgestüt Mezőhegyes. Lpzg.: Schmidt 1902. III, 24 p. 8 °.

Nörner, E., Die Brandzeichen der Staats- und Hofgestüte Österreich-Ungarns. Lpzg. 1885.

Orosz, Sándor, Die Staatsgestüte Ungarns. Diss. Halle a. S. 1908. 89 p. 8 °.

Der Pferdesport. Das goldene Buch des Renn-, Reit- und Trabersports. Tl. 1—3. Wien: Halm & Goldmann 1905.

Die Pferdezucht von Mezőhegyes und Umgebung. Arad 1896.

Podmaniczky, Julius Baron v., The past, present and future of horse-breeding in Hungary. Based on official statistics. Bp.: Pallas 1913. 50 p. 16 °. (Publications of the Roy. Hung. Ministry of agriculture 5.)

Rau, Gustav, Ungarns Pferdezucht. Bln. 1912.

Die kgl. ungarischen Landespferdezuchtanstalten und das Gödöllőer kgl. ungarische Krongut. Bp. 1896.

Wackerow, Charles, Tables of pedigrees of thorough bred horses from the earliest accounts to the year 1897 inclusive. Tata 1900.

Wrangel, C. G. Graf v., Ungarns Pferdezucht in Wort und Bild. Bd. 1—4. Bln. und Stutgart: Schickhardt & Elsner 1891—1894.

Hintz, Ludw., Pinzgauer Viehimport im Kronstädter Komitat. Kronstadt o. J.

International-periodische Mastrinder u. Mastschafe-Ausstellung vom 17.—24. Mai. Katalog. Budapester allgemeine Landesausstellung 1885. Bp. 1885.

International-periodische Zuchtrinder-Ausstellung zu Budapest 1885. Katalog. Budapester allgemeine Landesausstellung 1885. Bp. 1885.

Kralovánszky, Koloman, Welche Ursache liegt der auffallenden Abnahme des ungarischen Gulya-Viehstandes zugrunde. Preßburg 1881.

Makovicky, Cyrill, Beiträge zu einer Monographie der ungarischen Rindviehrasse. Halle a. S. 1890.

Tartler, Georg D., Siebenbürgische Büffel. Ein Beitrag zur Frage seiner Einführung in Deutschland als Zug-, Fleisch- und Milchtier neben dem Rinde. Hannover: Schaper 1918. 8 °.

Tormay, Carl, Das Rindvieh und seine Zucht. Bp. 1906.

Ujhelyi, Emerich, Bericht über die Tätigkeit des Magyaróvárer Rindviehzuchtvereines im Jahre 1896/97, 1898/99 1899/900, 1900/01. Magyaróvár.

Zacharias, O. F., Die Rinderrassen Österreich-Ungarns und ihre wirtschaftlichen Leistungen. Wien: Fromme 1903. 98 p. 8 °.

Zuchtvieh- und Büffelausstellung vom 25.—31. Mai. Katalog. Bp.: Pester Buchdr. 1896. 152 p. [Ungarisch-deutsch-französisch.]

Catalogue de l'exposition internationale de laiterie Budapest 1909. (4 ° congrès internat. de laiterie.) Bp.: Pátria 1909. 96 p.

Egán, Edward, Der gegenwärtige Zustand der Milchproduktion und des Milchproduktenhandels in Ungarn. Übers. Bp.: Kilián 1885.

Egán, Edward, Die milchwirtschaftlichen Bestrebungen in Ungarn. Jahresbericht über die im Jahre 1883 entwickelte Tätigkeit. Bremen: Heinsius 1884. IV, 152 p. 8 °.

Egán, Edward, Die Stellung der Milchwirtschaft im heutigen landwirtschaftlichen Betrieb. Übers. Bp. Kilián 1883.

Internationaler Kongreß für Milchwirtschaft 4. Budapest 1909. Bp.: Athenaeum ny. 1909. 96 p. 4 °.

Koerfer, Stef. und Paul Tolnay, Ungarns Milchwirtschaft. Bp.: Pátria 1909.

Koerfer, E. et P. de Tolnay, L'industrie laitière en Hongrie. Bp.: Pátria 1909. 33 p. 8 °.

Koerfer, Stef., Ungarns Milchwirtschaft im J. 1911. Bp. 1912.

Schauverzeichnis für die internationale Ausstellung für Milchwirtschaft zu Budapest vom 6.—10. Juni 1909. (4. internationaler Kongreß für Milchwirtschaft.) Bp.: Pátria 1909. 106 p.

Bernolák, Charles de, Le mouton en Hongrie. Bp. 1909. 46 p. 4 °.

Gruner, Ludw., Welche sind die Ursachen und Folgen des Verfalles unserer heimischen Schafzucht. Ungar. Altenburg 1883.

Herzog, Oscar, Die Schafzucht in Ungarn. Wien 1883.

International-periodische Zuchtschafe-Ausstellung zu Budapest vom 20.—30. Mai 1885. Katalog. Budapester allgemeine Landesausstellung 1885. Bp. 1885.

Rodiczky, Eugène, Le merino à laine fine à carde en Hongrie. Bp.: Ministère de l'agriculture 1900. 13 p.

Rosenthal, Alfred, Das Rambouillet-Schaf und seine Bedeutung für die ungarländische Schafzucht. Bp. 1881.

Schaf- und Mastviehausstellung vom 15.—19. Mai. Verzeichnis der Aussteller. Bp.: Pester Buchdr. 1896. 55 p. [Ungarisch-deutsch-französisch.]

Galgóczy, Charles, Le porc en Hongrie. Bp. 1900. 123 p. 8°.

Internationale temporäre Zuchtborstenvieh-Ausstellung in Budapest-Kőbánya. Katalog. Budapester allgemeine Ausstellung 1885. Bp. 1885.

Monostori, C., Die Schweine Ungarns und ihre Züchtung, Mästung und Verwertung. Bln.: Parly 1891. 99 p. 8°.

Mesures vétérinaires au marché de porcs à Kőbánya prés Budapest. Bp. 1882.

Die veterinären Vorkehrungen auf dem Borstenviehmarkt in Steinbruch bei Budapest. Die Geschichte des Marktes. Bp.: Athenaeum 1882. 18 p. 8°.

Berg, S., Der Eier-Export aus Österreich-Ungarn. (Penzing 1890.) 8 p.

Budapester Internationale Geflügelausstellung veranstaltet vom 5.—10. Mai 1885. Katalog. Bp. 1885.

De l'Exposition internationale de volaille à Budapest. Catalogue. Du 5 à 10 Mai 1885. Bp. 1885.

Geflügelausstellung vom 14.—22. Oktober. Verzeichnis der Aussteller. Bp. 1896. 67 p. [Ungarisch-deutsch-französisch.]

Rodiczky, Eugen, Volkswirtschaftliche Bedeutung der Geflügelzucht in Ungarn. Wien: Ornitholog. Verein. (Aus: Mitteilungen des ornitholog. Vereines in Wien „Die Schwalbe" 16.)

Festschrift zu Ehren der 50. Wanderversammlung der deutschen, österreichischen und ungarischen Bienenwirte. Bp. 1914.

Friese, H., Die Bienenfauna v. Deutschland und Ungarn. Bln., Friedländer 1893. 80 p.

Katalog der anläßlich der 59. Wanderversammlung der deutschen, österr. u. ungar. Bienenwirte veranstalteten Bienenwirtschaftlichen Ausstellung. Bp.: Pátria. 72 p. [Preßburg 1914.]

Rodiczky Sipp, Eugen, Zur ältesten Geschichte der Bienenzucht in Ungarn. Bp. 1892.

Vitalis, Col., Der erste ungar. privil. Bienenstock. Liptó Szt. Miklós 1904.

Bericht über den Stand der Seidenzucht im Temeser Komitat. Bp. 1903.

Delondre, A., Enseignement de sériculture dans l'empire Austro-Hongrois. Paris 1871.

Marosi, Die ungarische Seidenindustrie und ihre Zukunft. Bp. 1898.

Répássy, Nicolas, La sériculture en Hongrie. Bp. 1900. 16 p. 8°.

Saint-Louis, Universal exhibition, 1904. Sericulture and silk reeling in Hungary. Saint-Louis: Hungarian section [1904].

Schatz, Desider, Seidenzucht und Seidenindustrie in Ungarn. Lpzg.: Leipzig 1900. 8 p. 4°.

Stoffella, D. A., Ost- und Westeuropa, voran Österreich-Ungarn sucht in den Besitz der allergrößten Seidenproduktion zu gelangen durch die radikale Kulturreform. Wien: Selbstverlag 1897. 81 p. 8°.

Ungarn. Ministère de l'agriculture. Histoire et situation de la sériculture et de la filature dans le Royaume de Hongrie en (Publications.) Bp.

Jagd.

Beschreibung der ungarischen Jagdreviere des Prinzen von Sachsen-Coburg-Gotha. Wien 1900.

Böhmerle, Emil, Die Haupt-Lebensmomente des Haar- und Federwildes, dann dessen Schon- und Schutzzeit in Österreich-Ungarn. Eine jagdzoologische Studie. Wien: Frick 1894. 30 p. 8°.

Czynk, Edward, Der Bär. Eine jagd- und naturgeschichtliche Skizze aus Siebenbürgen. Klagenfurt: Leon 1892. 48 p. 8°.

Einige Jagdreisen in Ungarn. Wien 1881.

Gesetze über das Jagdwesen. Mit Anmerkungen und Erläuterungen. Bp.: Ráth 1884. 17 p. 8°.

Heytmánek, Franz R., Ungarns Jagdgesetze und die Gesetze über die Jagd- und Gewehr-Steuer. Bp. 1898.

Jagd auf den Herrschaften des Herrn Erzherzog Friedrich. Pozsony 1910.

Jagdwesen, Gewehr- und Jagdsteuer-Gesetze. Mit Anmerkungen und Erläuterungen. Bp.: Ráth 1884. 36 p. 8°.

Kimnach, Karl, Schützenbilder aus Ungarn. Bp. 1875.

Ungarn auf der ersten internationalen Jagdausstellung 1910. Bp. 1910. 160 p.

Washington, George Frhr. v., Jagderinnerungen aus den Karpathen. Graz: Selbstverlag 1901.

Fischerei.

Description de l'établissement ichtyogénique de Baron Simon Révay à Kis-Selmecz (Stiavnicska). Bp.: Rudnyánszky 1878. 4 p. 8°.

Répássy, Nicolas, La pêche et la pisciculture en Hongrie. Bp.: Pátria 1900. (Direction nationale du service des eaux en Hongrie. Publications 10.) Nouv. éd. Ibid. 1903. 19 p. 8°.

Répássy, Nikolaus, Die Binnenfischerei Ungarns. Vorträge des VII. Intern. Wirtschaftskurses. Bp. 1913.

Ungarn. Minister für Ackerbau. Verordnung, betreffend die Durchführung des Fischereigesetzes. Erlassen vom kgl. ungar. Minister für Ackerbau, Industrie und Handel am 9. Februar 1889 sub Z. 5000. (S.-A. aus dem III. Hefte der Mitteilungen vom Jahre 1889.) Bp. 1889.

Ungarns Süßwasser-Fischerei 1910. Mitgeteilt von dem Landes-Fischerei-Inspektorat. Bp.: Pallas 1911. 16 p.

Vogl, Paul, Die Teichwirtschaft des Königreichs Böhmen, sowie der anderen Länder Österreich-Ungarns. Bautzen: Hübner 1909. X, 521 p. 8°.

III Bergbau.

A. Allgemeines.

Allgemeine Landesausstellung zu Budapest 1885. Bergbau, Hüttenwesen und Geologie. Spezialkatalog. 6. Gruppe. Bp.

Bergordnung der kgl. Freistadt Preßburg. Preßburg 1865. 18 p. 8°.

Böckh, Johann und A. Gesell, Die im Betrieb stehenden und im Aufschlusse begriffenen Lagerstätten von Edelmetallen, Erzen, Eisensteinen, Mineralkohlen, Steinsalz und anderen nutzbaren Mineralien auf dem Territorium der Länder der ungarischen Krone. Bp. 1898. 8°.

Cotta, B., Ungarische und siebenbürgische Bergorte. Lpzg.: Weber 1862. VIII, 51 p. 4°.

Déry, Carl (Red.), Ungarisches Montanhandbuch. (Deutsch und ungarisch.) Jg. 1—6. Wien: Perles 1881, 1888, 1892, 1896, 1909.

Fritsch, Wilhelm Ritter v., Graphische Kurven-Tableaux über die Ergebnisse des österr.-ungar. Bergwerksbetriebes. (1855/1868.) Wien: (Faesy & Frick) 1869—1870. 359 p. 21 Taf. 8°. Ziffernbeiwerk zu den graphischen Kurven-Tableaux über die Ergebnisse des österr.-ungar. Bergwerksbetriebes (1855 bis 1866). Wien: Faesy & Frick 1869. 244 p. Nachtrag 1. Wien 1870. V, 114 p. Nachtrag 2. Steyr 1873. V, 103 p.

Hofbauer, W., Bergwerks-Geographie des Kaiserthums Österreich. Klagenfurt 1888. 8°.

Kachelmann, Joh., Das Alter und die Schicksale des ungarischen, zunächst Schemnitzer Bergbaus nebst einer Erklärung der Eigennamen des Landes. Preßburg: Wigand 1870. X, 228 p. 8°.

Kachelmann, Joh., Geschichte der ungarischen Bergstätte. Schemnitz 1867.

Les mines, usines et domaines de la société autrichienne-hongroise privilégiée des chemins de fer de l'État en 1888. Vienne 1888. 8°.

Notices sur les mines, usines et domaines du Banat en Hongrie. Vienne 1878. 4°.

Österreich. Statistische Zentralkommission. Der Bergwerksbetrieb im Kaisertume Österreich 1862—1868. Wien. (Mitteilungen aus dem Gebiete der Statistik 10—16.)

Schafarzik, F., Der Milleniumskongreß für Bergbau, Hüttenkunde und Geologie, abgehalten zu Budapest am 25. bis 26. September 1896. Budapest 1897. 8°. (Geolog. Mitt. Bd. 27.)

Utiesenović, O., Die Naturschätze im nördlichen Kroatien. Wien 1879. 8°.

Weiß, T., Der Bergbau in den siebenbürgischen Landesteilen. Bp. 1890. (Mitteilungen aus dem Jahrbuche der kgl. ungar. Geolog. Reichsanstalt. Bd. 9.)

Wirth, Max, Ungarn und seine Bodenschätze. Statist. Handbuch. Frankfurt a. M.: Sauerländer 1885. VIII, 488 p. 8⁰.

B. Bergakademien.

Faller, Gustav (Hrsg.), Berg- und hüttenmännisches Jahrbuch der k. k. Bergakademien und der k. k. Montananstalt Přibram, Leoben u. Schemnitz 1859—1868. Schemnitz: Joerges 1869.

Faller, Gustav, Geschichte der Berg- und Forstakademie in Schemnitz. Schemnitz: Joerges 1865. 106 p. 8⁰.

Schemnitz. Berg- u. Forstakademie. Gedenkbuch zur hundertjährigen Gründung der kgl. ungar. Berg- und Forstakademie in Schemnitz, 1770—1870. Schemnitz 1871.

C. Montangeologie im allgemeinen.

Botár, J., Geologischer Bau des Alt-Antoni-Stollner Eduard-Hoffnungs-Schlages. Bp. 1890. (Mitt. a. d. Jb. d. kgl. ung. geol. Reichsanst. Bd. 9.)

Gesell, Alexander, Die geolog. Verhältnisse d. Kremnitzer Bergbaugebietes v. montangeolog. Standpunkte. Bp. 1897. 8⁰. (Mitt. a. d. Jb. d. kgl. ung. geolog. Reichsanst. Bd. 11.)

Gesell, A., Bericht über die geologische Detailaufnahme in der Umgebung von Schemnitz und Windschacht. Bp. 1885. 8⁰. (Jahresbericht d. kgl. ungar. geol. Reichsanstalt f. 1884.)

Gesell, A., Bericht über die montangeologische Detailaufnahme von Schemnitz und Umgebung in den Jahren 1882 und 1883. Bp. 1884. 8⁰. (Geol. Mitteil. Bd. 14.)

Gesell, A., Montangeologische Verhältnisse von Offenbánya im Komitate Torda-Aranyos. Bp. 1903. (Jahresber. d. kgl. ungar. geol. Anstalt f. 1900.) 8⁰.

Gesell, A., Die montangeolog. Verhältnisse des Kornaer und Bucsumer Tales, sowie des Goldbergbaues um die Berge Botes, Korabia und Vulkoj herum. Bp. 1902. 8⁰. (Jahresber. d. kgl. ung. geolog. Reichsanstalt f. 1899.)

Gesell, A., Montangeologische Aufnahme des Kremnitzer Erzbergbaugebietes. Bp. 1887—1890. 8⁰. (Jahresber. d. kgl. ungar. geolog. Reichsanstalt f. 1885 bis 1888.)

Gesell, A., Montangeologische Aufnahme des Nagybányaer Erzdistriktes. Bp. 1892. 8⁰. (Jahresbericht d. kgl. ungar. geolog. Reichsanstalt f. 1890.)

Hofmann, Karl, Geologisches Gutachten über den Montanbesitz der Krapinaer Bergbauunternehmung. Agram 1883.

Martiny, S., Der Tiefbau am Dreifaltigkeits-Schacht in Vichnye. Bp. 1895. (Mitt. a. d. Jb. d. kgl. ung. geolog. Reichsanst. Bd. 9.)

Pálfy, M., Geologische Verhältnisse und Erzgänge der Bergbaue des siebenbürgischen Erzgebirges. Bp. 1904. (Mitt. a. d. Jb. d. kgl. ung. geolog. Reichsanst. Bd. 18.)

Pelachy, F., Geologische Aufnahme des Kronprinz-Ferdinand-Erbstollens. Bp. 1895. (Mitt. a. d. Jb. d. kgl. ung. geolog. Reichsanst. Bd. 9.)

Rozlozsnik, P., Die montangeolog. Verhältnisse von Aranyida (5 Tafeln, 3 Karten). Bp. 1905. (Mitteilungen aus d. Jahrbuche de. kgl. ungar. geolog. Reichsanstalt, Bd. 19.)

Göttmann, K., Geognostisch-bergmännische Verhältnisse der Avaser Landschaft in Ungarn. (Haidinger Berichte.) Wien, o. J. 8⁰.

Tschebull, A., Quellwasser für Budapest. Eine geognostisch-bergmännische Studie. Wien (Klagenfurt: Raunecker) 1889. 27 p. 8⁰.

D. Kohle.

Balogh, Nikolaus v. (Red.), Memorandum der Kohlenformation des Zsil-Tales und seine Verkehrswege. Bp.: Blau 1881. 12 p. 8⁰.

Bene, Géza, Zur Tektonik des Steinkohlenterrains bei Resicabánya und Anina. Bp.: Selbstverlag 1916. p. 57 bis 70. 8⁰.

Bene, Géza, Denkschrift über das Kohlenbergwerk Anina.

Berggesetzreform, Die neuere, und die Steinkohlenfrage in Ungarn. (S.-A. aus Zeitschrift für Bergrecht, Bd. 32.) Bln. 1881.

Blau, Lazar., Mitteilungen über das Vorkommen der Zsiltaler Kohle, deren Brennwert, Koksbarkeit etc. Bp.: Márkus 1889. 20 p. 8⁰.

Böckh, J., Ersuchen an die betreffenden Kohlenbergbau-Besitzer betreffs Einsendung von fossilem Brennstoff der Länder der Stefanskrone. Bp. 1893. (Geolog. Mitteil. Bd. 25.)

Cornet, François Léopold, Sur un gisement de combustibles dans les Alpes de la Transylvanie. Liège 1877. 12 p.

Déry, Charles, Les charbonnages hongrois. Description des entreprises représentées à l'Exposition universelle de 1900 à Paris. Bp.: Impr. Verbóczy [1900]. 231 p.

Déry, K., Ungarns Kohlenbergbau 1867 bis 1896. [Pester Lloyd.] Bp. 1897. 8 °.

Faller, Gustav, Der Steinkohlenbergbau bei Fünfkirchen. Mit Karte der Fünfkirchner Kohlenformation. Schemnitz: Joerges 1869. 23 p. 16 °.

Foetterle, F., Das Vorkommen, die Produktion und Zirkulation des mineralischen Brennstoffes in der österr.-ungar. Monarchie. (Jahrb. d. k. k. geol. R.-Anst., Bd. 20.) Wien 1870. 8 °.

Gesell, A., Das Braunkohlenvorkommen bei Gran in Ungarn. (Jahrb. d. k. k. geol. R.-Anst., Bd. 16.) Wien 1866. 8 °.

Glogon, Andreas J. von, Kurze Übersicht der Kohlengrubenverhältnisse der Länder der ungar. Krone. Wien: Braumüller 1909. 33 p.

Grittner, A., Kohlenanalysen mit besonderer Rücksicht auf die Kohlensorten Ungarns. Wien 1900.

Hamberger, J., Monographie des Brennberger Kohlenbergbaus. Ödenburg 1885.

Hantken, Max v., Die geolog. Verhältnisse des Graner Braunkohlengebietes. (Mit einer geolog. Karte.) (Mitteilungen aus d. Jahrb. d. kgl. ungar. geolog. Reichsanstalt, Bd. 1.) Pest 1872. 8 °.

Hantken, Max v., Die Kohlenflötze und der Kohlenbergbau in den Ländern der ungar. Krone. Bp.: Kilián 1878. 363 p. 8 °.

Hantken, M. v., Die Kollektivausstellung ungar. Kohlen auf der Wiener Weltausstellung 1873. Pest: Geol. Reichsanst. 1873. 8 °.

Hauer, C., Klassifikation der fossilen Kohlen in der österreichischen Monarchie nach ihrem Brennwert und Formationsalter als Leitfaden für ihre Verwendung in der Praxis. Wien 1865. 8 °.

Herz, S., Die Kohlenlager des Vértesgebirges in Felső-Galla und Bánhida. Bp. 1896. 8 °.

Hofmann, K, Die Koksbarkeit jüngerer Mineralkohlen, insbesondere der Flötze des Zsiler Kohlenbeckens. — La carbonisation des charbons tertiaires et specialement des couches du bassin de la vallée du Zsil. Bp. 1896. 8 °.

Kalecsinszky, Alex. v., Die Mineralkohlen der Länder der ungarischen Krone mit bes. Rücksicht auf ihre chemische Zusammensetzung und praktische Wichtigkeit. Übertragung aus dem ungar. Original. Bp.: Kilián 1903. 324 p. 8 °. (Publikationen der kgl. geol. Anstalt.)

Kupelwieser, F. u. R. Schöffer, Die Kohlenreviere von Ostrau, Rossitz, Fünfkirchen, Kladno und Miroschau. Wien 1870. 8 °.

Mattyasovszky, S., Über das Braunkohlenvorkommen im Sajó-Tale mit bes. Berücksichtigung der auf der Baron Radvánszky'schen Herrschaft zu Kaza aufgeschlossenen Kohlenflötze. Bp. 1882. 8 °. (Aus: Geol. Mitt. Jahrg. 12.)

Memorandum über das Baróter Steinkohlenlager und das Vorgehen der ungarischen Ostbahn beim Einkauf des Brennmaterials. Maros-Vásárhely 1874. 8 °.

Quaglio, J., Bericht über die Verhältnisse des Kohlenreviers im Zsiltal an den Verwaltungsrat des Kronstädter Bergbau- u. Hüttenaktienvereins. Wien 1861. 4 °.

Schwackhöfer, Franz, Die chemische Zusammensetzung und der Heizwert der in Österreich-Ungarn verwendeten Kohlen. Wien: Gerold 1893. 92 p. 8 °.

Schwackhöfer, Franz, Die Kohlen Österreich-Ungarns und Preußisch-Schlesiens. 2. Aufl. Wien o. J.

Stur, D., Beiträge zur Kenntnis der Dyas- und Steinkohlenform im Banate. Wien 1870. 8 °.

Stur, D., Die Braunkohlenvorkommnisse im Gebiete der Herrschaft Budafa in Ungarn. Wien 1869. 8°. (Jahrb. d. k. k. geol. Reichsanstalt, Bd. 19.)

Wlach, F., Die Kohlenlager der Herrschaft Budafa in Ungarn. Wien 1868. 8 °.

E. Torf.

László, Gabriel und Koloman Emszt, Die Torfmoore und ihr Vorkommen in Ungarn. Hrsg. von der kgl. ungar. geol. Reichsanstalt. Bp. 1916. 183 p. 10 Taf.

Primics, G., Die Torflager der siebenbürgischen Landesteile. Bp. 1893. 24 p. 8 °. (Mitteilungen aus dem Jahrb. d. kgl. ungar. geol. Reichsanstalt.)

F. Petroleum.

Adda, K., Geologische Aufnahmen im Interesse von Petroleum-Schürfungen im nördl. Teile d. Kom. Zemplén in Ungarn. Bp. 1900. (Mitteilungen aus d. Jahrb. d. kgl. ungar. geolog. Reichsanstalt, Bd. 12.)

Adda, K., Geolog. Aufnahmen im Interesse von Petroleumschürfungen in den Komit. Zemplén u. Sáros. Bp. 1902. (Mitt. a. d. Jb. d. kgl. ung. geolog. Reichsanst. Bd. 13.)

Böckh, J. v., Der Stand der Petroleumschürfungen in den Ländern der ungar. heiligen Krone. Bp.: Kilián 1909. III, 409—535 p. 8 °. (Mitt. a. d. Jb. d. kgl. ung. geolog. Reichsanst. Bd. 16.)

Chesnau, G., Rapport sur le régime fiscal et l'industrie des huiles minérales en Autriche-Hongrie. Paris 1894.

Gesell, A., Die geologischen Verhältnisse der Petroleumvorkommnisse in der Gegend von Luh im Ungtale. Bp. 1900. 8 °. (Mitt. a. d. Jb. d. kgl. ung. geolog. Reichsanst. Bd. 12.)

Gesell, A., Das Petroleumgebiet von Luh und das Goldbergwerk von Verespatak. (Jahresbericht d. kgl. ungar. geol. Anstalt f. 1897.) Bp. 1899. 8 °.

Koch, Gustav Adolf, Zur Genesis der Versuchsbohrungen auf Kalisalze, Petroleum und Erdgase in Siebenbürgen. Wien: Schworella & Heick 1911. 15 p. 8 °. (Aus: Ungar. Montanindustrie- u. Handels-Zeitung.)

Mendel, Josef, Internationale Petroleumstatistik. Bd. 1—2. Bln.: Verlag für Fachliteratur 1910, 1912.

1. Deutschland.
2. Österreich-Ungarn.

Noth, J., Über die bisher erzielten Resultate und die Aussichten von Petroleumschürfungen in Ungarn. Bp. 1885. 8 °. (Montanist., hüttenmänn. und geolog. Kongr. zu Budapest.)

Noth, J., Über Bohrungen in Ungarn und in Mulden der Petroleumzone Galiziens. Wien 1894. 8 °. (Organ d. Ver. d. Bohrtechniker 1894. Nr. 19.)

Posewitz, Theodor, Petroleum und Asphalt in Ungarn. Aus dem Ungar. Bp.: 1907. p. 235—465. 8 °. (Mitteilungen aus dem Jahrb. der ungar. geolog. Reichsanstalt.)

Posewitz, Th., Das Petroleumgebiet von Kőrösmező. Bp.1897. 8 °. (Mitteilungen aus dem Jahrb. der kgl. ungar. geol. Reichsanstalt, Bd. 11.)

Roth v. Telegd, L., Studien in Erdöl führenden Ablagerungen Ungarns. I. Die Umgebung von Zsibó im Komit. Szilágy. Bp.: 1897. p. 259—298. (Mitteilungen aus dem Jahrb. der kgl. ungar. geolog. Reichsanstalt, Bd. 11.)

Roth, L., Resultat der Bohrungen auf Petroleum bei Zsibó-Szamos-Udvarhely. Bp. 1900. 8 °. (Geolog. Mitt. Bd. 30.)

Walter, Heinr. u. Emil v. Dunikowski, Das Petroleumgebiet der galizischen Westkarpathen. Wien: Manz 1883. IV, 103 p. 8 °.

G. Erdgas.

Bericht über die Resultate der bisher zur Erforschung der Erdgasvorkommen des siebenbürgischen Beckens vorgenommenen Untersuchungen I. Bp. 1911.

Czakó, Emerich, Die Naturgase Siebenbürgens und die Erdgasquelle von Kissármás. München: Oldenburg 1911. 15 p.

Czakó, Emerich, Über die wirtschaftliche Bedeutung des Siebenbürger Erdgasvorkommens. 1913. (S.-A.)

Phleps, O., Geologische Beobachtungen über die im Becken Siebenbürgens beobachteten Vorkommen von Naturgasen mit bes. Berücksichtigung des Petroleumvorkommens. Hermannstadt: Michaelis 1915. 15 p.

Pois, Ant., Das Erdgas, seine Erschließung und wirtschaftliche Bedeutung. Bln.: Verlag f. Fachliteratur 1917. 92 p. (Passim über Ungarn.)

H. Erze.

Ahlburg, J., Über die Natur und das Alter der Erzlagerstätten d. oberungarischen Erzgebirges. (Mitt. a. d. Jb. d. kgl. ung. geolog. Reichsanst. Bd. 20.)

Ansted, S., Verschiedene Eisenerzablagerungen im südwestlichen Siebenbürgen und im Banate. Wien 1862.

Beschreibung des Chrombergbaues der Gewerkschaft „Hofmann Ernest" im Stuhlbezirke von Alt-Orsova, der ehemaligen roman-banater Militärgrenze. Wien 1873. 8 °.

Böckh, J. und A. Gesell, Die nutzbaren Mineralien und Erze auf dem Gebiete der Länder der ungar. Krone. Bp. 1896. 8 °. (Montanist. u. geolog. Milleniums-Kongreß, Budapest 1896.)

Cotta, B., Erzlagerstätten im Banat und in Serbien. Wien: Braumüller 1865. XII, 108 p. 8 °.

Cotta, Bernhard v. und Tellenberg, Die Erzlagerstätten Ungarns und Siebenbürgens. Freiberg: Engelhardt 1862. (S.-A. aus d. Gangstudien.)

Edvi-Illés, Aladár, L'industrie des mines de fer et hauts-fourneaux de Hongrie. Bp. 1900. 250 p.

Faller, Gustav, Beschreibung einiger wichtiger Metallbergbaue der Komitate Zips, Gömör und Abauj in Oberungarn. Schemnitz: Joerges 1868. 82 p. 8 ^{0}.

Faller, Gustav, Der Schemnitzer Metallbergbau in seinem jetzigen Zustande. Schemnitz: Joerges 1865. 89 p. 8 ^{0}. (Aus dem Berg- und hüttenmännischen Jahrbuche.)

Gesell, S., Antimonerzbergbau bei Király-Lubella im Liptauer Komitat. Bp. 1887. 8 ^{0}. (Geolog. Mitt. Bd. 17.)

Gesell, S., Metallbergbau und Hüttenwesen Ungarns. Bp. 1887. 8 ^{0}. (Geolog. Mitteilungen, Bd. 27.)

Hauer, C., Die wichtigeren Eisenerzvorkommen in der österreichischen Monarchie. Wien 1863. 8 ^{0}.

Herwegen, Leo, Über die Bedeutung der Flotationstechnik f. d. Erzaufbereitung im allgem. einerseits u. für gewisse Lagerstätten andererseits, unter bes. Berücksichtigung d. österr.-ungar. Montanindustrie. Bln.: Verlag f. Fachliteratur 1913. 11 p. 8 ^{0}. (S.-A. aus: Bericht über d. allgem. Bergmannstag in Wien 1912.)

Hofmann, R., Exposé über den Eisenbesitz der Plotzkaer Gewerkschaft nächst Vajda-Hunyad und den Kohlenbesitz des R. Hofmann im Zsiltale in Siebenbürgen. Broos 1871. 4 ^{0}.

Hotz, W., Die Magnetiterzlagerstätten von Verespatak im Komitat Hunyad, Ungarn. (Inaug.-Diss.) Wien 1909. 8 ^{0}. (Mitteilungen der geolog. Gesellschaft in Wien, Bd. 2.)

Inkey, Béla, Nagyág und seine Erzlagerstätten. Bp.: Kilián 1885. VIII, 175 p. (Auszug aus dem ungar. Original.)

Inkey, Béla, Über das Nebengestein der Erzgänge von Boicza in Siebenbürgen. Bp. 1880. 8 ^{0}. (Geolog. Mitt. Bd. 9.)

Kerpely, A., Das Eisenhüttenwesen in Ungarn zur Zeit des Milleniums. — La métallurgie du fer en Hongrie à l'époque du millénaire. Bp. 1896. 8 ^{0}.

Milosevics, Milos, Die Entwicklung der Roheisenerzeugung im Gömörer Komitate. Vortrag. Bp.: Kosmos 1896 17 p.

Neubauer, F., Die Mängel des oberungarischen Kupfererzbergbaues und Mittel zu ihrer Beseitigung. Kaschau 1871. 8 ^{0}.

Posepny, F., Geologisch-montanistische Studie der Erzlagerstätten von Rézbánya in S.-O.-Ungarn. Bp. (Bln.: Friedländer) 1874. 198 p. (Geolog. Mitt. Bd. 4.)

Rainer, L. St., Die Metallversorgung der österr.-ungar. Monarchie. Wien 1915.

Reményik, Louis, Les mines et métaux de Hongrie. Description des mines et hauts-fourneaux Hongrois représentés à l'exposition univ. de 1900. à Paris. Ed. de la comm. hongroise du Groupe 11. Bp.: Werbőczy 1900. 179 p.

Schafarzik, F., Über die Eisenerzvorräte u. d. Erdgas in Ungarn. Bp. 1911. (Erg.-Bd. zu Geolog. Mitt.)

Strobl, J., Beschreibung des Antimonbergbaues in Király-Lubella. Turócz-Divék 1878. 8 ^{0}.

Stürzenbaum, J., Über die geolog. Verhältnisse der Zinkerz-Lagerstätte bei Pelsőcz-Ardó im Gömörer Komitat. Bp. 1879. 8 ^{0}. (Geolog. Mitt. Bd. 9.)

Szádeczky, Gy., Die geolog. Bekanntmachung der Aluminiumkolonie im Tale Remecz. Klausenburg 1904. (Ung. u. deutsch.)

Szellemy, G., Die Erzlagerstätten des Vyhorlat-Guttin-Trachyt-Gebirges. Bp. 1896. 8 ^{0}. (Montan. u. geolog. Millenn.-Kongr. Budapest, 1896.)

Szellemy, G., Les gissements de minerais des montagnes de trachytes de Vyhorlat-Guttin. Bp. 1896. 8 ^{0}. (Congr. millén. d. mines de la métallurg. et de la géol. Budapest 1896.)

Tertsch, H., Kartographische Übersicht d. Erzbergbaue Österreich-Ungarn. 2. verb. Aufl. Hrsg. vom wissenschaftl. Komitee f. Kriegswirtschaft im Kriegsministerium. Bln.: Verlag f. Fachliteratur 1918. 131 p. 8 ^{0}. (Kriegswirtschaftliche Schriften.)

Zeiller, R. und A. Henry, Roches eruptives et silvus métallifères du distrikt de Schemnitz (Hongrie) Paris 1873.

I. Edelmetalle.

Bauer, Gyula, Das Vorkommen von Gold führenden Gängen zwischen Bogsán und Dognácska in Süd-Ungarn. Németbogsán 1884.

Csiby, Laurence, La porte-écluse système Abrudbánya. Bp. 1900.

Exposé über das Kisalmás-Porkuraer Gold- u. Silberbergwerk in Siebenbürgen. Déva 1896. 21 p. 8 °.

Franzenau, A., Über den großen Freigoldfund aus der Umgebung von Brád. Bp. 1892. 8 °. (Geol. Mitteil. Bd. 22.)

Pálffy, G., Der Goldbergbau Siebenbürgens. Bp. 1885. 8 °.

Papp, K., Die Goldgruben von Karács-Czebe in Ungarn. Bln. 1906. 8 °. (Zeitschr. f. prakt. Geolog. Jg. 14.)

Semper, Beiträge zur Kenntnis der Goldlagerstätten des siebenbürgischen Erzgebirges. Hrsg. von der Kgl. Preuß. geologischen Landesanstalt. Bln.: Schropp 1900. XIV, 219 p. 8 °.

Staudenmeyer, M., Exposé über das Kisalmásporkuraer Gold- und Silberbergwerk in Siebenbürgen. Déva 1896. 8 °.

K. Salzgewinnung.

Gesell, A., Die geolog. Verhältnisse des Steinsalzbergbaugebietes von Sóvár, mit Rücksicht auf die Wiedereröffnung der ertränkten Steinsalzgrube. (4 Tafeln.) Bp. 1886. 8 °. (Mitteilungen aus d. Jahrbuche der kgl. ungar. geolog. Reichsanstalt, Bd. 7.)

Papp, K., Über die staatliche Schürfung auf Kalisalz und Steinkohle. Bp. 1909. 8 °. (Jahresber. d. kgl. ung. Reichsanst. f. 1907.)

Posepny, F., Studien aus dem Salinengebiete Siebenbürgens. Bd. 1—2. Wien 1867—1871. (Jb. d. k. k. geolog. Reichsanst.)

Siebenbürgische Salinen. Kurzer Abriß der geographischen, geognostischen und Bergbaubetriebs-Verhältnisse. Klausenburg 1873. 8 °.

L. Steinbrüche.

Böckh, Hugo [etc.], Mining and stone industry of Hungary. By —, Z. Lázár, Ch. Papp [etc.]. Bp.: Ferd. Pfeifer 1920. 44 p. 8 °.

Schafarzik, F., Am Ende des Milleniumsjahres. IV. Die Steinindustrie. Bp. 1897. 8 °. (Geolog. Mitt. Bd. 27.)

Schafarzik, Franz, Detaillierte Mitteilungen über die auf dem Gebiete des ungarischen Reiches befindlichen Steinbrüche. Hrsg. von der kgl. ungar. geol. Reichsanstalt. Bp. 1909. 544 p. 8 °. (Publikationen d. ungar. geolog. Reichsanstalt.)

Schafarzik, F., Kurze Mitteilungen über das Vorkommen und die Qualität von zur Erzeugung von Mühlsteinen verwendeten Materialien in Ungarn. Lpzg. 1884. 8 °.

Schafarzik, François, Carte générale des carrières des États de la Couronne hongroise. Bp. 1902.

M. Porzellanerde, Tone.

Petrik, Ludwig, Der hollóházaer (Radványer) Rhyolitkaolin. Bp.: Franklin 1889. 10 p. 8 °. (Publikationen der kgl. ungar. geolog. Anstalt.)

Petrik, L., Über ungar. Porzellanerden, mit bes. Berücksichtigung der Rhyolith-Kaoline. Bp.: Geolog. Reichsanstalt 1887.

Petrik, L., Über die Verwendbarkeit der Rhyolite für die Zwecke der keramischen Industrie. Bp.: Geolog. Reichsanstalt 1888.

Kalecsinszky, A., Über die untersuchten ungar. Tone sowie über die bei der Tonindustrie verwendbaren sonstigen Mineralien. (Mit einer Karte.) Bp.: Geolog. Reichsanstalt 1896.

Kalecsinszky, A., Die untersuchten Tone der Länder der ungar. Krone. (1 Karte.) Bp.: Geolog. Reichsanstalt 1906.

IV Industrie.

A. Allgemeines.

Budapest. Musée commercial hongrois. Les fabricants exportateurs des pays de la Couronne hongroise. 4. éd. Bp.: Stephaneum 1914. XLXIII, 468 p. 8 °.

Frank, Peter Josef, Siebenbürgens hervorragende Bestimmung als Industrieland. Hermannstadt: Frank & Dresnandt 1868. VIII, 166 p. 8 °.

Landeskonferenz ungarischer Fabrikanten, 1881. Verhandlungen der vom ungar. Landesverein auf den 16. und 17. März 1881 einberufenen Landeskonferenz ungarischer Fabrikanten. Bp.: Pester Buchdr. 1881. 16 p. 4 °.

Niederösterreichischer Gewerbeverein. Bericht über die Studienreise des Niederösterreichischen Gewerbevereins nach Budapest. (25.—28. Sept. 1910.) Wien: Gewerbeverein 1910. 40 p.

Offergeld, Wilh., Grundlagen und Ursachen der industriellen Entwicklung Ungarns. Nebst einem Anhang über die wirtschaftliche Literatur Ungarns. Jena: Fischer 1914. V, 286 p. (Probleme der Weltwirtschaft 17.)

Szterényi, Joseph (Red.), La grande industrie du royaume de Hongrie. Publ. par le min. royal hongrois du commerce. Trad. par A. Sasvári. Bp. 1901. VII, 221 p.

Ungarn. Handelsminister. Die Fabrikindustrie des Königreichs Ungarn. Bp. 1901. VIII, 211 p. 8 °.

Wolf, Karl, Denkschrift über die Gründung deutscher Industrie- und Handelsunternehmungen in Siebenbürgen. Beilage 1—3. Hermannstadt 1899.

1. Beilage: Zur Gründung deutscher Fabriken im Siebenbürger Sachsenlande.
2. Beilage: Zur Erwerbung von Eisen- und Kohlenwerken in Siebenbürgen.
3. Beilage: Die Altschiffahrt und ihre Bedeutung für Ungarn und Rumänien.

Braun, Ad. und Rud. Krejcsi, Der Hausfleiß in Ungarn im J. 1884. Ein Beitrag zur Lehre von den gewerblichen Betriebssystemen. Lpzg.: Fock 1888. 32 p.

Ferenczi, Em., Die Hausindustrie in Ungarn und die Budapester Heimarbeit. Jena: Fischer 1908 u. 1910. 94, 5 p. (Schriften d. Ung. Vereins f. gesetzl. Arbeiterschutz 3 u. 7.)

Ungarn. Ministry of commerce. Act III of 1907 (of the development of home industry), and instructions for the carrying into effect of the same. Bp.: Athenaeum 1907. 100 p.

Geschichte.

Celléri, Moritz, Der ungar. Landesindustrieverein 1842—1906. Bp. 1908.

Gelléri, Moritz, 70 Jahre des ungar. Landesindustrievereines. 1842—1912. Bp. 1912.

Hann v. Hannenheim, Julius, Der Hermannstädter Bürger- u. Gewerbeverein. (1840—1890.) Zur Feier des 50jährigen Bestandes dieses Vereines. Hermannstadt: Krafft 1890. XIII, 159 p. 8 °.

Ipolyi, Arnold, Die geschichtliche Entwicklung des Gewerbewesens in Ungarn. Rede. Übers. von A. Dux. Bp.: Athenaeum 1877. 60 p.

Korn, Philipp Anton, Geschichte der ungarischen Industrie. Bp. 1882.

Pribram, Karl. Geschichte der österreichischen Gewerbepolitik von 1740 bis 1860. Auf Grund der Akten. Bd. 1. Lpzg.: Duncker &. Humblot 1907. 614 p. 8 °.

Tandler, Emil F., Die industrielle Entwicklung Siebenbürgens. (Diss.) Kronstadt: Zeidner 1909. IV, 153 p. 8 °.

Teutsch, Friedr., Die Entwicklung des Gewerbes in Hermannstadt in den letzten 100 Jahren. Hermannstadt: Drotleff 1890.

Thonet, Michael, Ein Gedenkblatt aus Anlaß der hundertsten Wiederkehr seines Geburtstages von seinen Söhnen und Enkeln. Wien: Jasper 1896. 48 p. 4 °.

Industriepolitik.

Edvi-Illés, Aladár, Hungarian state policy with regard to the promotion of industry. Bp. 1920.

Hevesy, E. v., Die staatliche Industrieförderung in Ungarn. Diss. Freiburg i. Br. 1907.

Keller, Rud., Die Industrieförderung in Ungarn. Studien über die Entwicklung und die Ergebnisse der Industrieförderung in Ungarn. Prag: Calve 1906. 129 p. 8 °.

Matlekovits, Alexander, Die Entwicklung der ungarischen Industrie und ihre Förderung durch die Regierung. Wien: Niederösterreichischer Gewerbeverein 1902.

Sugár, Otto, Die Industrialisierung Ungarns unter Beihilfe des Staates und der Kommunen. Vorwort von Jos. Szterényi. Lpzg.: Duncker & Humblot 1908. XI, 134 p. 8 °.

Szterényi, Josef, Die ungarische Industriepolitik. Wien: Manz 1913. III, 41 p. 8 °. (S-A. aus: Zeitschr. f. Volkswirtschaft.)

Szterényi, Josef, Des moyens de la politique industrielle en Hongrie et ses résultats. (Bulletin de l'Institut internat. de Stat. 13.)

Ungarn. Gesetze u. Verordnungen. Législation hongroise tendant à favoriser l'industrie nationale. Bp. 1891.

Ungarn. Gesetze u. Verordnungen. Loi XLIX de 1899 et instructions relatives aux faveurs accordées à l'industrie nationale dans les pays de la Sainte-Couronne hongroise. Bp. 1900. 40 p. 8 °.

Ungarn. Minister of commerce. XLIX. Art. of 1899: an instruction about favours granted to native industrial undertakings in the countries of the Hungarian holy crown. Bp. 1900. 43 p.

Zichy, Eug. Gr., Memorandum in Angelegenheit der Hebung der ungarischen Industrie. 1880.

Heltai, Franz, Die ungarische Gewerbebewegung u. d. ungarische Gewerbegesetz. Lpzg. 1884.

[Hintz, Joh. Andr.], Die Errichtung einer Gewerbehalle in Kronstadt. Das Kaufhaus in Kronstadt. Kronstadt: Gött 1883.

Neugeboren, Jul. Em., Zwangsgenossenschaften und freie Gewerbekammern, als kritische Erläuterung zum Beschlußpunkte des zweiten ungarischen Gewerbetages. Hermannstadt: Schmiedicke 1880. III, 46 p. 8 º.

Szana, Alexander, Das neue Gewerbegesetz vom hygienischen Standpunkte. 1909.

Szterényi, Jos., Grundzüge der Handwerkspolitik der ungarischen Regierung. Rede. 1907.

Szterényi, Joseph, Le nouveau projet de loi hongrois sur l'industrie. Bp. 1909. 55 p. (Extrait de la Revue de Hongrie.)

Wolff, Carl, Bemühungen um das siebenbürgisch-sächsische Gewerbe. Als Manuskript gedr. Hermannstadt: Krafft 1901.

Gewerbliches Unterrichtswesen.

Steinacker, Edm., Bemerkungen über den im Auslande bestehenden und in Ungarn zu schaffenden gewerblichen Unterricht. Pest: Pester Buchdr. 1871. 16 p.

Szterényi, Jos., Industrie, gewerbliches und kommerzielles Unterrichtswesen in Ungarn. Bp.: Klein 1897. 79 p.

Szterényi, Jos., L'industrie, l'enseignement professionnel et commercial en Hongrie. Bp.: Soc. an. d'impr. de Pest 1897. 68 p.

Szterényi, Jos., L'enseignement industriel et professionnel de la Hongrie. Bp.: Soc. an. d'impr. de Pest 1900. 351 p. 4 º.

Ungarn. Handelsminister. Der gewerbliche Berufsunterricht in Ungarn. Bp. 1908. 51 p. 8 º.

B. Einzelne Industriezweige.

Eisen- und Metallindustrie.

Geschichte des Diósgyőrer kgl. ungar. Eisen- und Stahlwerkes. (1765—1910.) Miskolcz 1910. 85 p.

Halkowick, Alfons, Die Eisenwerke Österreich-Ungarns. Wien 1911. 116 p.

Katalog der internationalen Ausstellung von Neuheiten und Erfindungen der Eisen- und Maschinenindustrie. — Catalogue de l'exposition internationale des nouveautés et inventions de l'industrie du fer et des machines. Bp. 1911. 200 p.

Kerpely, Anton, Das Eisen auf der Wiener Weltausstellung. Bericht an das kgl. ungar. Finanzministerium. Schemnitz: Joerges 1873. 229 p. 8 º.

Kerpely, Anton, Das Eisenhüttenwesen in Ungarn und seine Zukunft. Schemnitz 1872. 8 º.

Kerpely, Anton, Die Eisenindustrie Ungarns zur Zeit der Landesausstellung 1885. Bp. 1885. 8 º.

Kerpely, Anton v., Ungarns Eisensteine und Eisenhüttenerzeugnisse. Wien: Lehmann & Wentzel 1877. 95 p. 4 º.

Kurovszky, Zs., Die Gewinnung der Metalle auf nassem Wege nach dem bei der kgl. Laugehütte in Kapnik in Anwendung stehenden Verfahren. — La production des métaux par la voie humide telle qu'elle est pratiquée aux usines de lessivage à Kapnik. Bp. 1896. 8 º.

Lindheim, Wilhelm v., Lage und Aussichten der Eisenindustrie 1881. Unter bes. Berücksichtigung der Verhältnisse in Österreich-Ungarn. Wien: Gerold 1881. 38 p.

Rimamurány-Salgótarjáner Eisenwerks A.-G. Entwickelungsgeschichte anläßlich der 25. Generalversammlung (1881—1906). Aus dem Ungar. übers. Bp.: Károlyi 1906. 88 p. 4 º.

Salgótarjáner Eisenwerke. Betrachtungen über Bau und Situierung des Salgótarjáner Eisenwerkes. Pest 1869.

Wien. Verband der österr.-ungar. Eisen- Blech- und Metallwarenfabriken. Die österr.-ungar. Metallwarenindustrie und unser zukünftiges Verhältnis zu Deutschland. Wien 1916. 29 p.

Wien. Verband der österr.-ungar. Eisen-, Blech- und Metallwarenfabriken. Die Zukunft der Eisen und Metalle verarbeitenden Industrie in Österreich-Ungarn. Wien 1916. 47 p.

Elektrizitätswerke.

Dalmady, Edmond de, Les usines électriques d'Ikervár. Conférence faite à la Société des ingénieurs et architectes hongrois. Bp.: Pátria 1900. 160 p. 4°.

Honigmann, Emil, Die österr.-ungar. Elektro-Industrie und das Wirtschaftsbündnis der Mittelmächte. Bln.: Springer 1917. 83 p.

Molnár, Ludwig, Statistik der Steinkohlengaswerke in Ungarn, Kroatien und Slavonien, mit Daten d. in selben Städten befindl. Elektrizitätswerke. Vorw. v. Ignaz Pfeifer. Bp.: Dick 1913. 16 p. 8°.

Glas- und keramische Industrie.

Fahdt, Jul., Die Glasindustrie Österreich-Ungarns. 6. Aufl. Dresden: Fahdt 1898. 202 p. 12°.

Kohut, Adolf, Die keramische Industrie Ungarns. Dresden: Die „Glashütte" 1913. 123 p.

Österreich-Ungarns Glasindustrie. Adreßbuch sämtl. Glashütten der österreich-ungarischen Monarchie. Hrsg. vom Verlag d. Zeitschrift „Die Glashütte". 13. Aufl. Dresden: Fahdt 1912. IV, 252, 96 p. 8°.

Holzindustrie.

Engel, Alexander, Ungarns Holzindustrie und Holzhandel. Wien: Frick 1882. 132 p. u. Tabellen.

Engel, Alexander, Ungarns Holzindustrie und Holzhandel. Tl. 1—2. Wien: Frick 1892. 8°.

Keglevich, Stephan Graf. Ausstellung von Wohnungseinrichtungen 1892. Bp.: Pester Lloyd 1891.

Papier- und Buchbinderei, Graphische Industrie.

Gedenkbuch an die Ausstellung von Buchdrucker-Erzeugnissen Ungarns. Red. von Josef Bendter. Aus dem Ungar. Bp.: Verein der Buchdrucker u. Schriftgießer 1878. 79 p.

Gedenkbuch an die Typographische Fachausstellung Ungarns. Bp.: Verein der Buchdrucker u. Schriftgießer. 32 p.

Grünwald, J. (Red.), Verhandlungen des Kongresses der Vereine der Buchbinder Österreich-Ungarns (1896). Wien: Wiener Volksbuchhandlung 1897. VIII, 99 p. 8°.

Krawany, Franz, Die Papierindustrie Österreich-Ungarns. — Anhang: Georg Fritz: Die Vervielfältigungs- (graph.) Industrie. Wien: Handelsmuseum 1919. 109 p. Lex. 8°. (Wirtschaftsgeographische Karten u. Abhandlungen 9.)

Ungarn. Verein der Buchdrucker und Schriftgießer Ungarns. Ungarländische Buchdruckerstatistik 1894. Bp.: Lloyd Ges. 1895. [Ungarisch-deutsch.]

Ölindustrie.

Fitzner, Rud., Die Ölindustrie Österreich-Ungarns in ihren Rohstoffbezügen 1901—1918. (Die Weltwirtschaft der Fettstoffe 8.) Bln.: Heymann 1919. p. 367—431. 8°. (Veröffentlichungen des Reichsausschusses f. pflanzl. und tier. Öle u. Fette.)

Schwarz, Robert, Die Mineralölindustrie Österreich-Ungarns. (Hrsg. vom wissenschaftl. Komitee f. Kriegswirtschaft des Kriegsministeriums. Bln.: Verlag f. Fachliteratur.) Wien 1919. VI, 221 p. gr. 8°.

Sprengstoffe.

Preßburg. Dynamitfabrik der Dynamitaktiengesellschaft. Preßburg: Angermayer 1885. 22 p. 8°.

Textilindustrie.

Abelsdorff, Fritz, Die Wollweberei und die wirtschaftliche Annäherung zwischen Deutschland und Österreich-Ungarn. Bln.: Heymann 1916. 48 p. 8°.

Bruck, Werner Friedrich, Denkschrift über die Lage der österr.-ungar. Baumwollindustrie. Augsburg 1916. 194 p.

Janovsky, Karl, Die Wollindustrie Österreich-Ungarns. Wien: Hölzel 1918. 78 p. 8°. (Wirtschaftsgeographische Karten u. Abhandlungen 15.)

Leiter, Herm., Die Leinen-, Hanf- und Juteindustrie Österreich-Ungarns. (Anbau von Lein und Hanf.) Wien: Hölzel 1916. Lex. 8°. (Wirtschaftsgeographische Karten u. Abhandlungen z. Wirtschaftskunde von Österreich-Ungarn 1.)

Leser, Robert, Hanf- und Flachskultur und Leinenindustrie in Ungarn. Szegedin 1892.

Oberhummer, Ernst, Die Baumwollindustrie Österreich-Ungarns. Wien: Hölzel 1917. 62 p. 8°. (Wirtschaftsgeographische Karten u. Abhandlungen von Österreich-Ungarn 14.)

Mühlenindustrie.

Burchard, Conrad, Rapport sur l'état de la meunerie en Hongrie. Bp. 1887.

Hönich, H., Die Budapester Mühlenindustrie vor und nach dem Kriege. Bp.: Athenaeum 1917. 20 p.

Kosutány, Th., Untersuchung der Mahlprodukte der ungar. Export-Weizenmehlmühlen v. J. 1911. Bp.: Thália 1912. 38 p. 8 ^{0}.

Pester Walzmühle in Budapest. Bp. 1898.

Ungarn. Bureau central de statistique. Industrie des moulins des Pays de la sainte Couronne hongroise en 1906. Bp.: Kilián. (Publications N. S. 26.)

Ungarn. Statistisches Zentralamt. Mühlenindustrie der Länder der ungarischen heil. Krone im J. 1885, 1894, (Ungarns Mühlenindustrie), 1906. Bp.: Kilián. (Amtl. Stat. Mitteilungen, Ungarische statistische Mitteilungen N. F. 13, N S. 26.)

Schlächtereien etc.

Artus, Berteaux et Minier. Compte rendu du voyage aux frontières de l'Est, en Autriche, en Hongrie et en Allemagne, fait par la délégation de la boucherie en gros et des industries s'y rattachant. Paris: Vert 1890. 4 p. 2 ^{0}.

Congrès international du froid. Comité hongrois. L'industrie du froid en Hongrie, la portée économique de ses applications, les établissements frigorifiques de Hongrie. Rapport présenté au 1. Congrès international du froid. Paris 1908. Par le Comité hongrois. Bp. 1908. VIII, 86 p.

Spirituosen.

Neugebauer, J., Spiritusfabrikation u. ihre land- und volkswirtschaftlichen Konsequenzen für Österreich und Ungarn. Wien: Gerold 1871. 36 p. 8 ^{0}.

Noback, Gustav, Die Bierbrauereien in Österreich-Ungarn, deren Statistik und volkswirtschaftliche Bedeutung. Prag: Calve 1871. 48 p.

Die Notlage der Spiritusindustrie in Ungarn. Pest 1865.

Zuckerindustrie.

Auspitz, Rudolf, Österreich-Ungarn und die Brüsseler Zuckerkonvention. Brünn 1902.

Hintz, Ludwig, Unsere Zuckerfabrik und der Rübenbau im Burzenlande. 1905.

Saccharum. Zentralblatt für die österr.-ungar. Schokolade- und Zuckerwarenindustrie. Jg. 1—3. Wien 1899—1901. 4 ^{0}.

Stenographisches Protokoll der Beratungen der österr.-ungar. Zuckerfabrikanten, April 1886 in Prag. Wien: Zentralblatt f. Rübenzuckerindustrie. O. J. 82 p. 8 ^{0}.

Verzeichnis der Rübenzuckerfabriken und Raffinerien in der österr.-ungar. Monarchie. Prag 1873. 12 p.

Wiener, Die Entwicklung der ungarischen Zuckerindustrie. Bp. 1902.

V Handel.

A. Handels- und Zollpolitik im allgemeinen.

Baernreither, J[oseph] M[aria], Handelspolitische Ausblicke. Vortrag. Wien: Manz 1913. 44 p. 8 ^{0}.

Bánffy, Nikolaus, Die Mittel der auswärtigen Handelspolitik. Bp. 1902.

Bazant, Johann v., Die Handelspolitik Österreich-Ungarns 1875—1892 in ihrem Verhältnis zum deutschen Reiche und zu dem westlichen Europa. Lpzg.: Duncker & Humblot 1894. IV, 193 p. 8 ^{0}. (Schriften des Vereins für Sozialpolitik.)

Bazant, O. v., Das Ablaufen der Handelsverträge der österr.-ungar. Monarchie. Wien: Manz 1902. 28 p. 8 ^{0}.

Beer, Adolf, Die österreichische Handelspolitik im 19. Jahrh. Wien: Manz 1891. X, 618 p. 8 ^{0}.

Beiträge zur neuesten Handelspolitik Österreichs. Lpzg.: Duncker & Humblot 1911. 314 p. 8 ^{0}. (Schriften des Vereins für Sozialpolitik 93.)

Budapest. Handels- und Gewerbekammer. Denkschrift der Pest-Ofener Handels- und Gewerbekammer über die in Pest dem Handel auferlegten Schwierigkeiten. Bp.: Pester Buchdr. 1870. 49 p. 8 ^{0}.

Bülow, Heinrich v., Österreich-Ungarns Handels- und Industriepolitik. Bln.: Süsserott 1902. 300 p. 8 ^{0}.

Fleischl, Paul, Grundzüge der ungar. Handelspolitik. München: Duncker & Humblot 1914. p. 1847—1886. (Schmollers Jahrbuch.)

Gruntzel, Josef, Handelspolitik und Ausgleich in Österreich-Ungarn. Wien: Hölder 1912. 235 p.

Jeiteles, J., Zehn Jahre nach den Handelsverträgen. Wien: Typogr.-literar.-artist. Anstalt 1864. 384 p. 8 °.

Kálmán, Gustav, L'activité récente du ministère roy. hongrois du commerce. Bp. 1912.

Kübeck, M. Frhr. v. [etc.], Die Zollpolitik und die zwischen Österreich-Ungarn und den anderen Staaten abgeschlossenen Zoll- und Handelsverträge. Referate von —, F. Buhaczek, A. Peez, M. Menger. Wien: Manz 1875. 59 p. 8 °. (Schriften der Gesellschaft österr. Volkswirte.)

Láng, Ludwig, 100 Jahre Zollpolitik. Übers. von Alex Rosen. Wien: Fromme 1906. XV, 620 p. 8 °.

Mandello, Karl, (Red.) Wirksamkeit des kgl. ungar. Handelsministers im Jahre 1890. Bln.: Puttkammer & Mühlbrecht 1892. 171 p.

Matlekovits, Alexander, Die Zollpolitik der österr.-ungar. Monarchie v. J. 1850 bis zur Gegenwart. Übers. Lpzg.: Hässel 1877. VIII, 230, CLXII p. 8 °.

Matlekovits, Alexander, Die Stellung Österreich-Ungarns in der Handelspolitik der europäischen Staaten. Vortrag. Bp. 1893. (Als Manuskript.)

Matlekovits, Alexander v., Die Zollpolitik der österr.-ungar. Monarchie und des deutschen Reiches seit 1868 und deren Zukunft. Lpzg.: Duncker & Humblot 1891. 960 p. 8 °.

Neumann, Franz, Österreichs Handelspolitik in der Vergangenheit, Gegenwart und Zukunft. Wien: Gerold 1864. VII, 111 p. 8 °.

Österreich. Handelsministerium. Die Handelsverträge Österreich-Ungarns. (S.-A. des österr. wirtschaftspol. Archivs.) Wien: Manz 1909. II, 387 p. (8) °.

Pacher, Gust. v., Die Zollfrage vom Standpunkte der österr.-ungar. Gesamtwirtschaft erörtert. Wien: Gerold 1878. 150 p. 8 °.

Peez, Alex., Zur neuesten Handelspolitik. 7 Abhandlungen. Wien: Szelinski 1895. III, 347 p. 8 °.

Peez, Alex., Die österreichische Handelspolitik der letzten 25 Jahre. Lpzg.: Duncker & Humblot 1892. 193 p. 8 °. (Schriften des Vereins für Sozialpolitik 49.)

Verein für Sozialpolitik. Beiträge zur neuesten Handelspolitik Österreichs. Lpzg.: Duncker & Humblot 1901. IX, 314 p. (Verein für Sozialpolitik, Schriften 93.) Darin: Matlekovits, Alexander, Die handelspolitischen Interessen Ungarns. p. 1—60.

Zucker, Ignatz, Lose Blätter über die österreichische Zoll- und Handelspolitik nebst einem Blicke auf die inneren Verhältnisse. Wien: Manz 1901. 43 p. 8 °.

Zollwesen, Zollsätze.

Allgemeiner und vertragsmäßiger Zolltarif für die beiden Staaten der österr.-ungar. Monarchie. Nach dem Stande 1916.

Dehn, Paul, Die österr.-ungar. Zolltarifrevision, mit bes. Rücksicht auf die Beziehungen zu Deutschland. Lpzg.: Duncker & Humblot 1882. 40 p.

Great Britain. Board of Trade. New customs tariff of Austria-Hungary. London 1906.

Holzer, F., Praktische Darstellung der österreichischen Zollordnung und Zollmanipulation. Wien: Gerold 1882. 421 p. 8 °.

Novotny, R., Allgemeiner Zolltarif des österr.-ungar. Zollgebiets mit dem Einführungsgesetz, den deutschen, französischen und italienischen Handelsverträgen samt einem alphabetischen Warenverzeichnis. Giltig vom 1. Juni 1882. Prag: Mercy 1882. 318 p. 8 °.

Österreich-Ungarn. Gesetze u. Verordnungen, 1878. Gesetz vom 27. Juni 1878 über das Zoll- und Handelsbündnis mit Ungarn und den allgemeinen Zolltarif. Wien: Hof- und Staatsdr. 1878. 113 p. (Österr. Gesetze u. Verordnungen. Offizielle Handausgabe Heft 56.) Dasselbe: Neue Ausg.: Der allgemeine Zolltarif des österr.-ungar. Zollgebietes vom 25. Mai 1882 und die vertragsmäßigen Zollsätze in tabellarischer Zusammenstellung. Ebd. 1882. IV, 231 p. 8 °.

Österreich-Ungarn. Zolltarife. Allgemeiner Zolltarif vom 25. Mai 1882 für das österr.-ungar. Zollgebiet und amtliches alphabetisches Warenverzeichnis zu demselben. Wien: Hof- u. Staatsdr. 1882. LVIII, 379 p. 8 °.

Österreich-Ungarn. Zolltarif, 1887. Allgemeiner Zolltarif des österr.-ungar. Zollgebietes. 3. Aufl. Giltig vom 1. Juni 1887. Prag: Höfer & Kloucch 1887. 336 p. 8 °.

Österreich-Ungarn. Zolltarif, 1893. Allgemeiner Zolltarif für Österreich-Ungarn. Nach dem Stande vom 1. Juli 1893. S.-A. Bln.: Mittler 1893. 41 p. 4 °.

Österreich-Ungarn. Zolltarife. Die allgemeinen und vertragsmäßigen Zölle des österr.-ungar. Zolltarifes. (1854 bis 1900.) Wien: Hof- und Staatsdr. 1901. XIII, 196 p. 4 °. (Aus: Statist. Materialien über den österr.-ungar. Außenhandel.)

Pillwein, Franz u. Mor. Libisch (Hrsg.), Allgemeiner und Vertrags-Zolltarif für das österr.-ungar. Zollgebiet. Wien: Hof- u. Staatsdr. 1872. 69 p. 4 °. [Dasselbe.] Vervollständigt auf Grund der erlassenen Nachtragsbestimmungen. Ergänzte u. verm. Aufl. Bd. 1—2. Wien: Manz 1873. 8 °.

Prag. Handels- u. Gewerbekammer. Gutachten über den Entwurf eines Gesetzes betr. einige Änderungen des Zolltarifes vom 25. Mai 1882, erstattet von der Handels- u. Gewerbekammer in Prag. Prag 1885. 66 p. 8 °.

Prag. Handels- u. Gewerbekammer. Die Zolltarifsrevision. Bericht an das Handelsministerium. Prag 1875. 102, VI p. 8 °.

Prag. Handels- u. Gewerbekammer. Zolltarifsrevision 1881. Gutachten an das hohe kaiserl. kgl. Handelsministerium. Erstattet von der Handels- und Gewerbekammer in Prag. Prag 1881. 104 p.

Schillerwein, I., Die österr.-ungar. Zollgesetze. 3. verm. u. verb. Aufl. Wien: Manz 1900. XXV, 889 p. 8 °.

Schoch, Ludwig, Zur Reform des österr.-ungar. Zolltarifes. Wien: Faesy & Frick 1871. 82 p. 8 °.

Schott, Karl, Handbuch der Vorschriften über Handelsstatistik und Zolltarifwesen des österr.-ungar. Zollgebietes nach dem Stande derselben vom 31. Dezember 1894. Wien: (Hartleben) 1895. VIII, 632 p. Dasselbe 2. Aufl. (Nach dem Stande von Ende Mai 1896. Ebd. 1896. XX, 890 p. 4 °. Dasselbe 3. Aufl. Bd. 1—2. Ebd. 1908.

Strigl, A. v., Allgemeiner und Vertrags-Zolltarif für das österr.-ungar. Zollgebiet nach der Gestaltung durch das Gesetz vom 21. Mai 1887. Giltig vom 1. Jänner 1888. 2. Ausg. Wien: Manz 1888. 210 p. 8 °.

Strigl, A. v., Zolltarif für das österr.-ungar. Zollgebiet. 2. Ausg. Wien: Manz 1888. 233 p. 8 °.

Strigl, A. v., Die Vertragszölle Österreich-Ungarns. Nachtrag zum Zolltarif. Wien: Manz 1888. 23 p. 8 °.

Strigl, A. v., Die Vertragszölle Österreich-Ungarns. Wien: Manz 1889. 30 p. 8 °.

Ungarn. Gesetzentwürfe. Motivenbericht zu dem der ungarischen Legislative vorgelegten Gesetzentwurfe über den allgemeinen Zolltarif. Bp.: Pester Buchdr. 1878. 60 p. 8 °.

Vergleich des Zolltarifgesetzentwurfes mit dem geltenden Zolltarifgesetze von 1882. Wien: Hof- u. Staatsdr. 1882. 4 °. (S.-A.)

Das Verhältnis der Zollsätze zum Werte der Wareneinfuhr in den Dreibundstaaten. (S.-A. d. Deutschen volkswirtschaftl. Korrespondenz.) Bln.: Stall 1892. 64 p.

Wien. Handels- und Gewerbekammer. Gutachten über einen neuen österr.-ungar. Zolltarif. Wien: Selbstverlag 1875. 79 p. 4 °.

Wien. Verein der österr. Schuhwarenfabrikanten. Memorandum, betr. die Erstellung eines autonomen Zolltarifes und den Abschluß von Handelsverträgen. Wien 1901. 15 p. 8 °.

Zentralstelle d. vereinigten Handels- und Gewerbekammern und Zentralverband der Industriellen Österreichs. Bemerkungen zur Vorbereitung der Handelsverträge zu der Regierungsvorlage, betreffend den Entwurf eines neuen autonomen Zolltarifes und Tarifgesetzes. Wien: Braumüller 1903. 112 p. 4 °.

B. Handelspolitische Beziehungen zu den einzelnen Ländern.

Verhältnis Österreichs zu Ungarn.

[Auspitzer, Emil], Denkschrift an das k. k. Handelsministerium über den bevorstehenden Ausgleich mit Ungarn u. die österr. Industriepolitik. Wien 1895. 107 p. 8 °.

Blociszevszki, J., La condition internationale de l'Autriche-Hongrie et le compromis douanier et commercial de 1907. Paris: Pedone 1909. 8 °. (Extrait de la: Revue générale de droit international public.)

Budapest. Handels- u. Gewerbekammer. Gutachten in Angelegenheit des zwischen Ungarn u. Österreich abzuschließenden Zoll- u. Handelsbündnisses. Übers. von M. Fürst. Bp.: Pester Buchdr. 1896. 39 p. 4 °.

Bunzel, Jul., Studien zur Sozial- und Wirtschaftspolitik Ungarns. Beiträge zu dem Ausgleich- und Zolltarifverhandlungen zwischen Österreich und Ungarn. Lpzg.: Duncker & Humblot 1902. VI, 231 p.

Carli, Fil., La politica economica dell' Austria e il separatismo Ungherese. Roma 1915.

Dorn, Alex, Die Entwicklungsstadien des Zoll- und Handelsbündnisses zwischen Österreich-Ungarn. Wien: Selbstverlag 1903. 56 p. 8 °.

Exposé des kgl. ungar. Ministeriums in Angelegenheit des österr.-ungar. Zoll- und Handelsbündnisses. Bp.: Khór & Wein 1877. 80 p. 8 °.

Gürtler, Alfred, Zollgemeinschaft und pragmatische Sanktion. Graz: Leuschner & Lubensky 1916. 22 p. 8 °.

Handelspolitische Zentralstelle der Handels- u. Gewerbekammern und des Zentralverbandes der Industriellen Österreichs. Bericht betr. den Ausgleich mit Ungarn. Max v. Tayenthal. Wien: Niederösterreichische Handels- u. Gewerbekammer 1916. 81 p.

Helmes, A., Drei Jahre Geschichte der österr.-ungar. Zolltrennung. 1907 bis 1910. Eine Zukunftsvision. Wien: Eisenstein 1902. 56 p. 8 °.

Keller, Rudolf, Die Zwischenzollinie. Bemerkungen zur ungarischen Frage. Prag: Mercy 1906. 8 °.

Kueffstein, Franz Graf v., Die Entwicklung zur Weltwirtschaft und der österr.-ungar. Ausgleich. Wien: Mayer 1899. 69 p.

Michelis, Eduard, Die Zolltrennung Österreich-Ungarns in handelspolitischer und wirtschaftlicher Beleuchtung. Wien: Manz 1908. VII, 125 p. 8 °.

Michelis, Eduard, Die Zolltrennung Österreich-Ungarns in ihren mutmaßlichen Rückwirkungen auf die deutsch-österreichisch-ungarischen Handelsbeziehungen. Lpzg.: Duncker & Humblot 1908. 67 p. 8 °. (S.-A. aus Schmollers Jahrb.)

Neustadtl, S., Das österr.-ungar. Zoll- und Handelsbündnis. Entwurf einer Denkschrift der niederösterr. Handels- u. Gewerbekammer. Wien: Reformver. d. Wiener Kaufleute 1875. II, 35 p. 8 °.

Practicus, Volkstümliche Studie über die Frage des Zollgebietes. Aus dem Ungar. Wien 1905.

Prag. Handels- u. Gewerbekammer. Petition betr. das österr.-ungar. Zoll- und Handelsbündnis. Prag 1896. 75 p. 8 °.

Rajnik, Béla, Die wirtschaftspolitischen Beziehungen zwischen Österreich und Ungarn und die internationalen Interessen. München: Duncker & Humblot 1914. III, 88 p. 8 °.

Sieghart, Rud., Zolltrennung und Zolleinheit. Die Geschichte der österr.-ungar. Zwischenzollinie. Nach den Akten. Wien: Manz 1915. VII, 413 p.

Tayenthal, Max v., Ausgleich mit Ungarn. Beschlüsse der Vollversammlung vom 24. Mai 1916. Wien: Handels- und Gewerbekammer 1916. 81 p. 8 °.

Tayenthal, Max v., Bemerkungen zur Erneuerung des Ausgleichs mit Ungarn. Wien 1915. 32 p. 4 °.

Wittmayer, Leo (Hrsg.), Die Ausgleichsgesetze vom 30. Dez. 1907 samt Durchführungsbestimmungen. Mit Erläuterung v. —. Wien: Manz 1908. 244 p. 8 °. (Manzsche Gesetzausgabe.)

Zucker, Ig., Wie wäre nach gesunden kaufmännischen Begriffen der österr.-ungar. Ausgleich zu schließen? Wien: Dorn 1898. 19 p. 8 °.

Handelspolitische Beziehungen zu Deutschland. Mitteleuropa.

1. Zur Zeit des Deutschen Zollvereins.

Entwurf eines im Sinne der österreichischen Vorschläge vom 10. Juli 1862 zwischen Österreich und dem deutschen Zollvereine zu vereinbarenden gemeinschaftlichen Zolltarifs. 2. verb. Aufl. Lpzg.: Deuticke 1863. VI, 188 p. 4 °.

Gärtner, Alfred, Zollverhandlungen zwischen Österreich und Preußen. Diss. Salzburg 1908.

Mamroth, Karl, Die Entwickelung der österr.-deutschen Handelsbeziehungen vom Entstenen der Zolleinigungsbestrebungen bis zum Ende der ausschließlichen Zollbegünstigungen. (1849 bis 1865.) Bln.: Heymann 1887. 196 p. 8 °.

Neumann, Franz, Österreich und der Zollverein in den letzten 25 Jahren. Wien: Seidel 1864. 33 p. 8 °.

Österreichs Eintritt in den deutschen Zollverein. Eine Stimme aus Mitteldeutschland für die Einigung mit Österreich.

Schadeberg, Julius, Der Zollverein, Österreich und die Sonderbündler. Halle: Schwetschke 1864. 84 p. 8 °.

Soll Österreich in den Zollverein eintreten oder nicht? Geschrieben anläßlich der Versammlung des Vereins der österr. Industriellen am 30. Juni 1862. Wien: Gerold 1862. 15 p. 8 °.

Strache, Ed., Österreichs Beitritt zum deutschen Zollverein. Wien: Typograph.-literar. Anstalt 1862. 8 °.

Troppau. Handels- u. Gewerbekammer. Gutachten über den Entwurf eines zwischen Österreich und dem deutschen Zollvereine zu vereinbarenden gemeinschaftlichen Zolltarifes. Troppau 1864.

Wertheim, Franz, Bericht über die österr. Vorschläge zur Zolleinigung mit Deutschland. München 1862. 29 p. 8 °.

Wertheim, Franz, Bericht über die Versammlung des deutschen Handelstages zu Berlin, vom 14.—17. Aug. 1862, über die Zolleinigungsfrage. Erstattet an die niederösterr. Gewerbekammer. Wien 1862. 8 °.

Der Zollverein und Österreich. Von einem preußischen Staatsbeamten. Gleiwitz: Faerber 1861. IV, 29 p. 8 °.

2. Nach der Reichsgründung.

(Zugleich Nachtrag zu Bd. I, Sp. 240 bis 246.)

Bernhardi, Deutschlands Zoll- und Handelsverträge, insbesondere Deutschlands Außenhandel mit Ungarn. Bln.: Lazarus 1891.

Beurle, K., Zolleinigung zwischen Österreich und Deutschland. Wien 1885. 24 p. 8 °.

Denkschrift nebst erläuterndem statist. und anderem Material zu den neuen Handelsverträgen mit Italien, Belgien, Rußland, Rumänien, der Schweiz, Serbien und Österreich-Ungarn, sowie zu dem neuen Viehseuchenübereinkommen mit Österreich-Ungarn. Bln.: Decker 1905. Getr. p. 4 °.

Denkschrift über die Verhandlungen wegen Abschlusses eines neuen Handels- und Zollvertrages mit Österreich-Ungarn. Bln. 1878. 19 p. 8 °.

Die Handelsverträge des Deutschen Reichs mit Belgien, Italien, Österreich-Ungarn, Rumänien, Rußland, der Schweiz und Serbien, nebst dem Viehseuchenübereinkommen mit Österreich-Ungarn. Berlin: Mittler 1905. Getr. p. 8 °. Hieraus einzeln: Österreich-Ungarn nebst dem Viehseuchenübereinkommen. 104 p.

Österreich-Ungarn. Zollvertrag. Handels- und Zollvertrag zwischen dem Deutschen Reich und Österreich-Ungarn. Bln.: Heymann 1892. 59 p. 4 °. Dasselbe 2. verm. Aufl. Ebenda 1892. 279 p. 8 °.

Österreich. Verein der Montan-, Eisen- u. Maschinen-Industriellen. Gutachten betr. die Erneuerung der Zoll- und Handelsverträge mit dem Deutschen Reiche und Italien. Wien 1886.

Parlamentarische Beratung des Handelsvertrages mit dem Deutschen Reich. Wien 1888. 4 °.

Die sieben neuen deutschen Handelsverträge mit Italien, Belgien, Rußland, Rumänien, Schweiz, Serbien und Österreich-Ungarn und Viehseuchen-Übereinkommen mit Österreich-Ungarn. Mit Denkschrift nebst erläuter. Material. Bln.: Heymann 1905. Getr. p. 4 °.

———

Battaglia, Roger Frhr. v., Ein Zoll- und Wirtschaftsbündnis zwischen Österreich-Ungarn und Deutschland. Wien: Braumüller 1917. XXXVI, 803 p. (Schriften der volkswirtschaftlichen Institute des obersten polnischen Nationalkomitees. Deutsche Folge 1.)

Calwer, Richard, Eine mitteleuropäische Zollunion. Bln.: Edelheim 1903. 8 °.

Chardon, A propos d'une union douanière des États du centre de l'Europe. Paris 1889. 8 °.

Christiansen, C., Österreich-Ungarn u. der deutsche Außenhandel. Vortrag. Mannheim: Matur 1916. 24 p.

Deutsch-österreichisch-ungarischer Wirtschaftsverband. Neugestaltungen der Handelsbeziehungen Deutschlands zu Österreich-Ungarn. Stenographischer Bericht über die Verhandlungen in der Sitzung des Gesamtvorstandes in Berlin, den 26. März 1915. Bln. 1915. 82 p. 8°.

Deutsch-österreichisch-ungarischer Wirtschaftsverband. Die Stellungnahme der Regierungen und wirtschaftlichen Körperschaften in Deutschland, Österreich und Ungarn zu der Frage der Neuregelung der Handelsbeziehungen zwischen den verbündeten Monarchien. Bln. 1916.

Diehl, Karl, Zur Frage eines Zollbündnisses zwischen Deutschland und Österreich-Ungarn. 2. Aufl. Jena: Fischer 1915. 50 p.

Frankl, Ludwig, Der Zollkrieg mit Deutschland, vom landwirtschaftlichen Gesichtspunkte. Wien 1879. 22 p. 8 °.

Haushalter, Franz, Deutschösterreichische Zolleinigung. München 1915. (Aus: Bayer, Handelszeitung 9/10.)

Irresberger, Karl, Das deutsch-österr.-ungar. Wirtschafts- und Zollbündnis. Eine Studie, mit bes. Berücksichtigung des österr.-ungar. Standpunktes. Bln.: Springer 1916. IV, 39 p. 8⁰.

Jastrow, J., Die mitteleuropäische Zollannäherung und die Meistbegünstigung. Lpzg.: Hirzel 1915. 47 p. 8⁰. (Zwischen Krieg und Frieden 26.)

Kaufmann, Richard de, L'assocation douanière de l'Europe Centrale. Paris: Guillaumin 1886. 114 p.

Kranold, Herm., Der deutsch-österr. Wirtschaftsbund als sozialdemokratische Aufgabe. Berlin-Karlshorst 1915. (Kriegsprobleme der Arbeiterklasse 15.)

Kreß, C., Bestrebungen nach einer mitteleuropäischen Zollunion. Diss. Heidelberg 1907. 73 p. 8⁰.

Lippe, A. v., Ein mitteleuropäischer Zollbund. Bln.: Süsserott 1907. 16 p. 8⁰.

Lukács, Géza, Die handelspolitische Interessengemeinschaft zwischen dem Deutschen Reiche und Österreich-Ungarn. Mit einem statistischen Anhang. Der Warenverkehr zwischen Deutschland und Österreich-Ungarn seit 1907. Göttingen: Kapke 1913. 95 p. 8⁰.

Merleker, Deutschland-Österreich-Ungarn. Zur Klärung der Frage einer Zollgemeinschaft dieser Staaten. Bln.: 1915. 8⁰.

Mitteilung des Industriellen-Club betr. das angebliche Angebot des Fürsten Bismarck an Österreich-Ungarn im J. 1879 einer differentiell zollbegünstigten Behandlung von Getreide. Wien: Industrie-Club 1890. 8 p. 4⁰.

Mitteleuropäische Wirtschaftsvereine in Deutschland und Österreich-Ungarn. Verhandlungen der Zollkonferenz. Bln. 1909. 330 p. 8⁰.

Mitteleuropäischer Wirtschaftsverein. Das mitteleuropäische Wirtschaftsbündnis und der internationale Handelsverkehr. Wien: Fromme 1917. IV, 60 p.

Mitteleuropäischer Wirtschaftsverein. Verhandlungen der Zollkonferenz der mitteleuropäischen Wirtschaftsvereine in Deutschland, Österreich und Ungarn. Nürnberg 1908. Bln.: Puttkammer 1909. XIII, 330 p. (Veröffentlichungen der Mitteleuropäischen Wirtschaftsvereine in Deutschland 7.)

München. Handelskammer. Die zollpolitische Annäherung an Österreich-Ungarn. Denkschrift. München: Lindauer 1918. VIII, 80 p. 8⁰. (Einzelschriften 1.)

Peez, Adolf, Zollvertrag mit Deutschland oder wirtschaftliche Autonomie. Wien 1879. 8⁰.

Perger, Jos., Der Weg zum deutsch-österr. Zollverein. München: Lehmann 1904. 31 p. 8⁰.

Schilder, Sigmund, Mitteleuropa und die Meistbegünstigungsfrage. Stuttgart 1917. 74 p. 8⁰. (Finanz- und Volkswirtschaftliche Zeitfragen 32.)

Spiethoff, Arthur, Gründe für und wider einen deutsch-österr.-ungar. Zollverband. München: Duncker & Humblot 1916. 1—59 p. (Schriften des Vereins für Sozialpolitik. Bd. 155. I. Teil.)

Virág, Heinr., Unser Anschluß an Deutschland und der Kolonialwarenhandel. Bp.: Körös 1917. 12 p.

Vosberg-Rekow, Zolleinigungen in Mitteleuropa, vom Standpunkte der Verkehrspolitik. Wien: Manz 1901. 8⁰.

Walcker, Karl, Die Frage der Zolleinigung mit Österreich-Ungarn. Lpzg.: Roßberg 1892. 29 p. 8⁰.

Wolf, Julius, Ein deutsch-österr.-ungar. Zollverband. 2. Aufl. Lpzg.: Deichert 1915. VI, 36 p.

Beziehungen zu Frankreich.

Madarassy-Beck, L'Autriche Hongrie et le marché français. Bp. 1917.

England.

Felbermann, Louis (Ed.), Hungarian market and general eastern bazaar. Official handbook. London: „Life" office [1886]. 4⁰.

Hungarian society for the promotion of arts and industries, and of intercourse between Great Britain and Hungary. London: Wormens Pr. 18 p.

Italien.

Trattati di commercio e navigazione fra l'Italia e l'Austria-Ungheria e fra l'Italia e la Germania. Milano 1892.

Skandinavien.

Hochegger, Adolph, Materialien zur Vorbereitung des österr.-ungar. Handelsvertrages mit Schweden. Wien 1905. 44 p. 8⁰.

Hochegger, Adolph, Materialien zur Vorbereitung des österr.-ungar. Handelsvertrages mit Norwegen. Wien: Manz 1906. 23 p. 8°.

Schweiz.

Rinhofer, Hugo, Materialien zur Vorbereitung des österr.-ungar. Handelsvertrages mit der Schweiz. Wien 1905. 41 p. 8°.

Rußland.

Handelskonvention vom Mai 1894 zwischen Österreich-Ungarn und Rußland. Wien: Hof- u. Staatsdr. 1894. 75 p.

Rumänien.

Denkschrift des Hermannstädter Bürger- und Gewerbevereins und des Hermannstädter Handelsgremiums betr. die Erneuerung der Zoll- und Handelskonvention mit Rumänien. Hermannstadt: Krafft 1885. 24 p. 8°.

[Roselius], Viitoarele relațiuni comerciale între Germania, România și Austro-Ungaria și neaparata lor înrâurire aspura politicei acestor tari. o. O. [1915]. 20 p. 8°.

Schohamm, Carl, Der neue rumänische Zolltarif und unser Export nach Rumänien. Wien: Plaut & Co. 1892. 54 p. (Wirtschaftliche Streiflichter 2.)

Singer, Bernhard, Zur Handelskonvention zwischen der österr.-ungar. Monarchie und Rumänien. Wien: Perles 1875. 46 p.

Ungarn. Parlament. Abgeordnetenhaus. Zusatzvertrag vom 23. April 1909 zur Handelskonvention zwischen Österreich-Ungarn und Rumänien vom 21. Dez. 1893. Wien: Hof- u. Staatsdr. 1909. 245 p. 4°. (Protokolle d. Abgeordnetenhauses 19. Sess. 1909. 661. Beil.)

———

Herel, H., Der Handelsvertrag in Österreich-Ungarn und Rumänien. Kronstadt: Göll 1902. 26 p. 8°.

Balkan.

Berdach, Hugo, Unsere Zukunft auf dem Balkan. Betrachtungen eines Kaufmannes. Wien: Grünfeld 1912. 7 p. 8°.

Boemches, Friedrich, Der handelspolitische Einfluß Österreich-Ungarns in Bulgarien. Wien: David & Küss 1892. 16 p.

Grünberg, Karl, Die handelspolitischen Beziehungen Österreich-Ungarns zu den Ländern an der unteren Donau. Lpzg.: Duncker & Humblot 1902. VII, 317 p. 8°.

Grunzel, Josef, Die Handelsbeziehungen Österreich-Ungarns zu den Balkanländern. Wien: Dorn 1892. VIII, 142 p. 8°.

Kassowitz, Tony, Die neueren handelspolitischen Beziehungen zwischen Österreich-Ungarn und den Balkanländern bis zum Ausbruch des Weltkrieges. 1. Kap.: Rumänien. Diss. Bln. 1917. 61 p.

Stojanoff, A[nastas], Die handelspolitische Situation der Balkanstaaten gegenüber Österreich-Ungarn. Dargestellt auf d. Grundlage d. bulgarisch-serbischen Zollunionsvertrages vom 9. VII. 1905 (n. St.). Wien: Perles 1914. VIII, 108 p. 8°.

———

Österreich-Ungarn. Ministerium des Äußern. Diplomatische Aktenstücke über die Handelsvertragsverhandlungen mit Serbien. (1905—1906.) Wien: Hof- u. Staatsdr. 1906. 27 p. 4°.

Singer, Bernhard, Die Verträge mit Serbien, besprochen. Wien: Perles 1882. 104 p. 8°.

Wien. Handelsmuseum. Regierungsvorlage betreffend den Handelsvertrag zwischen Österreich-Ungarn und Serbien vom 14. Juli 1910. Nebst Anlagen und Schlußprotokoll. Wien: Handelsmuseum 1910. 170 p.

———

Klinger, H., Referat über die Revision des österr.-türkischen Handelsvertrages Wien: Niederösterreichische Handels- und Gewerbekammer 1875. 21 p. 4°.

Österreich-Ungarn. Zolltarife. Tariffa d'importazione per il commercio austro-ungherese nell' Impero Ottomano. — Einfuhrtarif für den österr.-ungar. Handel im ottomanischen Reiche. Wien: Hof- u. Staatsdr. 1872. 27 p. 4°. [Italienisch-deutsch-ungarisch-türkisch.]

Orienthandel.

Heller, Victor, Die Förderung der Handelsbeziehungen zwischen Österreich-Ungarn und China. Wien: Heller 1906. 30 p.

Holz, W., Zur Frage des österr.-ungar. Orienthandels. 1882.

Österr.-ungar. Exportverein. Flugschrift des österr.-ungar. Exportvereins für 1878, betreffend den Handel nach Persien. Wien: Gerold 1878. 32 p. 8°.

Österr.-ungar. Exportverein. Flugschrift des österr.-ungar. Exportvereins für 1879, betreffend den Handel nach Indien. Wien: Gerold 1879. 33 p. 8°.

Österr.-ungar. Exportverein. Orientreise des österr.-ungar. Exportvereines 1892. Bericht des Vereinssekretärs. Wien: Plaut 1892. 30 p. 8°.

Scherzer, K. v. (Hrsg.), Fachmännische Berichte über die österr.-ungar. Expedition nach Siam, China und Japan. (1868—1871.) Stuttgart: Maier 1872. XVI, 418, 494 p. 8°.

Singer, Bernh., Unsere Orientinteressen. Wien: Gerold 1878. 60 p.

Amerika.

[Földes] Weisz, Béla, Andere Bahnen. Ein handelspolitischer Überblick der Beziehungen Österreich-Ungarns zu d. südamerikanischen Absatzgebiete. Wien Hölder 1913. VII, 32 p. 8°.

Mitteleurop. Wirtschaftsverein in Österreich. Österreich-Ungarn und die Vereinigten Staaten von Amerika in ihren handelspolitischen Beziehungen. Wien: Fromme 1907. 180 p. 8°.

C. Handelsgeschichte.

S. Bd. 1.

D. Handelsinstitutionen.

Handels- und Gewerbekammer.

Budapest. Handels- u. Gewerbekammer. Ausschußbericht zur Revision des G.-A. VI. 1868 betreffend die Handels- u. Gewerbekammern. Bp.: Pester Buchdr. 1873. 15 p. 4.°

Budapest. Handels- u. Gewerbekammer. Bericht über die Handels- und Verkehrsverhältnisse des Kammerbezirkes im Jahre 1875. Bp. 1876.

Instruktion betr. die Redaktion des Jahresberichtes der Handels- und Gewerbekammern. [O. O. u. J.] 4, 15 p. 8°.

Schimmelpfeng, W., An die Handels- u. Gewerbekammern in Österreich-Ungarn und Deutschland. Bln.: Ullstein 1893. 24 p. 4°.

Die Wirksamkeit der ungarischen Handels- u. Gewerbekammern und eine rationelle Reorganisation derselben. Wien: Verl. d. Österr. Ökonomist. 1873. 15 p. 4°.

Wurst, Osk. u. Herm. Leiter, Die Handels- u. Gewerbekammern Österreich-Ungarns, sowie die Institute für fachliche Ausbildung. Wien: Hölzel 1917. 34 p. 1 Taf.

Lagerhäuser.

Schmidtmann, Arm., Die Reform des ungar. Handels durch Errichtung von Entrepôts. 3. deutsche Ausg. Preßburg: Schreiber 1870. 38 p. 8°.

Ungarische Escompte- u. Wechslerbank. Budapester Lagerhaus-Unternehmung. Betriebsreglement und Tarife. 1884. Bp.: Légrády 1884. 56 p. 8°.

Kommerzielles Bildungswesen.

Budapest. Orientalische Handelsakademie. Mitteilungen über die Staatl. Orientalische Handelsakademie in Budapest. — Organisation et plan d'étude de l'Académie orientale de commerce de Budapest. Bp.: Pester Buchdr. 1899. 34 p. 8°.

Glaßer, Franz, Das kommerzielle Bildungswesen in Österreich-Ungarn auf Grundlagen des elementaren und mittleren Unterrichtes und die kaufmännischen Lehranstalten des Deutschen Reiches. Wien: Hölder 1893. VI. 422 p.

Kaufmännisches Fortbildungs-Schulwesen. Bd. 1—2. Braunschweig: Limbach: Verlag des kaufmännischen Unterrichtswesens 1896. 8°. Bd. 2. Ausland. Abschnitt 6. Österreich-Ungarn.

Lexen, Friedrich, Reformvorschläge zur weiteren Entwicklung unserer Handelsschulbildung. Kronstadt 1908. 35 p. 8°. (S.-A. aus „Kronstädter Zeitung").

Schack, Béla, Das kommerzielle Bildungswesen in Ungarn. Das kommerzielle Bildungswesen in Kroatien und Slavonien, von Eugen Geleich. Wien: Hölder 1913. 281 p. (Das kommerzielle Bildungswesen der europäischen und außereuropäischen Staaten. T. 7.)

Schuster, Martin, Spezieller Lehrplan für die Gremialhandelsschule (Handelslehrlingsschule) und den Kontorfachkurs in Nagyszeben (Hermannstadt). Hrsg. Kultus- u. Unterrichtsminister. Als Manuskript gedruckt. Schäßburg: Krafft 1907. 29 p. 8°.

Ungarn. Ministry of commerce. Trade and technical education in Hungary. Bp.: Athenaeum 1908. 51 p. 8°.

Ungarn. Ministry of religion and public instruction. Commercial education. — Schools for defective children. Bp.: Hornyánszky 1908.

Konsulate.

Alphabetisches Namenverzeichnis der k. k. österr.-ungar. Konsularfunktionäre, sowie der k. k. österr.-ungar. Konsularämter im Auslande. Wien: Hof- und Staatsdruckerei. 1898. 35 p. 8⁰.

Gargas, S., Zur Reform des österr.-ung. Konsularwesens. Wien: Hubert und Lahme 1910. 38 p. 8⁰.

Malfatti di Monte Tretto, Jos. v., Handbuch des österr.-ungar. Konsularwesens, mit einer Sammlung von Normalien und einem Anhang über die Stellung der fremden Konsularfunktionäre in Österreich-Ungarn. Wien: Braumüller 1879. XVI, 750 p. 8⁰. Supplementband. Ebenda 1883. 2. Aufl. mit Sachregister. Bd. 1—2. Wien: Manz 1904. 8⁰.

Österreich-ungarische Konsularämter. Kodifikation der Vorschriften für den kommerziellen Dienst der k. k. österr.-ungar. Konsularämter. 1895. 24 p. 4⁰

Österreich-ungarische Konsularämter. Kommerzielle Berichte. Jg. 1—15. (1887—1900.)

Österreich-Ungarn. Konsularämter. Übersicht des gegenwärtigen Standes der k. k. österr.-ungar. Konsularämter in sämtl. fremden Staaten. Wien: Hofdr. 1877. 18 p. 8⁰.

Österr.-ungar. Konsularämter. Monats-, Quartals- und Jahresberichte. Jg. 1—24. (1886—1909.)

Österr.-ungar. Konsulatsbehörden. Jahresberichte 1889—1890. Wien: Hof- u. Staatsdr.

Österr.-ungar. Konsulatsbehörden. Mitteilungen Jg. 1—18. (1873—1900.)

Österreich-Ungarn. Ministerium des Äußern. Handatlas der k. k. österr.-ungar. Konsularämter. Wien: Freytag 1891. 2⁰.

Österreich-Ungarn. Konsulat zu Chicago. Jahres- u. Handelsbericht 1878—1893. Chicago.

Österreich-Ungarn. Konsularbericht von Japan. 1899—1901. [Lithographie.]

Österreich-Ungarn. Generalkonsulat in New York. Jahresbericht über die wirtschaftlichen Verhältnisse der Vereinigten Staaten von Amerika. 1889—1893.

E. Außenhandel im Allgemeinen.

Statistisches.

Fest, Colomano, Statistica del movimento marittimo-commerciale del porto di Fiume negli ultimi 10 anni. Fiume: Mohovich 1885. 173 p. [Ungarisch-italienisch.]

Österreich. Handelsministerium. Handelsstatistisches Amt. Statistik des auswärtigen Handels des österr.-ungar. Zollgebietes. 1891—1906. Wien.

Österreich. Handelsministerium. Handelsstatistisches Amt. Statistische Übersichten betreffend den auswärtigen Handel des österr.-ungar. Zollgebiets. 1891—1907. Wien. (Nachrichten 44, 46, 55, 58, 61, 64, 67, 70, 73, 76, 79, 80, 82, 84, 86, 88.)

Österreich. Handelsministerium. Handelsstatistisches Amt. Werte für die Mengeneinheiten der ein- und ausgeführten Waren im österr.-ungar. Zollgebiete. 1880—1890, 1892—1894. Wien. (Nachrichten 22, 24, 26, 29, 31, 33, 34, 37, 40, 42, 45, 53, 57, 60.)

Österreich. Handelsministerium. Handelsstatistisches Amt. Statistische Übersichten betreffend den auswärtigen Handel des Vertragszollgebietes der beiden Staaten der österr.-ungar. Monarchie. 1908—1913. Wien. (Nachrichten 90, 92.)

Österreich. Handelsministerium. Handelsstatistisches Amt. Berichte über die Handelsbewegung sowie Bewertung der ein- und ausgeführten Waren des österr.-ungar. Zollgebietes. 1895—1905. Wien. (Nachrichten 63, 66, 69, 72, 75, 77, 78, 81, 83, 87.)

Österreich. Handelsministerium. Handelsstatistischer Dienst. Außenhandel und Zwischenverkehr der im Reichsrate vertretenen Königreiche u. Länder und der Länder der ungarischen Krone. 1904—1912. Wien.

Österreich. Handelsministerium. Handelsstatistischer Dienst. Statistik des auswärtigen Handels des Vertragszollgebietes der beiden Staaten der österr.-ungar. Monarchie. 1907—1913. Wien.

Österreich. Handelsministerium. Statistisches Departement. Übersicht des Warenein- und -ausfuhr des österreichisch-ungarischen Zollgebietes. 1859/60, 1864, 1870—1878, 1887, 1980. Wien.

Österreich. Permanenzkommission für die Handelswerte. Bericht über die Handelsbewegung sowie Bewertung der ein- und ausgeführten Waren des österr.-ungar. Zollgebietes. 1906—1910. Wien.

Österreich. Statistische Zentralkommission. Statistik des auswärtigen Handels der österr.-ungar. Monarchie. 1882—1890. Wien. (Österreichische Statistik 4, 8, 10, 14, 17, 20, 23, 25, 29.)

Österreich. Statistische Zentralkommission. Ausweise über den auswärtigen Handel der österr.-ungar. Monarchie. 22—42. (1861—1881.) Wien.

Pizzala, J., Österreich-Ungarns Außenhandel i. J. 1891—1892. Wien: Hölder. (Aus: Statist. Monatsschrift.)

Ungarn. Statistisches Zentralamt. Auswärtiger Handel der Länder der ungar. heil. Krone in d. J. 1901—1905. T. 1—2. Bp. (Ungar. statist. Mitteilungen 20, 21.)

Ungarn. Statistisches Zentralamt. Auswärtiger Handel der Länder der ungar. heil. Krone i. J. 1901—1913. Bp. (Ungar. statist. Mitteilungen N. S. 3, 6, 8, 13, 17, 23, 25, 28, 33, 37, 43, 47, 53.)

Ungarn. Statistisches Zentralamt. Warenverkehr der Länder der ungar. heil. Krone i. J. 1892—1900. Im Auftrage des kgl. ungar. Handelsministers verfaßt und hrsg. vom Kgl. ungar. statist. Zentralamt. Amtliche Übersetzung aus dem ungar. Originale. Bp. Athenaeum Buchdr. [Comm.: Kilián.] (Ungar. statist. Mitteilungen N. F. 4, 7, 10, 14, 17, 20, 23, 26, 29.)

Ungarn. Bureau central de statistique. Commerce extérieur des Pays de la sainte Couronne hongroise de 1901—1905. Part. 1—2. Bp. (Publications N. S. 20. 21.)

Ungarn. Bureau central de statistique. Commerce extérieur des Pays de la sainte Couronne hongroise 1901—1913. Bp.: (Publications N. S. 3, 6, 8, 13, 17, 23, 25, 28, 33, 37, 43, 47, 53.)

United States. Bureau of foreign and domestic commerce. Statistics of Austro-Hungarian trade. (1909—1913.) By J. J. Kral. U. S.: Foreign and domestic comm. 1919. 64 p. 8 °. (Miscellaneous ser. no. 77.)

Darstellungen und Berichte.

Austria-Hungary. Consular report on foreign trade 1909. London: Wyman 1910.

Chaumié, Jacques. Le commerce maritime de la monarchie austro-hongroise. Paris 1903. 57 p. 8 °. (Extrait de la Nouv. Rev. d'ℓc. 1902. janv. 1903.)

Delabarre, Mouvement du commerce extérieur de la Hongrie en 1892. Paris 1894. (Rapports commerciaux 173.)

De la Martinière. Commerce extérieur de la Hongrie en 1904. Paris 1906. 32 p. 8 °. (Rapports commerciaux 508.)

Denkschrift über den auswärtigen Handel der österr.-ungar. Monarchie. Wien: Stockinger 1876. 26 p. 4 °.

Ein Wort über Österreichs Beteiligung am Welthandel. Von A. v. K. Wien: Braumüller 1864. 21 p. 8 °.

Engel, Moritz v., Österreich-Ungarn im Welthandel. Wien: Manz 1902. 202 p. 8 °.

Engel, Moritz, Der Veredlungsverkehr des österr.-ungar. Zollgebietes. Wien: Manz 1904. VII, 101 p. 8 °.

Export-Enquête. Spezialberichte zu der vom österr.-ungar. Exportverein veranstalteten Export-Enquête. Wien: Selbstverlag 1898. 123 p.

Die Export-Enquête des österr.-ungar. Exportvereines 1898. Wien: Eisenstein 1898. 325 p. 8 °.

Exportkompaß. Kommerzielles Jahrbuch für die Interessenten des österr.-ungar. Ausfuhrhandels. 20. Jahrg. Wien: Dorn. CLVII, 350 p. gr. 8 °.

Great Britain. Foreign office. Report for the year 1913 on the trade and commerce of Hungary. London.

Gürtler, Alfred, Österreich-Ungarns und des Deutschen Reiches Anteil am Welthandel. Graz: Leuschner & Lubinsky 1915. 35 p. 2 Tab. 8 °.

Heller, Wolfgang, Die auswärtigen Handelsbeziehungen der österr.-ungar. Monarchie am Anfang des 20. Jahrh. Eine statistisch-handelspolitische Studie. Lpzg.: Duncker & Humblot 1904. p. 280—347. (S.-A. aus: Jahrb. für Gesetzgebung, Verwaltung und Volkswirtschaft.)

Hungary. Consular report. Report on the commerce and industry of Hungary. 1907—1908. London: Wymann 1909.

Keleti, Karl, Ungarn im Weltverkehr. Bp. 1885. 32 p.

Korizmics, L., Studien und Reflexionen über den Ein- und Ausfuhrverkehr der österr.-ungar. Monarchie. 1851—1874. Bp.: Khór & Weiß 1877. 64 p. 8 °.

Obert, Franz, Unser Export und dessen Erhaltung. Kronstadt: Gött 1885.

Oelwein, Artur, Deutschland und Österreich-Ungarn im Welthandel nach den Daten d. J. 1912. Bln.: Verlag f. Fachliteratur [1916]. 3 p. (S.-A. aus Zeitschrift d. Österr. Ingenieur- und Architektenvereines.)

Österreich-ungarischer Exportverein. Enquête Comité. Denkschrift über die Ergebnisse der allgemeinen industrieellen Export-Enquête. Wien: Verlag des Vereines 1874. 66 p. 8 °.

Österreich-ungarischer Exportverein. Denkschrift des österr.-ungar. Exportvereines zur Feier seines fünfundzwanzigjährigen Bestandes. (1872 bis 1897.) Wien: Jasper 1897. 103 p.

Österreich-ungarischer Exportverein. Mitteilungen des österr.-ungar. Exportvereines. 1881—1883, 1892. Wien: Selbstverlag.

Pacher, Gustav v., Der Außenhandel des österr.-ungar. Zollgebietes im Lustrum 1874—1878. Wien: Hölder 1880. 166 p.

Raunig, Gustav, Der Außenhandel Österreich-Ungarns. 1891. In graph. Darstellung. Wien: Szelinski 1893. 16 p. 4°.

Revoltella, P., Österreichs Beteiligung am Welthandel. Triest: Münster 1864. 52 p. 8 °.

Riffault, A., Commerce extérieur de la Hongrie 1899.

Turenne, Comte de, Le commerce extérieur de la Hongrie. Paris 1894. 24 p. 8 °. (Rapports commerciaux 229.)

Kübert, Richard, Völkerrechts-Handbuch für den österr.-ungar. Außenhandel. Wien 1916. 290 p.

Schaeffer, Franz Benjamin, Aus- und Durchfuhrverbote der wichtigsten kriegführenden und neutralen Staaten während des Krieges. (1914/15.) Hrsg. vom Handelsvertragsverein, Verband zur Förderung des deutschen Außenhandels. Bln.: Heymann 1915. VIII, 63 p. 8 °.. Nachtrag 1915

Ungar. Handelsmuseum. Außenhandels-Verkehrsbureau. Die wichtigsten Außenhandelsverordnungen in Ungarn. (Nach dem Stande v. 31. August 1921.) Bp.: Pester Buchdr. 1921. 44 p. 8 °.

Ungarn. Handelsmuseum. Die wichtigsten Außenhandelsverordnungen in Ungarn. Bp.: Handelsmuseum 1921. 44 p.

F. Außenhandel mit den einzelnen Ländern.

Mandello, Karl, Ungarns Handel mit Deutschland. Jena: Fischer. p. 592 bis 597. (S.-A. aus: Jahrbücher für Nationalökonomie und Statistik.)

Mandello, Charles, Les résultats de la réaction économique inaugurée en Allemagne en 1878 et les conséquences des nouveaux traités de commerce au point de vue de la Hongrie. Anvers 1892. 23 p. (Congrès int. d'Anvers sur la législation douan ière.)

Coppet, Maurice de, Les exportations de France et d'Algérie en Hongrie. Paris 1907. 36 p. 8 °. (Rapports commerciaux 621.)

Folgen des Zollkrieges zwischen Österreich-Ungarn und Rumänien. Wien: Industrieller Club 1900. 5 p. 4 °.

Österr.-ungar. Exportverein. Denkschrift über die österr.-russischen Grenz-, Zoll- und Verkehrsverhältnisse. Wien 1873. 19 p.

Ciotta, J., Der Suezkanal und seine Beziehungen zu den Handelsverhältnissen Ungarns. Bericht an die Handels- u. Gewerbekammer zu Pest-Ofen. Pest: Aigner 1870. 48 p. 8 °.

Neugebauer, Wilh., Japan im Handelsverkehr mit Deutschland und Österreich-Ungarn. Lpzg.: Meiner 1914. IV, 96 p. 8 °.

G. Einzelne Handelszweige.

Dresden. Handels- u. Gewerbekammer. Erwiderung auf eine im Auftrage des ungar. Ackerbauministeriums ausgearb. „Fachgutachten" über die Mehlexport-Bedingungen Ungarns im Zusammenhang mit dem Bäckergewerbe der außerösterr.-ungar. Länder. Dresden: Heinrich 1878. 6 p. 4 °.

Enyedi, Simon, Die Aufhebung des Identitäts-Ausweises zur Hebung des Gersteexportes. Bp. 1903.

Die Getreideumschlagplätze der Zentral-Einkaufsgesellschaft m. b. H. an der Donau. Bln.: Elsner Druck (1916). 15 p.

Kálnoky & Simon, Rückblicke auf den ungarischen Mehlhandel. Jg. 1—13. 1869—1881. Bp.: Légrády 1870—1882.

Kühne, Roland, Die Geschichte des ungarischen Getreidehandels und die Getreidepreisbildung in Österreich-Ungarn. Diss. Heidelberg: Magyaróvár 1910. 89 p. 8⁰.

Leinkauf, Moritz, Beiträge zur Produktenstatistik. Jahrbuch für den österr.-ungar. Warenhandel unter besonderer Berücksichtigung des Verkehrs in Getreide, Mehl, Öl und Spiritus. (1871/72.) Wien: Hölder 1873. 295 p. 2⁰.

Mayer, Emil, Unser interner Mehlhandel. Vorschläge. Bp.: Ungar. Mühlenzeitung 1881. 15 p. 8⁰.

United States. Department of agricultur. Austria-Hungary as a factor in the world's grain trade. Washington 1897.

Österr.-ungar. Holzhandels-Usance. Mit Anhang: Bezugsquellennachweiser für alle Bedarfsartikel der Forstwirtschaft, des Holzhandels und der Holzindustrie. Wien: Sachs' Verlag 1901. 68, 22 p. 16⁰.

Adreßbuch für den Buch-, Kunst- und Musikalienhandel und verwandte Geschäftszweige der österr.-ungar. Monarchie, mit einem Anh.: Österr.-ungar. Zeitungs-Adreßbuch 1918. Hrsg. von Mor. Perles. Wien: Perles.

Bernáth, Josef, Die Aus- und Einfuhr der Mineralwässer in Ungarn. Wien 1882. (S.-A. aus dem Wiener Kursalon.)

Butman, Arthur B., Shoe and leather trade in Italy and Austria-Hungary. Washington 1913. 60 p. (U. S. Bureau of foreign and domestic commerce. Special agents ser. No. 70.)

Gerstl, Siegfried, Unsere Zoll- und Handelspolitik bezüglich des landwirtschaftlichen Maschinenwesens. Wien: Eisenstein 1901. VII, 164 p. 8⁰.

Rodiczky, Eugène, Les ventes publiques de laines à Budapest. Bp. 1900.

H. Maße und Maßsysteme.

Herzog, Edmund, Darstellung des Metersystems. Maßgattungen und Vergleichung mit den alten Maßsystemen. Mit dem Auszuge der Verordnung des kgl. ungar. Handelsministeriums. Bp.: Franklin 1876. XXVII, 244 p. 8⁰.

Littrows Handbuch zur Umrechnung der vorzüglichsten Münzen, Maße und Gewichte aller Länder in österr.-ungar., metrische und andere Einheiten. 4. Aufl. Wien: Beck 1870. XX. 136 p.

VI Verkehrswesen.

A. Allgemeines.

Heiderich, Franz, Verkehrsgeographische Studien zu einer Isochronenkarte der Österr.-ungar. Monarchie. Wien: K. k. Österr. Handelsmuseum 1912. 48 p. 8⁰. (Publikationen der Exportakademie.)

Horváth, Aug., Beiträge zur freien Entwicklung unserer Handels- und Verkehrszustände. 1867.

Klofetz, Karl, Verkehrsfragen im Ausgleiche mit Ungarn. Wien 1916. (Aus: Allgem. Tarifanzeiger.)

Leyen, Alfred von der, Die Verkehrsbeziehungen zwischen dem Deutschen Reich, Österreich und Ungarn. Ihre Entwicklung und ihre Fortbildung bei engeren Handelsbeziehungen. München: Duncker & Humblot 1916. p. 297—360. (S.A. aus Schriften des Vereins für Sozialpolitik. Bd. 155. 2. Teil.)

Meißner, D. M., Vorschläge zur Erleichterung des Verkehrs in Pest-Ofen. Pest 1865.

Rágóczy, E[gon], Ist eine einheitliche Verkehrspolitik zur Anbahnung einer Wirtschaftsunion zwischen Deutschland, Österreich und Ungarn möglich? Groß-Lichterfelde: Troschel 1909. 16 p. 8⁰. (Deutsch-österr.-ungar. Verband f. Binnenschiffahrt. Verbands-Schriften, N. F. 47.)

Zoepfl, Gottfried, Mitteleuropäische Verkehrspolitik. Bln.: Heymann 1918. 28 p. (Deutsche Weltwirtschaftliche Ges. Vereinsschriften 6.)

Ungarisches Verkehrs-Museum, Denkschrift zur Eröffnung des kgl. ungar. Verkehrs-Museums. Bp. 1894.

Annales des ponts et chaussées 1909—1910. Bp.: Pallas. 132 p.

Seefehlner, Jul., Die Franz Josef-Brücke in Budapest. Hannover: Jäncke 1898. 44 p. 6 Taf. 2⁰. (S.-A. aus: Zeitschr. f. Architektur und Ingenieurwesen.)

B. Postwesen.

Hennyey, Wilhelm v., La statistique de la poste en Hongrie. (Bulletin de l'Institut international de statistique 13.)

Kropf, H., Die Postwertzeichen der Österr.-ungar. Monarchie. Prag: Neugebauer 1902. 455 p. 4°.

Zur Reform des Paketportos in Deutschland und Österreich-Ungarn. Lpzg.: Grunow 1898. 192 p. 8°.

Comptes rendus de la première conférence internationale des techniciens des telegraphes et des telephones à Budapest 1903 Bp. 1903. 4°.

Innovations dans les installations des télégraphes et téléphones hongrois. Bp. 1902.

Neuerungen auf den ungarischen Telegraphen- und Telephon-Einrichtungen. Bp. 1902.

Österreichische Statistische Zentralkommission. Entwicklung des Telegraphenwesens der österr.-ungar. Monarchie 1849/1868. Wien. (Mitteilungen aus dem Gebiete der Statistik 18.)

Une réforme radicale de l'institution du télégraphe. Bp. 1890.

C. Eisenbahnwesen.

Allgemeines.

Winkler [E.], Eisenbahnstrecken- und Lademaß-Karte von Mittel-Europa 1917. Bearb. v. Eisenbahn-Assist. Joh. Engst. Farbendr. Mit Verzeichnis d. Eisenbahnverwaltungen. Dresden: Urban. 28 p.

Révész, Samuel, Eisenbahnwörterbuch. 3 Teile in 2 Bänden. Dictionnaire des chemins de fer. Vasuti szótár. Bp.: Kilián 1886. 4°.

Jahrbuch der Eisenbahnen und Transport-Unternehmungen Österreich-Ungarns. Wien (Hölder) 1906.

Konta, J., Eisenbahn-Jahrbuch der österr.-ungar. Monarchie. Wien: Spielhagen & Schurich. 8°. (Halbjährlich.)

Alphabethisches Verzeichnis aller in Österreich-Ungarn einschließlich Bosnien und der Herzegowina befindlichen Eisenbahn- und Dampfschiffahrtsstationen sowie die für den Transport für anmeldungspflichtige Sendungen zugelassenen Straßenzüge mit Angabe der zuständigen Finanzwachabteilungen und Finanzdirektionen. Wien: Hof- und Staatsdruckerei 1906. 330 p. 8°.

Eisenbahn-Schematismus für Österreich-Ungarn. 1874. Wien: Manz 1914. 8°.

Spacek, E., Vollständiges Stationsverzeichnis der Eisenbahnen Österreich-Ungarns und der ausländischen Anschlußbahnen usw. und die Verzeichnisse der österr.-ungar. Zuckerfabriken usw. Bearbeitet für 1890. Prag-Pilsen: Steinhauser 1889. 455 p. 8°.

Verzeichnis aller in den Ländern der ungar. Krone befindlichen Eisenbahn- und Dampfschiffahrtsstationen. Wien: Hof- und Staatsdruckerei 1894. 87 p. 8°.

Geschichte und Politik.

Geschichte der Eisenbahnen der österr.-ungar. Monarchie. Herausg. vom österr. Eisenbahnbeamtenverein. Lfg. 1—55, Bd. 1, T. 1—2, Bd. 2—3. Teschen und Wien: Prochaska 1897—1898.

Kupka, P. F., Die Eisenbahnen Österreich-Ungarns. 1822—1867. Lpzg.: Duncker & Humblot 1888. 386 p. 8°.

Saárossy-Kapeller, Edm., Die zehnjährige Tätigkeit der kgl. ungar. Staatseisenbahnen auf dem Gebiete der Volkswirtschaft. Bp.: Légrády 1885. 100 p.

Schwarz, Alex., Der Stillstand in der Entwicklung des Eisenbahnnetzes in Ungarn, seine Ursachen. Wien: Ruzička 1873. 19 p.

Strach, H. v. (Red.), Geschichte der Eisenbahnen der österr.-ungar. Monarchie. Bd. 1—4. Teschen: Prochaska 1899. 8°.

Ungarisches Eisenbahnnetz. Das ungar. Eisenbahnnetz. Seine Entwicklung und Vervollständigung. Von L. v. S. Wien: Haasenstein & Vogler 1872. 85 p. 8°.

[Csengery, Anton; Ernest Hollán, M. Lónyay] Mémoire de la société générale hongrois d'agriculture sur les chemins de fer de la Hongrie. 1862.

Denkschrift zu dem Entwurfe eines neuen Eisenbahnnetzes der öster. Monarchie. Verfaßt im Auftrage des k. k. Ministeriums für Handel und Volkswirtschaft. Wien: Manz 1864. 31 p. 8°.

Dorn, Alex., Einige Eisenbahnfragen. 1871. (Aus: P. Lloyd.)

Hahn, G. J. v., Über die europäische Bedeutung der ungar.-österr. Eisenbahnnetzes. Wien: Tendler 1867. 22 p. 8°.

Lindheim, Wilh., Die Produktion der Eisenwerke in Österreich und der Bedarf der österr.-ungar. Eisenbahnen. Wien 1878. 66 p.

Lorencz, Art., Die Eisenbahnpolitik Ungarns. Diss. Heidelberg: Geier 1909. VIII, 140 p.

Neményi, Ambros., Die Verstaatlichung der Eisenbahnen in Ungarn. Lpzg.: Duncker & Humblot 1890. VIII, 232 p. 8⁰.

Österreich-ungarisches Eisenbahnnetz. Das österr.-ungar. Eisenbahnnetz und die Schlagfertigkeit der Armee. Eine milit. Studie vom Verf. des „Nebels von Chlum". Wien: Lehmann & Wentzel 1871. 50 p. 8⁰.

Ranitz, Max, Das Eisenbahnwesen Österreich-Ungarns und dessen neuestes Rechtsgebiet. Wien: Hölder 1881. 36 p. 8⁰.

Übereinkommen zwischen der österr.-ungar. Staatseisenbahngesellschaft und den kgl. ungar. Staatseisenbahnen 1883.

Statistik und amtliche Berichte.

Great Britain. Board of Trade. Report on railways in Austria and Hungary. London 1909.

Österreichisches Handelsministerium. Handelsstatistisches Amt. Statistische Miszellen über die österr. ungar. Eisenbahnen. 1872. Wien. (Nachrichten 1.)

Österreichische Statistische Zentralkommission. Die Eisenbahnen der österr.-ungar. Monarchie und ihr Betrieb. 1868—1869. Wien.

Schüller, Sigmund, Versuch einer vergleichenden graphischen Statistik der österr. und ungar. Eisenbahnen. (1866 bis 1869.) Wien: Hölder 1871. 46, XXXV p.

Ungarn. Statistisches Zentralamt. Eisenbahnen der Länder der ungar. heil. Krone in den J. 1894—1896, 1897 bis 1899, 1900—1902. (Ungar. statistische Mitteilungen N. F. 21, 28.)

Ungarn. Bureau central de statistique. Chemins de fer dans les Pays de la sainte Couronne hongroise en 1900, 1901 et 1902. (Publications N. S. 10.)

Internationale Kommission für die Beurteilung der von den kgl. ungar. Staatseisenbahnen vorgeführten durchgehenden Güterzugbremse. (Bauart Westinghouse.) Protokolle über die Verhandlungen vom 25. September bis 4. Oktober 1913. Bp.

Verwaltung und Betriebsordnung.

Ambrozovics, Béla, La formation des employés de chemins de fer en Hongrie. Bruxelles 1888.

Epstein, Marc., Das österr.-ungar. Eisenbahn-Betriebsreglement. Brünn: Karafiat 1898. 140 p. 8⁰.

Freiheim, Ed. (Red.), Fahrordnung für den Personenverkehr auf den Linien der k. k. priv. Südbahn inkl. der k. k. priv. Graz—Köflach—Wieserbahn, der ungar. Westbahn usw. 1885 Juni. Graz: Ciesler 1885. 126 p. 12⁰.

Nagy, J., Les pensionnats d'enfants des ag nts subalternes des chemins de fer de l'état hongrois. 1899.

Reviczky, A. v., Sammlung der Eisenbahn-Bauvorschriften für Ungarn. H. 1—28. Bp.: Singer & Wolfner 1888.

Siebenbürger und Theißbahn. Instruktion über die Manipulation und Verrechnung beim Personentransporte der ersten Siebenbürger und der Theißbahn. Bd. 1—3. Wien 1868.

Smialovszky, Valère, Quelques mots sur l'administration de nos chemins de fer. Bp.: Neumayer 1892. 16 p.

Tóth v. Felseő-Szopor, Karl, Die Bahnverwaltungssysteme in Ungarn. Wien: Spielhagen 1879. VI, 160 p. 8⁰.

[Stempf, Carl] Ein Wort über mein Scheiden aus dem Dienstverbande der kgl. ungar. Staatseisenbahn. 1872.

Finanzen.

Austria-Hungary. Report of financial result of purchase and working of Hungarian state railways. London: Eyre & S. 1899.

Szathmári, Karl v., Verhandlungen und Kommissionsberichte über billige Bahnen. Aus der staatswirtschaftlichen Abteilung des ungar. Landes- und Agrikulturvereins. Pest: Ráth 1865. III, 99 p. 4⁰.

Das ungarische Eisenbahngeschäft. Von einem hervorrag. Fachmanne. Wien: (Beck) 1872. 28 p. 8⁰. (Aus: Sonn- und Freitags-Courier.)

Tarife.

Bechtel, A., Kilometerzeiger zu den Tarifen der österr.-ungar. Eisenbahnen. Jg. 5. Wien: Waldheim 1888. 547 p. mit Karte.

Bohr, Hans, Leitfaden des österr.-ungar. und internationalen Eisenbahntarifwesens. Lehrtexte für Eisenbahnfachkurse. Wien: Hölder 1911. V, 50 p. 8°.

Epstein, Marcus sen., Die Tariferhöhung der k. k. österr. Staatsbahnen. Ein Vergleich mit dem ungar. Reformtarif und der Barême der deutschen Bahnen. 4. Folge der bahntarifar. Studien. Prag: Haase 1909. 21 p. 8°.

Heller, Adolf, Tarif-Taschenbuch für Güterverkehr. Pest 1862.

Jellinek, Louis und Jos. Gonda, Entwicklung des Eisenbahn-Tarifwesens in Ungarn von 1846—1896. Bd. 1. Wien: Hölder 1897. XV, 224 p. 8°.

Pauer, Albert, Lehrbuch des Eisenbahn-Tarifwesens mit besonderer Berücksichtigung des Tarifwesens der österr.-ungar. Eisenbahnen. Wien: Hof- und Staatsdruckerei 1900. X, 401 p. 8°.

Rank, E., Die Tarifkartelle der österr.-ungar. Eisenbahnen. Wien: Hartleben 1886.

Schüler, F., Die Tarife in ihren Beziehungen zum Konzessionswesen der Eisenbahnen in Österreich-Ungarn. 1870.

Seidler, Ernst und Alex. Freund, Die Eisenbahntarife in ihren Beziehungen zur Handelspolitik. Lpzg. 1904. XVI, 189 p. 8°. [Angaben über die ungar. Verkehrspolitik.]

Seifert, Alois, Die Vereinheitlichung der deutschen, österreichischen und ungarischen Eisenbahntarife. Bln.: Heymann 1917. XI, 154 p.

Tarifreform und Eisenbahnverstaatlichung in Österreich. Prag: Rivnáč 1886. 12 p. 8°.

Ulrich, Franz, Das Eisenbahntarifwesen im allgemeinen und nach seiner besonderen Entwicklung in Deutschland, Österreich, Ungarn usw. Bln.: Guttentag 1886. XII, 504 p.

Ulrich, F., Traité général des tarifs de chemins de fer, contenant une étude spéciale des tarifs appliqués en Allemagne, Autriche-Hongrie, Suisse, Italie, France, Belgique, Hollande, Angleterre et Russie. Paris: Baudry 1890. 8°.

Ungarn. Tarife 1874. Tarif für den direkten Eil- und Frachtgüterverkehr zwischen den Hauptstationen der österreichisch-ungarischen Bahnen, welche die nämliche Güterklassifikation angenommen haben. August 1874. Wien: Waldheim 1874.

Vágó, Jos., Die Revision des internat. Frachtverkehrübereinkommens. Bp.: Deutsch 1903. 15 p. 8°.

Ambrozovics, Béla, Der ungarische Eisenbahn-Zonentarif und meine Theorie (Übers.). Wien: Spielhagen & Schurich 1898. 44 p. 8°.

Ambrozovics, Béla, Le tarif par zones des chemins de fer hongrois et ma théorie. Bruxelles 1895.

Ambrozovics, Béla, La tariffa a zone delle territorie ungheresi. Milano 1895. 190 p.

Bader, Frdr., Die ungarischen Zonentarife, Diss. Bonn: Feppen 1908. IV, 85 p.

Perrots Zonentarif, seine Bewährung in Ungarn und seine Bedeutung für die Personenbeförderung. Frankfurt a. M.: Brechert 1889. 63 p. 8°.

Reményi, Rud., Der Zonentarif der kgl. ungar. Staatsbahnen. Eine verkehrsgeschichtliche und verkehrsstatistische Studie. Bp.: Grill 1911. 180 p. 8°.

Schober, Beschreibung und Resultat des ungar. Zonentarifs. Bln.: Dierig 1891. 23 p. 8°. (S.-A. aus Glasers Annalen für Gewerbe und Bauwesen.)

Le tarif par zone en Hongrie. Bp. 1890.

Ulrich, Franz, Personentarifreform und Zonentarif. Bln.: Springer 1892. III, 157 p. 8°. Österreich-Ungarn p. 87—112.

Ungarn. Chemin de fer de l'État hongrois. Direction. Le tarif par zones et ses résultats. Bp. 1892. XIX, 89 p.

Warušon-Jarošewič, Awstro-Wengerskij passažirskij pojesdnoj tarif i rezultaty jego priměnenija. St. Petersburg 1891. [Der österr.-ungar. Passagier-Zonentarif und die Ergebnisse seiner Anwendung.] [Russisch.]

Der Zonentarif in Ungarn. Bp. 1890.

Einzelne Eisenbahnlinien.

1. Westen.

Ciotta, Giovanni, Memoriale della rappresentanza civica di Fiume, all' celsa regia cancellaria aulica, sulla questione della ferrovia Semlino-Fiume. Fiume 1865.

Hlubek, F., Die projektierte Graz—Raaber Eisenbahn. Graz 1869. 8 p. 8⁰.

Markovits, Nikolaus v., Die Arlbergbahn und die Handelsverbindungen der österr.-ungar. Monarchie. Wien: Gerold 1880. 46 p. 8⁰.

Wüllerstorf-Urbair, B. v., Das Eisenbahnnetz im westlichen Teile der österr.-ungar. Monarchie mit bes. Berücksichtigung des Adriatischen Meeres. Wien: Plaut 1875. 138 p. 8⁰.

2. Norden.

Dienheim - Pravdsic - Chotomszky, Boleslav Graf, Über die Notwendigkeit einer ungarisch-galizischen Ostbahn. Lemberg 1875.

Érkövy (Ploetz), Adolf, Die Lokomotivbahn von Debrezin bis Máramaros-Sziget, das ist die Verbindung der reichsten Salinen Ungarns mit der Theißbahn. Wien 1865.

Führer auf den Bahnen Oberungarns, einschließlich Pest-Ofens und der Donaufahrt. Pest 1873. 111 p.

K. k. priv. Pest—Losonc—Neusohler Eisenbahn. Bedingnisheft für die Vergebung von Bauarbeiten. Pest 1864. 107 p. 8⁰.

Lord, Josef, Die handelspolitische Notwendigkeit des Ausbaues der Wagthalbahn von Trencsin bis Sillein zum Anschluß an die Kaschau—Oderberger Bahn. Bp. 1880.

Orientierungsbericht über die Rentabilität des in den Komitaten Nyitra, Bars und Trencsén auszuführenden Érsekujvár—Zsolna und Léva—Holicser schmalspurigen Eisenbahnnetzes. Bp.: Kilián 1893.

3. Osten.

Arad—Hermannstädter Eisenbahn (Studium). 1864.

Becke, C. F. v., Die siebenbürgische Eisenbahnfrage aus dem Gesichtspunkte des österr. auswärtigen Handels. Kronstadt: Gött 1864. 9 p. 8⁰.

Becke, C. F. v., Zur siebenbürgischen Eisenbahnfrage. Beleuchtung der projektierten Eisenbahnlinien Hermannstadt—Bukarest und Kronstadt—Galatz. Wien: Förster 1862. 40 p. 8⁰.

Büchelen, K., Die Verbindung der österr.-ungar. Bahnen mit den Bahnen der Balkanhalbinsel. Vortrag. Wien: Selbstverl. 1879. 23 p. 8⁰. (Aus der Österr. Eisenbahn-Zeitung.)

Die Finanzierung der Vizinal-Eisenbahn Hermannstadt—Alvincz. Hermannstadt: Krafft 1889. 20 p. 8⁰.

Frage zur Siebenbürger Eisenbahn. Pest 1865. 4 p. 8⁰.

Frank, Peter Josef, Die Anschlüsse der ungarischen an die rumänischen Bahnen. Eine Denkschrift zugunsten der Hermannstadt-Rothenthurmer-Linie. Pest: Herr 1873. 136 p.

Jekel, Friedr., Die Frage des Baues der Eisenbahnlinie Marienburg — Sepsi-Szent-György. Kronstadt: Schlanett 1897.

Maager, Carl, Bericht über den Stand der siebenbürgischen Eisenbahn-Angelegenheit, seinen Vollmachtgebern erstattet. Kronstadt: Gött 1864. 17 p. 8⁰.

Maager, Carl, Zur siebenbürgischen Eisenbahnfrage. Beleuchtung der projektierten siebenbürgischen Eisenbahnlinie Hermannstadt—Rothenthurm—Bukarest und Kronstadt—Bodzau—Galatz vom nationalökonom. Standpunkte. (Als Manuskript gedr.) Wien: F. Förster 1862. 8⁰.

Maager, Carl, Zweites offenes Schreiben an den Reichsrat in Angelegenheit der Siebenbürger Eisenbahn. Wien: Typ.-lit.-art. Anstalt 1864. 24 p. 8⁰.

[Rosenfeld, Carl Ludwig Baron], Wahrheit in der siebenbürgischen Eisenbahnfrage. 1865.

Schönberger, Ludwig, Die Aktionäre der ungarischen Ostbahn und der ungarische Staat Wien: Rosner 1875. V, 244 p. ⁰..

Schönberger, Ludwig, Die ungarische Ostbahn. Ein Eisenbahn- und Finanzskandal. Wien: Beck 1873. IV, 154, LIX p. 8⁰.

Siebenbürgische oder Schwarze-Meer-Eisenbahn. Wien 1862.

Streffleur, Valentin Ritter v., Entwurf zur Komplettierung des Eisenbahnnetzes im östlichen Teil von Österreich-Ungarn. Wien: Gerold 1869. 12 p. 8⁰.

Südenhorst, Alois v., Die Eisenbahnverbindungen Zentral-Europas mit dem Orient und deren Bedeutung für den Welthandelsverkehr. Erörterung der Grundprinzipien für die Fortsetzung des österr.-ungar. Eisenbahnnetzes bis zu den Welthandelsplätzen des Ägäischen und Schwarzen Meeres. Wien: Hölder 1878. 67 p. 8⁰.

Zichy, Edmund, Graf, Welche Bahnen braucht Siebenbürgen? Wien 1866.

4. Süden.

Denkschrift über die Notwendigkeit einer Eisenbahnverbindung zwischen Fünfkirchen und Kanizsa-Kottori. Wien 1862. 55 p. 8 °.

Das Donau—Adria-Bahnnetz. Wien 1865.

Fournier, M., Notice sur la construction et les prix de revient des chemins secondaires de Valkány à Perjámos et de Vojtek à Bogsán (Hongrie). 1876.

Steinacker, E., Nach und durch Ungarn. Bdchn. 10. Das ungarische Bahnnetz der Südbahngesellschaft. Mit 16 Illustr. und 1 Karte. Zürich: Artistisches Institut 1895. 32 p. 8 °. (Europäische Wanderbilder, Nr. 235.)

Südbahn-Gesellschaft. Sammlung aller die Konzession und die Konstituierung der k. k. priv. Südbahn-Gesellschaft betreffenden Urkunden. 1868.

Die Südbahn und ihr Verkehrsgebiet in Österreich-Ungarn. Wien 1900. 506 p.

La Südbahn et son réseau de communications en Autriche-Hongrie. Vienne 1900. 506 p.

Thaly, Emil, Die Budapest—Semliner Eisenbahn. Übers. v. Karl Keserics. Fünfkirchen 1879.

Zichy, Eugen Graf v., Ein Wort über das projektierte Esseker Bahnnetz. Wien: Selbstverl. 1865. 71 p. 8 °.

Straßenbahn.

Balázs, Mór, Budapester Dampf-Tramwaynetz. Bp.: Grill 1885. 54 p. 8 °.

Wolff, Carl, Die elektrische Bahn Hermannstadt — Junger — Wald — Reschinar. Vortrag. Hermannstadt: Krafft 1893. 16 p. 8 °.

D. Binnenschiffahrt.

Allgemeines.

Einige Worte über die Notwendigkeit der Erhaltung einer national-ungarischen Dampfschiffahrt. Denkschrift. Pest: Deutsch 1871. 11 p. 4 °.

Eyth, Max v., Binnenschiffahrt und Landwirtschaft. 1899.

Gonda, Béla v., La navigation en Hongrie. Bp. (Techn. Buchdr.) 1899. 281 p.

Gonda, Béla v., Die ungarische Schiffahrt. Bp.: Grill 1899. 281 p. 8 °.

Gonda, Béla v., La navigation intérieure en Hongrie. Bp.: Műsz. irod. & ny. váll. 1900. 206 p.

Halász, Alexandre, Rôles respectifs des voies navigables et des chemins de fer dans l'industrie des transports en Hongrie. (5.ème congrès international de navigation intérieure.) Paris 1892. 16 p.

Jeans, James Stephen, Waterways and water transport in different countries. London: Spon 1890. XX, 507 p. [Hungary pp. 185—190.]

Marenzi, Franz Karl Graf v., Die volkswirtschaftliche Verwertung der Gewässer Ungarns. Bp.: Grill 1918. 24 p. 8 °. (S.-A. aus Pester Lloyd.)

Deutsch - österreichisch - ungarischer Verband für Binnenschiffahrt. Begründung des Verbandes. Verbandstag 1. Bln.: Troschel 1896. (Verbandsschriften 1.)

Deutsch - österreichisch - ungarischer Verband für Binnenschiffahrt. Die Verhandlungen des Verbandstages. 1. (1896) Dresden. 2. (1897) Wien. Anhang 3. (1898) Nürnberg. 4. (1899) Budapest. 5. (1901) Breslau. 6. (1903) Mannheim 8. (1909). Linz. 9. (1911) Berlin. Bln.: Troschel. (Verbandsschriften 10, 17, 28, 41, 54. N. F. 12, 17, 50, 50.)

Deutsch - österreichisch - ungarischer Verband für Binnenschiffahrt. Verbandsschriften 1—53. N. F. 1—58. Bln.: Troschel 1897—1912.

Festblatt zum Empfange des Deutsch-österreichisch-ungarischen Verbandes f. Binnenschiffahrt d. 2. September 1899. Preßburg o. O. u. J. [Preßburg 1899.]

Teubert, Der zukünftige Binnenschiffahrtsbetrieb auf den durchgehenden Hauptwasserstraßen der Verbandsländer. Bln.: Troschel 1903. 32 p. — Dasselbe 1906. (Deutsch-österr.-ungar. Verband f. Binnenschiffahrt. Verbandsschriften 36.)

Statistik.

Oelwein, Arthur, Führung einer einheitlichen Binnenschiffahrts-Statistik in den zum deutsch-österr.-ungar. Binnenschiffahrtsverbande gehörigen Staaten. Bln.: Troschel 1906. 8 p. (Deutsch-österr.-ungar. Verband für Binnenschiffahrt. Verbandsschriften N. F. 32.)

Orsova. Ungarische Schiffahrtsbehörde. Ergebnisse des Schiffsverkehres am Eisernen Tore. 1900/5, 1900/8. Bp.: Pester Buchdruckerei.

Orsova. Ungarische Schiffahrtsbehörde. Bericht über die bisherigen Ergebnisse des Schiffsverkehrs am

Eisernen Tor. Bln.: Troschel 1903. (Deutsch-österr.-ungar. Verband für Binnenschiffahrt. Verbandschriften 14.)

Österreich. Statistische Zentralkommission. Schiffahrt und Verkehr auf der Donau und ihren Nebenflüssen. Wien 1865. (Mitteilungen aus dem Gebiete der Statistik 13.)

Pap, Karl, Binnenschiffahrts-Statistik der Verbandsländer. Bln.: Troschel 1897. (Deutsch-österr.-ungar. Verband für Binnenschiffahrt. Verbandsschriften H. 24.)

Abgaben.

Cantilli, P. G., La question des taxes de péage aux Portes de fer. Bukarest 1900. 70 p. 8 °.

Király, Johann, Geschichte des Donau-Mauth- und Urfabrrechtes der Königl. Freistadt Preßburg. Als Festschrift. (Deutsche Ausg.) Preßburg: Heckenast 1890. VIII, 252 p. 8 °.

Zoepfl, Die Finanzpolitik der Wasserstraßen. Bln.: Siemenroth & Troschel 1898. 12 p. 8 °. (Verbandsschriften des deutsch-österr.-ungar. Verbandes für Binnenschiffahrt 36.)

Technisches.

Mémoire sur les péniches à vapeur système P. Jacquel exploiteés en France et en Hongrie. Bp. 1879. 38 p.

Rágóczy, D., Einrichtung eines technischen Ausschusses für Binnenschiffahrt innerhalb des deutsch-österr.-ungar. Verbandes. Bln.: Troschel 1906. 9 p. 8 °. (Deutsch-österr.-ungar. Verband für Binnenschiffahrt. Verbandsschriften N. F. 35.)

Suppán, C. V., Normal-Binnenschiffstyp für die Verbandsländer. Bln.: Troschel 1898. 15 p. (Deutsch-österr.-ungar. Verband für Binnenschiffahrt. Verbandsschriften 39.)

Entsetzliche Katastrophe auf der Donau. Unglücklicher Tod beiläufig 250 Menschenleben in Paks. Paks: Rosenbaum 1887. 22 p. 8 °.

Schiffahrtsgesellschaften.

Donau - Dampfschiffahrts - Gesellschaft. Betriebsreglement vom J. 1876 und 1883. In Faulmannscher Stenographie ausgeführt. Wien: Bermann & Altmann 1885. 2 °.

Die Donau - Dampfschiffahrts - Gesellschaft. Rückblick auf ihre Entstehung und Entwicklung, namentlich in Ungarn. Bp.: D. D.-S.-G. 1885. 58 p. 8 °.

Horváth, Aug. v., Critique über die I. k. k. priv. Donau-Dampfschiffahrts-Gesellschaft. Pest 1867.

Zels, Louis, Die Aktiven der Ersten k. k. priv. Donau - Dampfschiffahrts - Gesellschaft. Wien 1891.

Donauverein, Die Tätigkeit des Donauvereins im ersten Jahrzehnt seines Bestandes (1879—1888). Wien 1889.

Donauverein, Protokoll der 6. und 8. ordentlichen Generalversammlung des Donauvereins (1886, 1888). Wien: Selbstverlag 1886—88. 8 °. Bd. 1—2.

Donauverein, Protokoll der Plenarversammlung des Donauvereins vom 20. Dezember. Wien: Selbstverlag 1887. 8 °.

Schiffahrtsverhältnisse.

Donaukonferenz in Budapest, Allgemeiner Bericht über die Schiffahrtsverhältnisse der Donau von Ulm bis Sulina. Technisch-nautischer Teil. Anhang: Kurze Mitteilung über die Arbeiten der Europäischen Donaukommission. Bp.: Pátria 1916. 21 p. und 3 Taf. 8 °.

Havass, Rudolf v., Der Budapester Handels- und Industriehafen. Bp.: Pester Lloyd 1914. 8 p.

Leibbrand, Karl v. und Hensel, Schiffbarkeit der Flüsse in bezug auf Fahrtiefen. H. 1. Die Donau samt Nebenflüssen. H. 2. Die obere Donau. Bln.: Troschel 1897. 8 °. (Deutsch-österr.-ungar. Verband für Binnenschiffahrt. Verbandsschriften 16, 27.)

Suppan und Spacil, Mitteilungen über die derzeitige und angestrebte Schiffbarkeit der Donau und ihrer Nebenflüsse. Bln.: Troschel 1897. 84 p. (Deutsch-österr.-ungar. Verband für Binnenschiffahrt. Verbandsschriften 25.)

Suppan, C. V., Die Donau und ihre Schiffahrt. Wien: Selbstverlag 1917. VII, 192 p. 8 °.

Ungarische Fluß- und Seeschiffahrts-Gesellschaft. The Danube. Bp.: Hungarian River and Sea navigation Co. 1900.

Wolff, Karl, Die Altschiffahrt und ihre Bedeutung für Ungarn und Rumänien. Hermannstadt: Krafft 1893. 86 p.

Wasserbau. Kanäle.

1. Allgemeines.

Faragó, Leopold, L'administration des eaux en Hongrie. Bp.: Pátria 1900. [Direction nationale du service des eaux en Hongrie. Publications 1.] 2. éd. Ibid. 1903. 28 p.

Kvassay, Eugen, Nach dem Wasserstraßentag. 1917.

Oelwein, Arthur, Ausbau der Wasserstraßen in Mitteleuropa. Wien: Lehmann 1882. 34 p.

Der Stand der Wasserstraßenfragen in Österreich und Ungarn. Berichte, erstattet auf dem 9. Verbandstage des deutsch-österr.-ungar.-schweiz. Verbandes für Binnenschiffahrt Berlin, den 18. Sept. 1911. A. Berichte über den Stand der Wasserstraßenfragen in Österreich von Arthur Oelwein und W. Rubin. B. Berichte über den Stand der Wasserstraßenfragen in Ungarn. Bln. 1912.

Ungarn. Ackerbauministerium. Die Wasserbau-Angelegenheiten Ungarns. Bp.: Pester Buchdr. 1890. 104 p. 8°.

Ungarn. Ministère de l'agriculture. Les voies navigables de la Hongrie. Bp. 1892. 59 p. 8°.

Wolfbauer, J. M., Beitrag zur Frage der Wasserstraßen in Österreich-Ungarn. Wien: Braumüller 1882. VIII, 133 p. 8°.

2. Stromregulierungen im allgemeinen.

Kolossváry, Edmond de, Les travaux de regularisation et d'endiguement en Hongrie. Bp.: Direction Nationale du service des eaux en Hongrie 1900. 204 p.

Kvassay, Eugène de, Influence des travaux de régularisation sur le régime des cours d'eau en Hongrie. Bp.: Franklin 1900. 21 p. 8°.

Stefanović v. Vilovo, Joh. Ritter, Ungarns Stromregulierungen Wien: Hartleben 1883. 109 p. 8°.

Rapports de la commission composé des ingénieurs étrangers invités à éxaminer les travaux de régularisation exécutés sur les rivières hongroises. Übers. von Gust. Nendvitsch. Bp.: Pester Buchdr. 187?. 347 p.

Türr, Étienne, Mémoires et notes au sujet de l'utilisation des cours d'eau du royaume de Hongrie. Rome 1881. 34 p. 8°. (Paris: Lahurc 1885. 34 p. 8°.)

3. Donauregulierung.

(Vgl. Sp. 646ff.)

Domaszevszky, Viktor v., Was kostet der unvermeidliche Wasserkrieg im österr.-ungar. Donaugebiete. Wien: Waldheim 1879. 14 p. 8°.

Donauverein, Aktenstücke zur Regulierung der Stromschnellen der Donau zwischen Moldova und Thurn-Severin. Wien: Lehmann & Wentzel 1880. VIII, 130 p. 4°.

Fambri, Paulo, Condizioni idrauliche del Danubio Budapest dopo i lavori di rettificazione del 1872. Rome: Salviucci 1877. 16 p.

Fekete, Sigm., Die Regulierung der ungarischen oberen Donau. Bp.: Pátria 1899. 44 S., 7 T.

Kvassay, Eugen v., Stand und Resultat der Donau-Regulierungsarbeiten in Ungarn (1899). Bln.: Troschel 1899. 10 p. (Deutsch-österr.-ungar. Verband für Binnenschiffahrt. Verbandsschriften 46.)

Lanfranconi, Enea, Die Überschwemmungen in Ungarn und die Regulierung der unteren Donau. Preßburg: Angermayer 1887. 6 p. 2°.

Lanfranconi, Enea, Die Wasserstraßen Mitteleuropas mit besonderer Berücksichtigung der Regulierung des Donaustromes zwischen Theben-Gönyő. Preßburg: Angermayer 1879. 30 p. 2°.

Pacher, Alwil v., Kritische Studien auf dem Gebiete der Stromregulierung. Normalbreite, Inundationsgebiet und Schutzdämme. Wien und Budapest als Donaustädte. Wien: Spielhagen & Schurich 1889. 30 p.

Pasetti, v., Notizen über die Donauregulierung im österr. Kaiserstaate bis 1861. Wien: Hof- und Staatsdr. 1862. 29 p. 4°.

Reitter, Franz, Donauregulierung zwischen Pest und Ofen. Pester Schifffahrtskanal. Schutz der Insel Csepel und des linksseitigen Ufers des Soroksárer Donauarmes gegen Überschwemmung. 3 Anträge. Pest: Kollár 1865. 97 p.

Stefanović, Joh. v., Die Felsenengen des Kazan und die Donau- und Theißregulierung. Wien: Hartleben 1879. 103 p. 8°.

Studie über den Einfluß der Eindämmung des Marchfeldes auf die Stromverhältnisse der Donau. Wien: Braumüller 1903. 49 p., 12 T. 2 (4)°.

Suesa, Ed., Über die Donauregulierung von Passau bis zum Eisernen Tore. Wien: Perles 1879. 32 p. (Samml. bedeutendster Reden des österr. Parlaments, 3.)

Boleszny, Anton, Széchenyis Arbeiten an der unteren Donau mit Rücksicht auf die Geschichte, auf die Dampfschiffahrt und die Széchenyistraße. Temesvár 1878.

Castner, Die Regulierung der Donau am Eisernen Tor. Bln.: Prometheus 1892. 785 p.

Cvijić, J., Entwicklungsgeschichte des Eisernen Tores. Gotha: Perthes 1908. IV, 64 p. (Petermanns Mitteilungen, Ergänzungsheft 160.)

Egan, Edmund, Die Schiffzugeinrichtung am Eisernen-Tor-Kanal der unteren Donau. Bln.: Troschel 1900. 23 p. (Deutsch-österr.-ungar. Verband für Binnenschiffahrt. Verbandsschriften H. 60.)

Gonda, B. de, L'amélioration des Portes du Bas-Danube. Bp. 1896. 265 p.

Gonda, Béla v., Die Regulierung des Eisernen Tores und der übrigen Katarakte an der unteren Donau. Bp.: Kilián 1896. 255, IV p. 8°.

Horn, Emile, Inauguration du Canal des Portes de fer. Paris 1905. 30 p.

Hoszpotzky, Alois, Beschreibung der Regulierungsarbeiten am Eisernen Tor. Bp.: Handelsministerium 1916. 34 p., 1 Taf. 4°. (Ungarisch-deutsch.)

Hoszpotzky, Alois, The work of regulation of the iron gates of the lower Danube. Bp.: Ministry of commerce 1908.

Hoszpotzky, Alois, Die Wirkung der Eisernen-Tor-Regulierungsarbeiten vom Standpunkte der Schiffahrt. Bln.: Troschel 1899. 49 p. (Deutsch-österr.-ungar. Verband für Binnenschiffahrt. Verbandsschriften 50.)

Klunzinger, Paul, Die Regulierung des Eisernen Tores und die übrigen Katarakte an der unteren Donau sowie die Ergebnisse der Großschiffahrt nach deren Eröffnung. Wien: Lehmann & Wentzel 1899. 44 p., 7 Taf. 2°.

Rupčić, G., Die Felsensprengungen unter Wasser in der Donaustrecke „Stenka-Eisernes Tor" mit e. Schlußbetrachtung ü. d. Felsensprengungen im Rhein zwischen Bingen und St. Goar. Braunschweig: Vieweg 1897. 63 p.

Sturdza, D., La question des Portes de fer des cataractes du Danube. Bln.: Puttkammer & Mühlbrecht 1899. 284 p. 8°.

4. Theißregulierung.

Barilari, Pacifico, Sulle relazioni delle Commissioni per gli studi sulla Tisza, il Danubio e le difese alla citta di Seghedino. Roma: Salviucci 1880. 10 p.

Hieronymi, Karl, Die Theißregulierung. Bp.: Kilián 1888. 48 p. 8°.

Morin, Sur l'inondation de la ville de Szeged en Hongrie. Paris 1879. 9 p. 4°.

Overmars, H., Die Theiß-Überschwemmungen. Vorschläge zu deren Abwendung. Bp.: Grill 1879. 56 p. 8°.

Péch, J., Der Theißfluß von einst und jetzt. Bp. 1898.

Riedel, Josef, Der Untergang und Wiederaufbau Szegedins, nebst dem Gutachten der auswärtigen Experten über die Theißregulierung. Wien: Waldheim 1880. 100 p., 4 Taf. 8°.

Stefanović von Vilovo, Joh. Ritter, Über die Ursachen der Katastrophe von Szegedin Wien: Hartleben 1879 16 p. 8° (S.-A. aus: Mitteilungen der k. k. Geogr. Ges. in Wien.)

Türr, Szegedin et les inondations de la Tisza. Les portes de fer du Danube. Paris 1879. 8 p. 4°.

Ungarn. Gesetze und Verordnungen 1884. Gesetzartikel XIV: 1884. Über die Regulierung der Theiß und ihrer Nebenflüsse. Bp.: Ráth 1884. 35 p. 8°.

Der Untergang von Szegedin durch die Fluten der Theiß am 12. März 1879. Linz: Kraußlich 1879. 45 p. 8°.

5. Andere Flüsse.

Agram. Hauptkommando. Die Regulierung des Saveflusses, dann die Ent- und Bewässerung des Savetales in Kroatien und Slavonien. Agram: K. k. Hauptkommando 1877. 272 p. 8°.

Weber, Alfred und V. Ebenhof, Projekt der k. k. österreichischen Regierung für die Regulierung der March in der Reichsgrenzstrecke gegen Ungarn. Wien: Spielhagen & Schurich 1894. V, 110 p. und 22 Karten. 4°.

6. Kanalbau.

Faragó, Leopold, Ergänzung des Wasserstraßennetzes in Ungarn durch die Kanäle. Bln.: Troschel 1900. (Deutsch-österr.-ungar. Verband für Binnenschiffahrt. Verbandsschriften 56.)

Faragó und Oelwein, Normalbemessungen für die österr.-ungar. Verbindungskanäle. Bln.: Troschel 1898. 12 p. (Deutsch-österr.-ungar. Verband für Binnenschiffahrt. Verbandsschriften 33.)

Hieronymi, Karl, Die Kanalfrage. Wien Braumüller 1901. 29 p. 8 °. (S.-A. aus Pester Lloyd.)

Hieronymi, Karl, Die österreichischen Kanalprojekte und unsere Wasserstraßen. Vortrag. Wien: Braumüller 1901. 23 p. 8 °. (S.-A. aus Pester Lloyd.)

Pest, Bericht der durch die kgl. Freistadt Pest zur Prüfung des Reitterschen Kanalprojektes in technischer und finanzieller Beziehung entsendeten Kommission. Pest: Rudnyánszky 1868. 63 p., 2 T.

Smrček, A., Der Stand der wichtigsten Donaukanalprojekte. Bln.: Troschel 1909. 44 p. (Verband deutsch-österr.-ungar. Binnenschiffahrt. Verbandsschriften.)

Ungarn. Handelsministerium. Programm der künstlichen Wasserstraßen in Ungarn. Bp. 1909; 1916. 37 p. 8 °. (S.-A. aus: Volkswirtschaftliche Mitteilungen aus Ungarn.)

Heinz, Alb., Stand und Ausbau des Franzens-Kanals. Bp.: Schlesinger & Kleinberger 1899. 23 p., 1 T. (Deutsch-österr.-ungar. Verband für Binnenschiffahrt. Verbandsschriften 57.)

Hobohm, Heinr., Die Kanalisierung des Alföld (der ungarischen Tiefebene) nebst Verbindungskanal Budapest—Szentes und Zweigkanal Kecskemét—Hatvan. Generelles Projekt mit einer Übersichtskarte. Wien: Brunner 1888. 67 p. 4 °.

Hoszpotzky, Aloysius, The ship-canal to be constructed to connect the Danube and the Tisza. Bp.: Ministry of agriculture 1908.

Koltor, L., Der Donau-Theiß-Kanal zwischen Budapest, Szegedin und Csongrád. Bln.: Troschel 1899. (Verbandsschriften des deutsch-österr.-ungar.-schweiz. Verbandes für Binnenschiffahrt.)

Krisztinkovich, Edm. v., Die Bedeutung des Donau - Theiß- und des Donau-Save-Kanals für den mitteleuropäischen Wasserverkehr. Bln.: Troschel 1903. 23 p. (Deutsch-österr.-ungar. Verband für Binnenschiffahrt. Verbandsschriften N. F. 22.)

Rágóczy, Der Donau-Theiß-Kanal. Bln: Troschel 1906. 31 p. (Deutsch-österr.-ungar. Verband für Binnenschiffahrt. Verbandsschriften N. F. 33.)

Elbe-Oder-Donau-Verein, Die Gründung des Elbe-Oder-Donau-Vereins. Dresden: Heinrich 1917. 2? p. (Veröffentlichungen des Elbe-Oder-Donau-Vereins in Dresden, H. 1.)

Gothein und Voltz, Das Donau-Oder-Kanalprojekt. 3. Heft. Dessen Bedeutung f. d. Güteraustausch Deutschlands mit den Donauländern. Bln.: Troschel 1897. 33 p. (Deutsch-österr.-ungar. Verband für Binnenschiffahrt. Verbandsschriften H. 7.)

Gothein, Georg, Die wirtschaftlichen Beziehungen Ostdeutschlands zu dem Verkehrsgebiet des Donau-Oder-Kanals. Bln.: Troschel 1901. 51 p. (Deutsch-österr.-ungar. Verband für Binnenschiffahrt. Verbandsschriften N. F. H. 5.)

Kvassay, Eugen, Der Donau-Oder-Kanal 1917. (Aus: Pester Lloyd.)

Meyer, J. B., Der Donau-Oder-Kanal. Wien: Selbstverl. 1889. 16 p. 8 °.

Meyer, J. B., Die Herstellung einer Wasserstraße zwischen der Donau und der Oder. Nebst kritischen Bemerkungen über den Bericht der österreichischen Experten an das Abgeordnetenhaus 1881. Wien: Selbstverl. 1888. 23 p. 8 °.

Oelwein, A. und J. Böhm, Das Donau-Oder-Kanalprojekt. 4. Heft. Gegenwärtiger Stand und wirtschaftliche Bedeutung. Bln.: Troschel 1897. 23 p. (Deutsch-österr.-ungar. Verband für Binnenschiffahrt. Verbandsschriften H. 11.)

Oelwein, A., Das Donau-Oder-Kanalprojekt. Geschichtliches; Technische und wirtschaftliche Verhältnisse usw. Bln.: Troschel 1897. 22 p. (Deutsch-österr.-ungar. Verband für Binnenschiffahrt. Verbandsschriften H. 2.)

Oelwein, A. und Mrasick, Joh., Das Donau-Oder- und Donau-Moldau-Elbe-Kanalprojekt. Bln.: Troschel 1898. 36 p. (Deutsch-österr.-ungar. Verband für Binnenschiffahrt. Verbandsschriften H. 22.)

Oelwein, H., Das Donau-Oder- und Donau-Moldau-Elbe-Kanalprojekt. 6. Heft. Bln.: Troschel 1899. (Deutsch-österr.-ungar. Verband für Binnenschiffahrt. Verbandsschriften 36.)

Proskowetz, E. v., Der Donau-Oder-Kanal. Kaiser-Franz-Josef-Schiffahrt-Kanal. Beiträge zur Entwicklung des Projektes. 471 p. 8⁰.

Smrček, Anton, Der Pardubitz-Prerau-Krakauer Kanal und sein Zusammenhang mit dem Donau-Oder-Kanal. Bln.: Troschel 1903. (Deutsch-österr.-ungar. Verband für Binnenschiffahrt. Verbandsschriften 30.)

Smrček, Anton, Der Stand der wichtigeren Kanalprojekte Donau-Elbe, Donau-Oder und Donau-Weichsel. Bln.: Troschel 1903. (Deutsch-österr.-ungar. Verband für Binnenschiffahrt. Verbandsschriften 41.)

Weber von Ebenhof, Das Donau-Oder-Kanalprojekt. 2. Heft. Die Donau als Schiffahrtsstraße. Bln.: Troschel 1897. (Deutsch-österr.-ungar. Verband für Binnenschiffahrt. Verbandsschriften H. 6.)

Wenusch, Jos. v., Der Donau-Oder-Kanal. Schlagworte und Glossen. Wien: Braumüller 1909. 65 p.

Brandt, L. O., Der Donau-Rhein-Kanal, eine histor. Erinnerung. (Das Donau-Main-Kanalprojekt. 2. Heft.) Bln.: Siemenroth & Troschel 1898. 10 p. 8⁰. (Deutsch-österr.-ungar. Verband für Binnenschiffahrt. Verbandsschriften H. 13.)

Heubach, Ernst, Das Verhältnis von Wasserstraßen und Eisenbahnen seit 1885 und die Wirkung des Rohstofftarifs auf das Projekt des Donau-Main-Kanals. Bln.: Siemenroth & Troschel 1898. 14 p. 8⁰. (Deutsch-österr.-ungar. Verband für Binnenschiffahrt. Verbandsschriften 30.)

Schuh, Das Donau-Main-Kanalprojekt. 3. Heft. 1. Der Stand des Projekts im Frühjahr 1898. Bln.: Siemenroth & Troschel 1898. (Deutsch-österr.-ungar. Verband für Binnenschiffahrt. Verbandsschriften 37, 1.)

Schlesinger, Heinrich, Die wirtschaftliche Bedeutung des Donau-Moldau-Kanales. Wien 1902.

Wöhrl, Studien, betr. das Donau-Moldau-Elbe-Kanalprojekt. Bln.: Troschel 1900. 20 p. (Deutsch-österr.-ungar. Verband für Binnenschiffahrt. Verbandsschriften H. 58.)

Betrachtungen eines Seeoffiziers über die Verbindung der Donau mit dem Adriatischen Meere. Wien 1861.

Daten zur Frage des Donau-Save-Kanals und der zum Adriatischen Meere führenden Wasserstraße. Wien: Österr. Wochenschrift 1910. 19 p. (Aus: Österr. Wochenschrift.)

Denkschrift über das Projekt eines Donau-Save-Schiffahrts-Kanales zwischen Vukovár und Samač. Wien 1896. 19 p.

Rhomberg, Leopold, Eine Wasserstraße Bodensee-Donau-Adria. Bln. Troschel 1910. 13 p. (Deutsch-österr.-ungar. Verband für Binnenschiffahrt. Verbandsschriften N. F. 49.)

Ambrózy, Stefan Baron, Memorandum betreffend die Schiffbarmachung des Temesvár-Kistopoloveczer Teiles des Bega-Holzschwemm-Kanals. Temesvár 1903. 52 p.

Kovács, Ludw., Der Theiß-Kőröser-Kanal. Wien 1864.

Stefanovic, Johann, Die Trockenlegung des Werschetz-Alibunarer Morastes und der Kanal Szatmár-Arad-Palánka. Versecz: Kirchner 1882. 41 p. 8⁰.

Ungar. Landwasserbau-Direktion, Die Kanalisierung der unteren Bega. Bp. 1911. 74 p.

Die wirtschaftliche Bedeutung der Donaustraße.

Ditthorn, F., Die Bedeutung der Donauwasserstraße. Bln.: Troschel 1903. 18 p. 8⁰. (Deutsch-österr.-ungar Verband für Binnenschiffahrt. Verbandsschriften 18.)

Dorn, A. V., Die Konkurrenz des Binnenwasserweges gegen den Seeweg nach hergestellter Kanalverbindung der Donau mit dem deutschen Wasserstraßennetze. Bln.: Troschel 1899. 8 p. 8⁰. (Deutsch-österr.-ungar. Verband für Binnenschiffahrt. Verbandsschriften 51.)

Götz, W[ilh.], Das Donaugebiet mit Rücksicht auf seine Wasserstraßen nach den Hauptgesichtspunkten der wirtschaftlichen Geographie. Stuttgart: Grüninger 1882. XVIII, 481 p.

Halter, R., Die Donau als Verkehrsstraße und Kraftquelle. Bln. 1916. 8⁰.

Heiderich, Franz, Die Donau als Verkehrsstraße. Wien: Deuticke 1916. 55 p., 1 T.

Heinrich Ferdinand, Erzherzog, Die Wasserstraße Mitteleuropas. 2. Aufl. Wien: Deuticke 1917. 23 p. 8⁰.

Kvassay, Eugen v., Die Schiffahrt auf der ungarischen Donau. Bp.: Pátria 1916. 47 p., 8 T. 8°. (Titelblatt: Die ungarische Donau als ein Teil der Verkehrsstraße für die Groß-Schiffahrt nach dem Orient.)

Meyer, [F. W.], Die Donau im Rahmen der mitteleuropäischen Verkehrs- und Wirtschaftspolitik und die Verbindung mit den deutschen Wasserstraßen. Hameln: Selbstverlag 1916. 19 p. 8°.

Schweiger-Lerchenfeld, Armand Freiherr v., Die Donau als Völkerweg, Schiffahrtsstraße und Reiseroute. Wien: Hartleben 1896. VIII, 949 p. 8°.

Szana, Alexander, Die neuen Wirtschaftsprobleme der Donau. Stuttgart: Enke 1921. 43 p. 8°. (Finanz- und volkswirtschaftliche Fragen 72.)

Tokayer, Oskar, Die Donauschiffahrt in ihren Beziehungen zu den industriellen Interessen Ungarns. Bln.: Ebering 1919. 133 p. 8°.

Wilczek, Ed. Graf, Die Zukunft der Donau-Schiffahrt. Wien 1892. 48 p. 8°.

Zimmermann, Alfred, Die Donau als Binnenwasserstraße Österreich-Ungarns Diss. Bonn. Bln. 1914.

Bontoux, E., Le Danube. Paris: Douniol 1878. 32 p. 8°.

Jerrold, Walter, The Danube. London: Stokes 1911. 315 p. 12°.

Die Donau im internationalen Verkehr.

Bleyer, Josef, Die zwischenstaatlichen Fragen des öffentlichen Donaurechtes. Regensburg: Habbel 1916. 26 p. 8°.

Bunsen, Theodor v., Die Donau. Hamburg: Verlagsanstalt 1884. 47 p. 8°. (Deutsche Zeit- und Streitfragen.)

Cantilli, P. G., Le Danube sous le régime des traités. Bukarest: Göbl fils 1901. 93 p. 8°.

Le Danube et les intérêts économiques de l'Europe. Paris: Dubois & Bauer 1919. 76 p. 8°.

Danubius, Organ für den Verkehr der Donauländer. Nr. 1—52. Wien: Spielhagen 1887. 4°.

Demiroff, Dimitri, Danube politique et international. Thèse. Grenoble 1907. 322 p. 8°.

Denkschrift über die Notwendigkeit des Ausbaues der Großschiffahrtswege von der Nordsee bis zum Schwarzen Meere. Wien 1916. 8°.

Donaukonferenz, Schriften der in Budapest am 4. September 1916 abgehaltenen Donaukonferenz. Bp.: Pátria 1916. 222 p. 8°.

Geffcken, F. Heinrich, La question du Danube. Bln.: Müller 1883. 63 p. 8°.

Jellinek, Georg, Österreich-Ungarn und Rumänien in der Donaufrage. Wien: Hölder 1884. 54 p. 8°. [Eine völkerrechtliche Untersuchung.]

Knorr, Wilh., Die Donau und die Meerengenfrage. Ein völkerrechtsgeschichtlicher Rückblick und ein rechtspolitischer Ausblick. 1. bis 3. Taus. Weimar: Kiepenheuer 1917. 8°. (Orient-Bücherei 24.)

Kvassay, Eugène, Le Danube international et la Hongrie. Bp.: Athenaeum 1913. 46 p.

Mitteleuropäischer Wirtschaftsverein in Ungarn, Beschlüsse der ungar. Donaukommission zur Donaufrage und die neue Donauakte. Bp.: Pátria 1917. 39 p.

Piskaček, Ottokar, Die Donau als Rückgrat eines mitteleuropäischen Wasserstraßennetzes. Wien: Waldheim-Eberle 1917. 87 p. 8°.

Radu, George, Die Donauschiffahrt in ihrer völkerrechtlichen Entwicklung. Diss. Bln.: Ebering 1909. 137 p. 8°.

Saint Clair, André de, Le Danube. (Etude de droit international). [Thèse.] Paris: Arthur Rousseau 1899. 220 p. 8°.

Singer, B., Die Donaufrage. Herausg. vom Donauvereine. Wien: Reißer & Werthner 1882. 23 p. 8°. (S.-A. aus der Neuen Freien Presse.)

Szana, Alexander, Die Internationalisierung der Donau. Die Friedensverträge und die Wasserstraßen. Wien: Strache 1920. 32 p. 8°. (Flugschriften zum Neuaufbau Deutschösterreichs 41.)

Teodorescu, Karl, Rumänien und die Donauschiffahrt. Diss. Heidelberg 1912. 105 p. Kap. VII. Eisernes Tor.

Valérian, Ursiniano, L'Autriche-Hongrie et la Roumanie dans la question du Danube. [Jassy:] Marescq aîné 1882. 8°.

Valérian, Urs., Question du Danube Paris 1882. 8°.

E. Seeschiffahrt.

Adria, kgl. ungar. Seeschiffahrts-A.-G. Budapest. La Hongrie et Fiume. Publ. par la Soc. hongr. maritime Adria. 1919.

Beleuchtung zum Motivenbericht des kgl. ungar. Handelsministeriums zu dem mit dem Triester Lloyd abzuschließenden Vertrage. Wien: Stockinger 1878. 39 p.

Büchelen, Karl, Die Adriahäfen und ihre Verbindungen mit dem Hinterlande. Wien 1876. 76 p.

Contribuenti, Casare, Übelstände und deren Heilung. Wien 1890.

Denkschrift über das ungarische Küstengebiet und dessen Wichtigkeit für Handel und Schiffahrt. Pest: Posner 1870. 46 p.

Domini, Vinz., L'Ungheria, Fiume ed il mare. Fiume 1871.

Duckerts, M. J., Le port hongrois de Fiume. Bruxelles: Weißenbruch 1896. 27 p. (Extrait du Recueil consulaire Belge.)

Ebner von Ebenthal, Natalis, Maria Theresia und die Handelsmarine. Triest: Schimpff 1888. IX, 111 p. 8⁰.

Elenco dei bastimenti da guerra e mercantili della Monarchia Austro-Ungarica. Triest 1883 ff.

Engel, Mor. v., Die Freihafengebiete in Österreich-Ungarn mit anschließ. Behandlung der Freihäfen des Deutschen Reiches und anderer Staaten. Wien: Manz 1906. 140 p. 8⁰.

Fell, Arthur, Die Handelsmarine und Seeschiffahrt Österreich-Ungarns in den Jahren 1877, 1886 und 1887, verglichen mit einigen anderen Staaten. Wien: Gerold 1889. 27 p.

Kemény, E., Der Seehandel. Fiume 1906.

Littrow, Heinrich v., Fiume in maritimer Beziehung. Fiume 1870.

Lloyd Austro-Ungarico, Almanaco del Lloyd Austro-Ungarico. Trieste.

Lloyd, In Quarantäne auf dem österreichisch-ungarischen Lloyd. Ein Sittenbild aus dem 19. Jh. Bln.: Mittler 1886. 45 p. 8⁰.

Mörl, Anton v., Das Ende des Kontinentalismus in Österreich. Entwicklung und Bedeutung unserer Seegeltung. Saar i. B.: Erben 1913. VIII, 192 p. 8⁰. — 2. Aufl. Ebenda 1913. VIII, 200 p. 8⁰.

Movimento dei navigli nel porto di Fiume durante l'anno 1889. (Graphikon.)

Paradis, Libert de, Das Seewesen in Österreich-Ungarn, seine Wichtigkeit, Entwicklungsfähigkeit und Literatur. Wien: Rosner 1879. 103 p. 8⁰. (Aus: Wochenschrift des N.-ö. Gewerbevereins.)

Schloß, Max, Wem sind die österr.-ungar. Seeinteressen anvertraut? Offener Brief an unseren Marinekommandanten Admiral Grafen Montecuccoli. Wien: Konegen 1909. 41 p.

Sobieczky, A. (Red.), Die Küstenentwicklung der österr.-ungar. Monarchie. Zgst. nach amtl. Quellen. Pola: Schrinnersche Buchh. 1911. V, 47 p. 8⁰.

Szalay, Lad., Fiume e la dieta Ungarica. Fiume 1861. 8⁰. (Estratto della Gazzetta di Fiume.)

Triest und Fiume. Seebehörden, Sammlung der Gesetze und Verordnungen betreffend den See- und Hafendienst in der österr.-ungar. Monarchie. Bd. 1—3. Triest: Österr.-ungar. Lloyd 1883—85.

Trieste. Ufficio di borsa. Navigazione nei porti austriaci. 1862—1868. Navigazione e commercio in porti austriaci. 1869. Navigazione e commercio in porti austro-ungarici. 1870. Triest.

Triest. Uffizio statistico della camera di commerciale e d'industria. Navigazione austro-ungarica all' estero. 1869—1885. Trieste.

Ungarn. Governo marittimo. Dati statistici sul movimento marittimo e commerciale del porto di Fiume. 1902—1913. Fiume. [Ungarisch-italienisch.]

Ungarn. Governo marittimo. Movimento marittimo-commerciale di Fiume negli ultimi 30 anni. 1855/1885. Fiume: Mohovich 1885. [Ungarisch-italienisch.]

Ungarn. Governo marittimo. Movimento dei navigli nel porto di Fiume negli ultimi 70 anni. (1814/1884.) Fiume: Mohovich 1885. [Ungarisch-italienisch.)

Ungarn. Statistisches Zentralamt. Die Schiffahrt und Warenbewegung im Hafen von Fiume 1906—1913. (Ungar. statistische Mitteilungen 24, 29, 34, 38. 45, 49, 54.)

Ungarn. Office central de statistique. Mouvement de la navigation et des marchandises à Fiume. 1906—1913. (Publications. N. S. 24, 29, 34, 38, 45, 49, 54.)

Ungarn. Regio governo maritimo Ungherese. Statistica dei viaggi fatti dei bastimenti ungarici a lungo corso

F. 1870/71, 1872 settembre — 1873 decembre, 1874—1880. Fiume. [Ungarisch-italienisch.]

Ungarns Handel und Schiffahrt auf dem Weltmeere. Von einem Seemanne. Marburg 1870.

VII Finanzen, Geld und Kredit.

A. Allgemeines.

Kompaß. Finanzielles Jahrbuch für Österreich-Ungarn. Gegründet von G. Leonhardt. 1867—1918. Wien: Hölder. 8 °.

Der kleine Kompaß. Separatabdruck aus dem Kompaß. Finanzielles Jahrbuch für Österreich-Ungarn. Hrsg. von Rud. Hanel. 1867—1918. Wien: Hölder.

Kaczíány, F., Regelung der Geld-, Münz-, Bank-, und Zahlungswesen. Wien: Steckler 1889. 40 p. 8 °.

B. Staatsfinanzen.

Allgemeines. Geschichte.

Beer, Adolf, Finanzen Österreichs im 19. Jahrh. Prag: Tempsky 1877. XI, 458 p. 8 °.

Beer, Adolf, Der Staatshaushalt Österreich-Ungarns seit 1868. Prag: Tempsky 1881. VIII, 524 p. 8 °.

Beruth, Hanns, Die ungarischen Staatsfinanzen. Mit Rücksicht auf die österr.-ungar. Ausgleichsverhandlungen und die bevorstehenden Goldrentenemission. Wien: Selbstverlag 1877. 48 p.

Debrauz de Saldapenna, Louis Antoine, La Situation financière de l'Autriche et le plan financier de M. de Plener. Paris: Amyot 1862. 8 °.

Elisamter, Die ungarische Frage und die österreichische Finanzkalamität. Ein Beitrag zur Geschichte unserer Tage. Bln. 1862. 30 p.

Finances of Austria-Hungary. Diplomatic-report. 1905—1909. London: Wyman.

Horn, Eduard, Ungarns Finanzlage und die Mittel zu ihrer Hebung. Wien: Hartleben 1874. 128 p.

Jókai, Moritz, Rede betreffend den Budgetgesetzentwurf. gehalten im Abgeordnetenhause den 4. Dez. 1880. Athenaeum 1880. 23 p. 8 °.

Karlovic, B., Das kroatisch-ungarische finanzielle Übereinkommen. Bd. 1. Zagreb: Dienicka 1904. 171, XXIV p. 8 °. [Weiter nicht erschienen.]

Láng, Ludwig, Der ungarische und österreichische Staatshaushalt in den Jahren 1868—1878. Lpzg.: Haessel 1881. 54 p. 8 °.

Láng, Louis, Les finances de la Hongrie et de l'Autriche de 1867 à 1877. Paris: Plon 1881. 8 °.

Lónyay, Melch. Gr., Über Ungarns Finanzwesen. Preßburg: Nirschny 1874. 164 p.

Mandello, Karl, Ungarns Finanzlage nach den Staatsbudgets pro 1889—92 und 1893, 1894. Stuttgart 1892—94.

Mandello, Karl, Ungarns Finanzlage seit dem 1867er Ausgleiche. Bp. 1896. p. 93—102. (S.-A.)

Mandello, Karl, Ungarns Finanzwirtschaft im Jahre 1891. Lpzg.: Cotta. p. 322—340. (S.-A. aus Finanzarchiv.)

Matlekovits, Alexander v., Geschichte des ungarischen Staatshaushaltes, 1867 bis 1893. Prag: Tempsky 1895. 51 p. (S.-A. aus Zeitschrift für Volkswirtschaft, Sozialpolitik und Verwaltung.)

Mensi, Franz Frhr. v., Die Finanzen Österreichs. (1701—1740.) Wien: Manz 1890. XIV, 775 p. 8 °.

Organismus der Finanzverwaltung in Ungarn. H. 1. Salzburg 1870.

Österreich-Ungarn. Finanzministerium. Beilagen zum Voranschlage des gemeinsamen Staatshaushaltes der österr.-ungar. Monarchie. 1882—1916. Wien.

Patzauer, Hans, Österreichs und Ungarns Staatswirtschaft. Wien: Manz 1916. 107 p.

Roller, Benno, Über die Möglichkeiten der Sanierung der Staatsfinanzen. Kommentar von Karl. Gr. Marenzi. Bp.: Kertész 1917. 53 p.

Schwarz, O[tto], Die Finanzsysteme der Großmächte. T. 1—2. Lpzg.: Göschen 1909. T. 1: Österreich-Ungarn (etc.).

Spitzmüller, Alexander, Die staatsfinanziellen Vereinbarungen im österr.-ungar. Ausgleich. Vortrag. Wien: Braumüller 1908. 26 p. (Zeitschrift f. Volkswirtschaft, Sozialpolitik u. Verwaltung.)

Thornton, C. C., Report on the financial condition of Hungary. London: Harrison 1901. 25 p. 8 °.

Wickenburg, Marc., Le budget hongrois. Bp. 1908.

Zahn, Frdr., Die Finanzen der Großmächte Deutschland, Österreich, Ungarn, Italien (etc.). Eine internationale finanzstatistische Untersuchung. Bln.: Heymann 1908. X, 98, 47 p.

Zahlungsbilanz.

Bartsch, Franz, Einfluß der Wanderbewegung und des Fremdenverkehrs auf die Zahlungsbilanz Österreich-Ungarns. Wien 1911. (Mitteilungen des k. k. Finanzministeriums. 17, 1.)

Bartsch, Franz, Statistische Daten über die Zahlungsbilanz Österreich-Ungarns vor Ausbruch des Krieges. Wien: Finanzministerium. 1916. (Mitteilungen des k. k. Finanzministeriums 22.)

Fellner, Frdr., Die Zahlungsbilanz Ungarns. Ein Beitrag zur Lehre von der internat. Zahlungsbilanz im allgemeinen. Wien: Deuticke 1908. 162 p. 8°. (Wiener Staatswissenschaftliche Stud. Bd. 8, H. 1.)

Staatliches Rechnungswesen.

Klimes, Julius, Das Rechnungs- und Kontrollwesen des ungarischen Staates. Bp.: Selbstverlag. [Überklebt: Bln.: Puttkammer & Mühlbrecht 1910.] XVI, 367 p. 8°.

Steuern.

Baer, Ignatz, Die öffentliche Besteuerung. Mit teilweiser Rücksicht auf heimatliche Verhältnisse. Bp. 1876. 120 p.

Bielz, Ernst Alb., Beitrag zur Geschichte und Statistik des Steuerwesens in Siebenbürgen. Hermannstadt: Steinhaussen 1861. IV, 137 p. 8°.

Bihari, Mor. und E. Nyári, Die neuen Steuergesetze für das Königreich Ungarn. Deutsche Ausgabe mit fortlaufenden Erläuterungen. Wien: Manz 1909. IV, 192 p. 8°.

Budapest. Handels- und Gewerbekammer. Petition der Budapester Handels- und Gewerbekammer an das Abgeordnetenhaus in Angelegenheit der Steuergesetzentwürfe. Bp.: Pester Buchdr. 1874. 4°.

Hirsch, Eman., Die Herstellung des Gleichgewichtes im Staatshaushalte. Ein Steuerreformprojekt. Bp.: Lampel 1875. 29 p. 8°.

Marczali, Heinr., Ungarns Steuersystem. 1870. Lpzg.: Brockhaus 1882. p. 235 bis 254. (S.-A. aus Ungarische Revue.)

Fellner, Frdr., Die Reform der direkten Steuern in Ungarn. Stuttgart: Cotta 1916. p. 139—224.

Mandello, Karl, Wekerles Reformprojekte, betreffend die direkten Steuern. 30 p. (S.-A. aus Österr.-Ungar. Revue.)

Wolff, Carl, Die direkten Staatssteuern in sächsischen Städten mit besonderer Rücksicht auf Hermannstadt. Hermannstadt: Drotleff 1881. 40 p. 8°.

Ungarn. Ministero ungherese delle finanze. Raccolta ufficiale delle leggi se dei regolamenti conceonenti le imposte dirette. Per ordine del reg. ministro ungherese delle finanze Giulio Conte Szapáry. Vol. 1—4. Bp. 1884.

Bidermann, Hermann Ignaz, Gedanken zur Grundsteuerreform. Pest 1863.

Rápolty, Carl, Grundzüge des Bodenkatasters nach eigenen Reformideen Bp.: Nagel 1886. 107 p. 8°.

Habelsberger, Wilh., Das ungarische und das österreichische Personaleinkommensteuergesetz. Eine vergleichende Studie. Graz: Leuschner & Lubensky 1911. VII, 96 p. 8°.

Mandello, Karl, Über Ungarns Einkommensteuer. Studie. Bp.: Pester Lloyd 1887. (Aus dem Pester Lloyd.)

Beck, Dionis, Kriegsfinanzen und Vermögensabgabe. 1918.

Chlupp, Joh. Mor. v. Chlonau, Gemeinfaßliche systematische Darstellung der die Verzehrungssteuer vom Biere in Österreich-Ungarn betreffenden Gesetze und Vorschriften. Prag: Calve 1878. 148 p. 8°.

Hoffmann, Michael Max, Die Verzehrungs-, Getränks- und Schanksteuergesetze über Spirituosen-, Schanksteuer, Wein- und Bier-Getränksteuer. Bd. 1. Bp.: (Ráth) 1896. XIII, 215 p. 8°.

Mandello, Julius, Staatliches Schankgefälle in Ungarn. Lpzg.: Cotta. p. 368—434. (S.-A. aus Finanzarchiv, Jahrg. 6, Bd. 1.)

Mandello, Karl, Das neue Branntweinsteuergesetz in Ungarn, seine Verteidiger und Angreifer. Jena: Fischer p. 515—525. (S.-A. aus Jahrbücher für Nationalökonomie und Statistik.)

Méga, Joh., Die Wein- und Fleischverzehrungssteuer nach den Gesetzen und Verordnungen. Temesvár: Wettel 1895. 59 p. 8°.

Zuckerkandl, Robert, Die Konsumsteuern im österr.-ungar. Ausgleich. Wien: Braumüller 1907. 75 p.

Prónay, Gabriel Frhr. v., Über Tabaksteuern. Lpzg. 1880.

Monopole.

Deil, Eugen, Regalrecht und Spiritushandel. Sammlung sämmtlicher auf die Ausübung des Schankregales und des Handels mit Spiritus etc. bezüglichen Ministerialerlässe 1876—1885. 3. Aufl. Kaschau: Maurer 1888. 48 p. 8°.

Hompesch-Bollheim, Ferd. Graf, Das Salzmonopol in Österreich-Ungarn. Wien 1886.

Kein Tabakmonopol mehr! Zergliederte Darstellung über die Aufhebung des Tabakmonopoles und Einsetzung einer Tabaksteuer. Pest 1868.

Laurent, F., La régie des tabacs en Autriche-Hongrie et en Italie. Paris [1901]. 43 p. 8°.

Salzmonopol in Ungarn. Pest 1865.

Sigmund, Desiderius, Die Einführung des Branntweinmonopols in Ungarn und die hierdurch zu gewärtigenden staatsfinanziellen Erfolge. Bp.: Pester Lloyd 1887. 69 p. 8°.

Stempel und Gebühren.

Henning, C. W., Gesetze und Vorschriften über Stempel und Gebühren. Mit alphabet. Gebührentarif. Nach der amtlichen Ausgabe bearbeitet. Bp. 1873.

Henning, G. W., Das neue Stempel- und Gebührengesetz. Hermannstadt: Michaelis 1888. 97 p. 8°. [Ungarisch-deutsch.]

Warschatka, Franz, Die Stempelpflicht im k. k. Heere. 2. Aufl. Temesvár: Trautmann 1895. 84 p. 8°.

Staatsschulden.

Deutsch, Anton v., Der Beitrag Ungarns zur österreichischen Staatsschuldenverzinsung. Bp.: Pester Lloyd Ges. 1904. 30 p.

Hantos, Elemér, Die finanzielle Kraftentfaltung der österr.-ungar. Monarchie. Die Kriegsanleihen der österr.-ungar. Monarchie. 1—10. Taus. Warnsdorf: Strache 1916. 38 p. gr. 8°. (Flugschriften f. Österreich-Ungarns Erwachen 11.)

Neményi, Gust., Ungarn und die Konversion der einheitlichen Rente. Bp.: Grill 1904. 76 p. 8°.

Österreich. Finanzministerium. Ausweis über den Stand der gesamten konsolidierten Staatsschuld, dann der nicht gemeinsamen schwebenden Schuld Ende 1868. Wien: Hof- u. Staatsdr. 1869. 26 p.

Patzauer, Hans, Deutschösterreich und die Staatsschulden der beiden Staaten der österr.-ungar. Monarchie. Hrsg. von der Kommission zur Vorbereitung der finanziellen Friedensverhandlungen im deutsch-österr. Staatsamte der Finanzen. Wien: Deutcsh-österr. Staatsdr. 1919. 33 p.

Quote.

Blümelhuber, M., Eine ethische Re form der Quotenfrage des österr.-ungar. Ausgleiches. Linz: Mareis 1897. 16 p. 8°.

Ehrhart, Robert v., Ein Vorschlag zur Quotenfrage. Wien: Verlag d. Wage. 13 p.

Enzenberg, Othmar, Die Paritätsansprüche Ungarns. Ein Wort zur Ausgleichs- und Bankfrage. Wien: Verlag Doll 1897. 12 p. 8°.

Horánszky, F., Die Quotenfrage. 1898.

Márk, Markus, Der Schlüssel zum Quotenschlüssel. Tl. 1—3. Bp.: Dobrowsky 1898. 93 p.

Offermann, Alfr. Frhr. v., Die Entscheidung der Krone im österr.-ungar. Quotenstreite. Wien 1898.

Spitzmüller, Alexander, Die Quote. Wien: A. Hölder 1907. 39 p. 8°. (S.-A. aus Österr. Staatswörterbuch.)

Westphal, Philipp, Zur Grundrententheorie. Ein Vorschlag zur ungarischen Quotenfrage. Wien: Manz 1897.

Frank, Josef, Béla Lukács und die Quote Kroatiens. Agram 1879.

Frank, Jos., Die Quote Kroatiens. Eine Studie über das finanzielle Verhältnis zwischen Kroatien und Ungarn anläßlich der bevorstehenden Verhandlungen der Regnicolar-Deputation. Agram-Wien: Manz 1879 42 p. 8°.

Finanzen der autonomen Verwaltungskörper.

Basch, Emerich, Die Gemeindebetriebe in Ungarn. Lpzg.: Duncker & Humblot 1912. VI, 176 p. 8°. (Schriften des Vereins für Sozialpolitik, Bd. 130, 5. Gemeindebetriebe 3. 5.)

Ungarn. Statistisches Zentralamt. Haushaltung der Gemeinden Ungarns (1908). Bp. (Ungarische statistische Mitteilungen, N. S. 39.)

Ungarn. Office central du statistique. Finances des communes de la Hongrie en 1908. Bp. (Publications 39.)

Ungarn. Statistisches Zentralamt. Haushaltung und Vormundschaftskassen der Komitate Ungarns im Jahre 1909. Bp. (Ungarische statistische Mitteilungen, N. S. 40.)

Ungarn. Office central du statistique. Finances et caisses tutélaires des comitats de la Hongrie en 1909. Bp. (Publications, N. S. 40.)

C. Volksvermögen. Volkseinkommen.

Ettinger, M., Einfluß der Goldwährung auf das Einkommen der Bevölkerungsklassen und des Staates. Wien: Breitenstein 1892. 173 p. 8°.

Fellner, Friedrich, Die Schätzung des Volkseinkommens. Bln.: Puttkammer & Mühlbrecht 1904. 46 p. 8°.

Fellner, Fréderic, L'évaluation de la richesse nationale. (Institut international de statistique. Session 8.) Bp.: 1901. (Série des rapports et Communications 26.)

Fellner, Frdr., Das Volkseinkommen Österreichs und Ungarns. Wien: Manz 1917. 145 p. Lex. 8°. (S.-A. aus Statistische Monatsschrift 21.)

Fellner, Friedrich, Das Volksvermögen Österreichs und Ungarns. Wien 1913. (S.-A. aus: Rapports de la 14. session de l'Institut de statist. à Vienne.)

D. Valuta.

An die österr.-ungar. Legislativen zur Valutaregulierung. Wien: Daberkow 1892. 27 p. 8°.

Autriche-Hongrie. Étude économique et statistique à l'occasion du règlement de la Valute. Paris: Dupont 1893. 176 p. 8°.

Barschall, Carl E., Staatsfinanzen und Österreich-Ungarns Valutaregulierung. Wien 1893.

Bauer, Otto v., Ein Wort zur Einführung der Goldwährung in Österreich-Ungarn. Wien: Manz 1891. 47 p. 8°.

Beck, Dyonis, Die Ausschaltung des Goldgeldes aus dem allgemeinen Verkehr. Bp.: Pester Lloyd 1916. 13 p. 8°.

Boscaroli, J., Vorschlag zur vollständigen Herstellung unserer Silberwährung und zur Regelung der österreichischen Finanzen. Wien: Braumüller 1861. 43 p. 8°.

Bunzl, Carl. Die Währungsfrage in Österreich-Ungarn. Wien: Hölder 1887. 83 p. 8°.

Calligaris, L., Die neuen Valuta- und Bankgesetze nebst den damit zusammenhängenden Gesetzen und Verordnungen m. Ber. der ungarischen Gesetzgebung, Bestimmungen für den Geschäftsverkehr mit der österr.-ungar. Bank. Wien: Manz 1901. XVIII, 544 p. 8°. (Manzsche Taschenausgabe der österreichischen Gesetze 16.)

Crivellari, Galileo, La riforma monetaria in Austria-Ungheria. Bologna 1901.

Deisting, Karl, Die Valutaregulierung. Ursache und Wirkung. Graz: Styria 1892. 52 p. 8°.

Eine Studie über Österreichs Finanzfrage. 1. Analyse der Stracheschen Broschüre: Die Valuta in Österreich. 2. Ideen, wie eine allg. Metallzirkulation und ein geordnetes Geldwesen in Österreich zu ermöglichen wäre. Wien: Gerold 1861. VIII, 100 p. 8°.

Felix, Ludwig, Währungsstudien mit besonderer Rücksicht auf Österreich-Ungarn. Lpzg.: Duncker & Humblot 1890. 40 p. 8°.

Fellner, Friedrich, Die Währungsreform in Ungarn mit besonderer Rücksicht auf die Aufnahme der Barzahlungen. Wien: Manz 1911. 277 p. 8°.

Fragen und Antworten über die Valutaregulierung in Ursache und Wirkung. Wien: Manz 1892. 52 p. 8°.

Funk, D., Entwurf zur Regulierung der Valuta in Österreich-Ungarn. Klagenfurt: Kleinmayr 1891. VI, 69 p. 8°.

Ganser, A., Die Valutaregulierung in Österreich-Ungarn. Graz: Leuschner & Lubensky 1892. 15 p. 8°.

Ganser, A., Zur Lösung der Valutafrage. [Fortsetzung und Schluß des Werkes: Valutaregulierung.] Graz: Leuschner & Lubensky 1892. 26 p. 8 °.

Goldwährung. Da darf ich nur hineinschauen! Darstellung der neuen österr.-ungar. Goldwährung. Nebst Umrechnungstabellen. Wien-Lpzg.: Literarische Anstalt (Schulze) 1892. 32 p. 16 °.

Groß, P., Über den Wert unseres Geldes nach dem Kriege. Wien: Manz 1915. 32 p. Gr. 8 °.

Gruber, Ign., Die österreichische Gesetzgebung über Münze, Papiergeld und Geldzahlung. Mit Berücksichtigung der bezüglichen ungarischen Gesetzartikel. Wien: Manz 1886. VIII, 149 p.

Gruber, Ign., Statistische Beiträge zur Frage der Währung der österr.-ungar. Monarchie. H. 1. Jena: Fischer 1890. 40 p. [Mehr nicht erschienen.]

Hammer, Eduard, Die Hauptprinzipien des Geld- und Währungswesens und die Lösung der Valutafrage. Wien: Konegen 1891. 32 p. 8 °.

Hammer, Eduard, Die Herstellung der Valuta. Wien: Konegen 1892. 27 p. 8 °.

Hammer, Eduard, Die Maßnahmen zur Herbeiführung definitiv geregelter Valutaverhältnisse. Wien: Konegen 1894. 30 p. 8 °.

Hankiewitz, H., Bestimmungen über Münzwesen und Staatspapiergeld in Österreich. Wien: Hof- und Staatsdr. 1887. 265 p. 8 °.

Haupt, Ottomar, Gold- oder Silberwährung, ein Vorschlag zur Lösung der Valutafrage. Wien: Beck 1877. IV, 240 p. 8 °.

Hecht, Carl, Denkschrift über eine Regelung der Währungsverhältnisse der österr.-ungar. Monarchie. Frankfurt a. M. 1888.

Herel, H., Die Valutafrage. Referat. Wien: Manz 1875. 60 p. 8 °.

Hertzka, Th., Die Valutafrage. Referat. Wien: Gerold 1861. 60 p. 8 °. (Schriften der Gesellschaft österr. Landwirte.)

Hertzka, Theodor, Die österreichische Währungsfrage. Referat. (Zweites Buch aus desselben Verfassers Schrift: Währung und Handel.) Wien: Manz 1877. IV, 220—420 p. 8 °. (Schriften der Gesellschaft österr. Volkswirte.)

Hertzka, Theodor, Die Goldrechnung in Österreich-Ungarn. Wien: Manz 1879. 56 p. 8 °.

Junk, E., Entwurf zur Regulierung der Valuta. Wien 1891.

Kalkmann, Ph., Die Entwertung der österreichischen Valuta im Jahre 1893 und ihre Ursachen. Freiburg i. B.: Mohr 1899. 73 p. 8 °. (Wiener staatswiss. Studien 1.)

Keller, Rudolf, Das Ende der Goldwährung? Prag: Calve 1908. 36 p. 8 °. (S.-A. aus Prager Tagblatt.)

Kleinwächter, Friedrich, Die Entwickelung des Geld- und Währungswesens in Österreich-Ungarn unter der Regierung des Kaisers Franz Joseph I. Rede. Czernowitz: Pardini 1896. 58 p. 8 °.

Kneidl, F., Abbildungen der im Umlaufe befindlichen Münzen der österr.-ungar. Monarchie. Prag: Otto 1890. Taf. 79 × 59.

König, Wilhelm, Die währungspolitische Bedeutung der administrativen Einrichtung des Silberguldens. Vortrag. Wien: Manz 1908. 16 p. 8 °.

Kramar, Karel, Das Papiergeld in Österreich seit 1848. Lpzg.: Duncker & Humblot 1886. VIII, 188, 122 p. 8 °.

Kreibig, Josef Clemens, Münztabelle, enthaltend die Prägungsverhältnisse sämtlicher derzeit umlaufsfähigen Münzen und deren Paritäten in österr.-ungar. Kronenwährung. Wien: Manz 1892. 54 p. 8 °.

Kunwald, Gottfried, Der österreichische Valutaausschuß. Wien 1892. 142 p. 8 °.

Landesberger, Julius, Über die Goldprämienpolitik der Zettelbanken. Denkschrift. Wien: Manz 1892. 70 p. 8 °.

Landesberger, Julius, Währungssystem und Relation. Beiträge zur Währungsreform in Österreich-Ungarn. Wien: Manz 1891. 191 p. 8 °.

Lieben, Richard, Referat über Regelung der Valuta. Wien: Waldheim 1889. 19 p. 8 °.

Lorini, Etealae, La questione della valuta in Austria-Ungheria. Torino: Loescher 1893. 490 p. 8 °.

Lotz, Walther, Der gegenwärtige Stand der Währungsfrage in Österreich-Ungarn. Prag: Deutscher Verein 1892. 20 p. 8 °. (Sammlung gemeinnütziger Vorträge.)

Lotz, Walther, Die Währungsfrage in Österreich-Ungarn und ihre wirtschaftliche und politische Bedeutung. Lpzg.: Duncker & Humblot 1889. 43 p. (S.-A. aus Schmollers Jahrb.)

Lukács, Ladisl. v., Motivenberichte des kgl. ungarischen Finanzministers Lad. v. Lukács zu den Gesetzentwürfen über Währung und Bankwesen. Bp. 1899.

Makai, Ernst, Währungsstudien mit besonderer Rücksicht auf Österreich-Ungarn. Stuttgart: Enke 1917. 77 p.

Mandello, Julius, Die Regulierung der Valuta. Bp.: Kilián 1889. 8°.

Márk, Markus, Brief an einen politischen Freund. 1894.

Márk, Markus, Das Gold — nicht mehr Geld. 1897.

Mataja, Victor, Die Regelung der Valuta in Österreich-Ungarn. Innsbruck: Wagner 1892. 22 p. 8°.

Mayer, Karl, Grundzüge für die Herstellung und Erhaltung einer konvertablen Papierwährung in Österreich. Wien: Hof- und Staatsdr. 1861. 79 p. 8°.

Mazal, Karl, Was ist von dem neuen Gelde zu halten? Vortrag. Wien: Gerold 1892. 16 p. 8°.

Mazal, K., Zur Frage der Valutaregulierung. Allg. Beamtenverein der österr.-ungar. Monarchie. [1889.] 6 p. 4°.

Mecenseffy, Emil v., Vortrag an den ungarischen Ministerrat, betr. die Valutaregelung. Wien: Österr.-ungar. Bank 1892. 65 p.

Menger, Karl, Beiträge zur Währungsfrage in Österreich-Ungarn. Jena: Fischer 1892. 59 p. 8°.

Mosser, F., Die Torhait der Goldwährung und der Valutaregulierung. Triest-Selbstverlag 1889. 54 p. 8°.

Das neue Geld. Die neue österr.-ungar. Geldwährung. Wien: Freytag & Berndt 1893. 4 p. 16°.

Neupauer, Josef v., Die Schäden und Gefahren der Valutaregulierung. Wien: Lesk 1892. 41 p. 8°.

Ockhardt, Georg, Zur Frage des neuen österreichischen Papiergeldes. Lpzg.: Fock 1890. 99 p. 8°.

Osimitsch, Wilhelm, Skizze einer billigen Valutareform und eines weltfähigen Geldsystems für Österreich-Ungarn. Triest: Selbstverlag 1891. 64 p. 8°.

Ostersetzer, Alfred, Die nächsten Ziele unserer Währungspolitik. Wien 1901. 36 p. 8°.

Ostersetzer, Alfred, Währungswechsel und Aufnahme der Barzahlungen. Übersichtliche Darstellung der Valutafrage. Bd. 1—2. Wien: Manz 1892. 8°.

Österreich. Finanzministerium. Denkschrift über den Gang der Währungsfrage seit dem Jahre 1867. Wien: Hof- und Staatsdr. 1892. 18 p. 2°.

Österreich. Finanzministerium. Denkschrift über das Papiergeldwesen der österr.-ungar. Monarchie. 1891. Wien: Hof und Staatsdr. 1892. 52 p. 4°.

Österreich. Finanzministerium. Tabellen zur Währungsstatistik. 1.—3. Aufl. Wien 1893—1906.

Österreich. Finanzministerium. Verhandlungen der Spezialkommission zur Beratung der Münzfrage vom 11.—14. April 1867. Wien 1867.

Österreich. Gesetze und Verordnungen 1892. Gesetz vom 2. August 1892, womit die Kronenwährung festgestellt wird. Wien: Hof- und Staatsdr. 1892. 25 p. 12°.

Österreichische Währungsenquête. Materialien seit dem Jahre 1867. Wien: Hof- und Staatsdr. 1892. 446 p. 8°.

Österreichische Währungsenquêtekommission. Stenographische Protokolle über die vom 8.—17. März abgehaltene Sitzung der nach Wien einberufenen Währungsenquêtekommission. Wien: Hof- und Staatsdruckerei 1892. 298 p. 8°.

Pacher, Paul, Die österr.-ungar. Währung. Lpzg.: Literarische Anstalt 1890. 104 p. 8°.

Pappenheim, Wilh., Über die fortdauernde Giltigkeit der einberufenen Staatsnoten (1866). Wien: Hölder 1891. 28 p. 8°.

Pauly, A., Geld- und Währungswesen in Österreich-Ungarn seit 1848. Diss. Würzburg 1903.

Perl, Franz, Zur Frage der Valutaregulierung in Österreich-Ungarn. Zürich: Fuesli 1887. 50 p. 8°.

Pisko, J., Die Aufnahme der Barzahlungen in Österreich-Ungarn und die internationale Regelung der Währungsfrage. Wien: Manz 1887. 56 p. 8°.

Reiss, Eugèn, L'avenir monétaire et commerciale de la Hongrie. Bp. 1919. 16 p. (S.-A. aus Kelet Népe.)

Schlesinger, Joseph, Zum Ausgleich mit Ungarn. Verstaatlichung des Geldwesens in Österreich durch das Volksgeld. Wien 1898. 8°.

Schober, Wenzel, Die Valutaregulierung in Österreich-Ungarn. Wien: Lesk 1892. 41 p. 8°.

Schrenzel, M., Die Valutaregulierung vor dem Reichsrate. Wien: Breitenstein 1892. 46 p. 8°.

Schwarz, Rich., Das Valuta-Problem. Rohstoffrage im Verhältnis zu „Mitteleuropa". Wien 1917.

Smolensky, Max, Die Kursschwankungen der österr.-ungar. und deutschen Valuta in der Schweiz. Zürich: Handelsverb. 1917. 15 p. 8°. (Mitteilungen des österr.-ungar. Handelsverb. in der Schweiz.)

Somary, Felix, Währungsprobleme Österreich-Ungarns. Wien: Fromme 1917. 23 p.

Spitzmüller, Alex., Die österr.-ungar. Währungsreform. Wien: Braumüller 1902. 118 p. 8°. (S.-A. aus Zeitschrift für Volkswirtschaft.)

Statistische Tabellen über die Währungsfrage der österr.-ungar. Monarchie. Wien: Hof- und Staatsdr. 1892. 446 p. 2°.

Stern, Robert, Katechismus der in Österreich-Ungarn neueingeführten Kronenwährung. 2. Aufl. Wien: Perles 1892. 32 p.

Stern, Robert, Das neue Geld. Wien: Bauer 1892. 23 p. 8°.

Stern, Robert, Theorie und Praxis des Goldimportes nach Österreich-Ungarn. Eine übersichtliche Darstellung der Goldarbeitfragen auf der Basis der Kronenwährung. Wien: Perles 1893. 58 p. 8°.

Westphal-Conn, Philipp, Die wirtschaftliche Regenerierung Österreich-Ungarns. Ein Beitrag zur Herstellung der Valuta nebst einer Darstellung der internationalen Bewegung auf münzpolitischem Gebiete. Wien: Manz 1882. VIII, 65 p. 8°.

Wien. Gesellschaft österreichischer Volkswirte. Gutachten über die Fortführung der Valutareform in Österreich. Wien: Hölder 1896. III, 216 p. 8°.

Wieser, P., Die Währungsfrage und die Zukunft der österr.-ungar. Valutareform. Wien: Tempsky 1894. 28 p. 8°.

Zur Judikatur in der Währungsfrage. Wien: Breitenstein 1891. 28 p. 8°.

Notenbank.

Beck, Dionys, Ungarische Notenbank. Bp.: Hungaria. [1916?] 12 p.

Bernhard, Bruno, Österreich-Ungarns Zettelbankinstitut und seine Beziehungen zu den Geld- und Valutaverhältnissen der Monarchie. Diss. Würzburg. Bln.: Günther 1899. 60 p. 8°.

Bing, Gustav, Ein Vorschlag zur Regelung der Bankfrage. Wien 1875.

Budapest. Handels- und Gewerbekammer. Gutachten der Pest-Ofner Handels- und Gewerbekammer in der Bankfrage. Pest: Khór & Wein 1870. 27 p. 8°. (S.-A. Pester Lloyd.)

Dorn, Alex. Ritter v., Die Erneuerung des Bankprivilegiums. Wien: Hölder 1886. 66 p. 8°.

Eine Kritik der „Plenerschen Bankvorlage". Passau: Elsässer & Waldbauer 1862. 15 p. 8°.

[Eisler, Ignaz.], Die Bankfrage. Von Mercator. Bp.: Ráth 1909. 50 p. 8°.

Ernste Bedenken gegen eine abermalige Übertragung des Rechtes der Geldnotenerzeugung an eine Aktiengesellschaft. Ein Patriot. Wien 1877.

Gaertner, Friedrich, Gemeinsame oder selbständige Bank. Wien: Braumüller. p. 746—787. (S.-A. aus Zeitschrift für Volkswirtschaft, Sozialpolitik und Verwaltung 17.)

Hammer, Eduard, Die Grundprinzipien der Regelung unserer Bankfrage. Wien: Konegen 1894. 7 p. 8°.

Hertz, F., Die österr.-ungar. Bank und der Ausgleich. Wien: Stern 1903. 19 p. 8°.

Hevera Cenek, Banka Rakousko-Uherska. Kolin: Bayera 1886. 51 p. 8°. (Die österr.-ungar. Bank.) [Tschech.]

[Holitscher, Philipp], Die österreichische Nationalbank und ihr Einfluß auf die wirtschaftlichen Verhältnisse der Monarchie. Von Fidelius. Wien 1875.

Horn, Ed., Zur ungarischen Bankfrage. Rede. Preßburg: Angermayer 1872. 4 p. 2°.

König, Wilhelm, Barzahlung und Banktrennung. Eine Streitfrage des österr.-ungar. Ausgleiches im Lichte der Theorie. Wien: Manz 1907. 16 p. 8°.

Leonhardt, Gustav, Die Verwaltung der österr.-ungar. Bank. (1878—1885.) Wien: Hölder 1886. VII, 315 p.

Lindheim, Alfred, Bericht über den Gesetzentwurf betr. die Verlängerung des Bankprivilegiums. 1888—1897. Wien: Handels- und Gewerbekammer 1886. 277 p. 8°.

Lindheim, Alf., Bericht der 1. Sektion der Handels- und Gewerbekammer in Wien über die Verlängerung des Privilegiums der österr.-ungar. Bank. Wien: Handels- und Gewerbekammer 1896. 41 p. 8 °.

Lónyay, Melch., Die Bankfrage. Übers. von Ad. Dux. Bp.: Tettey 1875. 697 p. 8 °.

Lucam, Wilhelm. Die österreichische Nationalbank während der Dauer des dritten Privilegiums. Wien: Manz 1876. VII, 209 p. 4 °.

Lucam, R., Die österreichische Nationalbank und ihr Verhältnis zum Staate. Wien: Braumüller 1861. 80 p. 8 °.

Lucam, Wilhelm v., Parität und Regierungseinfluß in der künftigen österr.-ungar. Bank. Wien 1897.

Lucam, R., Vorschlag zu einer Vereinbarung bezüglich der Entschädigungsansprüche der priv. österreichischen Nationalbank im Zusammenhange mit einer Änderung des Übereinkommens und der Statuten vom Jahre 1863. Wien 1868. 80 p. 8 °.

Mahnruf an den hohen Reichsrat. Herstellung der Valuta ist die Frage, Liquidation der Nationalbank ist die Antwort. Wien 1876.

Mareschau, J. W., Die Begründung einer ungarischen Nationalbank. Pest 1870. 8 °.

Mareschau, J. W., Die Lösung der ungarischen Bankfrage. Pest: Buschmann 1872.

Márk, Markus, Gegen die Metallbedeckung. 1888.

Mecenseffy, Emil, Bericht über den Goldbesitz der österr.-ungar. Bank. Wien: Verl. der Bank 1897. 27 p. 4 °.

Mecenseffy, Emil v., Bericht über die Noten der beiden hohen Finanzministerien, betr. die Erneuerung des Privilegiums der österr.-ungar. Bank. Wien: Selbstverlag 1896. 50 p. 8 °.

Mecenseffy, Emil, Das Vermögen der österr.-ungar. Bank. Wien: Verlag der Bank 1897. 12 p. 8 °.

Mecenseffy, E. v. und G. Leonhardt, Die Verwaltung der österr.-ungar. Bank (1886—1895). Wien: Hölder 1896. 393 p. 4 °.

Mecenseffy, E. v., Wert und Preis des Privilegiums der österr.-ungar. Bank. Wien: Hölder 1894. 67 p. 8 °.

Neuwirth, Jos., Bank und Valuta in Österreich-Ungarn. 1862—1873. Bd. 1—2. Lpzg.: Duncker & Humblot 1873—1874. 8 °.

1. Bankakte und Bankstreit in Österreich-Ungarn. 1873. XXIII, 479 p.

2. Die Spekulationskrisis von 1873. 1874. VIII, 376 p.

Ostersetzer, Alfred, Die Aufnahme der Barzahlungen in Österreich-Ungarn. Wien: Dorn 1903. 46 p. 8 °.

Österreich-ungarische Bank. Motivenbericht zu den vereinbarten Änderungen der Statuten der österr.-ungar. Bank. Wien 1899.

Österreich-ungarische Bank. Sammlung der Vorlagen und Verhandlungsberichte, betr. die Erneuerung des Bankprivilegiums 1888—1897. Wien 1887.

Die österreichische Nationalbank, ihr Verhältnis zu dem Staate. Ein Beitrag zur Beurteilung der Bankfrage. Wien: Braumüller 1861. 69 p. 10 Tab. 4 °.

Die österreichische Nationalbank seit ihrer Gründung bis heute. Wien 1861. 8 °.

Die österreichische Nationalbank und ihr Einfluß auf die wirtschaftlichen Verhältnisse der Monarchie. Von Fidelius. Wien: Rosner 1875. 49 p. 8 °.

Paltauf, Carl, Expropriation des Privilegiums der Bank. Wien: Massanetz 1862. 39 p. 8 °.

Rosenthal, B., Zur Bankfrage. Wien: Manz 1896. 82 p. 8 °.

Schlögl, Emanuel, Die österr.-ungar. Bank. Tetschen: Henckel 1906. 53 p. 8 °.

Schmid, Friedrich, Die Agioreserve der österr.-ungar. Bank. (Der sog. „Kursgewinn der österr.-ungar. Bank an ihrem Goldschatze“.) Eine Studie zur Währungs- und Bankfrage. Wien: Hölder 1898. VI, 222 p. 4 °.

Schrenzel, M., Beitrag zur Lösung der Bankfrage mit Berücksichtigung der gegenwärtigen österr.-ungar. Monarchie. Lemberg: Wild 1877. 48 p. 8 °.

Sommaruga, Franz v., Der heutige Stand der Bankfrage mit Beziehung auf die beabsichtigte Vereinbarung mit Ungarn. Wien: Braumüller 1868. 27 p. 8 °. (Flugblätter des Vereins für volkswirtschaftlichen Fortschritt in Wien 8.)

Tschurn, Karl, Die Entwicklung des Verwaltungsorganismus der österr.-ungar. Bank, vorm. priv. österreichischen Nationalbank. Wien: Hölder 1908. II, 44 p. 8 .

Ungarn. Gesetze und Verordnungen. Entwurf des Gesetzes und Vereinbarungen, betreffs die Verlängerung des Privilegiums der österr.-ungar. Bank. Samt Motivenbericht. Wien: Österr.-ungar. Bank 1898. 24 p. 8°.

Ungarn. Gesetzentwürfe. Gesetz(esvorlage), betr. die Errichtung und des Privilegiums des österr.-ungar. Bankgeschäftes. Wien: Hof- und Staatsdr. 1877. 44 p. 8°.

Ungarische Bankenquête. Die Errichtung der ungarischen Notenbank. Besprechung. Breslau 1909. 8°.

Wagner, Ad., Die Herstellung der Nationalbank, mit bes. Rücksicht auf den Bankplan des Finanzministers v. Plener. Wien: Gerold 1862. VIII, 191 p. 8°. (Die österreichische Valuta 1.)

Weiß, W., Index zu den Statuten der österr.-ungar. Bank 2. Wien. 8°.

Der Wert des Bankprivilegiums. Wien 1862. 60 p. 8°.

Westphal, Philipp, Die Aufnahme der Barzahlungen in Österreich-Ungarn. Ein Kompromißvorschlag. Wien: Braumüller 1892. 123 p.

Wirth, Max, Die Notenbankfrage in Beziehung zur Währungsreform in Österreich-Ungarn. Frankfurt a. M.: Sauerländer 1894. 116 p. 8°.

Wirth, Max. Die österr.-ungar. Bankfrage. Wien 1875. 47 p. 8°.

Wittelshöfer, Otto, Der Kursgewinn der österr.-ungar. Bank an ihrem Goldschatze. Wien: Tempsky 1895. 17 p. (S.-A. aus Zeitschrift für Volkswirtschaft.)

E. Bank- und Börsenwesen.

Kredit.

Beck, Dionys, Die Ursachen der Geldverteuerung. Bp. 1906.

Berger, Carl. Geldbehandlung, Verwendung und Beschaffung. Mit bes. Berücksichtigung des Bankscheck- und Kreditvereinswesens in Österreich-Ungarn. Preßburg: Heckenast 1875. 112 p.

[Egry] Engel, Aurel, Statistisches Material zum Vortrage: Das Kreditwesen Ungarns und die neue Geldinstitutszentrale. Bp. 1916. 21 p.

[Kaiser], Zur Wucherfrage. Volkswirtschaftliche Studie. Mit Berücksichtigung der diesfälligen Kompetenzsphäre des Staates. Hrsg. von einem Bankier. Bp.: Burián 1875. 14 p.

Madarassy-Beck, Julius Baron, An unique method of investment. London 1911. [Hungarian land mortgage bonds.]

Makai, Edm., Gründungswesen und Finanzierung in Ungarn, Bulgarien und der Türkei. Bln.: Haude & Spener 1916. XXI, 377 p.

Márk, Markus, Das neue Kreditsystem. Organismus des ersten Grundbesitz-Rentenfonds bildenden Boden- und landwirtschaftl. Kreditinstituts samt Motivenbericht. Bp. 1883.

[Márk, Mark.], Kurze Inhaltsübersicht des Motivenberichtes zum neuen Kreditsystem. 1885.

Márk, Markus, Organisation der ersten landwirtschaftl. Gemeinde-Lagerhaus-Landes-Kreditbank als Aktiengesellschaft. 1901.

Popper, Ladislaus, Die Entwicklung des ungarischen Kreditwesens. Diss. Bp.: Kállai 1911. VI, 83 p. 8°.

Rösler, Rudolf, Die Kreditorganisation der Sachsen in Siebenbürgen. Hermannstadt: Krafft 1914. 77 p. 8°.

Seidl, Ambr., L'organisation et l'activité de la Société centrale de crédit mutuel hongroise. Constituée en vertue de la loi 23. de 1898. Bp. 1904. 43 p.

Ungarn. Bureau central de statistique. Etablissements de crédit des Pays de la sainte Couronne hongroise en 1909. Bp. (Publications, N. S. 35.)

Ungarn. Statistisches Zentralamt. Die Kreditinstitute der Länder der ungarischen heil. Krone im Jahre 1894, 1894/1909. Bp. (Ungarische statistische Mitteilungen, N. F. 16, N. S. 35.)

Fellner, Fréderic, La dette hypotécaire et les charges publiques des immeubles en Hongrie. Paris: Impr. Chaix. 25 p. (Extrait.)

György, André, Defectuosités du crédit pour les petits proprietaires. (Übersetzt von Max Arányi.) Bp.: 1885.

Jonas, B., Zur Reform des Hypothekar-Kreditwesens in Ungarn. Wien: Perles 1883. 29 p. 8°. (S.-A. aus: Pester Lloyd.)

Keleti, Karl, Zur Statistik der Hypothekarschulden in Ungarn. Bp.: Kilián 1885. 23 p.

Keleti, Karl, Ungarn im Weltverkehr. — Zur Statistik der Hypothekarschulden in Ungarn. Bp.: Kilián 1885. 55 p. 8°.

Mazal, Karl, Das landwirtschaftliche Vereins-, Kredit- und Versicherungswesen. Wien 1875.

Mémoire du Crédit foncier de Hongrie au Conseil suprême des puissances alliées siègeant à Paris pour bien vouloir apprécier ses interêts financiers, juridiques et économiques. Bp. 9 p.

Mully von Oppenried, Rob., Die Hypothekaranstalten (Bodenkreditanstalten) in Deutschland und Österreich-Ungarn, deren Hypothekargeschäft, Geschichte, Entwicklung und Statistik. Wien: Österreichisches Handelsmuseum 1911. 202 p. 8⁰. (Publikationen der Exportakademie.)

Schulte, Fritz, Die Bodenkreditinstitute der österr.-ungar. Monarchie. (1841—1910.) München: Duncker & Humblot 1912. VII, 235 p. (Veröffentlichungen zur Statistik des Bodenkredits 2.)

Ungarn. Ministry of agriculture. Rural credit and co-operation in Hungary. Bp.: Stephaneum 1913. 99 p. (Publ. of the min. of agricult.)

Banken.

Bánfi, Oscar, Das Bankenjahr 1915. Bp.: Pester Lloyd 1916. 12 p.

Pólya, Jacob und Roland Hegedüs, Geschichte der Entstehung und des fünfzigjährigen Bestandes der Pester ungarischen Kommerzialbank. Bd. 1—2. Übersetzung aus dem Ungarischen. Bp.: Verlag der Bank 1892—1917. 4⁰.

1. Verfaßt von Jacob Pólya (1841 bis 1892).
2. Verfaßt von Roland Hegedüs (1841 bis 1917).

Sparkassen.

Barát, A. und Aug. M. Stolz, Fünfzigjährige Geschichte der Ersten Temesvarer Sparkasse. (1846—1895.) Deutsche Ausgabe. Temesvár 1896.

Fenyvessy, Adolf, Die 50jährige Geschichte des Pester ersten vaterländischen Sparkassavereines (1840—1890). Aus dem Ungarischen. Bp.: Kilián 1890. VIII, 103 p. 8⁰.

Fenyvessy, Adolphe, Histoire de la première union de caisse d'épargne nationale de Pest 1840—1899. (Extrait de l'original hongrois.) Bp.: Franklin 1890. VIII, 92 p.

Thör, Rudolf, Fest- und Jahresbericht anläßlich des 75jährigen Bestandes der Kronstädter allg. Sparkasse. (1835 bis 1909.) Festbericht. Hrsg. vom Direktionsrat. Kronstadt: Gött 1910. 161 p. 4⁰.

Ungarn. Caisse d épargne postale. La caisse d épargne postale de l état hongrois. Histoire, organisation, résultat. Bp. 1900. 32 p.

Ungarn. Caisse d'épargne postale. Mémoire de la caisse d'épargne postale du royaume de Hongrie. Bp.: Hornyánszky 1911. 79 p. 4⁰.

Walter, Carl Ad. als Direktor der Hermannstädter allgemeinen Sparkasse (1885—1910). Festschrift. Hermannstadt: Drotleff 1910. 244 p. 8⁰.

[Földes] Weisz, Béla, Die Schulsparkassen in Ungarn. Bp.: Pester Buchdr. 1878. 16 p. 8⁰.

[Földes] Weisz, Béla, Les caisses d'épargne scolaires en Hongrie. Bp. 1878. 16 p.

Wolff, Carl, Die Geschichte der Hermannstädter allg. Sparkasse während der ersten 50 Jahre ihres Bestandes. (1841—1891.) Jubiläumsschrift. Hermannstadt: Verlag d. Hermannstädter allg. Sparkasse 1891.

Scheck. Giro.

Beck, Dionys, Die Ausgabenrückerstattung. Der sicherste Förderer der Barzahlung. Bp. 1881.

Bubenik, F., Die Technik des Giroverkehrs bei der österr.-ungar. Bank. Wien: Hölder 1888. IV, 192 p. 8⁰.

[Halász, Alexander], Cheque- u. Clearingverkehr der kgl. ungar. Postsparkasse. 1889.

Mitteleuropäischer Wirtschaftsverein. Verhandlungen der Scheck-Konferenz der Mitteleuropäischen Wirtschaftsvereine in Budapest 1907. Bp.: Hornyánszky (Bln.: Puttkammer) 1908. XI, 176 p. (Veröffentlichungen der Mitteleuropäischen Wirtschaftsvereine.)

Rauchberg, Heinrich, Der Clearing- und Giroverkehr in Österreich-Ungarn und im Auslande. Wien: Hölder 1897. VI, 212 p.

Börse.

Félegyházy, August, Das Buch der Budapester Börse. Bp.: Grill 1895. 479, IV p. 12⁰. Dasselbe 2. Ausg. Ebenda 1900. 490 p. 12⁰.

Félegyházy, August, Die neuen Warenusancen der Budapester Waren- und Effektenbörse. 2. Aufl. Bp.: Singer & Wolfner 1886. VIII, 270 p. 8⁰.

Frommer, Rudolf, Deutsch-ungarisches Börsenwörterbuch. Vorwort von Z. Simonyi. Bp. 1896. 110 p. 8°.

Krejcsi, Rud., Dokumente der Eierbörse in Budapest. Bp.: Pester Buchdr. 1912. 46 p.

Raff, Jules, Verläßlicher Führer der Börse. Bp. 1891.

Rome. Institut international d'agriculture. Les bourses de produits agricoles de Hambourg et Budapest. Rome 1913. 55 p.

Seidel, Karl, Zwei Typen des börsenmäßigen Warentermingeschäftes. Die Technik der Warentermingeschäfte an den Börsen von Triest und Budapest. Wien: Export-Akademie 1919. 63 p.

Steinacker, Edm., Zur Börsenreform in Ungarn. Auszug aus dem stenographischen Protokoll der vom kgl. ungar. Handelsministerium veranstalteten Enquête. Wien: Hölder 1899. VIII, 286 p.

Wittmann, M., Die Usancen der Budapester Waren- und Effektenbörse. Eine kritische Studie. Bp.: Gebr. Rosenberg 1880. 44 p. 8°. (Aus „Ungar. Gerichtshalle".)

Wertpapiere. Aktien.

Gunz, Emil und Franz Marschall, Der Coupon. Hilfs- und Nachschlagebuch österr.-ungar. Wertpapiere und deren Coupons. Jahrg. 3. Wien: Manz 1887.

Janszky, Adolf, Statistische Mitteilungen über die österr.-ungarischen Wertpapiere. Wien: Beck 1869. XV, 212 p. 8°.

Liszka, Viktor, Kursregulierende wechselndverzinsliche Obligationen. Bp.: Grill 1916. 18, 8 p.

Thalberg, J. (Red.), Österr.-ungar. Industriewerte. Bedingungen für den Handel in Effekten, Devisen und Valuten. Wien: „Der Kapitalist" 1891. 258 p.

Versicherungswesen.

Fachini, E., Viribus unitis. Entstehung, Grundsätze und Entwicklung des Versicherungswesens in Österreich-Ungarn. Wien: Steckler 1888. IV, 89 p. 4°.

Goldziher, Karl und Ernst Sós, Die Änderung der Sterblichkeitsverhältnisse der Versicherten in Ungarn. 7 p. (7. Internat. Kongreß für Versicherungswissenschaften. Amsterdam 1912.)

Klang, James, Das ungarische Handelsgesetz (1875: XXXVII.) und das Versicherungswesen. Ein kritischer Versuch. Wien 1876.

Lindner, Gustav, Zur Reform des Bau-, Feuerpolizei- und Versicherungswesens in Ungarn. 1877.

Rehák, J., In Versicherungsangelegenheiten. Pest 1858.

Stefan, Ein Vierteljahrhundert Versicherungswesen in Österreich-Ungarn. (1875—1900.) Wien: Freytag & Berndt 1903. 10 p. 8°.

Verband der österr.-ungar. Versicherungstechniker. Mitteilungen. Wien: Deuticke.

Wilheim, Adolf, Die Verstaatlichung des Assekuranzwesens. Ein Beitrag zur Lösung der volkswirtschaftlichen Krise. Bp.: Révai 1886. 78 p. 8°.

Irányi, Bernh., Die in- und ausländischen Privatversicherungs-Gesellschaften in Österreich-Ungarn. 1915. Wien: Irányi 1916. 15 p.

Israel, B., Die österr.-ungar. Privatversicherungs-Gesellschaften 1895. Tabelle. Wien: Eisenstein 1898.

Márkus, Des., Ausländische Versicherungsgesellschaften in Ungarn. Studien aus dem Versicherungswesen. I. „The Grasham". Bp.: Rózsa 1891. 290 p.

Österr.-ungar. Verband der Privatversicherungsanstalten. Mitteilungen Nr. 1—4 [und] Beilagen. Wien: Gerold 1900—1901. 4°.

Poór, Jacq., Mitteleuropa und die Privatversicherung in Ungarn. Bp.: 1917. 22 p. (S.-A. aus Österreichische Revue.)

Ungarn. Statistisches Zentralamt. Feuerschäden in den Jahren 1895 und 1896. Bp. (Ungarische statistische Mitteilungen, N. F. 19.)

Irányi, B., Die Geschäftsresultate der österr.-ungar. Lebensversicherungsgesellschaften und der ausländischen Lebensversicherungsgesellschaften in Österreich-Ungarn. Jahrg. 1—42. 1876—1917. Wien 1877—1918. (Aus: Der Nationalökonom.)

D. Verwaltung. Städtewesen.

I Allgemeines.

Riegler, Ferd., Ungarns staatliche Matrikelämter samt zugeteilten Ortschaften mit ihren ungar., deutschen, slavischen und rumänischen Benennungen, nach Komitaten und Alphabet geordnet. Graz: Styria 1904. VIII, 352 p. 8 °.

Szabó, Eugen und Josef Bendek, Zur Orientierung wie und auf welche Weise die Anmeldungen beim polizeibehördlichen Anmeldungsamte stattzufinden haben. Bp.: Grimm 1882. 12 p. 8 °.

Beran, Josef Osc. (Red.), Beamten-Almanach für die Länder des Königreichs Ungarn. 1885. Hermannstadt: Verlag „Amtmann“ 1885. 158 p' 8 °.

Nasalski, Teof., Advokaten und Notare der gesamten österreichischen Monarchie. Wien: Wachter 1866. 126 p. 8 °.

Österr.-ungar. Beamtenkalender. Hrsg. v. A. Loria. 1872—1876. Wien. 16 °.

Schwingenschloegl, Rudolph, Der erste allgemeine Beamtenverein der österr.-ungar. Monarchie. Wien 1900. 537 p. 8 °.

II Städtewesen.

Heß, Johann, Das Grundbuch. Handbuch für Gemeinde-Notare, Gemeinde-Vorstände usw. Schäßburg 1870.

Rösch, Friedr., Die Feuerwehr in kleineren Städten, Dörfern und Pußten. Sopron: Schwarz 1878. 40 p. 8 °.

Thirring, Gustav, Die Entwicklung der Städte im 18. Jahrh. 14 p. (S.-A. aus: Österr.-ungar. Revue 24.)

Till, Anton, Handbuch über Gemeindeverwaltung, Vermögensgebahrung und Verrechnungswesen. Bp. 1873.

Timon, Das städtische Patronat in Ungarn. Raab: Hennicke 1889. 95 p.

Forbáth, Emerich, Städtebauliche Studien. Lpzg.: Leinewecker 1912. 167 p. 8 °.

Rózsahegyi, A. v., Hygienische Grundsätze bei der Rekonstruktion von Städten, mit bes. Rücksicht auf Szegedin. Vortrag. Lpzg.: Thieme 1884. 39 p. 8 °.

Budapest.

Beivinkler, Karl, Kanalisations-Projekt behuf Reinigung und Entwässerung der Stadt Pest. Bp.: Rudnyánszky 1873. 43 p. [Ungarisch-deutsch.]

Berdenich, V., Die Wasserversorgung Budapests. Wien 1893. 4 °.

Budapester Neubauten, Fasaden, Details, Tore, Vestibüle und Höfe. Photographische Aufnahmen. Wien: Schroll 1910. 65 Tab. 2. Ser. Ebd. 1911.

Leonhardt, E. R. und J. Melan, Öffentliche Neubauten in Budapest. Bp.: Révai 1885. 45 p. 4 °.

Kőrösi, Jos., Die Finanzen der Stadt Pest. Aus d. Ungar. Bp.: Ráth 1873. 90 p. 8 '. (Aus: Statist. Jahrb. d. Stadt Pest.)

Mikoletzky, I., Bericht über die Projekte zur Errichtung einer Wasserleitung für Pest. Pest 1864.

Országh, Alexandre, Les travaux publics de Budapest. 1868—1882. Bp.: Soc. an. d'impr. de Pest 1896. XI, 230 p. Dasselbe deutsch. Bp.: Nagel 1884. 254 p.

Sieber, K., Die Verschönerung Ofens und die Donauufer-Regulierung. Pest: Poldini 1862. 16 p. 8 °.

Thirring, Gustav, Gemeindeverwaltungen als Träger wirtschaftlichen und sozialen Fortschrittes. 4. Budapest die jüngste Großstadt Europas. Bln.: Deutscher Verlag für Volkswohlfahrt 1908. p. 40—52. (S.-A. aus: Archiv für Volkswohlfahrt.)

Rozinary, Stephan, Die Bauten von Budapest. (In 10—12 Lfg. à 10 Bl. [beabsichtigt]. Lfg. 1. Eperjes: Divald 1883. 2 °. [Mehr nicht erschienen.]

Rückwardt, Herm., Architektonische Studienblätter aus Budapest. Photographische Aufnahmen. Bln.: Claesen 1890. 60 Tab. N. F. Teil 1—2. Bln.: Heßling & Spielmeyer 1889/1891. 30 Tab., 30 Tab. und 2 Tab. 2. Aufl. Ebd. 1896.

Zur Organisierung der Schwesterstädte Pest und Ofen. Pest: Ráth 1872. 75 p.

Andere Städte.

Teutsch, Friedrich, Die Voranschläge der sächsischen Städte für ihren Haushalt. 1892. Hermannstadt: Drotleff 1892. (S.-A. aus: Siebenbürgisch-deutsches Tageblatt.)

Sächsische Nationsuniversität. Rundschreiben an sämtliche Kreise des Sachsenlandes, die Regelung des Gemeindewesens betreffend. Hermannstadt 1862.

Wolff, Karl, Die sächsischen Städte und ihr Haushalt. Vortrag. Hermannstadt: Drotleff 1881. 32 p. 8 °.

Lindner, Gustav: Das Feuerlöschwesen. d. kgl. freien Stadt Hermannstadt 1875.

Neugeboren, Emil, Hermannstadt und die Vorbedingungen einer gesunden und kräftigen Entwicklung seines städtischen Gemeinwesens. Hermannstadt: Steinhausen 1889. 23 p. 8 °.

Seivert, Gustav, Hermannstädter Lokal-Statuten. Hermannstadt: Steinhausen 1869. 66 p. 4 °.

Verfassungsfeier in Hermannstadt. 1862. Hermannstadt 1862.

Wolff, Karl, Die Beleuchtung der Flugschrift „Das projektierte Elektrizitätswerk für Hermannstadt und Heltau“ von der Schattenseite. Hermannstadt: Krafft 1893.

Forbáth, Emerich, Bebauungsplan f. d. kgl. Freistadt Brassó in Ungarn. Bln.: Wasmuth 1911. 4 °.

Hintz, Johann Andreas, Die Errichtung einer Gewerbehalle in Kronstadt. Das Kaufhaus in Kronstadt. Kronstadt 1883.

Kertsch, Chr., Auszug aus der Denkschrift des Chr. K. über die Reinigung und Entwässerung der Stadt Kronstadt. Kronstadt: Alexi 1891. 62 p. 8 °.

Popu, Josifa: Legea communale san articlii de lege XVIII: 1871 si V: 1876. Brasov: Römer 1881. VIII, 134 p.

Übersichtliche Darstellung der älteren Gemeindeverfassung der Stadt Kronstadt. Kronstadt 1865. 25 p. 8 °.

Rakovsky, Stefan v., Das Preßburger Rathaus und der Stadtrat; dessen Geschichte, Entwicklung und Verhältnisse im Mittelalter. Preßburg: Wiegand 1872.

Statut des Volksbades Preßburg. Preßburg 1906. 32 p. 8 °. Ungarisch-deutsch.

Vertrag zwischen der kgl. Freistadt Neusatz in Ungarn und der Aktiengesellschaft „Vereinigte Gaswerke in Augsburg“ über die Einführung der Gasbeleuchtung in der Stadt Neusatz. Neusatz: Pajevits 1888. 23 p. 8 °.

E. Heer und Flotte.

I Heerwesen.

A. Allgemeines.

Besgin, J. G., Awstro-Wengrija w wojennom otnosenij. Jeja armija i wooružonnyaj sila. St. Petersburg 1903. [Österreich-Ungarn in militärischer Beziehung. Seine Armee und seine Streitkräfte.] (Russ.)

Cooke, William Smith, The armed strength of Austria. Compiled at the topographical and statistical departement of the War Office. Part 1—2. London 1873—1876. 8°.

Danzer, A., Unter den Fahnen. Die Völker Österreich-Ungarns in Waffen. Prag: Tempsky 1889. VIII, 471 p.

Favre, Edmond, L'Autriche et ses institutions militaires. Paris: Dumaine 1866. 8°.

Glückmann, Carl, Das Heerwesen der österr.-ungar. Monarchie. Wien: Seidel 1890. VIII, 462 p. 8°. Dasselbe:

Hahn, F., Repetitorium des österr.-ungar. Heerwesens im Felde für Militärärzte. Wien: Safar 1906. 116 p. 8°. (Militärärztliche Publikationen 96.)

Das Heerwesen der österr.-ungar. Monarchie in Fragen und Antworten. Bp.: Grell 1895. 37 p. 12°.

Jurnitschek, Alfred (Red.), Die Wehrmacht der österr.-ungar. Monarchie im J. 1873. Teil 1—9. Wien 1873. 4°.

Kaulbars, Nicolas, Général baron des armés de la Triple-Alliance, L'armée austro-hongroise, d'àpres les documents officiels et des notes personnelles. Traduit du russe par R. Candiani. Paris: Westhausser 1893. 8°.

Die Kriegsmacht Österreichs. Bd. 1 bis 3. Wien: Seidel 1875.—1876.

Die Kriegsmacht Österreichs. Berichtigungen und Ergänzungen zum Teil 1—3. Wien: Seidel 1877. 64 p.

Lauth, J., L'État militaire des principales puissances étrangères au printemps de 1894. 8. éd. Paris: Berger Levrault 1902. (Les 5 premières éd. ont été publieés par Sidney Rau.)

Myrdacz, Paul, Ärztliche Rekrutierungsstatistik von Österreich-Ungarn (1894 bis 1905). Wien: Hölder 1907. 20 p. 17 Taf. (S.-A. aus Streuffleurs milit. Ztschr.)

Petrossi, Ferd., Das Heerwesen des österreichischen Kaiserstaates. Bd. 1 bis 2. Wien: Braumüller 1865. 8°.

Raizner, E. v., Die bewaffnete Macht der österr.-ungar. Monarchie. 2. verb. Aufl. Wien: Seidel 1878. 2. Tab.

Rau, Sidney, Étude sur les institutions militaires de l'Autriche-Hongrie. P. 1. Paris: Berger-Levrault & Cie. 1872. 12°. (Extrait de Revue militaire de l'étranger. Notices militaires.)

Rau, Sidney, Aperçu sur l'état militaire des principales puissances étrangères. 1877. Allemagne, Angleterre, Autriche-Hongrie [etc.]. Paris: Berger-Levrault 1877. Nouv. éd. entièrement refondue. 5. éd. Ibid. 1891. (La suite à été publ. par J. Lauth.)

Süssmann, Anton, Die österr.-ungar. Armee, ihre Organisation, Uniformen, Ausrüstung, Bewaffnung, Distinktionen und sonstige Abzeichen. Lpzg.: Ruhl 1911. 53 p. und 16 farb. Tafeln.

Teisinger, Heinrich, Behelf zum Studium unseres Heerwesens. Wien: Seidel 1901. VIII, 37 p. 8°.

Zepelin, C[onst.] v. (Red.), Die Heere und Flotten der Gegenwart. Bd. 4. Österreich-Ungarn. Das Heer von Kählig, Die Flotte von R. Ritter v. Jedina. Bln.: Schall & Grund 1898.

Hilleprandt, Ant. v. und Ottmar Jelussig, Organische Bestimmungen für d. kaiserl. u. königl. Heerwesen. Bd. 1 bis 2. Wien: Seidel 1872. 8°.

Kunharth, Josef, Die Rechte der Militärpflichtigen. Bp.: Kilián 1885. 64 p.

Österreich-Ungarn. Kriegsministerium. Die Wirtschaft im k. u. k. Heere. Wien: Hof- u. Staatsdruckerei 1903. 125 p. 8°.

Potier, R. B., Das neue Wehrgesetz für die österr.-ungar. Monarchie vom 11./4. 89. 4. Aufl. Wien: Hartleben 1889. 104 p. 8°.

[Reicher, Jos.], Ein Wehrgesetz für das constitutionelle Österreich, sowie Vorschläge zur Reorganisation des Heeres. Wien (Lpzg.: Fues). IV, 237 p. 4⁰.

Silberer, Victor, Die Generalität der k. k. Armee. Wien 1877—79.

Skala, Karl, Die Kriegsartikel für das ungarische Heer erläutert. Prag: 1882.

Succovaty, Handbuch f. Offiz. d. Genesalstabes. Wien 1873.

Taschenausgabe der Militärvorschriften. (Zusammengestellt f. d. Feldgebrauch.) Wien: Hof- und Staatsdruckerei 1903—7. 8⁰.

Wehrvorschriften, enthalt. d. Durchführungsbestimmungen z. Wehrgesetze. Teil 1—4. Wien: Hof- und Staatsdruckerei 1892.

Wintersperger, A., Anleitung zur Handhabung des neuen Wehrgesetzes und der Durchführungsvorschriften. Wien: Steckler 1889. 83 p. 8⁰.

B. Heeresorganisation und -administration.

[Albrecht, Erzherzog], Wie soll Österreichs Heer organisiert sein? Lpzg.: Fues 1868. IV, 54 p. 8⁰.

Brix, Tableau der gesammten k. k. österreichischen Armee nach den Nummern, Namen, der Errichtungszeit (usw.) für das Jahr 1866. Bln.: Behr 1866. 1 Taf. 2⁰.

Czuba, Franz, Die Organisation d. k. k. Heeres in ihrem gegenwärtigen Zustande. Wien: Dirnböck 1874. VI, 437 p. 8⁰. Dasselbe: 2. erg. Aufl. Ebd. 1875. VI, 337 p.

Debains, H., Organisation de l'armée austro-hongroise (mai 1900). Publié sous, la direction du 2.e bureau de l'état-major de l'armée. Paris: Chapelot 1900. VII, 268 p. 8⁰.

Ein Blick in das Innere der österreichischen Armee. Lpzg. 1861.

Friedl, Franz und Carl Hoffmann, Die Heeresorganisation. Wien: Seidel 1885. 101 p. 8⁰. (S.-A. aus Militär-Handbibliothek für Offiziere).

Groschuner, W., Die Organisation des kaiserl. u. königl. Heeres. Wien: Seidel 1871. VIII, 159 p. 8⁰.

Köves, Anód Arn v., Die Organisation und Militäradministration der k. k. Armee. H. 1—18. Wien: Seidel 1862 bis 66.

Löw, Gustav v., Die Organisation der Wehrkräfte Österreich-Ungarns. Teschen: Prochaska 1876. X, 326 p. 2⁰.

Organisation und Eintheilung der k. k. Armee und der Landwehr. Wien: Literarisch-artistische Gesellschaft 1869. 64 p. 8⁰.

Die Organisation der Heeresmacht Österreich-Ungarns mit Bezugnahme auf die Revisionsfrage. Vom Verfasser der „Briefe eines alten Soldaten". Wien: Hartleben 1877. VIII, 94 p. 8⁰.

Der Organismus des Heeres und der Landwehren Österreich-Ungarns. Wien: Literarisch-artist. Anstalt 1872. VIII, 190 p. 4⁰.

Reich, Anton, Die Organisation der Kriegsmacht der österr.-ungar. Monarchie. 2. Aufl. Wien: Seidel 1884. XII, 303 p. 8⁰.

Scheidnagel, Leop., Mémoire sur l'organisation de l'armée autrichienne. Paris: Corréard 1864. 8⁰.

Seidels kleines Armee-Schema. Dislocation und Eintheilung des k. u. k. Heeres, der Marine und der Landwehr. Wien: Seidel 1898. IV, 148 p. 16⁰.

Szavinszky, Graphische Darstellung der Organisation der bewaffneten Macht Österreich-Ungarns auf Grund der Wehrgesetze und der organischen Bestimmungen. Fünfkirchen: Paizs 1901. 40 p. 8⁰.

[Woinwits], Gegenwärtige Organisation der k. k. Armee. Ende Septbr. 1867. Wien 1867.

Bouteron, A., L'artillerie austro-hongroise en 1882. Paris: Boudoin 1883. 8 p. 8⁰.

Poncet, L., L'artillerie austro-hongroise en 1899. Paris: Berger-Levrault 1899. 8⁰. (Extrait de la Revue d'artillerie.)

Dupain, L., L'administration militaire austro-hongroise, son organisation et son fonctionnement. Paris: Charles-Lavauselle 1894. 368 p. 8⁰. (Extrait de la Revue du service de l'intendance.)

Geschäftsordnung für das k. u. k. Heer. Abschn. II. Für das Reichskriegsministerium und dessen Hilfsorgane. Wien: Hof- und Staatsdruckerei 1905. 59 p. 8⁰.

Groschuner, W., Handbuch der Militär-Administration für die Unter-Abteilung d. k. u. k. Heeres. Wien: Seidel 1871. VIII, 332 p. 8⁰.

Vorschrift über die Führung der Militärmatrikeln. Wien: Hof- und Staatsdruckerei 1904. 34 p. 8°.

Reich, A. und J. Fert, Grundzüge der Heeresadministration. Wien: Seidel 1885. VIII, 372 p. 8°.

C. Heeresrecht.

Dangelmeier, Emil, Die Literatur des Militärrechts. Wien: Braumüller 1898. 67 p. 8°.

Schmid, Ferd., Das Heeresrecht der österr.-ungar. Monarchie. Lpzg.: Freytag 1903. 719 p. 8°.

Skala, Karl, Vorschriften für den Landsturmmann. Sammlung aller militärgesetzlichen Bestimmungen. Wien: Seidel 1887. 88 p. 8°.

Ungarn. Gesetze und Verordnungen. Lois militaires de la monarchie austro-hongroise, suivies du règlement sur le Service volontaire d'un an. Traduit de l'allem. par V. Grillon. Paris: Dumaine 1871. 8°.

Danglmaier, Emil, Die Militärverbrechen und Vergehen nach österr. Rechte. Innsbruck: Wagner 1884. VI, 205 p.

Gerő, Gyula, Anleitung zur Verfassung der militärischen Strafanzeige. 2. Aufl. Bp. 1901.

Hamm, Karl, Das Militärstrafgesetz. Wien: Stähelin & Lauenstein 1903. 334 p. 10,8 × 7,8 cm.

Kleemann, System des militärischen Disziplinarstrafrechtes. Wien: Seidel 1898. IV, 204 p. 8°.

Korwin-Dzbanski, St. Ritter v., Zur Reform d. Militärstraf- u. ehrenrätl. Verfahrens in Österreich-Ungarn. Wien: Manz 1895. 63 p. 8°.

Weisl, Ernst Franz, Das Heeres-Strafrecht. Bes. Teil. Mit Register. Wien: Braumüller 1905. IX, 177 p. 8°.

Gerő, Julius, Verfahren in Heiratsangelegenheiten der Offiziere und Beamten des k. k. Heeres, der k.k. Kriegsmarine, der k. k. Landwehr und der k. k. Gendarmerie. 3. Aufl. Bp. 1905. VIII, 127 p. 5. Aufl. Bp. 1914. 152 p.

Skala, Karl, Das neue System der Militär-Heirats-Cautionen in der österr.-ungar. Armee. Wien: Perles 1887. 105 p. 8°.

Skala, Karl, Militärstrafgesetz über Verbrechen und Vergehen vom 15. Jänner 1855. Samt den darauf bezüglichen bis auf die neueste Zeit erschienenen Verordnungen und Erläuterungen. Teschen: Prochaska 1881. VII, 329 p. 8°.

D. Uniformen, Ausrüstung und dgl.

Barteau, L. R., Die österr.-ungar. Armee, bildlich dargestellt. Wien: Seidel 1892. 24 Taf. 8°.

Franceschini, Die Adjustierung der Armeen Österreich-Ungarns und der Nachbarstaaten in Farbendruckbildern. Wien 1875.

Jurnitschek, Alfred, Die Bewaffnung der k. k. österr.-ungar. Armee. Wien: Seidel 1874. 56 p. 4°. Aus: Die Wehrmacht der österr.-ungar. Monarchie im Jahre 1873.

Klemm, Heinrich, Die österr.-ungar. Uniformen für den k. u. k. Hof- und Staatsdienst unter Beifügung der Kostüme für die Ritter des Malteser und des deutschen Ordens. Dresden: Klemm 1883. 41 p. 8°.

Die k. u. k. österr.-ungar. Armee. Nach den neuesten Adjustierungsvorschriften bildlich dargestellt. 2. Aufl. (22 Chromolith.) Wien: Perles 1887. Folio in Mappe.

Uniformen-, Distinktions- und sonstige Abzeichen der österr.-ungar. Wehrmacht, sowie Orden- und Ehrenzeichen Österreich-Ungarns. 3. Aufl. Lpzg.: Ruhl 1891. 61 p. und 26 Farbendruck-Taf.

Jurnitschek, Alfred, Die Bewaffnung der k. k. österr.-ungar. Armee. Anhang über explosive Präparate. Wien: Seidel 1874. 56 p. 4°. (Aus: Die Wehrmacht der österr.-ungar. Monarchie i. J. 1873.)

Der Patentierte Feldküchenwagen des k. ungar. Landwehr-Obersten M. Ritter Pittoni. Ein Beitrag zur Lösung der Frage der Heeresverpflegung. Wien: Pappenheim 1888. 9 p. 8°.

E. Sanitätswesen.

Die Einhebung der Blutsteuer in Österreich-Ungar. Ein Wort zur Beleuchtung der Stellung der Militärärzte beim Assentgeschäfte. Rorschach 1886. 30 p. 8°.

Feuer, Nathaniel, Das Trachom in der österr.-ungar. Armee. (Klinische Zeit- und Streitfragen.) Wien 1890.

Hoor, Karl, Prophylaxe und Beseitigung des Trachoms in der österr.-ungar. Armee. Wien: Sofár 1893. 77 p. 8 °.

Hygienische Verhältnisse der größeren Garnisonorte der österr.-ungar. Monarchie Bd. 1—15. Wien 1887—1904.

Militärärztliche Publikationen. Wien: J. Safar. Seit 1903.

Munk, E., Über die sanitären Mißverhältnisse des Festungrayons Essek und seiner Umgebung. Essek 1881. 30 p. 8 °.

Organische Bestimmungen für die k. u. k. Militär-Sanitätsanstalten v. J. 1890. 3. Aufl. Wien: Hof- und Staatsdruckerei 1893. 35 0.

Organische Bestimmungen für die Militär-Sanität. Instruktion zur Vornahme der Prüfungen der auf der Beförderung zu Stabsärzten aspirier. Regimentsärzte. 1 Klasse und Strafbefugnisse der Militär-Ärzte. Vom Jahre 1894. Wien: Hof- und Staatsdruckerei 1894. 88 p. 8 °.

Österreich-Ungarn, Kriegsministerium. Handbuch für das k. k. Sanitätswesen. 8 Lieferungen. Wien: Seidel 1874—76.

Plahl, J., Der sanitäre Dienst im Felde, seine histor. Entwicklung, der gegenwärtige Stand in den modernen Staaten, m. bes. Berücksichtigung von Österreich-Ungarn. Wien: Urban & Schwarzenberg 1906. 39—62 p. 8 °. (Wiener Klinik, 1906, Heft 3.)

F. Ausbildung, Reglements.

Handbuch für Unteroffiziere des k. k. Heeres. 3 Abteilungen, insges. 10 Bändchen. Teschen: Prochaska 1876. 16 °.

Meixner, Otto, Studie über den Entwurf des Exerzierreglements (1901) im Vergleiche mit dem deutschen, russischen und französischen Reglement. Wien: Seidel 1902. IV, 100 p.

Ordre de bataille des k. u. k. Heeres, der k. k. und der k. Landwehr im Frieden nach dem Garnisonwechsels im Frühjahre 1905—6, 1908, 1910, 1912. Wien: Hof- und Staatsdruckerei 1905 bis 12.

Schmedes, Kurt v. und Ant. Sußmann, Der österr.-ungar. Soldat mit Waffe und Werkzeug. Armee-Bilderbuch. Unter der Leitung des Generals Emil v. Woinowich. Text von Schmedes. Bilder von Sußmann. Straubing: Attenkofersche Verlagsh. 1912. 36 p.

Vademecum für Truppenoffiziere. Wien: Graeser 1896. 117 p. 12 °.

Wolff, Felddienst. Wien 1904.

Armée austro-hongroise, Projet de règlement d'exercice pour les troupes à pied (Sept. 1911). Trad. de l'allemand par le chef de bataillon Painvin. Paris: Charles-Lavauzelle 1912. 168 p. 8 °.

Maresch, Otto, Die Infanterie in ihrem jetzigen technischen und taktischen Entwicklungsstadium. Wien: Seidel 1886. IV, 84 p. 8 °.

Regenspursky v. Régeny, Die taktischen Lehren des Exerzierreglements für die k. k. Fußtruppen (1901). Wien: Seidel 1902. VII, 136 p. 8 °.

Berndt, Otto, Das neue Exerzier-Reglement für die k. u. k. Kavallerie. Wien: Seidel 1899. 34 p. 8 °.

Czerlien, Markus v., Die Friedensarbeit der österr.-ungar. Kavallerie. Wien: Seidel 1894. 606 p. und 6 Tafeln.

Eberle, Gedanken über die Ausbildung des österr. Kavallerieoffizierkorps. 1905

Terstyánszky, Karl, Gefechtsausbildung der Kavallerie. Eine Reglementsstudie. Wien: Konegen 1907.

General-Entwurf zur Errichtung eines Kadetten-Kollegiums in Ungarn. Preßburg: Heckenast Nachf. 1890. 22 p. 8°.

Jobst, Joh., Die Neustädter Burg und die k. u. k. Theresianische Militärakademie. Ein Führer in militär. u. kunstgeschichtl. Beziehung. Wien: Gerlach & Wiedling 1909. XVI, 372 p.

Dienstvorschrift für die Militärgeistlichkeit. Wien: Hof- und Staatsdruckerei 1904. VIII, 108 p. 8°.

G. Manöver.

Die großen Manöver 1894 in Böhmen und Ungarn. Wien: Reichswehr 1895. XVI, 208 p.

Die großen Armee-Manöver in Ungarn 1893. Wien: Verlagsanstalt Reichswehr 1893. 146 p., 1 Karte. 8 °.

Horsetzky, Adolf v., Die Brucker Kavallerie-Manöver 1879. Wien: Seidel 1879. IV, 173 p. 8 °.

Horsetzky, Adolf v., Die Manöver des 8. und 9. Korps bei Pilsen 1885. Wien: Seidel 1885. 110 p. 8 °.

Horsetzky, Adolf v., Die Manöver des I. und II. Korps bei Sambor 1886. Wien: Seidel 1886.

[Horsetzky, Adolf v.], Die größeren Manöver in Ungarn 1893. Wien: Seidel 1894. 126 p.

Die Kaisermanöver in Ungarn 1908. Mit 7 Kartenskizzen. Wien: Seidel 1909. 43 p. 8⁰.

Die österreichisch-ungarischen Manöver. 6 Briefe des Militärkorrespondenten der Times. Übers. von H. Freih. v. Gemmingen. Wien: Seidel 1895. 61 p., 1 Skizze. 8⁰.

Österreichisch-ungarische Armee. Generalstabs-Operationsbureau. Armeemanöver in Westungarn 1908. Wien: Seidel 1909. 300 p. und 12 Beilagen. 8⁰.

H. Militär-politische Schriften

Andrássy, Julius Graf, Die Einheit der österr.-ungar. Armee. Rede über die Wehrgesetzvorlage. Wien: Manz 1889. 46 p. 8⁰.

Bülow, H(einrich) v., Zweiteilung oder gemeinsames Heer. Wien: Konegen 1908. 128 p. 8⁰.

Der Chauvinismus in Ungarn. Nachtrag zu der Broschüre: Die ungar. Armeeforderungen und die Machtstellung Österreichs. Bln.: Niemeyer 1907. 58 p. 8⁰.

Eberle, Gedanken über unsere Waffe. [Österr.-ungar. Kavallerie.] Wien 1906.

Ein ungarischer Offizier über die ungar. Krise und über die Armeefrage. Bp. 1905. 31 p.

Eine zerrissene Armee? Ein Mahnwort in 12. Stunde zur Wahrung der Einheit im österr.-ungar. Heer. Dsdn.: Casper 1905. 32 p. 8⁰.

Die Einheit der österreichisch-ungarischen Armee. Militär-politische Betrachtungen eines alten Soldaten. Wien: Seidel 1905.

Entgegnung auf die Broschüre: Ist das „Du“ im österreichischen Offiziers-Korps zeitgemäß? Bp.: Grill 1877. 31 p. 8⁰.

Gedanken über Österreich-Ungarns militär-politische Lage. Eine Studie von K. L. Hannover: Helwing 1888. 58 p. 8⁰.

Gedanken über die Reform der k. k. Armee und die möglichen Ersparungen im Heereshaushalte. Wien: Hartleben 1868. VIII, 73 p. 8⁰.

Gélich, Reichardt, Die Reorganisation der Heeresmacht Österreich-Ungarns mit Bezugnahme auf die Reorganisationsfrage. Vom Verfasser der Briefe eines alten Soldaten. Wien 1878.

Iber, Stillfried, Wichtige Andeutungen über die Hauptmängel im österr. Heere. Hamburg: Hoffman & Campe 1862. 43 p. 8⁰.

[Kacziány, Géza und] A. J. L.: Die Wehrkraft Österreich-Ungarns in der zwölften Stunde. Lpzg. 1886.

[Le Chatellier?], Die ungar. Armeeforderungen und die Machtstellung Österreich-Ungarns. Denkschrift eines Patrioten im Kurlande. Bln.: Niemeyer 1906. 36 p. 8⁰.

[Levetzow, A. v.], Offene Worte über die österr.-ungar. Armee in ihrem Verhältnis zum deutschen Reichsheer von A. v. L. 4. Aufl. Lpzg.: Rauert & Rocco 1891. 61 p. 8⁰.

Österreich und seine Wehrkraft. Kritische Beleuchtung des Werkes „Entwurf einer Reorganisation der österreichischen Armee“. Von J. N. Lpzg.: Hoffmann 1862. 28 p. 4⁰.

Die österreichische Armee der Zukunft. Wien: Seidel 1868. 22 p. 8⁰.

Österreichs System als die einzig wahre Ursache seiner Niederlagen vom militär. Standpunkte aus betrachtet und dargestellt von einem österr. Soldaten. Lpzg.: Engelmann 1867. 51 p. 8⁰.

Pitreich, [Heinr.] Frhr. v., Meine Beziehungen zu den Armeeforderungen Ungarns, verbunden m. d. Betrachtg. dermaliger internationaler Situation. Wien: Braumüller 1911. 101 p. 8⁰.

Die Reduktion der Armee. Klausenburg 1861.

Res austriacae! Eine militärpolitische Studie aus und über Österreich-Ungarn. Hannover: Helwing 1888. 48 p. 8⁰.

Rockiewicz, J., Betrachtungen über die territoriale Gliederung und die Steigerung der österr. Wehrkraft mit Rücksichtnahme auf das Friedensbudget. Wien 1872.

Schweinitz, J. Graf, Entwurf einer Reorganisation der österr. Armee. Wien 1862.

[Schweinitz, J. Graf], Gedanken über die Reform der k. k. Armee und die möglichen Ersparnisse im Heereshaushalte. Wien: Hartleben 1868. VII, 178 p. 8⁰.

[Schweinitz, J. Graf], Österreichs Zukunft und sein Heer. Wien: Hartleben 1866. 61 p. 8⁰.

[Schweinitz, J. Graf], Die Wehrfrage in Österreich und Ungarn. Vom Verfasser von „Österreichs Zukunft und sein Heer". Wien: Hartleben 1867. 92 p. 8⁰.

Teuber, Oskar, Offene Worte für die österr.-ungar. Armee. Abfertigung der Broschüre: Offene Worte über die österr.-ungar. Armee in ihrem Verhältnis zum deutschen Reichsheer. Wien: Seidel 1891. VIII, 18 p. 8⁰.

Unsere Heeresverhältnisse. Teschen: Prochaska 1873. 49 p. 8⁰.

Vorschläge zur Organisation der k. k. Armee. Von M. V. München: Franz 1862. 57 p. 8⁰.

Die Wehrkraft Österreich-Ungarns wie sie ist. 2. Ausg. Bln.: Luckhardt 1888. 63 p. 8⁰.

Wollen Sie ein zweites Königgrätz? Ein offenes Wort über das Mannlicher-Gewehr. Gewidmet den hohen Delegationen Österreich-Ungarns. Bp.: Schlenker & Kovács 1887. 39 p. 8⁰.

Ein Wort über die österr.-ungar. Heeresverhältnisse an die Mitglieder der Delegationen zum Neujahr 1871. Bp.: Aigner 1871. 31 p.

I. Militär-Geographie.

Bancalari, Gustav, Studien über die österr. - ungar. Militär - Kartographie. Wien: Lechner 1894. 78 p. 8⁰. (S.-A. aus Organ der militärwissenschaftlichen Vereine.)

Haardt v. Hartenthurn, Vinzenz, Die Tätigkeit des k. u. k. militärgeographischen Institutes in den letzten 25 Jahren (1881—1905). Wien: Lechner 1907. 611 p. 8⁰.

Mitteilungen des k. n. k. militärgeographischen Institutes. 1—33. Wien (Lechner) 1881—1913.

Niox, Gustave, Géographie militaire. Paris: Baudoin 1881. 12⁰. T. 4. Europe-centrale. Autriche-Hongrie p. 119—158.

Österreich-Ungarn in einem Kriege gegen Rußland. Politisch-militärisch-geographische Studie. Laibach: Kleinmayr & Bamberg 1871. 103 p. 8⁰.

Szabó, Ludw. v., Die Militär-Karten der österr.-ungar. Monarchie. Eine Studie über die geodätischen Arbeiten des k. k. militärgeographischen Institutes. Bp.: Grill 1901. 78 p. 8⁰.

Universal-Administrativ-Karte der österr.-ungar. Armee. Wien: Artaria 1888. 24 p. 4⁰.

Kramer, Friedr., Beiträge zur Geschichte der Militarisierung des Radnaer Tales. Bistritz 1880. 42 p. (Gymnasial-Progr.)

Wessely, Joseph, Das Karstgebiet Militär-Kroatiens und seine Rettung, dann die Karstfrage überhaupt. Agram: K. k. Hauptkommando. 1877. IX, 366 p.

II Kriegsmarine.

Einteilungsliste der k. u. k. Kriegsmarine. Richtiggestellt bis 16. IX. 1905. Wien: Hof- und Staatsdruckerei 1905. 88 p. 8⁰.

Khuepach, Arthur, Schiffe und Fahrzeuge unserer Kriegsmarine seit ihrem Bestande bis 1903. Pola: Schrinner 1908. 32 p.

Koudelka, Alfred Frhr. v., Unsere Kriegsmarine. Wien: Hölder 1899. 506 p.

Koudelka, Alfred Frhr. v., Unsere Kriegsflotte (1556—1903). Laibach: Kleinmayer 1909. 92 p.

Lengnick, Art. u. Rob. Frhr. v. Kleimburg, Unsere Wehrmacht zur See. Überblick d. gesamten Marinewesens u. d. Grundsätze mod. Seekriegführung. Wien: Seidel 1904. IX, 320 p. 8⁰.

Zvolenszky, Alfred v., Handbuch über die k. k. Kriegsmarine. Wien: Seidel 1887. 104 p.

Mitteilungen aus dem Gebiete des Seewesens. Hrsg. v. k. u. k. marinetechn. Komitee. (Marinebibliothek.) 1862—1916. Wien: Gerold.

Witzleben, E. v., Die Befestigungen an der österr.-ungar. und an der ital. Küste. Dresden 1909. 30 p.

Alexander Michailowič, Großfürst, Awstriskij wojennyj flot. St. Petersburg 1894. [Die österreichische Kriegsflotte.] (Russ.)

Österreichs Kriegsflotte und ihre Zukunft. Gedanken über die notwendige zeitgemäße Vergrößerung der österreichischen Kriegsflotte im Interesse der Großmachtstellung. Prag: Steinhauser 1868. VIII, 38 p. 8⁰.

Die Probleme der österr. Flottenpolitik. Die Frage der großen Schiffe und deren Konsequenzen; Fiasko der früheren u. d. Möglichkeiten d. zukünft. österr. Marinepolitik; Adria- oder Weltpolitik. Von Nercus. Wien: Heller & Cie. 1912. 90 p. 8 °.

Schloß, Max, Die Wahrheit über die neuen österr.-ungar. Schlachtschiffe. Ein Mahnruf in letzter Stunde. Hamburg: Grefe & Tiedemann 1909. 33 p. 8 °.

Szemere, Nicolas de, Délégation hongroise, Vienne 1908. Discours sur le budget de la marine de guerre impériale et royale. Bp.: Hornyánszky 1908. 16 p. 8 °.

Fingerzeige für die Jugend der k. u. k. Kriegsmarine. Laibach: Kleinmayer & Bamberg 1897. 56 p. 8 °.

Hauger, Alexander, Bord-Szenen. 12 Bilder in Photograv. von der k. u. k. Kriegsmarine. Wien: Heck 1893. 1 p. 2 °.

Unsere Flotte. Abhandlungen und Erzählungen. (Mit Beiträgen von Chiari, Lengnik und Anton Ritter v. Mösl.) Brixen: Tyrolia 1913. 128 p. 8 °. (Bücherei d. österr. Volksschriftenvereins 10.)

III Ordenswesen.

Almanach der Mitglieder des kaiserl. österr. Franz-Joseph-Ordens. Wien: Weiß 1905. XXXII, 322 p. 8 °.

Gablenz, R. Frhr., Maria-Theresia-Ordensritter der k. u. k. Kavallerie. 1848 bis 1908. Wien: Lechner 1909. 95 p.

Heyden, H. v., Ehren-Zeichen (Kriegs-Denkzeichen, Verdienst- und Dienstalters-Zeichen) Deutschlands u. Österreich-Ungarns. Neue Ausg. Frankfurt a. M.: Keller 1903. 295, 19 p. 8 °.

Heyer von Rosenfeld, Friedrich, Die Orden und Ehrenzeichen der k. u. k. österr.-ungar. Monarchie. Ergänzt von H. G. Ströhl. Wien: Schroll 1888. 32 p. u. 12 Taf. 2. Aufl. Ebd. 1899. 25 p. 16 Taf.

Hirsch, Leo (Hrsg.), Der k. österr. Franz-Joseph-Orden und seine Mitglieder. Wien: Biogr. Verlag 1912. XXXIII, 388 p. 2 °.

Hübsch, Friedr. Ernst und Emil (Red.), Das Kaiserlich österreichische Goldene Verdienstkreuz und seine Besitzer. Wien: Hübsch 1915. 116 p. 2 °.

Judex, M., Orden und Ehrenzeichen Österreich-Ungarns. 4. Aufl. Lpzg.: Ruhl 1904. 15 p., 7 Taf. 8 °.

Kastner-Michalitschke, Else, Geschichte und Verfassungen des Sternkreuzordens. Lpzg.: Cavael (1909). VII, 135 p. 4 °.

Lukeš, J., Militärischer Maria-Theresien-Orden. 2. Aufl. Wien: Hof- u. Staatsdruckerei 1891. XII, 552 p. 8 °.

Michetschläger, Heinrich F., Das Ordensbuch der gewesenen österr.-ungar. Monarchie. Hrsg. v. Kriegsfürsorgeamt d. liqu. k. u. k. Kriegsmin. Wien: Dt.-österr. Staatsdruckerei 1918—19. 39 p. 26 Taf. 4 °.

Die österreichisch-ungarischen Orden und Ehrenzeichen. Beschreibungen, Rangordnung. Rechte und Pflichten. Mit 16 Abb. Graz: Erber 1915. 47 p. kl. 8 °.

F. Recht.

I Allgemeines.

Vámbéry, Rusztem und Kálmán, Michael, Ungarisch-deutsches Rechtswörterbuch. Mit Rücksicht auf die praktischen Forderungen. Bp.: Polizer 1898. 126 p. 16°.

Jahrbuch des ungarischen Rechts. Archiv und Monatsschrift für ungar. Gesetzgebung, Rechtsprechung und Schrifttum. Hrsg. von Julius Magnus und Oskar Fazekas unter Mitwirkung von Ferd. Baumgarten. Jg. 1, Nr. 1—3. 44 p. Bln.: W. Moeser 1918. 8°. [Mehr nicht erschienen.]

Zeitschrift für ungarisches öffentliches und Privatrecht. Jg. 1—13. (1894—1907.) Budapest.

Reiner, Ignaz Sigmund und Johann, Ungarischer Zivilprozeß, Privatrecht, Staatsrecht und Strafrecht. Prag 1897.

II Rechtsquellen.

Binder, Georg, Index der ungarischen Gesetze. Tl. 1—2. Wien: Manz 1906. 8°.

Davy, Robert, Rechtsarchiv des Burgenlandes. Bd. 1—4. Wien 1920.

Giegl, Jul., Die Staatsgrundgesetze. Die Verfassungsgesetze für die Gesamtheit der im Reichsrat vertretenen Königreiche und Länder. Die Gesetze über die Beziehungen zu den Ländern der ungarischen Krone und über das Verhältnis zu Bosnien und der Herzegowina. Mit den einschlägigen Erkenntnissen des Reichsgerichtes. 8. Aufl. Wien: Manz 1909. XI, 505 p.

Steinbach, Gustav, Die ungarischen Verfassungsgesetze. Wien: Manz 1891. 127 p. 12°. 4. Aufl. Ebenda 1906. 142 p. (Manzsche Ausg. der österr. Gesetze 19.)

[Schuler v. Libloy, Friedr.] Taschen-Ausgabe der siebenbürgischen Landesgesetze. Hermannstadt: Steinhaußen 1861—62. 12°.

Turba, Gust. (Hrsg.), Die pragmatische Sanktion. Authentische Texte samt Erläut. und Übersetzungen. Wien: Schulbücher-Vrlg.-Dr. 1913. XV, 202 p. 8°.

Ungarische Reichsgesetzsammlung. Seit 1865 ff. Budapest. (Auch in authentischer russischer, serbischer, kroatischer, rumänischer, slowakischer, italienischer Übersetzung seit 1868 ff.)

III Rechtsgeschichte.

Kaindl, Raim. Frdr., Studien zur Geschichte des deutschen Rechtes in Ungarn und dessen Nebenländern. Wien: Hölder 1908 89 p. 8°. (S.-A. aus Archiv f. österr. Gesch.)

Mayer, Sal., Die Entwicklung der Justizgesetzgebung in Ungarn. (1875—1887.) Wien: Manz 1888. 85 p.

Müller, G., Die Entwicklung der siebenbürgischen Gesetzgebungsformen in den Jahren 1640—1703. Hermannstadt 1907.

Putz, Karl, Beiträge zur Geschichte des ungarischen Privatrechts. Wien: Capellen 1869. 48 p. 8°.

Schiller, Felix, Das erste ungar. Gesetzbuch und das deutsche Recht. Weimar 1911.

Schuler v. Libloy, F., Materialien zur siebenbürgischen Rechtsgeschichte. Hermannstadt: Michaelis 1862.

Schuler v. Libloy, F., Siebenbürgische Rechtsgeschichte. 2. Aufl. Bd. 1—3. Hermannstadt: Flitsch 1867—1868.

1. Einleitung. Rechtsquellen u. Staatsrecht.
2. Die siebenbürgischen Privatrechte. Mit Anh.: Das sächsische Statutargesetzbuch von 1583.
3. Die siebenbürgischen Prozeßrechte und das Strafrecht. Anh.: Die wichtigsten Gesetzestitel von 1848.

Tomaschek, J. A., Über eine in Österreich in der ersten Hälfte des 14. Jh. geschriebene „Summa legum incerti auctoris“ und ihr Quellenverhältnis zu dem Stadtrechte von Wiener-Neustadt und dem Werbőzischen Tripartitum. Wien: Gerold 1883. 93 p. 8 °. (S.-A. aus Sitzungsberichte der phil.-hist. Klasse der kais. Akademie der Wissenschaften. Wien.)

Zehntbauer, Richard, Einführung in die neuere Geschichte des ungarischen Privatrechts. Freiburg (Schweiz): Gschwend 1916. 94 p. 8 °.

Nagy, Franz, Über die Rechtsverhältnisse Ungarns und den engeren Zusammenschluß der mitteleuropäischen Rechtsbeziehungen. Bp.: 1916.

Verfassungsgeschichte.

Aktenmäßige historische Skizze der Staats- und zivilrechtlichen Verhältnisse Ungarns. Hamburg 1861.

Andrássy, Julius Count., The development of Hungarian constitutional liberty. London: Kegan Paul 1909.

Apponyi, Albert Graf v., Bilder aus der ungarischen Verfassungsgeschichte. Bp. 1917. (S.-A. aus Nord und Süd 160).

Bertha, Alex. de, La constitution hongroise. Précis d'histoire d'après Samuel Radó. Paris: Plon & Nourrit 1898. VIII, 182 p. 8 °.

Hantos, Elemér, Magna Carta of the English and of the Hungarian constitution. A comparative view. London: Kegan Paul 1905. 8 °.

Krajner, Emerich v., Die ursprüngliche Staatsverfassung Ungarns seit der Gründung des Königtums bis 1382. Wien: Gerold 1872. IV, 764 p. 8 °

Marczali, Heinrich, Die Entwicklung des ungarischen Königtums. Budapest: Kilián 1917. 19 p. 8 °.

Marczali, Heinrich, Ungarische Verfassungsgeschichte. Tübingen: Mohr 1910. IV, 179 p. 8 °.

Mayer, Theodor, Der ungarische Gesetzartikel 11 von 1741. Seine Geschichte und seine staatsrechtliche Bedeutung. Wien 1914.

Moldoványi, Steph., Die Entstehung der Monarchie in Ungarn. Bp.: Pallas 1898. 50 p.

Nedeczky, Steph., Konturen der ungar. Staatsverfassung vom J. 1847/8. Tyrnau: Winter 1866. 473 p.

Radó-Rothfeld, Samuel, Die ungarische Verfassung geschichtlich dargestellt. Mit einem Anhang: Die wichtigsten Verfassungsgesetze. Bln.: Puttkammer & Mühlbrecht 1898. VII, 232 p. 8 °.

Schiller, Felix, Die historische Verfassung Ungarns. Bp. 1907.

Timon, Ákos v., Ungarische Verfassungs- und Rechtsgeschichte mit Bezug auf die Rechtsentwicklung der westlichen Staaten. Übers. von F. Schiller. Bln.: Puttkammer & Mühlbrecht 1904. XII, 789 p. 8 °. 2. verm. Aufl. Ebenda 1909. XVI, 835 p. 8 °.

Timon, Ákos, Die Entwickelung und Bedeutung des öffentlich-rechtlichen Begriffs der Heiligen Krone in der ungarischen Verfassung. München: Duncker & Humblot 1914. IV, 554 p. 8 °. (In: Festschr. f. Heinr. Brunner.)

Virozsil, Anton v., Das Staatsrecht des Königreichs Ungarn, vom Standpunkte der Geschichte und der vom Beginn des Reiches bis 1848 bestandenen Landesverfassung dargestellt. Bd. 1—3. Bp.: Heckenast 1865—66. 8 °.

Yolland, Arth. B., The constitutional struggles of the Magyars. London 1907.

Fournier, Aug., Vorgeschichte der Pragmatischen Sanktion. Wien 1895.

Turba, Gust., Die Grundlagen der Pragmatischen Sanktion. I. Ungarn. Wien 1911.

Turba, Gust., Die Pragmatische Sanktion mit bes. Rücksicht auf die Länder der Stefanskrone. Wien 1906.

Wetzer, Die Pragmatische Sanktion. (Gesch. der Kämpfe Österreichs.) Bd. I. T. 1. Wien 1896—1900.

IV Staatsrecht.

Eöttevényi-Nagy, Olivier, Einige interessante Fragen des ungarischen Staatsrechts. München 1909.

Ferdinandy, Gejza, Staats- und Verwaltungsrecht des Königreichs Ungarn und seiner Nebenländer. Übers. von Heinr. Schiller. Hannover: Jänecke 1909. XVI, 318 p. (Bibliothek d. öff. Recht 16.)

Schuler-Libloy, Friedr., Das ungar. Staatsrecht. Wien: Gerold 1870. VIII, 159 p.

Tezner, Friedrich, Der österreichische Kaisertitel, das ungarische Staatsrecht und die ungarische Publizistik. Wien: Hölder 1899 234 p. 8°.

A. Verfassungsrecht.

Apponyi, Albert Count., A brief sketch of the Hungarian constitution. Bp.: Stephaneum 1908.

Briebrecher, Rudolf, Ungarische Verfassungskunde. Als Ms. gedr. Nagyszeben: Krafft 1910. 20 p. 8°.

Daichendt, Gfr., Leitfaden für die Verfassungslehre von Ungarn. Bistritz: Haupt 1883. III, 28 p. 8°.

Dantscher v. Kollersberg, Theod. v., Der staatsrechtliche Charakter der Delegationen. Wien: Manz 1903. XIV, 350 p. 8°.

Gmeiner, August (Hg.), Grundzüge der Verfassung Ungarns. Unter Mitarbeit von Rob. Csallner, Hermann Horedt und Otto Phlept. Hermannstadt: Krafft 1909. XII, 183 p. 8°.

Les institutions de l'État hongrois. Bp. 1910. 19 p. 8°.

Környei, Joh., Die bürgerlichen Rechte und Pflichten. Kurzgefaßte Darstellung der ungar. Staatsverfassung. Übers. von J. H. Schwicker. Bp.: Lampel 1870. 78 p. 8°.

Környei, Johann, Verfassungskunde. Die bürgerl. Rechte und Pflichten. 2. Aufl. Pest 1872.

Korwin-Dzbánski, St. v., Die gesetzgebende Gewalt Sr. Majestät als obersten Kriegsherrn. Wien: Seidel 1895. 34 p.

Ludvigh, Jean, Les lois sur la responsabilité du pouvoir exécutif en Hongrie. Bruxelles: Lacroix 1865. 66 p.

Marczali, Heinrich, Ungarisches Verfassungsrecht. Tübingen: Mohr 1911. XI, 234 p. (Öffentliches Recht der Gegenwart 15.)

Mennert, Herrmann, Das königliche Krönungszeremoniel in Ungarn. Wien: Beck 1867. VII, 64 p. 8°.

Schwarz, Julius, Montesquieu und die Verantwortlichkeit der Räte des Monarchen in Ungarn, Siebenbürgen [etc.]. Lpzg. 1901.

Tezner, Friedrich, Der Kaiser. Österr. Staatsrecht in Einzeldarstell. Bd. I. Wien 1901.

Wlassits, Jules de, Une nouvelle loi constitutionelle en Hongrie. (Le tribunal des conflits.) Bp.: Athenaeum 1908.

B. Staatsrechtliches Verhältnis Ungarns zu Österreich.

Aegidi, Ludw. Karl und Alfred Klauhold, Der ungarische Verfassungsstreit urkundlich dargestellt. Hamburg: Meißner 1862. VIII, 205 p. 8°. (Beilage zu dem Staatsarchiv.)

Apponyi, Albert Graf v., Die rechtliche Natur der Beziehungen zwischen Österreich und Ungarn. Eine Entgegnung. Wien: Fromme 1911. 62 p. 4°. (Erweiterter S.-A. aus Österreichische Rundschau.)

Apponyi, Albert, The juridical nature of the relations between Austria and Hungary. Bp.: Stephaneum 1907. 33 p. 8°.

[Baussnern, Guido.] Die providentielle und europäische Mission des österreichischen Gesamtstaates. Ein Beitrag zur Lösung der ungar.-österr. Verfassungsfrage von G. v. B. Hermannstadt: Filtsch 1866. 51 p. 8°.

Baussnern, Joseph v., Über die Kompetenz des österreichischen Reichsrates zur ungarischen Frage. Pest 1861. 8°. (S.-A. aus Kronstädter Ztg. 69. [1861].)

Bernatzik, Edmund, Das staatsrechtliche Verhältnis zu Ungarn Wien: Manz 1911. 1114 p. 8°. (Die österreichischen Verfassungsgesetze mit Erläuterungen.)

Bidermann, Hermann, Die rechtliche Natur der österr.-ungar. Monarchie. Graz [1870].

Bidermann, Hermann, Die ungarische Bewegung und unsere Pflicht. Graz 1861.

Brachelli, H. F., Staatsorganismus der österr.-ungar. Monarchie. Wien: Hölder 1881. 16 p. 8°.

Burckhard, M. E., Leitfaden der Verfassungskunde der österr.-ungar. Monarchie. Wien: Manz 1893. VI, 139 p. 8°. 2. Aufl. Ebenda 1895. 141 p. 8°.

Dautscher v. Kollersberg, Österr.-ungar. Bundesstaat. Wien 1882.

Deák, Fr., Ein Beitrag zum ungarischen Staatsrecht. Bemerkungen über Wenzel Lustkandls „Ungarisch-österreichisches Staatsrecht". Pest: Emich 1865. 234 p. 8°.

Domaniczky, Stef. v., Grundriß zur Schaffung eines österr.-ungar. Internationalrates. Bp.: Knoll 1879. 13 p. 16°.

Duthoil, E., L'état actuel de la crise constitutionnelle en Autriche-Hongrie. Arras: Sueur-Charrney, s. d. 12 p. 8 °.

Eöttevényi-Nagy, Olivier v., Über das staatsrechtliche Verhältnis Ungarns zu Österreich. Bln.: Decker 1909. 47 p, 8 °. (S.-A. aus Blättern für vergleichende Rechtswissenschaft.)

Eppstein, Georg v., Der Einfluß des ungarischen Staatsrechts auf die Rechtstellung der Doppelmonarchie. Detmold: Meyer 1917. 157 p. 8 °.

Hartung, Fritz, Österreich-Ungarn als Verfassungsstaat. Halle: Niemeyer 1918. 32 p. 8 °. (Auslandsstudien an der Universität Wittenberg 7.)

Henry, Paul, L'Union austro-hongroise. Étude de droit public. Thèse. Paris: Rousseau 1908. 293 p. 8 °.

Herczeghy, Moriz, Ungarn und die Monarchie. Ein Vorläufer zur Eröffnung des ungarischen Landtages. Wien 1865. 8 °.

Jaeger, Karl Ritter v., Die Wiederaufrichtung der gemeinsamen Reichsvertretung. Wien: Perles 1912. 15 p.

Jaeger, Karl Ritter v., Zum Monarchismus der österreichischen Reichsverfassung. Wien 1915.

[Jaques, H.] Österreichs Desorganisation und Reorganisation. Rechtsgeschichtlich-politische Studien. Wien: Typograph.-literarische Anstalt 1861. XI, 208 p. 8 °.

Juraschek, Franz v., Personal- und Realunion. Mit einem Anhange: Das rechtliche Verhältnis zwischen Österreich und Ungarn. Bln.: Heymann 1878. 124 p. 8 °.

Keller, Fritz, Österreichisches und ungarisches Staatsrecht. Bln.: Guttentag 1917. X, 303 p. 8 °.

Lefaivre, Albert, Le dualisme en Autriche-Hongrie. La Chapelle-Montligeon 1895. 39 p.

Lentner, Ferdinand, Grundriß des Staatsrechtes der österr.-ungar. Monarchie. Wien: Seidel & Sohn 1885. 255 p. 8 °.

Lodgman, Rud. v. Auen, Die Autonomie und ihre Bedeutung für Österreich-Ungarn. Prag: Selbstverlag 1918. 29 p. 8 °.

Lustkandel, Wenzel, Abhandlungen aus dem österr. Staatsrecht über das Patent vom 20. September 1865 über die beiden Adressen des ungarischen Landtages von 1861. Wien: Braumüller 1866. LXXII, 390 p. 8 °.

Lustkandl, W[enzel], Das ungar.-österr. Staatsrecht. Zur Lösung der Verfassungsfrage. Wien: Braumüller 1863. XVIII, 498 p. 8 °.

[Mally, János Johann.] Die wahre Rechtskontinuität in der ungarischen Frage. Wien: Braumüller 1864. 64 p.

Offermann, Alfred Frhr. v., Das Verhältnis Ungarns zu Österreich. Wien: Braumüller 1902. 158 p. 8 °.

Oppermann, Alfred, Die verfassungsrechtliche Vervollkommnung Österreichs. Wien: Braumüller. 157 p. 8 °.

Popovici, Aurel C., Die vereinigten Staaten von Groß-Österreich. Politische Studien zur Lösung der Nationalitätenfragen und staatsrechtlichen Krisen in Österreich-Ungarn. Lpzg.: Elischer 1906. IV, 427 p. 8°.

Regelung der gemeinsamen Verhältnisse mit den österreichischen Erbländern. (Archiv des ungarischen Reichstages von 1866—67.) Pest: Heckenast 1867. VIII, 122 p. 8 °.

Schmitt, Franz, Die Rechtsverhältnisse Ungarns zu den übrigen Ländern der österreichischen Monarchie als Entgegnung auf Deáks Adreßantrag. Wien: Lechner 1861. 39 p. 8 °.

Schüßler, Wilh., Das Verfassungsproblem im Habsburgerreich. Stuttgart: Deutsche Verlagsanst. 1918. 237 p. 8 °.

Seidler, Gustav, Studien zur Geschichte und Dogmatik des österreichischen Staatsrechtes. Wien: Hölder 1894. IV, 188 p.

Springer, Rudolf [Karl Renner], Grundlagen und Entwicklungsziele der österr.-ungar. Monarchie. Politische Studie über den Zusammenbruch der Privilegienparlamente und der Wahlreform in beiden Staaten, über die Reichsidee und ihre Zukunft. Wien: Deuticke 1906. 248 p. 8 °.

Stratowich, Esquisse sur le dualisme austro-hongrois. Conférence prononcée à l'Institut Canadien. Québec 1879. 36 p.

Szende, Paul, Über die staatsrechtlichen Verhältnisse Ungarns. Vortrag. Bp.: Márkus 1910. (16.)

Tezner, Friedrich, Das ständisch-monarchische Staatsrecht und die österr. Gesamt- oder Länderstaatsidee. Wien: Hölder 1915. 136 p.

Ulbrich, Jos., Die rechtliche Natur der österr.-ungar. Monarchie. Prag: Dominicus 1879. 72 p. 8 °.

Zappe, Karl, Grundzüge des Staatsrechtes der österreichisch-ungarischen Monarchie. Wien: Seidel 1897. 47 p. 8°. (Leitfaden der Rechtslehre, H. 4.)

Zehntbauer, Richard, Gesamtstaat, Dualismus und Pragmatische Sanktion. Freiburg (Schweiz): Gschwend 1914. 73 p. 8°.

S. auch Bd. 1 S. 184ff.

Asbóth, Joh. v., Ausgleich oder Auflösung? Wien: Frick 1898. 20 p. 8°.

Auersperg, Leopold Graf, Der Ausgleich mit Ungarn. Wien: Deuticke 1907. 20 p. 8°.

Der Ausgleich mit Ungarn. Linz-Urfahr: Verlag d. kathol. Preßvereins 1898. 52 p. 16°.

Baussnern, Guido, Der neue Ausgleich, wie er sein soll. Bp.: Grill 1877. 65 p. 8°.

Helfert, Jos. Alex. Frhr. v., Revision des ungarischen Ausgleichs. Aus geschichtlich-staatsrechtlichen Gesichtspunkten. T.. 1—2. Wien: Braumüller 1876. 8°.

Zolger, Ivan, Der staatsrechtliche Ausgleich zwischen Österreich und Ungarn. Lpzg.: Duncker & Humblot 1911. XIII, 354 p. 8°.

Das historisch-diplomatische Verhältnis des Königreichs Kroatien zu der ungarischen Sankt Stephanskrone. 2. rev. u. verm. Aufl. Agram: Mucnjak & Senftleben 1882. 232 p. 8°.

Horn, Emile, Le compromis de 1868 entre la Hongrie et la Croatie et celui de 1867 entre l'Autriche et la Hongrie. Étude historique et critique. Paris: Pichon et Durand-Auzias 1907. 256 p. 8°.

Klaic, Die kroatische pragmatische Sanktion. [Übers. v. Georg Gabo.] Zagreb 1915.

Mailáth, Joseph Comte de, Hongrie et Croatie. 1907.

Mailáth, Joseph, Hungary and Croatia. 1908.

Montbel, Guy de, La condition politique de la Croatie-Slavonie dans la monarchie austro-hongroise. Thèse. Toulouse 1909. 314 p. 8°. Paris 1910.

Pliverić, Josef, Der kroatische Staat. Beiträge zum ungarisch-kroatischen Bundesrechte. Agram: Hartmann 1886. 540 p. 8°.

Pliverić, Josef, Das rechtliche Verhältnis Kroatiens zu Ungarn. Agram: Hartmann 1885.

Amtliche Aktenstücke betreffend die Verhandlungen über die Union Siebenbürgens mit dem Königreiche Ungarn. Hermannstadt: Steinhaußen 1865.

Geller, Leo, Der politische Status des bosnisch-herzegovinischen Landes und sein Verhältnis zu Österreich-Ungarn. Wien: Perles 1910.

Ghica, Jean T., L'autonomie de la Transylvanie. Paris 1900. 24 p.

Giegl, Jul., Die bosnischen Verfassungsgesetze. Wien: Manz 1910.

Harianu, A. Papin., Die konstitutionelle Unabhängigkeit Siebenbürgens. Breslau 1862.

Komlóssy, Franz v., Das Rechtsverhältnis Bosniens und der Herzegowina zu Ungarn. Aus dem Ungar. übers. Wien: Manz 1919. III, 138 p. 8°.

Krunsky, Bernard, L'annexion de la Bosnie et de Herzégovine en 1908. Paris: Rousseau 1912. 187 p. 8°.

Schneller, Hans, Die staatsrechtliche Stellung von Bosnien und der Herzegovina. Lpzg.: Wallmann 1892. 214 p. 8°.

Siebenbürgen und die österreichische Regierung in den letzten vier Jahren. Lpzg.: Brockhaus 1865. III, 162 p. 8°.

C. Thronfolgerecht.

Fibiger, Alexander, Jus nominationis apostolicorum Hungariae regum ejusque fata diversa. Szatmár 1883.

Jellinek, Der Einfluß des Religionsbekenntnisses auf das Thronfolgerecht in der österr.-ungar. Monarchie. Berlin 1899. (S.-A. a. d. Festgabe d. Heidelb. jur. Fak. f. E. J. Bekker.)

Pieschel, H., Die Entwicklung des ungarischen Thronfolgerechtes von den ältesten Zeiten bis auf die Gegenwart. Kremsier 1877. 8°. (Programm der Landes-Oberrealschule.)

Schiller, Felix, Ebenbürtigkeit und Thronfolge. Der Fall Welsburg. Bp.: Europa 1907. 111 p. 8°. (S.-A. aus: Zeitschr. für ungar. öff. u. Privatrecht.)

Turba, Gustav, Geschichte des Thronfolgerechtes in allen habsburgischen Ländern bis zur pragmatischen Sanktion Kaiser Karls VI. (1156—1732). Wien: Fromme 1903. 415 p. 8°.

D. Wahlrecht.

La Hongrie contemporaine et le suffrage universel. Paris: Giard & Brière 1909. 272 p. 8 °. (Édition spéciale française du „Huszadik Század".)

Rácz, Julius, Warum brauchen wir das allgemeine gleiche und geheime Wahlrecht. Bp. 1911. 10 p. 8 °.

Rédei, Jos., Die ungarische Wahlreform. Tübingen: Mohr 1914. p. 155—189. (S.-A. aus: Archiv f. Sozialwiss. und Sozialpolitik.)

Seton-Watson, R. W., Corruption and reform in Hungary. A study of electoral practice. Ldn.: Constable 1911. XVI, 197 p.

Ungarn. Gesetzentwürfe. Entwurf des neuen ungar. Wahlrechtsgesetzes, m. allgemeinem Motivenbericht. Mit einem Geleitwort von Wilh. Vázsonyi. Wien: Manz 1918. V, 359 p. 8 °.

E. Gesetzgebende Körperschaften.

Apponyi, Albert comte, Le parlement de la Hongrie. Bp.: Athenaeum 1910. 89 p. 8 °.

[Hellenbach, Lazar Frhr. v.], Die Reform des ungar. Oberhauses. Wien: Braumüller 1885. 15 p. 8 °.

Meltzl, Oskar v., Zur Reform des ungar. Oberhauses. Hermannstadt: Michaelis 1884. 8 °.

Meltzl, Oskar v., Die Zusammensetzung des ungarischen Reichstages. Eine staatsrechtliche Studie. Hermannstadt: Filtsch 1880. 52 p. 8 °.

Némethy, Karl v., Die ungarische parlamentarische Reform. Der Gesetzentwurf des Grafen Julius Andrássy. Tübingen: Mohr 1910. (S.-A. aus: Jahrbuch des öffentl. Rechts.)

Die Reform des ungarischen Oberhauses. Wien: Braumüller 1885. 15 p. 8 °.

Szászy-Schwarz, Gustav, Rechtslehre der Obstruktion. Bp.: Athenaeum 1905.

F. Staatsbürgerschaft.

Berény, Alexander und Ferd. Tarján, Der Erwerb und der Verlust der ungarischen Staatsbürgerschaft. Aus d. Ungar. übersetzt und mit einem Vorwort versehen von J. Schwartz. Lpzg.: Duncker & Humblot 1906. 184 p. 8 °.

Gerő, Ernst, Wie erwirbt man die ungar. Staatsbürgerschaft? Volkstümliches Rechtsheft. Lpzg.: Schnurpfeil 1911. 16 p. 8 °.

Milner, Emanuel, Die österreichische Staatsbürgerschaft und der Gesetzartikel L: 1879 über den Erwerb und Verlust der ungarischen Staatsbürgerschaft. Tübingen: Fues 1880. III, 105 p. 8 °. (Milner: Studien zum österr. Staatsrechte 1.)

V Verwaltungsrecht.

Márkus, Desider, Ungarisches Verwaltungsrecht. Tübingen: Mohr 1912. (Das öff. Recht d. Gegenwart. 16.)

Steeger, J., Darstellung der Rechte in rechtlichen Gewohnheiten der kgl. freien Städte in Ungarn.

Szőllősy, Gabriel v. (Hrsg.), Das polizeiliche Strafverfahren in Ungarn. Übers. Bln.: Guttentag 1912. 111 p. 8 °. (Sammlung außerdeutscher Gesetzbücher 38.)

VI Bürgerliches Recht.

A. Allgemeines.

Almási, Anton, Ungarisches Privatrecht. Bd. 1—2. Bln.: Vereinig. wiss. Verleger 1921—1923. gr. 8 °. (Ungar. Bücherei 2. Reihe. Bd. 1, 3.)

Dauscher, A., Das ungarische Zivil- und Strafrecht nach den Beschlüssen der Index-Curial-Conferenz. 2. verm. Aufl. Wien: Manz 1862. XII, 372 p. 8 °.

Füger von Rechtborn, Maximilian, Über die Wiederherstellung des bestandenen ungarischen Privatrechtes. Ein zivilistischer Beitrag zur Erörterung einer der belangreichsten Fragen für den bevorstehenden Landtag. Hermannstadt: Steinhaussen 1861. 113 p. 8 °.

Füger von Rechtborn, Maximilian, Revision des österr. allg. bürgerl. Gesetzbuches samt einem motivierten Entwurfe des Privatrechtes f. d. Königreich Ungarn. Bd. 1—2. [Handschrift i. B. d. Kgl. ungar. Ministeriums.]

Heymann, Ernst, Das ungarische Privatrecht und der Rechtsausgleich mit Ungarn. Tübingen: Mohr 1917. 109 p. 8 °.

Kohler, Josef, Zum ungarischen Zivilgesetzentwurf. Bp.: Grill 1913. 18 p.

Putz, K., Zur Frage der Rechtsrezeption und Kodifikation in Ungarn. Wien 1872.

Putz, Karl, System des ungarischen Privatrechts. Wien: Manz 1870. XVI, 388 p. 8°.

Vesque v. Püttlingen, Joh. v., Handbuch des in Österreich-Ungarn geltenden internationalen Privatrechtes, mit besondererBerücksichtigung des Staats- und Völkerrechtes. 2. verm. Aufl. Wien: Braumüller 1878. XV, 660 p. 8°.

B. Rechtsfähigkeit.

Balog, Elemér, Verschollenheit und Todeserklärung nach deutschem und ungarischem Rechte. Bln.: Putkammer & Mühlbrecht 1908. 212 p. 8°.

C. Sachenrecht.

Sternberg, Moritz, Beiträge zur Fundlehre nach österr. Rechte unter Berücksichtigung des deutschen Bürgerlichen Gesetzbuchs und des Entwurfs eines ungarischen bürgerlichen Gesetzbuchs. Eine kritische Studie. Wien: Breitenstein 1904. 56 p. 8°.

D. Familienrecht.

Back, Fritz, Das ungarische Ehegesetz nach der Rechtsprechung des ungar. obersten Gerichtshofes (königl. ungar. Kurie) und ausführlichen Erläuterungen. Wien: Manz 1906. 99 p. 8°. 2. verm. Aufl. Ebenda 1910 129 p. 8°.

Csáky, Georg Napoleon Graf v., Die ungarische Zivilehe. Wien: Manz 1895. VIII, 118 p. 8°.

Enyvári, Peter, Religions- und Ehegesetze Ungarns. Nach Original-Amtsausgaben. Bp.: Laufer 1873. 141 p. 16°.

Farkas, Julius, Auflösung kath. Ehen in Ungarn. Bp. 1911.

Ferenczy, Árpád, Le droit international privé du mariage en Hongrie. Paris 1909. (Extrait.)

Fuchs, Wilh., Die sogenannten siebenbürgischen Ehen und andere Arten der Wiederverehelichung geschiedener österreichischer Katholiken. Wien: Manz 1889. VI, 188 p.

Gerő, Ernst, Eheschließungs- und Trennungsfreiheit in Ungarn. Mit bes. Berücksichtig. d. österr., russ. u. ital. Rechtsverhältnisse. 3. Aufl. Lpzg.: Schnurpfeil-Verlag 1911. 64 p. 8°. 2. Aufl. Ebenda.

Granniello, Josephus, De obligatione legumlatorum Hungariae repudiandi legem matrimonialem rogatam M. Dec. A. 1893. Roma: Spithoever 1894. 11 p. 8°.

Henner, Kamill., O uherském právie manzelském. v Práze 1904. [Über das ungarische Eherecht.] [Tschechisch.]

Kovács, Edmund, Das ungarische Ehegesetz. Wien: Perles 1895. 65 p. 8°.

Riegler, F., Wie erlangt man ein Ehefähigkeitszeugnis seitens des ungar. Justizministers? Graz: Styria 1902. 73 p. 8°.

Schwartz, J., Ungarns Anschluß an die Haager Familienrechtskonventionen.

Szlávik, Mathias, Zur Frage der Zivilehe in Ungarn. Bp.: 1893.

Sztehló, Korn., Das ungarische Ehegesetz und seine Beziehungen zu Österreich. Bp.: Hornyánszky 1896. 22 p. 8°.

Toth, Kaspar, Internationale Beziehung des ungarischen Eherechts. Bp. 1897.

Virágh, Julius, Die Lösung von österreichischen, italienischen und kroatisch-slawonischen Ehen in Ungarn (mit Bezug auf das Haager internationale Abkommen vom J. 1902). Wien: Manz 1918. 44 p. 8°.

E. Erbschaftsrecht.

Teleszky, Stefan, Entwurf des ungarischen Erbrechts, verfaßt und auf Grund der im Justizministerium gepflogenen Beratungen umgearbeitet. Übers. und eingeleitet von Theodor Kern. Bp.: Légrády 1887. XX, 138 p. 8°.

F. Vormundschaftsrecht.

Die Regelung der Vormundschafts- und Kuratel-Angelegenheiten. 3. verm. Aufl. Bp.: Ráth 1882. 8°.

VII Wirtschaftsrecht.

A. Bergrecht.

Balkay, Béla v., Ein neues Berggesetz für Ungarn. Erläuterung des Referenten-Entwurfes. Wien: Hahn & Goldmann 1909. 293 p. 8°.

Reif, Heinr., Grundzüge des ungarischen Berggesetzentwurfes. Wien: Hölder 1909. 232 p.

Reif, Heinr., Der ungarische Berggesetzentwurf. Wien: Manz 1905. 16 p. 8°.

B. Gewerberecht.

Fritz, P., Gesetzartikel XVII v. J. 1884 (Gewerbegesetz). Mit Erläuterungen. 2. erg. Aufl. Bp.: Ráth 1885. 92 p. 8 °.

Heltai, Franz, Die ungarische Gewerbebewegung und das ungarische Gewerbegesetz. Lpzg. 1884.

Steinacker, E., Der am 7. II. 1884 dem ungarischen Abgeordnetenhause unterbreitete Gewerbegesetzentwurf samt Motivenbericht. Übers. u. erläutert. Bp.: Grill 1884. XIV, 93 p. 8 °.

Ungarn. Gesetze u. Verordnungen. Gewerbegesetz-Entwurf. Amendiert von der Pester-Ofner Handels- u. Gewerbekammer. Pest: Pester Buchdr. 1870. 11 p. 2 °.

C. Patent- und Urheberrecht.

Adler, Eman., Die Beziehungen der beiden Staatsgebiete der österr.-ungar. Monarchie betr. den Schutz der Erfindungen, Marken und Muster. Wien: Manz 1906. 71 p. 8 °. (S.-A. aus: „Österr. Patentblatt.“)

Bányász, Eugen, Das Marken- und Musterschutzrecht in Ungarn. Übers. Nagyvárad 1910.

Deutsch, I., Der ungarische Patent-Gesetzentwurf. Vortrag. Wien: Spies 1894. 34 p. 8 °. (Aus: Ill. österr-ungar. Patentblatt.)

Kalmár, J., Das ungarische Patentgesetz vom 14. Juli 1895. Bp.: Ráth 1895. 74 p. 8 °.

Kalmár, J., Die wesentlichen Entscheidungen, Beschlüsse und Verordnungen des Königl. ungar. Patentamtes (1896 bis 1905) im Anschlusse an das ungar. Patentgesetz. Bp.: Nagel 1906. 48 p. 8 °.

Vereinigung ungarischer Patentanwälte. Auslegungen des k. ungar. Patentamtes. Hrsg. von der Vereinigung der ungarischen beeideten Patentanwälte. Jg. 1— . 1901— . Bp.

Zoll, F., Über den Schutz der vom Auslande nach Österreich-Ungarn eingeführten Erfindungen. Bln.: Internationale Verlagsanstalt 1893. 25 p. 8 °.

Allfeld, Philipp, Reichsgesetz betr. das Urheberrecht an Werken der bildenden Künste u. d. Photogr. V. 9. I 1907. Textausg m. Einleit., Anm., einem Anhang, enth. d. Berner Übereinkunft, d. Übereinkommen m. d. Verein. Staaten von Nordamerika und mit Österreich-Ungarn. München: Beck 1907. 56 p. 8 °. Dasselbe. Nürnberg: Schrey 1907. 25 p. (Bayer. Verein für gewerbl. Rechtsschutz. Veröffentlichungen 3.)

D. Handelsrecht.

Bausenwein, Richard, Das österr. und ungar. Handelsrecht in vergleichender Darstellung. Wien: Deuticke 1894. 292 p. 8 °.

Grasserie, Raoul de La (Ed.), Code de commerce hongrois promulgeré le 19 mai 1875, mis en vigueur le 1 er janvier 1876, suivi des lois hongroises sur le change et la faillite. Paris: Pedonc-Lauriel 1894. XII, 376 p.

Herich, Karl, Das ungarische Handelsgesetz. (XXXVII. G. A. v. J. 1875.) Deutsche Ausg. von Nicolaus v. Szvetenay und Edm. Steinacker. Bp.: Lafite & Elsner 1875. XXVII. 240 p.

Lecourt, Arthur, Étude sur la situation légale des sociétés étrangères en Autriche et en Hongrie. Bruxelles: Larcier 1910. X, 236 p. 8 °.

Lévy, Béla, Das Handelsrecht, Wechselrecht und Konkursrecht Ungarns. Bearb. und übersetzt. Bln.: Decker 1906. 200 p. (Borchardt: Die Handelsgesetze des Erdballs. 3. Ausg. Bd. 13. Abt. 1.)

Lévy, Béla, Das Handelsrecht, Wechselrecht und Konkursrecht Ungarns. Bearb. und übers. v. —. Bd. 1—4. Bln.: Decker 1916. 8 °.

Löw, Theodor. Das ungarische Handelsgesetz. Mit Anmerkungen. Bp.: Grill 1902. 274 p. 8 °. 2. umgearb. Aufl. Bp.: Grill 1910. VIII, 396 p. 8 °.

Rechfelden, v., Die neue ungarische Ausgleichsordnung. Wien: Manz 1916. 32 p.

Schnierer, Julius, Commentar zum ungarischen Handelsgesetzbuch. Übers. aus dem Ungar. Bp.: Franklin 1876. VIII, 442 p. 8 °.

Schön, Josef, Das bosnisch-herzegow., österr., ungar. u. kroatische Handelsrecht in ihren Verschiedenheiten. Wien: Manz 1913. XVIII, 386 p. 8 °.

Strasser, Albert, Die Bestimmungen über den Hausiererhandel, wie solche gegenwärtig in Ungarn in Kraft bestehen. Aus dem Ungarischen übers. Temesvár: Selbstverlag 1886. 18 p. 8 °.

Ullmann, A., Zur Frage des Zwangsausgleiches. Bp.: Wilckens 1879. 15 p. 8 °.

Závay, Karl, Kaufmännischer Selbstadvokat. Sammlung sämtlicher, die Kaufleute Ungarns betreffenden Landesgesetze und ministeriellen Verordnungen. Pécs: Valentin 1887. 176 p. 8°.

Baracs, B., Darstellung des Konkursrechtes in Ungarn. Bln.: Heymann 1895. (Leske und Löwenfeld: Die Rechtsverfolgung im internat. Verkehr. Bd. 1. Abschnitt 2.)

E. Wechselrecht.

Canstein, R. Frhr. v., Das Wechselrecht Österreichs und die Abweichungen der Wechselrechte Deutschlands, Ungarns, Bosniens (etc.), systematisch dargestellt. 2. Aufl. Bln.: Heymann 1903. 314 p. 8°.

International law association 25 conference et Budapest. 1908. London 1909. [Law of bills of exchange.]

Kassay, Adolf, Das am 1. Jänner 1877 in Wirksamkeit tretende neue ungar. Wechselgesetz. Bp.: Rautmann 1877. 79 p. 8°.

Pusztay, Alex., Das ungarische Wechselrecht. Lpzg. 1842.

Ritter, Alex., Ungarns Wechsel- und Kreditgesetze für Kaufleute, Gewerbetreibende. Pest 1862.

Szeniczey, Gust. v., Das neue Wechselexekutivverfahren nach der am 8. April 1869 erlassenen k. ungar. Justizministerialverordnung. Übers. v. Alex Ritter. Bp.: Lauffer 1871. IV, 111 p. 8°.

Wiessner, Fr., Wechselrecht und Wechselordnung. Pest 1870.

F. Verkehrsrecht.

Hilscher, F., Das österr.-ungar. und internationale Eisenbahn - Transportrecht. Wien: A. Hölder 1902. 316 p. 8°.

Jaques, Heinrich, Die Reform der Eisenbahn-Gesetzgebung im Zusammenhang mit der heutigen österreichischen Finanzlage. Eine Denkschrift, den k. k. Ministerien für Handel und Volkswirtschaft und der Finanzen überreicht. Wien: Gerold 1866. IV, 43 p. 8°.

Feichtinger, A., Diritto marittimo ungarico. 2. ed. Fiume 1894.

VIII Strafrecht.

Balogh, Eugen, Strafrechtsreformen in Ungarn. Bp. 1901.

Codex de delictis eorumque poenis pro tribunalibus regni Hungariae, partiumque eidem adnexarum, per regnicolarum juridicam deputationam elaboratus 1791—92. Hommage offert aux membres de l'Union internationale de droit pénal par Lad. Fayer. Bp.: Athenaeum. (1899.) V, 124 p.

Codice penale ungarico nei crimini e delitti. Bp. 1880.

Doleschall, Alfred, Die Rechtsannäherung im Strafrecht. Bp.: Grill 1917. 34 p. 8°. (Bücherei d. Magyar Jogélet.)

Hacker, Ervin, Das Straf- und Strafvollzugssystem, die Regeln der Strafbemessung und die Sicherungsmaßregeln im Vorentwurf zu dem neuen ungarischen Strafgesetzbuche. Heidelberg: Winter 1915. p. 51—71. 8°. (S.-A. aus Blätter für Gefängniskunde.)

Hacker, Erwin, Der Strafvollzug in Ungarn. Heidelberg: Winter 1921. p. 210 bis 215. 8°. (S.-A. aus Blätter für Gefängniskunde.)

Hacker, Ervin, Der ungarische Entwurf über die unverbesserlichen Verbrecher. Heidelberg: Winter 1914. 6 p. 8°. (S.-A. aus: Monatsschrift für Kriminalpsychologie und Strafrechtsreform.)

Landau, L. R., Die Prinzipien d. Rechts und die Todesstrafe. Bp.: Athenaeum 1871. IV, 32 p. 8°.

Lengyel, Aurél, Zur Reform des ungar. Strafrechtes. 1916.

Martinet, Camille et Paul Dareste, Code pénal hongrois des crimes et des délits (28 mai 1878) et Code pénal hongrois des contraventions (14 juin 1879), traduit et annotées par —. Paris: Pichon 1885. XXXVII, 231 p. 8°.

Mayer, Sal., Das ungarische Strafgesetzbuch über Verbrechen und Vergehen. In seinen leitenden Grundsätzen dargestellt. Wien: Manz 1878. XI, 313 p.

Pauler, Theodor, Zum ungarischen Strafgesetz. Exposé des Referenten in der Reichsgesetz-Sitzung vom 22. Nov. 1877. o. O. u. J.

Schuller v. Libloy, Friedr., Das siebenbürgische Strafrecht. Hermannstadt 1868.

Schütze, Theo. Reinhold, Zur Kritik des ungar. Strafgesetzbuches über Verbrechen und Vergehen. Bp.: Athenaeum 1880. 31 p. 8°.

Tauffer, Emil, Der kroatische Strafgesetzentwurf im Vergleich mit den Bestimmungen des neuen ungarischen Strafgesetzes und des österreichischen Strafgesetzentwurfes. Wien: Manz 1880. 86 p. 8⁰.

IX Prozeßrecht.

Einstweilige Norm für die Gerichtspflege in Ungarn in Gemäßheit der Anträge der Judex-Curial-Konferenz. Alleinige amtliche Ausg. aus dem Ungar. übersetzt. Pest 1861. 95 p.

Putz, Karl u. Victor Morawitz, Gerichtsorganisation von Ungarn und Siebenbürgen mit Angabe sämtlicher Gerichtshöfe. Wien 1872.

Trauchenfels, Eugen v., Gutachten betreffend d. Gesetz-Entwurf über die Errichtung und Organisation eines Obersten Gerichtshofes für Siebenbürgen. Kronstadt: Gött 1863. 15 p. 8⁰.

A. Zivilprozeßrecht.

Dauscher, A., Handbuch des gerichtlichen Verfahrens in und außer Streitsachen für Ungarn und Siebenbürgen, auf Grundlage der neuen ungarischen Zivilprozeßordnung. Wien: Urban & Schwarzenberg 1869. 671 p. 8⁰.

Gottl, [August], Ungarische Zivilprozeßordnung. G.-A. I: 1911. Mit Erläuterungen. Aus einem Kommentar übersetzt. Wien: Manz 1911. X, 608 p. 8⁰.

Magyary, Géza, Die Vollstreckungsrechtshilfe zwischen Ungarn, Österreich und Deutschland. Bp. 1909.

Plósz, Alexander, Zwei Vorträge aus dem ungarischen Zivilprozeßrecht. 1. Beweis im ungar. Zivilprozeß. 2. Der Bau des Prozesses in erster Instanz. Nach der ungarischen Zivilprozeßordnung. Bln.: Liebmann 1917. 80 p. 8⁰.

Schmidt, Alexander, Die neue ungar. Zivilprozeßordnung. G.-A. I v. J. 1911. Übers. u. erläut. München: Duncker & Humblot 1911. VI, 217 p. 8⁰.

Schuler von Libloy, Das Prozeßrecht der Siebenbürger Sachsen. Hermannstadt 1867.

Sperl, Hans, Die Zwangsvollstreckung in bürgerlichen Rechtssachen zwischen Österreich und Ungarn. Eine Erläuterung des österr.-ungar. Vollstreckungshilfsvertrages. Im Anh.: Die amtlichen Formularien u. Beispiele. Graz: Moser 1915. IV, 89 p.

Szeniczey, Gustav, Das summarische Zivilprozeßverfahren. Übers. von Alexander Ritter. Pest: Lauffer 1869. 239 p. 8⁰. 2. Aufl. Ebda. 1872. 344 p. 8⁰.

B. Strafprozeßrecht.

Ensel (Résö), Josef, Das Schwurgericht in Ungarn. Für das Volk verfaßt. Übersetzt von Adolf Boleman. Pest 1868.

Feichtinger (Elek), Alex, Note sur le projet de code de procédure pénale hongrois. (D'après le projet de loi de Jules de Wlassits.) Paris 1889. 11 p. 8⁰.

Langer, Georg, Der progressive Strafvollzug in Ungarn, Kroatien und Bosnien. Bln.: Guttentag 1904. 252 p. 8⁰.

László, Sigismund, Le système penitentiaire progressif en Hongrie. St. Petersbourg 1887. 57 p.

Mayer, Sal., Der Entwurf II einer Strafprozeßordnung für Ungarn. Wien: Manz 1886. 46 p. 8⁰.

Mayer, Sal., Zur Reform des ungarischen Strafprozesses. Wien: Manz 1885. 163 p. 8⁰.

Ordinanze ministeriali in nesso col regolamento di procedura penale di polizia e col regolamento sulla gestione degli affari penali di polizia. Pubblicazione fatta per cura del r. ung. ministro dell interno. (Redazione della „Raccolta ufficiale delle leggi del regno.) Ed. uff. Bp.: Tisza 1911. 16 p. 8⁰.

Rosenberg Ludwig, Der ungarische Strafprozeß und die Stellung des Verteidigers bei der Untersuchung und Schlußverhandlung. Bp.: Gebr. Rosenberg 1880. 104 p. 8⁰. (S.-A. aus: Ungarische Gerichtshalle.)

Schiller, Heinr., Der Entwurf des ungar. Strafverfahrens. Bp.: Grill 1895. 75 p. 8⁰.

Szegheö, Ign., Der Entwurf einer ungar. Strafprozeßordnung. Wien: Manz 1883. 63 p. 8⁰.

Székely, Joseph, Das Gefälls-Strafverfahren in beiden Hälften der österr.-ungar. Monarchie. Bp.: Révai 1882. 31 p. 8⁰.

WALTER DE GRUYTER & CO.

BERLIN LEIPZIG

UNGARISCHE JAHRBÜCHER

Inhalt des III. Bandes:

I. Aufsätze und Berichte: ALFÖLDI, A.: Der Untergang der Römerherrschaft in Pannonien I und II / ANGYAL, D.: Das österreichische Staats- und Reichsproblem / BALOGH, E. : Die gesammelten Werke des Grafen Tisza / EGYED, St.: Die heutigen staatsrechtlichen Einrichtungen Ungarns / ECKHARDT, Fr.: Die Handels- und Zahlungsbilanz Ungarns unter der Regierung Maria Theresias / FELLNER, Fr. v.: Die internationale Zahlungsbilanz Rumpfungarns und das Problem der Wiedergutmachungen / GRAGGER, R.: Eine altungarische Marienklage / HOLIK, Fl.: Die erste gelehrte Gesellschaft in Ungarn / HÓMAN, B.. Geschichtliches im Nibelungenlied / KLEBELSBERG, K. Gr.: Die Universität der öffentlichen Sammlungen / PAIS, D.: Die altungarischen Personennamen / SOLYMOSSY, A.: Verwandtschaft der ungarischen Volksmärchen mit den orientalischen / SZEKFÜ, J.: Geschichte des ungarischen Weinbaus / WEBER, A.: Maria Theresia auf dem Preßburger Reichstag. II. Kleine Mitteilungen, Anzeigen, Bibliographie.

Inhalt des IV. Bandes:

I. Aufsätze und Berichte: ALFÖLDI, A.: Der Untergang der Römerherrschaft in Pannonien III / ANDERSSEN, W.: Die Entwickelung der ungarischen Räteverfassung / ARRAS, P.: Regestenbeiträge zur Geschichte des Matthias I. Corvinus / BANG, W.: Türkisches Lehngut im Mandschurischen / BRÜCKNER, A.: Ungarn und Polen / GRAGGER, R.: Zur Geschichte der ugrofinnischen Sprachwissenschaft. I. Wilhelm von Humboldt / KERTÉSZ, M.: Kulturgeschichtliche Spuren in der ungarischen Sprache / LEWY, E.: Kurze Betrachtung der ungarischen Sprache / MAGYARY, Z. v.: Das ungarische Budgetrecht / MARKWART, J.: Ein arabischer Bericht über die arktischen (uralischen) Länder aus dem 10. Jahrhundert / PRINZ, GY.: Die Siedlungsformen Ungarns / SCHULZE, W.: Das Rätsel vom trächtigen Tiere / SCHÜNEMANN, G.: Ungarische Motive in der deutschen Musik / SCHÜNEMANN, K.: Ungarische Hilfsvölker in der Literatur des deutschen Mittelalters / SENGER, A.: Der Reiter im Kaiserdom zu Bamberg / WINKLER, H.: Die altaischen Sprachen / ZEMPLÉNI, E.: Die Sowjetführer Ungarns. II. Kleine Mitteilungen nnd Anzeigen. III. Bibliographie.

Inhalt des V. Bandes:

I. Aufsätze und Berichte: BANG, W.: Turkologische Briefe aus dem Berliner Ungarischen Institut I—III / BUDAY, L. v.: Neuere Bestrebungen zur Förderung des Handwerks in Ungarn / GEREVICH, T.: Von der älteren ungarischen Kunst / GRAGGER, R.: Die ungarische Universität / JUNKER. H.: Türkisch Sïmnu „Ahriman" / DERSELBE: Neupersisch asān „leicht" usw. / KLEBELSBERG. K. GRAF: Ungarische Kulturpolitik nach dem Krieg / MOÓR, E.: Deutsche Spielmannsstoffe in Ungarn / MÖTEFINDT, H.: Der Schatzfund von Nagy-Szent-Miklós / SCHÖPFLIN, A.: Die ungarische Literatur im 20. Jahrhundert / THOMSEN, V.: Aus Ostturkestans Vergangenheit. II. Kleine Mitteilungen. III. Bibliographie.

Inhalt des VI. Bandes, Heft 1/2.

I. Aufsätze und Berichte: LEWY, E.: Arisch-Finno-ugrisches / LUKINICH, E.: Preußische Werbung in Ungarn / POPPE, N.: Altaisch und Urtürkisch / RELKOVIĆ, N.: Aus dem Leben der sieben „niederungarischen Bergstädte im 14. bis 17. Jahrhundert / SCHOSTAKOWITSCH, W. B.: Die historisch-ethnographische Bedeutung der Benennungen sibirischer Flüsse. II. Kleine Mitteilungen und Anzeigen. III. Bücherschau.

MIX

Papier | Fördert gute Waldnutzung

FSC® C083411

Kolibri 360 GmbH
Ferdinand-Jühlke-Straße 7
99095 Erfurt, Deutschland
produktsicherheit@kolibri360.de